普通高等教育新工科人才培养矿物加工工程专业精品教材

矿物加工检测新技术

黄宋魏　编著

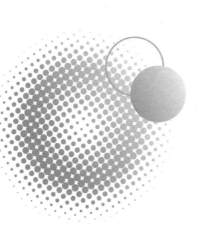

中南大學出版社
www.csupress.com.cn
·长沙

图书在版编目(CIP)数据

矿物加工检测新技术 / 黄宋魏编著. —长沙：中南大学出版社，2023.4

ISBN 978-7-5487-4778-9

Ⅰ. ①矿… Ⅱ. ①黄… Ⅲ. ①选矿—自动检测 Ⅳ. ①TD9

中国国家版本馆 CIP 数据核字(2023)第 024957 号

矿物加工检测新技术

KUANGWU JIAGONG JIANCE XINJISHU

黄宋魏　编著

□出 版 人　吴湘华
□责任编辑　史海燕
□责任印制　李月腾
□出版发行　中南大学出版社
　　　　　社址：长沙市麓山南路　　邮编：410083
　　　　　发行科电话：0731-88876770　　传真：0731-88710482
□印　　装　湖南省众鑫印务有限公司

□开　　本　787 mm×1092 mm 1/16　□印张 18　□字数 461 千字
□版　　次　2023 年 4 月第 1 版　□印次 2023 年 4 月第 1 次印刷
□书　　号　ISBN 978-7-5487-4778-9
□定　　价　46.00 元

前 言

Foreword

当前，我国矿物加工工程专业高等教育正面临着新时期的发展需求，培养复合式应用型技术人才是矿物加工教育的一个重要目标。为了满足应用能力培养实施过程中对教材的同步需求，我们编写了《矿物加工检测新技术》。

本书主要介绍矿物加工过程参数检测的相关适用新技术，包括新出现的检测技术、改进后的传统检测技术以及与新技术相结合的传统检测技术，重点介绍矿物加工过程相关检测技术的基本概念、基本原理、基本方法和应用。

本书共10章。第1章介绍矿物加工检测的基础知识，主要包括检测的基本概念、检测仪表的基本特性、检测不确定性、检测误差、误差处理以及检测技术的最新发展趋势；第2章介绍常用的传感器基础知识，主要包括电阻式传感器、电感式传感器、压电式传感器、磁敏传感器、光电传感器以及生物传感器等；第3章介绍压力和物位检测技术，主要包括压力和物位的概念，压力和物位的检测仪表及其检测方法；第4章介绍流量检测技术，包括气体、液体和固体物料的流量检测；第5章介绍密度(浓度)和粒度的检测技术，主要包括液体密度、矿浆密度(浓度)、矿浆粒度的检测；第6章介绍成分检测技术，包括pH检测、X荧光品位检测、液体成分检测、气体成分检测；第7章介绍温度检测技术，包括温度的基本概念、热电阻与热电偶测温、辐射法测温、石英温度传感器与光纤温度传感器；第8章介绍软测量技术，包括软测量基本原理、软测量建模方法、最小二乘法软测量、神经元网络软测量、软测量的工程设计、多传感器信息融合；第9章介绍检测系统抗干扰与数字滤波技术，包括噪声的基本概念、检测系统干扰来源及抗干扰技术措施、工程常用数字滤波方法、常用复杂滤波方法；第10章介绍计算机数据采集系统，包括模拟信号的数据采集、常见通信协议、计算机数据采集系统的基本配置、数据采集系统常用组态软件、组态王软件及其在计算机数据采集系统中的应用。

全书由黄宋魏、李龙江、纪翠翠、吕晋芳共同编著。第1、2章由黄宋魏和李龙江共同撰写，第3、4、5、6章由黄宋魏和纪翠翠共同撰写，第7、10章由黄宋魏和吕晋芳共同撰写，

第8、9章由黄宋魏撰写。全书由黄宋魏负责组织与统稿。在本书的撰写过程中，昆明理工大学矿物加工工程系给予了支持和资助，兄弟单位的专家提供了不少资料与宝贵意见，在此一并表示衷心感谢。

本书由浅入深，重点突出，选材精炼，知识面较为宽广，可作为矿物加工专业及相近专业的研究生和本科生教学用书，也可以作为工程技术人员的参考书。由于各学校有关专业的研究生和本科生的教学要求与课程学时存在较大差异，在使用本教材时，可根据具体需要选用其中的章节。

由于作者水平有限，书中有不足或不当之处，敬请读者批评指正。

作者
2022年9月

目 录

Contents

第 1 章　检测技术基础知识

检测技术是科学认识各种现象的基础方法和手段。从这个意义上讲，检测技术是所有科学技术的基础。检测技术是科学技术的重要分支，是具有特殊性的专门学科和专门技术。随着科学技术的进步和社会经济的发展，检测技术也正在迅速发展，反过来检测技术的发展又进一步促进了科学技术的进步。如同眼、耳、鼻等感觉器官对人的重要作用，测量装置(传感器、仪器、仪表等)作为科学的“感觉器官”，在工业生产、科学研究和企业管理方面是不可缺少的。企业越是高度发展，越需要现代化的检测技术。

1.1　检测概念

1.1.1　测量、检测与测试

1. 测量

对于每一个物理对象，都包含有一些能表征其特征的定量信息，这些定量信息往往可用一些物理量的量值来表示，测量就是借助于一定的仪器或设备，采用一定的方法和手段，对检测对象获取表征其特征的定量信息的过程，是以确定被测对象的量值为目的的全部操作。测量的实质是将被测量与同种性质的标准单位量进行比较的过程：

$$\text{被测量}\xleftrightarrow[\text{直接/间接}]{\text{比较}}\text{标准量}\longrightarrow\text{倍数}\times\text{单位}=\text{测量结果}$$

由测量的定义可知，测量过程中必不可少的环节是比较，在大多数情况下，被测量和测量单位不便于直接比较，这时需把被测量和测量单位都变换到某个便于比较的中间量，然后进行比较。测量过程三要素为测量单位、测量方法和测量装置。

通过测量可以得到被测量的测量值，但是，在有些情况下测量的目标还没有全部达到。为了准确地获取表征对象特性的定量信息，还要对测量数据进行数据处理和误差分析，估计测量结果的可靠程度；等等。国家标准对测量定义为：测量是指以确定对象属性和量值为目的的全部操作。

2. 检测

顾名思义，检测技术包含着“检”和“测”两个内容。“检”就是力图发现被测对象中的某些待测量并以信号形式表示出来，它是在所用技术能完成的范围内回答“有无”待测量的操作；“测”则是将待测量的信号加以量化，以一定的精确度回答待测量“大小”的问题。工程中，“检测”被视为“测量”的同义词或近义词。

检测是意义更为广泛的测量——测量+信息获取，检测过程包括测量、信息提取、信号转换与传输、存储与显示等，检测技术包括测量方法、检测装置和检测信号处理等内容。自动化领域习惯用检测这个概念。

3. 测试

测试是具有试验性质的测量，即测量和试验的综合。而测试手段就是使用仪器仪表。由于测试和测量密切相关，在实际使用中往往并不严格区分测试与测量。测试的基本任务就是获取有用的信息，通过借助专门的仪器、设备，设计合理的实验方法以及进行必要的信号分析与数据处理，从而获得与被测对象有关的信息。

1.1.2 检测的目的

1. 控制生产过程的运行

工业生产过程是将原材料投入生产设备，加上必要的动力、热能或人力，通过各种物理的、化学的操作来生产合格的产品的过程。为了保证产品的质量，提高产量，降低消耗和防止生产事故的发生，必须严格执行科学的工艺规程，控制生产过程中的运行条件。例如，在磨矿生产过程中，要控制给矿量、给水量、矿浆浓度等参数，在浮选生产中，要控制液位、加药量、pH、充气量等一系列参数。

应当指出，目前许多工业生产过程尚不能实现完全有效的控制，其中一个主要障碍就是缺乏合适的检测手段。例如，由于缺乏插入发酵系统中用以检测浓度和细胞活性的探测器，目前所能实现的发酵过程控制往往具有很大的局限性。因此，解决了检测的方法和手段，那么该生产过程的自动化也就有了实现的可能。我们知道，工业生产过程的运行状态最佳化需要反馈控制，但是如果生产过程中的信息不能检出，那么也就无法实现反馈控制。由此可见，检测是实现生产过程自动控制的重要手段和条件。

2. 检定产品质量

为了使产品质量达到预定的要求，必须进行严格的检定。例如，在选矿过程中，精矿品位、精矿水分等都关系到精矿的质量指标。至于检定哪个质量指标，则视产品的用途和品种而定。例如，铁精矿的含硫量必须低于要求指标才能合格，因此生产过程中需要对铁精矿的硫含量进行检测，以确保铁精矿合格。

3. 成本计量

企业生产为了加强经济管理、提高经济效益，必须对生产过程中所消耗的原材料、能源以及所生产出的半成品和成品进行准确的计量，以便为成本核算提供科学依据。

4. 公害与污染监测

为了确保人类的身体健康和保护生态系统，工业生产部门必须对生产过程中所产生的废水、废气、烟尘、废渣和噪声等进行监测，以便有的放矢地采取必要的防治措施，使各类污染物控制在法定的排放标准以内。

5. 科研与试验检测

为了研究新工艺、开发新产品和改进产品的设计，必须借助各种检测手段，获取试验结果。例如，在研究一种矿石的选矿新工艺时，利用各种测试设备，通过对磨矿细度、药剂制度、矿浆浓度等参数进行检测和试验研究，以获得更好的工艺指标。

综上所述，检测技术归纳起来，有如下三种功能：

(1)被测对象中参数测量功能。

(2)过程中参数监测控制功能。

(3)测量数据分析、处理和判断功能。

1.1.3　测量与被测变量

1. 测量的定义

测量是人们用以获得数据信息的过程，是定量观察、分析、研究事物发展过程时必需的重要方式。因此，测量就是借助专用技术工具将研究对象的被测量与同性质的标准量进行比较并确定出测量结果准确程度的过程，该过程的数学描述为

$$K \approx \frac{X}{X_0} \tag{1-1}$$

式中：X 为被测量；X_0 为标准量(基准单位)；K 为被测量所包含的基准单位数。

显然，基准单位确定后，被测量 X 在数值上约等于对比时包含的基准单位数 K。其结果可表示为

$$X = KX_0 \tag{1-2}$$

例如：用精度为 0.5%，量程为 0～2000 g 的天平，以 g 为基准单位测量某物体的质量，得到 $X=800$ g，则表示物体质量 X 约为 800 g，相应的误差不超过 10 g。

以上表明，测量过程包含三个含义：确定基准单位；将被测量与基准单位比较；估计测量结果的误差。检测仪表就是比较过程中使用的专门技术工具。

实际上，大多数被测对象中的被测量是无法直接借助通常的检测仪表进行比较的，这时，必须将被测变量进行变换，将其转换成有确定函数关系、又可以比较的另一个物理量，这就是信号的检测。如：温度的测量，利用水银热胀冷缩的原理制成的水银温度计，将温度的变化转换为水银柱高度的变化，同时将温度基准单位用刻度表示出来，这样水银柱高度对应的刻度就是包含基准单位的个数，即测量出当时的温度。因此，检测是一个更广泛的测量概念，它包括信息转换、确定基准单位和对比三个基本内容。

2. 被测变量的划分

在生产过程中需要测量和控制的参数是多种多样的，工业检测量的分类方法也不完全统一。一般工业检测所涉及的参数可大致分为热工量(温度、压力、流量、物位等)、机械量(重量、尺寸、力、速度、加速度等)、成分量(浓度、密度、黏度、湿度、酸度、导电率等)、电磁量(相位、频率)等。但是，在工业生产中需要检测的参数远不止这些。本书中，我们把工业检测量分为如下几类：

(1)物理量：长度、位移、速度、质量、重量、压力、温度、流量、物位等参数统称为物理量。物理量的测量结果，通常可表示为某个单位物理量的多少倍。

(2)化学量：浓度、组成成分这样一类参数称为化学量，在化工类生产过程中和环境保护监测中，化学量的检测占有重要的地位。

(3)工业量：如硬度、光洁度、粒度、噪声、负荷等不能作为单一的物理量，而使之数量化的参数，称为工业量。通常划分一些约定的等级来评定工业量的大小。

(4)感觉量：依赖于人的感觉的工业检测量称为感觉量或称心理量。许多工业产品(尤其是轻纺工业品)是人们使用的对象，对其使用质量的评价往往取决于人的感觉。例如，纺织品的“手感”、食品和饮料的“味感”、用圆珠笔书写时的“滑感”等，都是根据人的知识、经

验和感觉功能来鉴定的。如何采用科学的检测方法来客观地评定这些感觉量，是检测技术所面临的一大难题。

对于感觉量的评价，通常采用产品的“好”与“不好”二者择一的办法；或者依次分为几个等级，例如一等品、二等品，甲级香烟、乙级香烟，以及用1H、2H等来表示铅笔的硬度。除此之外，还可采用其他尺度来评定。

1.1.4 测量方法及其分类

测量方法从不同的角度出发有不同的分类方法。按被测量变化速度分为静态测量和动态测量；按测量敏感元件是否与被测介质接触分为接触式测量和非接触式测量；按比较方式分为直接测量和间接测量；按测量原理分为偏差法、零位法、微差法等。

1. 按测量手段

1）直接测量

在使用仪表进行测量时，对仪表读数不需要经过任何运算，就能直接表示测量所需要的结果，称为直接测量。例如，用磁电式电流表测量电路的支路电流，用弹簧管式压力表测量锅炉压力，汽车油位表、暖气管道的压力表等就是直接测量。直接测量的优点是测量过程简单而迅速，测量结果直观，缺点是测量精度不容易做到很高。这种测量方法是工程上大量采用的方法。

2）间接测量

有的被测量无法或不便于直接测量，但可以根据某些规律找出被测量与其他几个量的函数关系。这就要求在进行测量时，首先对与被测物理量有确定函数关系的几个量进行测量，然后将测量值代入函数关系式，经过计算得到所需的结果，这种方法称为间接测量。例如，对磨矿过程中的磨机负荷进行测量时无法直接测量，只得通过测量与磨机负荷有一定关系的电机电流强度、噪声量等来间接测量。因此间接测量比直接测量复杂，但是有时可以得到较高的测量精度。

例如：测量一根导体的电阻率，根据公式 $\rho=\pi d^2R/4l$，只需测量导体的直径、长度和阻值，就可以计算出电阻率。

3）组合测量

组合测量又称“联立测量”，即被测物理量必须经过求解联立方程组才能导出最后的测量结果。在进行联立测量时，一般需要改变测试条件，才能获得一组联立方程所要求的数据。

对联立测量，测量过程中操作手续很复杂，花费时间很长，是一种特殊的精密测量方法。它一般适用于科学实验或特殊场合。

例如：测量一金属导线的温度系数。电阻与温度的关系可近似表示为

$$R_T = R_0(1 + \alpha_T T) \tag{1-3}$$

将该金属导线置于不同的温度 T_1 和 T_2 下，测得不同的阻值 R_{T_1} 和 R_{T_2}，然后解以下方程组，便可求得温度系数 α_T。

$$\begin{cases} R_{T_1} = R_0(1 + \alpha_T T_1) \\ R_{T_2} = R_0(1 + \alpha_T T_2) \end{cases} \tag{1-4}$$

在实际测量工作中，一定要从测量任务的具体情况出发，经过具体分析后，再决定选用

哪种测量方法。

2. 按测量条件

根据测量条件相同与否，分为等精度测量和不等精度测量。

1）等精度测量

等精度测量为在测量过程中，影响测量误差的各种因素不改变的条件下进行的测量。即在相同的条件下，由同一个测试人员，用同样仪器设备、同样的方法对被测量进行重复测试。

2）不等精度测量

在多次测量中，将对测量结果精确度有影响的一切条件不能完全维持不变的测量称为不等精度测量，即不等精度测量的测量条件发生了变化。

例如：为了检验某些测量条件对检测仪表的影响，通过改变测量条件进行测量比较。

一般情况下，等精度测量常用于科学实验中对某些参数的精确测量，不等精度测量常用于对新研制仪器的性能检验。

1.2　检测仪表的组成及分类

1.2.1　检测仪表的组成

检测仪表的结构虽然因功能和用途不同各异，但其基本结构大致相同。早期的检测仪表主要是模拟电路，由传感器、变送器和显示器组成。现代检测仪表采用以微处理器为核心的数字电路代替了传统的模拟电路，性能更加可靠，功能更为丰富，不仅输出模拟量信号，还提供网络通信功能。图1-1为现代检测仪表的结构框图，主要由传感器、放大器、模/数（A/D）转换、中央处理器（CPU）、数/模（D/A）转换、信号调理和显示与操作等部分组成。

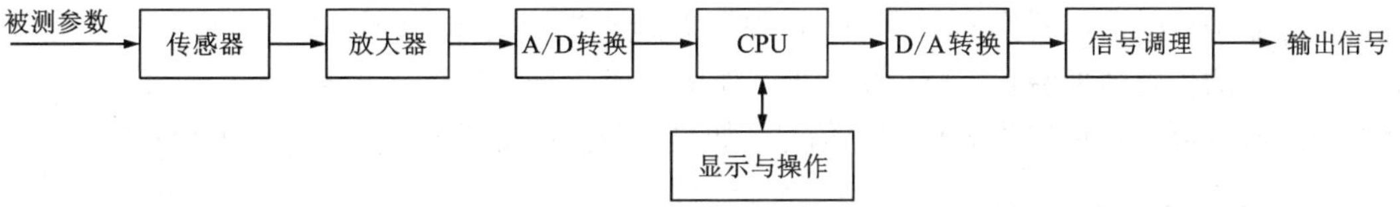

图1-1　现代检测仪表结构框图

1. 传感器

传感器是指能感知某一物理量、化学量或生物量等信息，并能将之转化为可以加以利用的信息的装置。具体地，就是能感受规定的被测参数并按一定规律转换成可用输出信号的器件或装置。由于电信号易于保存、放大、计算、传输，且是计算机唯一能够直接处理的信号，所以，传感器的输出一般是电信号（如电流、电压、电阻、电感、电容、频率等）。

传感器的作用一般是把被测的非电量转换成电量输出，因此它首先应包含一个元件去感受被测非电量的变化。但并非所有的非电量都能利用现有手段直接转换成电量，这就需要将被测非电量先转换成易于转换成电量的某一中间非电量。传感器中能完成这一功能的元件称为敏感元件（或预变换器）。传感器中将敏感元件输出的中间非电量转换成电量输出的元件称为转换元件（或转换器），它是利用某种物理的、化学的、生物的或其他的效应来达到这一目的。例如应变式压力传感器的转换元件是一个应变片，它利用电阻应变效应(金属导体或半导体的电阻随着其所受机械变形的大小而发生变化的现象)，将弹性膜片的变形转换为电阻值的变化。

2. 放大器

放大器又称信号放大器，是将传感器的微弱电信号转换成较强电信号的电路。传感器输出的信号一般都比较弱，不能直接被利用，需要经过信号放大器进行放大。由于传感器的输出信号有多种，因此放大器的电路也多种多样。

3. 模/数(A/D)转换

CPU 无法直接接收模拟量信号，必须经过模/数转换(analog/digit，A/D)，也就是将模拟量信号转换成数字量信号，以数值的方式表示模拟量信号的大小。A/D 转换结果不仅与输入信号有关，还与 A/D 转换器件的分辨率、芯片参考电压等有关。

4. 中央处理器(CPU)

中央处理器(central processing unit，CPU)是一块超大规模的集成电路，是一台计算机的运算核心和控制核心。它的功能主要是解释计算机指令以及处理计算机软件中的数据。

5. 数/模(D/A)转换

数/模转换器将 CPU 的数字量信号线性地转换成模拟量信号(一般为电压)。数字量信号与模拟量信号的关系与 D/A 芯片的分辨率、芯片参考电压等因素有关。

6. 信号调理

D/A 转换后的信号一般为电压信号，为了避免输出线路电阻对电压信号的分压作用，往往采用电流信号进行传送，因此需要信号调理单元将电压信号转换成电流信号。

7. 显示与操作

检测仪表一般都需要显示相关数据或信息，以及对检测仪表进行参数设定等操作，这就需要显示与操作单元。

变送器是传感器与转换器的另一种称呼。凡能直接感受非电的被测变量并将其转换成标准信号输出的传感转换装置，称为变送器，如压力变送器、电流变送器、电磁流量变送器等。有的变送器也可以直接接收非标准电信号，如热电阻温度变送器、热电偶温度变送器等。

1.2.2 检测仪表的分类

1. 按被测参数分类

按照被测参数的不同可分为温度、压力、流量、物位、机械量检测仪表以及过程分析仪表等。

2. 按测量原理分类

按测量原理可分为电容式、电磁式、压电式、光电式、超声波式、核辐射式检测仪表等。

3. 按输出信号分类

按输出信号可分为输出模拟信号的模拟式仪表、输出数字信号的数字式仪表以及输出开关信号的检测开关(如振动式物位开关、接近开关)等。

4. 按结构和功能特点分类

按照测量结果是否就地显示可分为集测量与显示功能于一身的一体化仪表和将测量结果转换为标准输出信号并远传至控制室集中显示的单元组合仪表。

按照仪表是否含有微处理器可分为不带有微处理器的传统仪表和以微处理器为核心的微机化仪表。后者的集成度越来越高，功能越来越强，有的已具有一定的人工智能，常被称为智能化仪表。

目前，有的仪表供应商又推出了“虚拟仪器”概念。所谓“虚拟仪器”是指在标准计算机的基础上加一组软件或(和)硬件，可充分利用最新的计算机技术来实现和扩展传统仪表的功能。这套以软件为主体的系统能够享用普通计算机的各种计算、显示和通信功能。在基本硬件确定之后，就可以通过改变软件的方法来适应不同的需求，实现不同的功能。

虚拟仪器彻底打破了传统仪表只能由生产厂家定义，用户无法改变的局面。用户可以自己设计、自己定义，通过软件的改变来更新自己的仪表或检测系统，改变传统仪表功能单一或有些功能用不上的缺陷，从而节省开发、维护费用，减少开发专用检测系统的时间。

1.3　检测仪表的特性

1.3.1　概述

检测仪表是一种技术工具或装置。它单独地或连同辅助设备一起进行测量，并能得到被测对象的确切量值。检测仪表是测量设备的重要组成部分。测量设备是指检测仪表、测量物质、参考物质、辅助设备以及进行测量所必需的资料的总称。根据ISO 10012.1标准，测量设备不但包括硬件和软件，还包括进行测量所必需的资料。不过，就我国测试界的习惯而言，测试装置仅指测量设备中的硬件部分，而且大多指检测仪表，通常简称为仪器。工业过程中使用的仪器习惯上称为仪表。

为了使检测仪表发挥正常的效能，必须通过性能指标为使用者表明仪器特性及仪器功能的有关技术数据。理解和掌握检测仪表的特性是设计、选购、使用仪器并正确处理和表达测量结果的基础。出于历史的原因，特性指标在不同的领域可能有不同的名称，同一个指标也可能有不同的含义。我们应该根据国际标准和国家计量技术规范来理解、掌握有关指标，同时也应适当照顾到各个领域内历史沿用下来的习惯用法，因为指标的名称和含义总是随技术进步不断发展的，不会永远停留在原有的名称和意义上。

我国国家计量技术规范规定了28项特性。其中有检测仪表的准确度、准确度等级、检测仪表的示值误差和检测仪表的最大允许误差等4项特性描述检测仪表的准确度特性；检测仪表的重复性描述检测仪表的示值分散性；标称范围、量程、测量范围等3项特性描述仪器对输入量范围的要求；灵敏度、鉴别力阀、显示装置的分辨力(常简称分辨力)、死区、漂移、响应特性、响应时间等7项特性体现仪器对输入量的响应能力和特点。

1.3.2　静态特性

1. 准确度与定量指标

检测仪表准确度是检测仪表最主要的计量性能指标。检测仪表的准确度是指检测仪表给出的示值接近真值的能力。示值与真值的这种偏差仅仅是由仪器本身造成的。由于各种测量误差存在，通常任何测量都是不完善的。所以多数情况下真值是不可知的(当然有的真值与测试无关，是可知的，如一个圆周角为360°)，接近真值的能力也是不确定的。因此，检测仪表准确度是一种检测仪表示值接近真值的程度，所以准确度是定性的概念。检测仪表准确度是表征检测仪表品质和特性的最主要的性能，因为任何测量的目的就是为了得到准确可靠的测量结果，实质上就是要求示值更接近真值。为此，虽然检测仪表准确度是一种定性的概念，但实际应用上人们需要以定量的概念来表述检测仪表的示值接近真值能力的大小。

在实际应用中这一表述是用其他的术语来定义的，如准确度等级、检测仪表的示值误差、检测仪表的最大允许误差或检测仪表的引用误差，等等。

准确度是指测量结果与实际值相一致的程度。准确度又称精确度，简称精度。任何测量过程都存在测量误差，在对工艺参数进行测量时，不仅需要知道仪表示值，而且还要知道测量结果的准确程度。准确度是测量的一个基本特征，通常采用仪表允许的误差限与量程的百分比形式来表示，即

$$\text{准确度}=\frac{\text{仪表允许误差限}}{\text{仪表量程}}\times 100\%=\frac{\text{仪表允许误差限}}{\text{测量上限}-\text{测量下限}}\times 100\% \tag{1-5}$$

通常用精确度(精度)等级来表示仪表的准确度，其值为准确度去掉"±"号及"%"后的数字，再取较大的约定值。按照国际法制计量组织(OTML)有关建议书推荐，仪表的准确度等级采用以下数字：1×10^n、1.5×10^n、1.6×10^n、2×10^n、2.5×10^n、3×10^n、4×10^n、5×10^n 和 6×10^n，其中 $n=1$、0、-1、-2、-3 等。上述数列中禁止在一个系列中同时选用 1.5×10^n 和 1.6×10^n，3×10^n 也只有证明必要和合理时才采用。作为 OIML 成员国，我国的自动化仪表精度等级有 0.005、0.02、0.05、0.1、0.2、0.5、1.0、1.5、2.5、4.0 等。一般科学实验用的仪表精度等级在 0.05 级以上。工业检测用仪表多为 0.1~4.0 级，其中校验用的标准表多为 0.1 或 0.2 级，工业生产过程用的多为 0.5~4.0 级。

有的检测仪表没有准确度等级指标，则检测仪表示值接近真值的能力就是用检测仪表允许的示值误差。因为检测仪表的示值误差就是指在特定条件下检测仪表示值与对应输入量的真值之差。如长度用半径样板，就是以名义半径尺寸规定的允许工作尺寸偏差值来确定其准确度。因为真值是不可知的，实际上检测仪表准确度可以用约定真值或实际值来计算其误差，从而来定量地进行表述。

检测仪表示值接近真值的能力也可以用检测仪表引用误差或最大允许误差来表述。检测仪表引用误差是指检测仪表的误差与某特定值(如量程或标称范围等)的比值。最大允许误差是指对特定的检测仪表、规范、规程等所允许的误差极限值。

这里要注意的是，从术语的名称和定义来看，检测仪表准确度、准确度等级、检测仪表示值误差、最大允许误差、引用误差等概念是不同的。严格地讲，要定量地给出检测仪表示值接近于真值的能力，应该指明给出的量是个什么量，是示值误差、最大允许误差、引用误差或准确度等级，不能笼统地称为准确度。检测仪表准确度是定性的概念，但它又可以用准确度等级、检测仪表示值误差等来定量表述。但这二者是有区别的，"准确度 1 级"不如称为"准确度等级为 1 级"；"准确度为 0.1%"改为"引用误差为 0.1% FS"更好。但有时为了制作表格或方便表述，也可笼统写"准确度"，但表内应填写准确度等级或规定的允许误差等数值。

要说明一点，当前仍然流行的"仪器精度"的术语是不规范的、含糊的概念。实际上说"某种仪器的精度是 0.1 μm"往往是指这种仪器的示值误差为 0.1 μm，也可能是指这种仪器的分辨力为 0.1 μm。但是按照"约定俗成"的惯例，大量场合仍然在使用名词"精度"，只是

在不同场合可能有不同的含义。建议读者遇到“精度”时，务必弄清它的具体含义。

2. 重复性

检测仪表的重复性是指在相同的测量条件下，重复测量同一个被测量时检测仪表示值的一致程度。任何一种测量，只要被测量的真值和仪器的示值之间存在一一对应的确定性单调关系，且这种关系是可重复的，这种检测仪表就是可信的、有效的，能够满足生产需要的。因此，重复性是检测仪表的重要指标。

在重复性定义中，相同的测量条件称为重复性条件。它包括：相同的测量程序，相同的观察者，在相同条件下使用相同的检测仪表，相同地点和短时间(观测者能力、仪器参数及使用条件均保持不变的时间段)内重复测量。仪器示值的一致程度就是指仪器示值分散在允许的范围内。所以重复性可以用示值的分散性来定量地表示。

3. 线性度

仪表线性度又称非线性误差，是表示仪表实测输入-输出特性曲线与理想线性输入输出特性曲线的偏离程度。如图 1-2 所示，仪表的线性度用实测输入-输出特性曲线 1 与拟合直线 2(有时也称理论直线)之间的最大偏差值与量程之比的百分数来衡量。

$$\text{线性度} = \frac{\Delta_{max}}{Y_{max} - Y_{min}} \times 100\% \tag{1-6}$$

式中：Δ_{max} 为仪表特性曲线与直线间的最大偏差；$(Y_{max}-Y_{min})$ 为仪表量程，即测量上限-测量下限。

4. 变差

变差又称回差，是指仪表在上行程和下行程的测量过程中，同一被测量所指示的两个结果之间的偏差。在机械结构检测仪表中，由于运动部件的摩擦，弹性元件的滞后效应和动态滞后时间的影响，使测量结果出现变差，如图 1-3 所示。

$$\text{变差} = \frac{\Delta'_{max}}{Y_{max} - Y_{min}} \times 100\% \tag{1-7}$$

式中：Δ'_{max} 为同一输入值的测量示值之差的最大值。

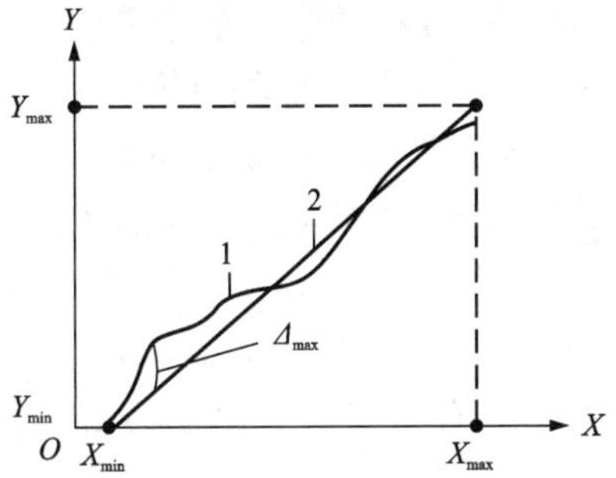

图 1-2　仪表非线性特性曲线

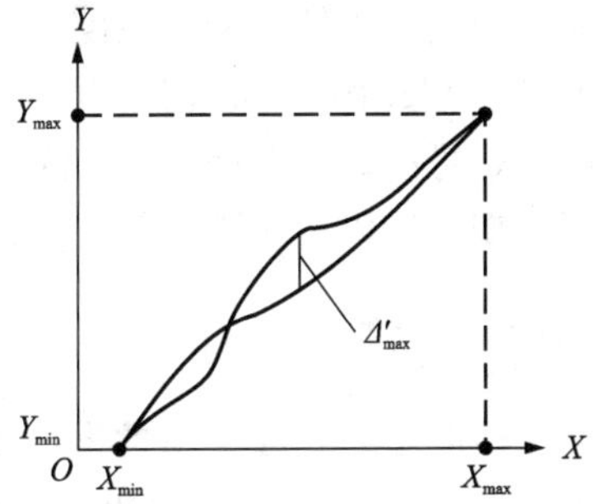

图 1-3　仪表变差特性曲线

5. 灵敏度

灵敏度是指输入量的单位变化所引起的输出量的变化。它表示仪表对被测量变化反应的灵敏程度，可表示为

$$S = \Delta y / \Delta x \tag{1-8}$$

当灵敏度 S 在各测量点均相同时，则该仪表为线性仪表；而对于非线性仪表，灵敏度 S 则不为常数。

由式(1-8)可知，S 越大，说明输入量微小的变化会引起输出量很大的变化，表明仪表的灵敏度越高。需要注意的是，仪表的灵敏度高，会引起系统的不稳定，使检测或控制系统品质指标下降。因此规定仪表标尺分格值不能小于仪表允许的绝对误差。

6. 仪表的使用范围

1)标称范围

显示装置上最大与最小示值的范围称为示值范围。检测仪表的操纵器件调到特定位置时可得到的示值范围称为标称范围。例如，一台万用表，把操纵器件调到×10 V 一挡，其标尺上下限数码为 0~10，则其标称范围为 0~100 V。注意标称范围必须以被测量的单位表示。当检测仪表只有一挡时，通常所指的示值范围就是标称范围。

2)量程

量程就是标称范围两极限值之差的模。例如温度计下限为-30℃，上限为+80℃，则其量程为|+80-(-30)|℃，即为 110℃。引入量程的主要目的是计算引用误差，因为一般仪器的引用误差取仪器的绝对误差与量程之比。

3)测量范围

测量范围也称工作范围，它是检测仪表的误差处在规定极限内的一组被测量的值。当测量范围两个极限值同符号时，测量范围就是被测量最大值与最小值之差。因此在测量范围内工作的仪器，其示值误差应处于允许极限内，如超出极限范围使用，示值误差将超出允许极限。所以测量范围就是在正常工作条件下，能确保检测仪表规定的准确度的被测量值范围。由于测量范围与仪器准确度有关而标称范围不涉及准确度，所以测量范围不会超出标称范围，有的就等于标称范围。

4)动态范围

动态范围是仪器所能测量的最强信号和最弱信号之比，一般用分贝值(dB)来表示。

$$\text{动态范围} = 20\lg(\text{最强信号幅值或有效值} / \text{最弱信号幅值或有效值}) \tag{1-9}$$

例如某频谱分析仪的动态范围为 80 dB，就是说如果所能分析的输入信号最弱为 1 mV，最强为 10 V[20lg(10 V/0.001 V)= 80]。虽然动态范围只是测量范围的相对值表示，但是由于输入信号是可以衰减或增益的，仪器的测量范围随着输入信号的衰减或增益而改变，所以动态范围不变。所以像频谱分析仪这样的仪器，动态范围更能刻画其测量范围的特性。

1.3.3 动态特性

在工业检测中，常常要测量迅速变化的物理量。因此，有必要研究测量装置的动态特性。动态特性是指测量装置对随时间变化的输入量的响应特性。动态特性中输出量与输入量的关系不是一个定值，而是时间的函数。

研究测量装置动态特性的理论方法是根据测量装置的数学模型，通过求解微分方程，来分析其输出量与输入量之间的关系。但是，由于实际测量装置的数学模型往往难于建立，因此，这种理论分析方法仅限于某些线性测量系统。

在实际工作中，通常采用实验的方法，根据测量装置对某些典型信号的响应，来评价它的动态特性。常用的典型信号有正弦信号和阶跃信号。以正弦信号作为系统的输入，研究系统对这种输入的稳态响应的方法称为频率响应法；以阶跃信号作为系统的输入，研究系统在该输入作用下的输出波形的方法称为瞬态响应法。目前，对各种测量装置的动态特性分析和定标，大都是以这两种信号为依据的。

1. 微分方程

实际的测量装置一般都能在一定程度和一定范围内看成是常系数线性系统。因此，通常认为可以用常系数线性微分方程式来描述其输入与输出的关系。对于任意线性系统，其数学模型的一般表达式为

$$a_n \frac{\mathrm{d}^n y}{\mathrm{d}t^n} + a_{n-1} \frac{\mathrm{d}^{n-1} y}{\mathrm{d}t^{n-1}} + \cdots + a_1 \frac{\mathrm{d}y}{\mathrm{d}t} + a_0 y = b_m \frac{\mathrm{d}^m x}{\mathrm{d}l^m} + b_{m-1} \frac{\mathrm{d}^{m-1} x}{\mathrm{d}t^{m-1}} + \cdots + b_1 \frac{\mathrm{d}x}{\mathrm{d}t} + b_0 x \tag{1-10}$$

式中：y 为测量装置的输出量 $y(t)$；x 为输入量 $x(t)$；t 为时间；a_0，a_1，…，a_n 和 b_0，b_1，…，b_n 均为仅取决于测量装置本身特性的常数。

对于常系数线性系统，同时作用的两个输入量所引起的输出，等于这两个输入量单独引起的输出之和(叠加原理)。而且，常系数线性系统输出的频率等于输入的频率(频率不变原理)。因此，欲分析常系数线性系统在复杂输入作用下的总输出，可以先将输入分解成许多简单的输入分量，分别求得这些输入分量各自对应的输出，然后再求这些输出之和。

2. 传递函数

由式(1-10)可以求出在某一输入量作用下测量系统的动态特性。但是对一个复杂的测量系统和复杂的被测信号，求该方程的通解和特解颇为困难，往往采用传递函数和频率响应函数更为方便。

式(1-10)所示的常系数线性微分方程可以应用拉普拉斯变换很方便地求解。当输入量 $x(t)$ 和输出量 $y(t)$ 及它们的各阶时间导数的初始值($t=0$ 时的值)为零时，式(1-10)的拉普拉斯变换式为

$$(a_n s^n + a_{n-1} s^{n-1} + \cdots + a_1 s + a_0) y(s) = (b_m s^m + b_{m-1} s^{m-1} + \cdots + b_1 s + b_0) x(s) \tag{1-11}$$

式中：s 为拉普拉斯算子；$y(s)$ 为初始条件为零时，测量装置输出量的拉普拉斯变换式；$x(s)$ 为初始条件为零时，测量装置输入量的拉普拉斯变换式。由式(1-11)可得

$$G(s) = \frac{y(s)}{x(s)} = \frac{b_m s^m + b_{m-1} s^{m-1} + \cdots + b_1 s + b_0}{a_n s^n + a_{n-1} s^{n-1} + \cdots + a_1 s + a_0} \tag{1-12}$$

式中：$G(s)$ 称为测量装置的传递函数，它是初始条件为零时，测量装置的输出量与输入量的拉普拉斯变换式之比。

传递函数 $G(s)$ 表达测量装置本身固有的动态特性。当知道传递函数之后，就可以由系统的输入量按式(1-12)求出其输出量(动态响应)的拉氏变换，再通过求逆变换可得其输出量 $y(t)$。此外，传递函数并不表明系统的物理性质。许多物理性质不同的测量装置，可以有相同的传递函数，因此通过对传递函数的分析研究，能统一处理各种物理性质不同的线性测量系统。

测定频率响应的一般方法是以圆频率为 ω 的正弦信号作用于测量装置，则该测量系统的稳态输出将是和输入量同频率的正弦波。同时测定输入与输出的幅值与相位差，则输出和输

入的幅值比就是该ω对应的幅频特性值，两者的相位差便是与该ω对应的相频特性值。不断改变ω值，并进行同样的测量，便可以从输出输入幅值比和相位差随ω而变化的关系，得出测量装置的幅频特性、相频特性和频率响应。

传递函数有以下特点：

(1) 传递函数是测量系统本身各环节固有特性的反映，它不受输入信号的影响，但包含瞬态、稳态时间和频率响应的全部信息。

(2) 传递函数$G(s)$是通过把实际测量系统抽象成数学模型后经过拉氏变换得到的，它只反映测量系统的响应特性。

(3) 同一传递函数可能表征多个响应特性相似，但具体物理结构和形式却完全不同的设备，例如一个RC滤波电路与有阻尼弹簧的响应特性就类似，它们同为一阶系统。

1.4 测量的不确定性

任何测量都有误差。测量结果仅仅是被测量值的一个估计。因此测量结果必然带有不确定性。不确定性越大，重复测量的数值就越分散，单次测量的结果就越不可信，测量结果的质量就越低。测量不确定度就是评定测量结果质量的一个重要指标。由于测量系统造成测量结果的不确定性是测量不确定度的重要来源。

1.4.1 测量不确定度

1. 测量不确定度定义

表征合理地赋予被测量值的分散性，与测量结果相联系的参数称为测量不确定度。不确定度指可疑程度。测量不确定度则指对测量正确性的可疑程度，它是测量结果质量高低的一种定量表示方法。测量不确定度是测量结果，带有一个参数，表明合理地赋予被测量值的分散性。测量不确定度说明随机效应和系统效应测量结果所造成的影响有多大。

测量不确定度恒为正值，可以用标准偏差及其倍数来表示，它说明具有一定置信概率的置信区间的半宽。在测量结果的完整表达中应包括不确定度。

不确定度又可分为标准不确定度u、合成不确定度u_c及扩展不确定度U和U_p。在对测量结果的不确定度评定时，首先找出对测量结果的各种影响因素，对每个因素估算它的标准不确定度值，即不确定度分量，因为每一个不确定度分量都会对总的不确定度作出贡献，因此需要求合成不确定度的大小，最后对合成不确定度乘以一个系数即得到扩展不确定度值，它表明测量结果以一定的置信概率所处区间的半宽。

2. 不确定度与测量误差的比较

不确定度与误差是完全不同的两个概念，不应该混淆或误用。对于同一个被测量，无论其测量程序和测量条件如何，相同的测量结果，误差是相同的。而在重复性测量条件下，测量系列中不同的测量结果都具有相同的不确定度。表1-1中列出了测量误差和测量不确定度的比较。

表 1-1　测量误差与测量不确定度的比较

比较内容	测量误差	测量不确定度
定义性质	测量结果—真值	给定条件下测量结果的分散性
表达符号	非正即负，必有其一	恒为正
分量的分类	随机误差，系统误差	A 类不确定度评定，B 类不确定度评定
分量的合成	代数和	方根和
自由度	不存在	存在
同测量结果的关系	有关	无关
同测量程序的关系	无关	有关
理论上能否确切地给出	不能	在给定条件下能确切地给出
评定中与测量结果的分布关系	无关	有关

1.4.2　两类标准不确定度评定法则

引起测量结果不确定的原因是多方面的，其中测量系统是一个重要方面。由于测量系统由若干检测仪表组成，测量过程受到各种因素的影响，最终测量结果往往也是由许多直接测量结果合成的，因此测量不确定度有多个分量。求出测量不确定度的大小称为测量不确定度的评定。不论分量来源如何，评定方法可分为两大类：A 类和 B 类。通过对一系列观测数据的统计分析评定不确定度称为 A 类评定；不经过统计分析，而基于经验或其他信息所认定的概率分布来评定不确定度称为 B 类评定。两类评定都建立在概率统计理论上，仅仅是概率分布的来源不同，因此具有同等价值。

用标准差表征的不确定度称为标准不确定度(standard uncertainty)，用 u 表示。测量不确定度所包含的若干分量均是标准不确定度分量，用 u_i 表示。

1. 测量不确定度的 A 类评定

若进行等精度重复多次测量，即在相同测量条件下得到被测量 x_i 的 n 个独立观测值 q_1，q_2，…，q_n，一般采用这些独立观测值的算术平均值 $\bar{q}$ 表示被测量的估计值。因此这种测量的标准不确定度的 A 类评定法则为

$$u_i = \sqrt{\frac{1}{n(n-1)}\sum_{i=1}^{n}(q_i - \bar{q})^2} \tag{1-13}$$

2. 测量不确定度的 B 类评定

测量不确定度的 B 类评定(expanded uncertainty)是通过非统计分析法得到的数值。它是根据以前的测量数据、经验或资料、有关仪器和装置的一般知识、使用说明书、检验证书、其他报告或手册提供的数据等估计出的。必要时对观测值进行一定的分布假设，如正态分布、均匀分布、三角分布、反正弦分布等。若已知观测值分布区间半宽 a，对于正态分布，$u_i = a/3$；对于均匀分布，$u_i = a/1.732$；对于三角分布，可取 $u_i = a/\sqrt{6}$。

若观测值取自资料，由资料说明该观测值的测量不确定度 U_i 是标准差的 k 倍。则该观测值的标准不确定度 $u_i = U_i/k$。

若缺乏可用的资料，则只能根据经验直接给出不确定度数值。

1.4.3 自由度及其确定

每个不确定度都对应着一个自由度(degree of freedom)，记作 v。自由度计算不确定度的变量总数(如 n)与这些变量间的线性约束数(如 k)之差($n-k$)。自由度定量地表征了不确定度评定的质量。自由度越大，表示参与不确定度计算的独立参数越多，因此评定结果就越可信，评定质量也就越高。合成标准不确定度的自由度又称为有效自由度 v_{eff}。不确定度评定中自由度有 3 个作用：表明不确定度数值的可信程度，确定包含因子 k 和参与计算的有效自由度。所以给出测量不确定度的同时应给出自由度。

标准不确定度的 A 类评定的自由度 $v=n-1$，n 是测量数据的个数。

标准不确定度的 B 类评定 u 的自由度为

$$v=\frac{1}{2\left[\frac{\sigma(u)}{u}\right]^{2}} \tag{1-14}$$

式中：$\sigma(u)$ 为 u 的标准差；$\sigma(u)/u$ 为标准不确定度 u 的相对标准不确定度。

1.5 测量误差及分类

任何测量结果与被测量的真值之间都有差异，也就是说在任何测量过程中，都不可避免地出现测量误差。只有将这些含有误差的测量数据进行数学处理，才能求得被测量的最佳逼近值，并估计其精确程度。

1.5.1 真值

在检测过程中，由于环境中存在各种各样的干扰因素，以及所选用的仪表精度有限，实验手段不够完善，检测技术水平的限制等，必然使测量值和真值之间存在一定的差值，这个差值称为测量误差，表示为

$$\Delta = X - T \tag{1-15}$$

式中：X 为测量值，即被测量的仪表示值；T 为真值，即在一定条件下，被测量实际应有的数值。

真值是一个理想的概念，因为任何可以得到的数据都是通过测量得到的，它受到测量条件、人员素质、测量方法和检测仪表的影响。

一个测量结果，只有当知道它的测量误差的大小及误差的范围时，这一结果才有意义，因此，必须确定真值。在实际应用中，常把以下几种情况设定为真值。

1. 计量学约定的真值

计量学约定的真值，即测量过程中所选定的国际上公认的某些基准量。例如，1982 年国际计量局米定义咨询委员会提出新的米定义为“米等于光在真空中 1/299792458 s 时间间隔内所经路径的长度”。这个米基准就当作计量长度的约定的真值。又如，在一个物理大气压下，水沸腾的温度为 100℃，即为约定的真值。

2. 标准仪器的相对真值

可以用高一级标准仪器的测量值作为低一级仪表测量值的相对真值，在这种情况下真值 T 又称为实际值或标准值。例如，对同一个被测量，标准压力表示值为 16 MPa，普通压力表示值为 16.01 MPa，则该被测压力表测量值 X 是 16.01 MPa，相对真值(实际值)为 16 MPa，用普通压力表测量后产生的误差为

$$\Delta = X - T = 16.01 - 16 = 0.01(\mathrm{MPa})$$

3. 理论真值

理论真值往往在定义和公式表达中给出表达值。如，平面三角形内角之和为 180°，四边形内角和是 360°等。

1.5.2　误差

1. 绝对误差

被测量的测量值与实际值之间的差值的绝对值称为绝对误差，即

$$\Delta = |X - T| \tag{1-16}$$

绝对误差直接说明了仪表显示值(测量值)偏离实际值的大小。对同一个实际值来说，测量产生的绝对误差小，则直观地说明了测量结果准确。但绝对误差不能作为不同量程的同类仪表和不同类型仪表之间测量质量好坏的比较尺度，且不同量纲的绝对误差无法比较。

为了更准确地描述测量值质量的好坏，明确测量结果的可信程度，通常将绝对误差与被测量值的大小做比较，从而引入相对误差的概念。

2. 相对误差

相对误差是被测变量的绝对误差与实际值(或测量值)比较的百分数。

$$\delta = \frac{\Delta}{T} \times 100\% \approx \frac{\Delta}{X} \times 100\% \tag{1-17}$$

例如，用电阻式温度计测量 200℃温度时，产生的绝对误差是±0.5℃，由式(1-17)求得，相对误差 δ 为±0.25%。用热电偶温度计测量 800℃温度时，产生的绝对误差是±1℃，由式(1-17)得到相对误差 δ 为±0.125%。可见，用绝对误差比较，则电阻式温度计测量的准确度高，但用相对误差比较则发现，热电偶温度计相对于测量的实际值而言，测量结果的准确度更高。

又如，测量范围为 0~1000℃的热电偶温度计，测量各温度点时，产生的绝对误差均为±1℃，因此，在测量 200℃时，产生的相对误差为 $\delta_1 = \frac{\pm 1}{200} \times 100\% = \pm 0.5\%$，在测量 800℃时，产生的相对误差为 $\delta_2 = \frac{\pm 1}{800} \times 100\% = \pm 0.125\%$。由此可见，在仪表的整个测量范围内靠近下限值附近，测量的实际值小，产生的相对误差就大，说明测量结果不够准确；而在上限附近，测量的实际值高，产生的相对误差小，测量结果的准确度随之得到提高。

3. 引用误差

绝对误差与仪表量程比值的百分数称为引用误差，表示为

$$\delta_{\text{引}} = \frac{\Delta}{X_{\max} - X_{\min}} \times 100\% = \frac{\Delta}{M} \times 100\% \tag{1-18}$$

式中：X_{max} 为仪表标尺上限刻度值；X_{min} 为仪表标尺下限刻度值；M 为仪表的量程；Δ 为绝对误差。

在实际应用时，通常采用最大引用误差来描述仪表实际测量的质量，并把它定义为确定仪表精度的基准，表达式为

$$\delta_{引} = \frac{\Delta_M}{M} \times 100\% \tag{1-19}$$

式中：Δ_M 为在测量范围内产生的绝对误差的最大值。

1.5.3 测量误差的分类

根据测量误差的性质，可将测量误差分为以下三类。

1. 系统误差

系统误差(简称系差)是指在同一条件下多次测量同一量时，误差的大小和符号保持恒定，或在条件改变时，按某一确定的规律变化的误差。

按照误差值是否变化，可将系统误差进一步划分为恒差系统误差和变差系统误差。变差系统误差又可进一步分为累进性的、周期性的以及按复杂规律变化的几种。

按照对系统误差掌握的程度，又可将其大致分为已定系统误差(方向和绝对值已知)与未定系统误差(方向和绝对值未知，但可估计其变化范围)。已定系统误差可在测量中予以修正，而未定系统误差只能估计其误差限(又称系统不确定度)。

系统误差的特征是误差出现的规律性和产生原因的可知性。所以，在测量过程中可以分析各种系统误差的成因，并设法消除其影响和估计出未能消除的系统误差值。

2. 随机误差

随机误差是指在相同条件下多次测量同一量时，误差的大小和符号均以不可预定的方式发生变化，没有确定的变化规律的测量误差。

单次测量的随机误差没有规律，不能预料，不可控制，也不能用实验方法加以消除。但是，随机误差在多次测量的总体上服从统计规律，因此可以通过统计学的数学方法来研究这些误差的总体并估计其影响。

3. 粗大误差

明显歪曲测量结果的误差称为粗大误差(简称粗差)。产生粗差的主要原因有测量方法不当或实验条件不符合要求；测量人员粗心，不正确地使用仪器，测量时读错数据，计算中发生错误等。

从性质上看，粗差本身并不是单独的类别，它本身既可能具有系统误差的性质，也可能具有随机误差的性质，只不过在一定测量条件下其绝对值特别大而已。含有粗差的测量值称为坏值或异常值，所有的坏值都应剔除。所以，在进行误差分析时，要估计的误差只有系统误差与随机误差两类。

在测量过程中，系统误差与随机误差通常是同时发生的，一般很难把它们从测量结果中严格区分开来。而且，误差的性质在一定条件下是相互转化的。有时可以把某些暂时没有完全掌握或分析起来过于复杂的系统误差当作随机误差来处理。对于按随机方法处理的系统误差，通常只能给出系统误差的可能取值范围(即系统不确定度)。此外，对某些随机误差(如环境温度、电源电压波动等所引起的)，当设法掌握其规律后，则可视为系统误差并设法加以

修正。

不确定度也用来表征随机误差的可能范围，此范围称为随机不确定度。当同时存在系统误差和随机误差时，则用测量的不确定度来表征总的误差范围。

1.6 测量误差的处理

1.6.1 系统误差的处理

在一般工程测量中，系统误差与随机误差总是同时存在，尤其是对装配刚结束、可正常运行的检测仪器，在出厂前进行的对比测试、校正和标定过程中，反映出的系统误差往往比随机误差大得多；而新购检测仪器尽管在出厂前，生产厂家已经对仪器的系统误差进行过精确的校正，但一旦用户安装到现场使用，也会因仪器的工况改变产生新的、甚至是很大的系统误差，为此需要进行现场调试和校正；在检测仪器使用过程中还会因元器件老化、线路板及元器件上积尘、外部环境发生某种变化等而造成检测仪器系统误差的变化，所以需对检测仪器定期检定与校准。

不难看出，为保证和提高测量精度，需研究并发现系统误差，进而提出校正和消除系统误差的原理、方法与措施。

1. 恒差系统误差的确定

1）实验比对

对于不随时间变化的恒差型系统误差，通常可以采用通过实验比对的方法发现和确定。实验比对的方法又可分为标准器件法（简称标准件法）和标准仪器法（简称标准表法）两种。以电阻测量为例，标准件法就是检测仪器对高精度精密标准电阻器（其值作为约定真值）进行重复多次测量，测量值与标准电阻器的阻值的差值大小均稳定不变，该差值即可作为此检测仪器在该示值点的系统误差值。其相反数，即为此测量点的修正值。而标准表法就是把精度等级高于被检定仪器两档的同类高精度仪器作为近似没有误差的标准表。与被检定检测仪器同时或依次对被测对象（如在被检定检测仪器测量范围内的电阻器）进行重复测量，把标准表示值视为相对真值，如果被检定检测仪器示值与标准表示值之差大小稳定不变，就可将该差值作为此检测仪器在该示值点的系统误差，该差值的相反数即为此检测仪器在此点的修正值。

当不能获得高精度的标准件或标准仪器时，可用多台同类或类似仪器进行重复测量、比对，把多台仪器重复测量的平均值近似作为相对真值，仔细观察和分析测量结果，亦可粗略地发现和确定被检仪器的系统误差。此方法只能判别被检仪器个体与其他群体间存在系统误差的情况。

2）原理分析与理论计算

对一些因转换原理、检测方法或设计制造方面存在不足而产生的恒差型系统误差，可通过原理分析与理论计算来加以修正。这类“不足”，经常表现为在传感器转换过程中存在零位误差，传感器输出信号与被测参量间存在非线性，传感器内阻大而信号调理电路输入阻抗不够高，或是信号处理时采用的是略去高次项的近似经验公式，或是采用经简化的电路模型等。对此需要针对实际情况仔细研究和计算、评估实际值与理想（或理论）值之间的恒定误差，然后设法校正、补偿和消除。

3）改变外界测量条件

有些检测系统一旦工作环境条件或被测参量数值发生改变，其测量系统误差往往也从一个固定值变化成另一个确定值。对这类检测系统需要通过逐个改变外界测量条件，来发现和确定仪器在其允许的不同工况条件下的系统误差。

2. 变差系统误差的确定

变差系统误差是指按某种确定规律变化的测量系统误差，可采用残差观察法或利用某些判断准则来发现并确定是否存在变差系统误差。

1）残差观察法

当系统误差比随机误差大时，通过观察和分析测量数据及各测量值与全部测量数据算术平均值之差，即为剩余误差（残差），常常能发现该误差是否为按某种规律变化的变差系统误差。通常的做法是把一系列等精度重复测量值及其残差按测量时的先后次序分别列表，仔细观察和分析各测量数据残差值的大小和符号的变化情况，如果发现残差序列呈有规律递增或递减，且残差序列减去其中值后的新数列在以中值为原点的数轴上呈正负对称分布，则说明测量存在累进性的线性系统误差；如果发现偏差序列呈有规律交替重复变化，则说明测量存在周期性系统误差。

当系统误差比随机误差小时，就不能通过观察来发现系统误差，只能通过专门的判断准则才能较好地发现和确定。这些判断准则实质上是检验误差的分布是否偏离正态分布，常用的有马利科夫准则和阿贝—赫梅特准则等。

2）马利科夫准则

马利科夫准则适用于判断、发现和确定线性系统误差。此准则的实际操作方法是将在同一条件下顺序重复测量得到的一组测量值 X_1，X_2，…，X_n 顺序排列，并求出它们相应的残差 v_1，v_2，…，v_i，…，v_n。

$$v_i = X_i - \frac{1}{n}\sum_{i=1}^{n} X_i = X_i - \overline{X} \tag{1-20}$$

式中：X_i 为第 i 次测量值；n 为测量次数；$\overline{X}$ 为全部 n 次测量值的算术平均值，简称测量均值；v_i 为第 i 次测量的残差。

将这些残差序列以中间值 v_k 为界，分为前后两组，分别求和，然后把两组残差和相减，即

$$D = \sum_{i=1}^{k} v_i - \sum_{i=s}^{n} v_i \tag{1-21}$$

当 n 为偶数时，取 $k=\frac{n}{2}$、$s=\frac{n}{2}+1$；当 n 为奇数时，取 $k=s=\frac{n+1}{2}$。

若 D 近似等于零，说明测量中不含线性系统误差；若 D 明显不为零（且大于 v_i），则表明这组测量中存在线性系统误差。

3）阿贝-赫梅特准则

阿贝-赫梅特准则适用于判断、发现和确定周期性系统误差。此准则的实际操作方法也是将在同一条件下重复测量得到的一组测量值 X_1，X_2，…，X_n 按序排列，并根据式（1-20）求出它们相应的残差 v_1，v_2，…，v_n，然后计算

$$A = \left| \sum_{i=1}^{n-1} v_i \cdot v_{i+1} \right| = \left| v_1 v_2 + v_2 v_3 + \cdots + v_{n-1} v_n \right| \tag{1-22}$$

如果式(1-22)中 $A>\delta^2\sqrt{n-1}$ 成立(δ^2 为本测量数据序列的方差)，则表明测量值中存在周期性系统误差。

1.6.2　减小和消除系统误差的方法

在测量过程中，若发现测量数据中存在系统误差，则需要做进一步分析比较，找出产生该系统误差的主要原因以及相应减小系统误差的方法。由于产生系统误差的因素众多，且经常是若干因素共同作用，因此显得更加复杂，难以找到一种普遍有效的方法来减小和消除系统误差。下面是最常用的减小系统误差的几种方法。

1. 针对产生系统误差的主要原因采取相应措施

仔细分析测量过程中可能产生的系统误差的环节，找出产生系统误差的主要原因，并采取相应措施是减小和消除系统误差最基本的和最常用的方法。例如，如果发现测量数据中存在的系统误差的原因主要是传感器转换过程中存在零位误差或传感器输出信号与被测参量间存在非线性误差，则可采取相应措施调整传感器零位，仔细测量出传感器非线性误差，并据此调整线性化电路或用软件补偿的方法校正和消除此非线性误差。如果发现测量数据中存在的系统误差主要是因为信号处理时采用近似经验公式(如略去高次项等)，则可考虑用改进算法、多保留高次项的措施来减小和消除系统误差。

2. 采用修正方法减小恒差系统误差

利用修正值来减小和消除系统误差是常用的和非常有效的方法之一，在高精度测量、计量与标定时被广泛采用。

通常的做法是在测量前预先通过标准器件法或标准仪器法比对(计算)，得到该检测仪器系统误差的修正值，制成系统误差修正表；然后用该检测仪器进行具体测量时可人工或由仪器自动地将测量值与修正值相加，从而大大减小或基本消除该检测仪器原先存在的系统误差。

除通过标准器件法或标准仪器法获取该检测仪器系统误差的修正值外，还可对各种影响因素，如温度、湿度、电源电压等变化引起的系统误差，通过反复实验绘制出相应的修正曲线或制成相应表格，供测量时使用。对随时间或温度不断变化的系统误差，如仪器的零位误差、增益误差等可采取定期测量和修正的方法解决。智能化检测仪器通常可对仪器的零位误差、增益误差间隔一定时间自动进行采样并自动实时修正处理，这也是智能化仪器能获得较高测量精度的主要原因。

3. 采用交叉读数法减小线性系统误差

交叉读数法也称对称测量法，是减小线性系统误差的有效方法。如果检测仪器在测量过程中存在线性系统误差，那么在被测参量保持不变的情况下其重复测量值也会随时间的变化而线性增加或减小。若选定整个测量时间范围内的某个时刻为中点，则对称于此点的各对测量值的和都相同。根据这一特点，可在时间上将测量顺序等间隔对称安排，取各对称点两次交叉读入测量值，然后取其算术平均值作为测量值，即可有效地减小测量的线性系统误差。

4. 采用半周期法减小周期性系统误差

对周期性系统误差，可以相隔半个周期进行一次测量，如图 1-4 所示。取两次读数的算术平均值，即可有效地减小周期性系统误差。因为相差半周期的两次测量，其误差在理论上具有大小相等、符号相反的特征，所以该法在理论上能很好地减小和消除周期性系统误差。

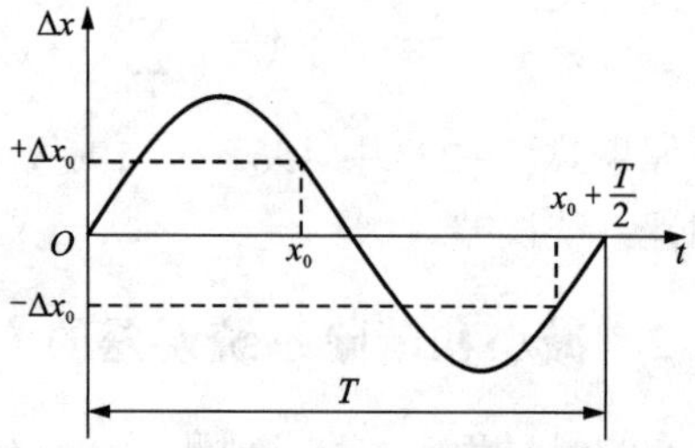

图 1-4　半周期法读数示意图

以上几种方法在具体实施时，出于种种原因难以完全消除所有的系统误差，而只能将系统误差减小到对测量结果影响最小以至可以忽略不计的程度。

如果测量系统误差或残余系统误差代数和的绝对值不超过测量结果扩展不确定度的最后一位有效数字的一半，通常认为测量系统误差已经很小，可忽略不计。

1.6.3　随机误差的处理

1. 随机误差的分布规律

假定对某个被测参量进行等精度（测量误差影响程度相同）重复测量 n 次，其测量示值分别为 X_1，X_2，…，X_i，…，X_n，则各次测量的测量误差，即随机误差（假定已消除系统误差）分别为

$$\begin{aligned} \Delta x_1 &= X_1 - X_0 \\ \Delta x_2 &= X_2 - X_0 \\ &\cdots\cdots \\ \Delta x_i &= X_i - X_0 \\ &\cdots\cdots \\ \Delta x_n &= X_n - X_0 \end{aligned} \tag{1-23}$$

式中：X_0 为真值。

如果以偏差幅值（有正、负）为横坐标，以偏差出现的次数为纵坐标作图，可以看出，随机误差整体上均具有下列统计特性。

（1）有界性：即各个随机误差的绝对值（幅度）均不超过一定的界限；

（2）单峰性：即绝对值（幅度）小的随机误差总要比绝对值（幅度）大的随机误差出现的概率大；

（3）对称性：（幅度）等值而符号相反的随机误差出现的概率接近相等；

（4）抵偿性：当等精度重复测量次数 $n\to\infty$ 时，所有测量值的随机误差的代数和为零，即

$$\lim_{n=\infty}\sum_{i=1}^{n}\Delta x_i = 0 \tag{1-24}$$

所以，在等精度重复测量次数足够大时，其算术平均值 $\overline{X}$ 就是其真值 X_0 较理想的替代值。

大量的实验结果还表明：测量值的偏差一旦没有起决定性影响的误差源（项）存在时，随机误差的分布规律多数都服从正态分布；当有起决定性影响的误差源存在时，还会出现诸如均匀分布、三角分布、梯形分布、t 分布等。下面对正态分布做简要介绍。

2. 正态分布

高斯于 1795 年提出的连续型正态分布随机变量 x 的概率密度函数表达式为

$$p(x) = \frac{1}{\sigma\sqrt{2\pi}} e^{\frac{-(x-\mu)^2}{2\sigma^2}} \tag{1-25}$$

式中：μ 为随机变量的数学期望值；e 为自然对数的底；σ 为随机变量 x 的均方根差或称标准偏差(简称标准差)；σ^2 为随机变量的方差，数学上通常用 D 表示。

$$\sigma = \lim_{n\to\infty} \sqrt{\frac{\sum_{i=1}^{n}(x_i - \mu)^2}{n}} \tag{1-26}$$

其中：μ 和 σ 是决定正态分布曲线的两个特征参数；n 为随机变量的个数。其中 μ 影响随机变量分布的集中位置，或称其为正态分布的位置特征参数；σ 表征随机变量的分散程度，故称为正态分布的离散特征参数。μ 值改变，σ 值保持不变，正态分布曲线的形状保持不变而位置根据 μ 值改变而沿横坐标移动，如图 1-5 所示。当 μ 值不变，σ 值改变，则正态分布曲线的位置不变，但形状改变，如图 1-6 所示。σ 值变小，则正态分布曲线变得尖锐，表示随机变量的离散性变小；σ 值变大，则正态分布曲线变平缓，表示随机变量的离散性变大。

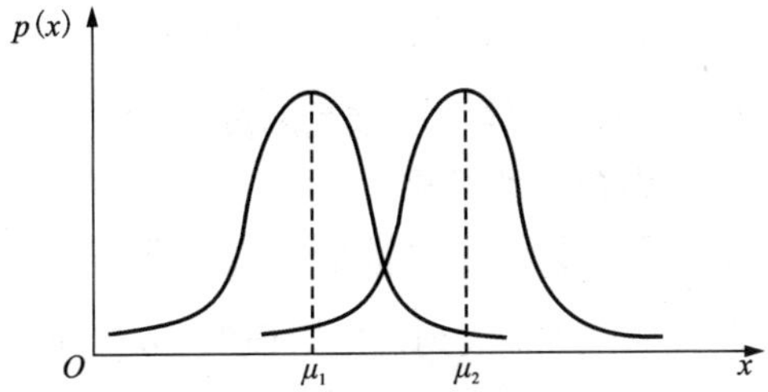

图 1-5　μ 对正态分布的影响

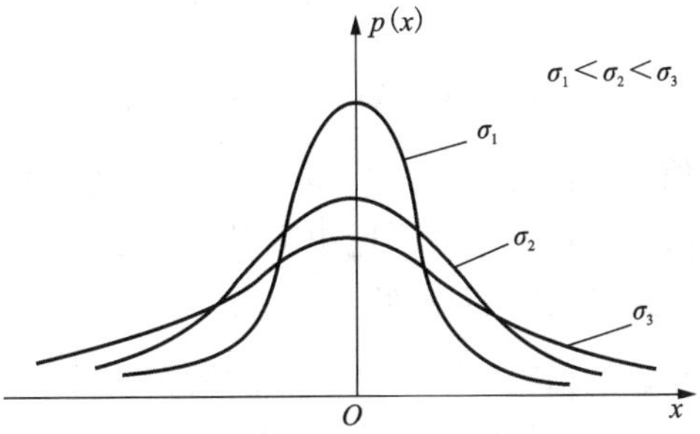

图 1-6　σ 对正态分布的影响

在已经消除系统误差条件下的等精度重复测量中，当测量数据足够多时，测量的随机误差大都呈正态分布，因而完全可以参照式(1-25)的高斯方程对测量随机误差进行比较分析。

分析测量随机误差时，标准差 σ 表征测量数据离散程度。σ 值愈小，则测量数据愈集中，概率密度曲线愈陡峭，测量数据的精密度越高；反之，σ 值愈大，测量数据愈分散，概率密度曲线愈平坦，测量数据的精密度越低。

3. 测量数据的随机误差估计

1)测量真值估计

在实际工程测量中，测量次数 n 不可能无穷大，而测量值 X_0 通常也不可能已知。求已消除系统误差的有限次等精度测量数据样本 X_1，X_2，⋯ X_i，⋯ X_n 算术平均值 $\overline{X}$，即

$$\overline{X} = \frac{1}{n}\sum_{i=1}^{n} X_i \tag{1-27}$$

$\overline{X}$ 是被测参量真值 X(或数学期望 μ)的最佳估计值，也是实际测量中比较容易得到的真值近似值。

2)测量值的均方根误差估计

对已消除系统误差的一组 n 个(有限次)等精度测量数据 X_1, X_2, …, X_i, …, X_n, 采用其算术平均值 $\overline{X}$ 近似代替测量真值 X_0 后, 总会有偏差, 偏差的大小, 目前常用贝塞尔(Bessel)公式来计算

$$\hat{\sigma} = \sqrt{\frac{\sum_{i=1}^{n}(X_i - \overline{X})^2}{n-1}} = \sqrt{\frac{\sum_{i=1}^{n} v_i^2}{n-1}} \tag{1-28}$$

式中: X_i 为第 i 次测量值; n 为测量次数, 这里为一有限值; $\overline{X}$ 为全部 n 次测量值的算术平均值, 简称测量均值; v_i 为第 i 次测量的残差; $\hat{\sigma}$ 为标准偏差 σ 的估计值。

3)算术平均值的标准差

严格地讲, 贝塞尔公式只有当 $n\to\infty$ 时, $\hat{\sigma}=\sigma$、$\overline{X}=X_0=\mu$ 才成立。

可以证明(详细证明参阅概率论的相关部分)算术平均值的标准差为

$$\sigma(\overline{X}) = \sqrt{\frac{\sigma^2(\overline{X})}{n}} \tag{1-29}$$

以上分析表明, 算术平均值 $\overline{X}$ 的方差仅为单项测量值 X_i 方差的 $1/n$, 也就是说, 算术平均值 $\overline{X}$ 的离散度比测量数据 X_i 的离散度要小。所以, 在有限次等精度重复测量中, 用算术平均值估计被测量值要比用测量数据序列中任何一个都更为合理和可靠。

式(1-29)还表明, 在 n 较小时, 增加测量次数 n, 可明显减小测量结果的标准偏差, 提高测量的精密度。但随着 n 的增大, 减小的程度愈来愈小; 当 n 大到一定数值时, $\hat{\sigma}(\overline{X})$ 就几乎不变了。另外, 增加测量次数 n 不仅数据采集和数据处理的工作量迅速增加, 而且因测量时间不断增大而使"等精度"的测量条件无法保持, 由此产生新的误差。所以, 在实际测量中, 对普通被测参量, 测量次数 n 一般取 4~24。若要进一步提高测量精密度, 通常需要从选择精度等级更高的检测仪表、采用更为科学的测量方案、改善外部测量环境等方面入手。

4)正态分布测量结果的置信度

由上述分析可知, 可用测量值 X_i 的算术平均值 $\overline{X}$ 作为数学期望 μ 的估计值, 即真值 X_0 的近似值。$\overline{X}$ 的分布离散程度可用贝塞尔公式等方法求出的重复性标准差 $\hat{\sigma}$(标准偏差的估计值)来表征, 但仅知道这些是不够的, 还需要知道真值 X_0 落在某一数值区间的"肯定程度", 即估计真值 X_0 能以多大的概率落在某一数值区间。

以上就是数理统计学中数值区间估计问题。该数值区间称为置信区间, 其界限称为置信限。该置信区间包含真值的概率称为置信概率, 也可称为置信水平。这里置信限和置信概率综合体现测量结果的可靠程度, 称为测量结果的置信度。显然, 对同一测量结果而言, 置信限愈大, 置信概率就愈大; 反之亦然。

对于正态分布, 由于测量值在某一区间出现的概率与标准差 σ 的大小密切相关, 故一般把测量值 X_i 与真值 X_0(或数学期望 μ)的偏差 x 的置信区间取为 σ 的若干倍, 即

$$x = \pm k\sigma \tag{1-30}$$

式中: k 为置信系数(或称置信因子), 可被看作是描述在某一个置信概率情况下, 标准偏差

σ 与误差限之间的一个系数。它的大小不但与概率有关，而且与概率分布有关。

对于正态分布，测量误差 x 落在某区间的概率表达式

$$p\{|x|\leqslant k\sigma\}=\int_{-k\sigma}^{+k\sigma}\frac{1}{\sigma\sqrt{2\pi}}e^{\frac{-(x-\mu)^2}{2\sigma^2}}dx \tag{1-31}$$

为表示方便，在这里令 $\delta=x-\mu$ 则有

$$P(\delta)=\int_{-k\sigma}^{+k\sigma}\frac{1}{\sigma\sqrt{2\pi}}e^{\frac{-\delta^2}{2\sigma^2}}d\delta \tag{1-32}$$

置信系数 k 值确定之后，则置信概率便可确定。由式(1-32)，当 k 分别选取 1，2，3 时，即测量误差 x 分别落入正态分布置信区间 $\pm\sigma$，$\pm2\sigma$，$\pm3\sigma$ 的概率值分别如下(图 1-7)：

$$P\{\delta\leqslant\sigma\}=\int_{-\sigma}^{+\sigma}p(\delta)d\delta=0.683$$

$$P\{\delta\leqslant2\sigma\}=\int_{-2\sigma}^{+2\sigma}p(\delta)d\delta=0.954$$

$$P\{\delta\leqslant3\sigma\}=\int_{-3\sigma}^{+3\sigma}p(\delta)d\delta=0.997$$

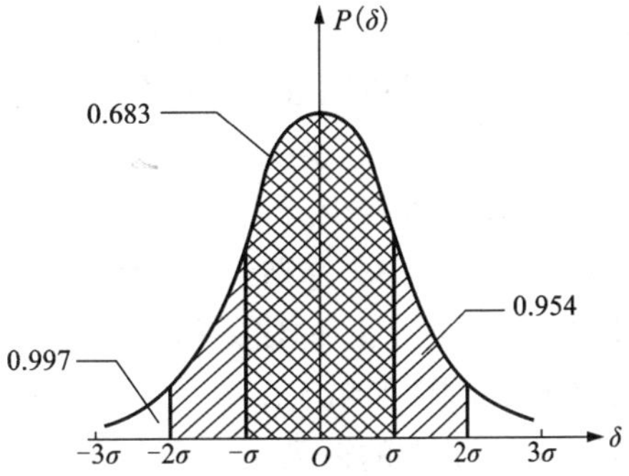

图 1-7　不同置信区间的概率分布示意图

1.6.4　粗大误差的处理

通常对随机误差的讨论是假设等精度测量已消除系统误差的情况下进行的，但是没有排除测量数据中存在粗大误差的可能性。当在测量数据中发现某个数据可能是异常数据时，一般不要不加分析就轻易将该数据直接从测量记录中删除，最好能分析出该数据出现的主客观原因。判断粗大误差可从定性分析和定量判断两方面来考虑。

定性分析就是对测量环境、测量条件、测量设备、测量步骤进行分析，看是否有某种外部条件或测量设备本身存在突变而瞬时破坏，测量操作是否有差错或等精度测量过程中是否存在其他可能引发粗大误差的因素；也可由同一操作者或另换有经验操作者再次重复进行前面的(等精度)测量，然后再将两组测量数据进行分析比较，或再与由不同检测仪表在同等条件下获得的结果进行对比，以分析该数据出现是否“异常”，进而判定该数据是否为粗大误差。这种判断属于定性判断，无严格的规则，应细致和谨慎地实施。

定量判断，就是以统计学原理和误差理论等相关专业知识为依据，对测量数据中异常值的“异常程度”进行定量计算，以确定该异常值是否为应剔除的坏值。这里的定量计算是相对上面的定性分析而言的，它是建立在等精度测量符合一定的分布规律和置信概率基础上的，因此并不是绝对的。

下面介绍两种工程上常用的粗大误差判断准则。

1. 拉依达准则

拉依达准则是依据对于服从正态分布的等精度测量，其某次测量误差 $|\hat{\sigma}-X_0|$ 大于 $3\hat{\sigma}$ 的可能性仅为 0.27%。因此，把测量误差大于标准误差 σ(或其估计值 $\hat{\sigma}$)的 3 倍的测量值作为

测量坏值舍弃。由于等精度测量次数不可能无限多，因此，工程上实际应用的拉依达准则表达式为

$$|\Delta x_k| = |X_k - \overline{X}| > 3\hat{\sigma} = K_L \tag{1-33}$$

式中：X_k 为被疑为坏值的异常测量值；$\overline{X}$ 为包括此异常测量值在内的所有测量值的算术平均值；$\hat{\sigma}$ 为包括此异常测量值在内的所有测量值的标准误差估计值；$K_L(=3\hat{\sigma})$ 为拉依达准则的鉴别值。

当某个可疑数据 X_k 的 $|\Delta x_k|>3\hat{\sigma}$ 时，则认为该测量数据是坏值，应予剔除。剔除该坏值后，剩余测量数据还应继续计算 $3\hat{\sigma}$ 和 $\overline{X}$，并按式(1-33)继续计算、判断和剔除其他坏值，直至不再有符合式(1-33)的坏值为止。

拉依达准则是以测量误差符合正态分布为依据的，值得注意的是一般实际工程等精度测量次数大都较少，测量误差分布往往和标准正态分布相差较大。因此，在实际工程应用中，当等精度测量次数较少(例如 $n \leqslant 20$)时，仍然采用基于正态分布的拉依达准则，其可靠性将变差，且容易造成 $3\hat{\sigma}$ 鉴别值界限太宽而无法发现测量数据中应剔除的坏值。可以证明，当测量次数 $n<10$ 时，X_k 的 $|\Delta x_k|$ 总是小于 $3\hat{\sigma}$。因此，当测量次数 $n<10$ 时，拉依达准则将彻底失效，不能判别任何粗大误差，即拉依达准则只适用于测量次数较多(例如 $n>25$)，测量误差分布接近正态分布的情况。

2. 格拉布斯准则

格拉布斯(Grubbs)准则是以小样本测量数据，以 t 分布(详见概率论或误差理论有关书籍)为基础用数理统计方法推导得出的。理论上比较严谨，具有明确的概率意义，通常该准则被认为是实际工程应用中判断粗大误差比较好的准则。

格拉布斯准则是指小样本测量数据中某一测量值满足表达式

$$|\Delta x_k| = |X_k - \overline{X}| > K_c(n, a)\hat{\sigma}(x) \tag{1-34}$$

式中：X_k 为被疑为坏值的异常测量值；$\overline{X}$ 为包括此异常测量值在内的所有测量值的算术平均值；$\hat{\sigma}(x)$ 为包括此异常测量值在内的所有测量值的标准误差估计值；$K_c(n, a)$ 为格拉布斯准则的鉴别值；n 为测量次数；a 为危险概率，又称超差概率，它与置信概率 P 的关系为 $a=1-P$。

当某个可疑数据 X_k 的 $|\Delta x_k|>K_c(n, a)\hat{\sigma}(x)$ 时，则认为该测量数据是含有粗大误差的异常测量值，应予以剔除。

格拉布斯准则的鉴别值 $K_c(n, a)$ 是和测量次数 n、危险概率 a 相关的数值，可通过查相应的数表获得。表 1-2 中数据是工程中常用 $a=0.05$ 和 $a=0.01$ 在不同测量次数 n 时，对应的格拉布斯准则鉴别值 $K_c(n, a)$。

当 $a=0.05$ 或 0.01 时，按测量数据个数 n 查表 1-2 得到格拉布斯准则作为粗大误差的判别的鉴别值 $K_c(n, a)$ 的置信概率 P 分别为 0.95 和 0.99。即按式(1-34)得出的测量值大于按表 1-2 查得的鉴别值 $K_c(n, a)$ 的可能性仅分别为 0.5%和 1%，这说明该数据是正常数据的概率已很小，可以认定该测量值为含有粗大误差的坏值并予以剔除。

应注意的是，若按式(1-34)和表 1-2 查出多个可疑测量数据时，不能将它们都作为坏值一并剔除，每次只能舍弃误差最大的那个可疑测量数据，如误差超过鉴别值 $K_c(n, a)$ 最大的

两个可疑测量数据数值相等，也只能先剔除一个，然后按剔除后的测量数据序列重新计算 $\overline{X}$，$\hat{\sigma}(x)$，并查表获得新的鉴别值 $K_c(n-1, a)$，重复进行以上判别，直到判明无坏值为止。

格拉布斯准则建立在统计理论基础上，对 $n<30$ 的小样本测量是较为科学、合理地判断粗大误差的方法。因此，目前国内外普遍推荐使用此法处理小样本测量数据中的粗大误差。

如果发现在某个测量数据序列中，先后查出的坏值比例太大，则说明这批测量数据极不正常，应查找和消除故障后重新进行测量和处理。

表 1-2　$K_c(n, a)$ 数值表

n	a		n	a		n	a	
	0. 01	0. 05		0. 01	0. 05		0. 01	0. 05
3	1. 16	1. 15	12	2. 55	2. 29	21	2. 91	2. 58
4	1. 49	1. 46	13	2. 61	2. 3	22	2. 94	2. 6
5	1. 75	1. 67	14	2. 66	2. 37	23	2. 96	2. 62
6	1. 91	1. 82	15	2. 7	2. 41	24	2. 99	2. 64
7	2. 1	1. 94	16	2. 74	2. 44	25	3. 01	2. 66
8	2. 22	2. 03	17	2. 78	2. 47	30	3. 1	2. 74
9	2. 32	2. 11	18	2. 82	2. 5	35	3. 18	2. 81
10	2. 41	2. 18	19	2. 85	2. 53	40	3. 24	2. 87
11	2. 48	2. 23	20	2. 88	2. 56	50	3. 34	2. 96

1.7　自动检测技术的发展趋势

随着微电子技术、通信技术、计算机网络技术的发展，对自动检测技术也提出了越来越高的要求，并进一步推动了自动检测技术的发展，其发展趋势主要有以下几个方面。

(1)不断提高仪器的性能、可靠性，扩大应用范围

随着科学技术的发展，对仪器仪表的性能要求也相应地提高了，如提高其分辨率、测量精度，提高系统的线性度、增大测量范围等，使仪器仪表技术性能指标不断提高，应用领域不断扩大。

(2)开发新型传感器

开发新型传感器，主要包括利用新的物理效应、化学反应和生物功能研发新型传感器，采用新技术、新工艺填补传感器空白，开发微型传感器，仿照生物的感觉功能研究仿生传感器等。

(3)开发传感器的新型敏感元件材料和采用新的加工工艺

新型敏感元件材料的开发和应用是非电量电测技术中的一项重要任务，其发展趋势为：从单晶体到多晶体、非晶体，从单一型材料到复合型材料、原子(分子)型材料的人工合成。其中，半导体敏感材料在传感器技术中具有较大的技术优势，陶瓷敏感材料具有较大的技术

潜力，磁性材料向非晶体化、薄膜化方向发展，智能材料的探索在不断地深入。智能材料指具备对环境的判断和自适应功能、自诊断功能、自修复功能和自增强功能的材料，如形状记忆合金、形状记忆陶瓷等。在开发新型传感器时，离不开新工艺，如把集成电路制造工艺技术应用于微机电系统中微型传感器的制造。

(4)微电子技术、微型计算机技术、现场总线技术与仪器仪表和传感器的结合，构成新一代智能化测试系统，使测量精度、自动化水平进一步提高。

(5)研究集成化、智能化的传感器或检测系统

传感器集成化主要有两层含义，一是同一功能的多元件并列化，即将同一类型的单个传感元件在同一平面上排列起来，排成一维，构成线型传感器，排成二维，构成面型传感器(如CCD)。另一层含义是功能一体化，即将传感器与放大、运算及误差补偿、信号输出等环节一体化，组装成一个器件(如容栅传感器、动栅数显单元)。

(6)传感器多功能化

传感器多功能化是指一器多能，即用一个传感器可以检测两个或两个以上的参数。多功能化不仅可以降低生产成本、减小体积，而且可以有效地提高传感器的稳定性、可靠性等性能指标。传感器的智能化就是把传感器与微处理器相结合，使之具有检测功能，还有信息处理、逻辑判断、自动诊断等功能。

习题与思考题

1.1 检测的主要目的是什么？如何分类检测？

1.2 按测量手段划分，测量分为哪几种类型？

1.3 检测仪表主要由哪些功能部件组成？试画出现代检测仪表的框图。

1.4 检测仪表的静态特性主要包括哪些？

1.5 简述标准不确定度、合成标准不确定度和扩展不确定度。

1.6 测量不确定度的评定有哪几种方法？

1.7 什么是绝对误差、相对误差和引用误差？

1.8 有一台温度检测仪表，测量范围为-100~300℃，在测量范围内产生的绝对误差的最大值为0.8℃，试确定该仪表的精度等级。

1.9 某锅炉汽包的最大压力为1.0 MPa，允许最大绝对误差为0.02 MPa，现用一台测量范围为0~2.5 MPa、精度等级为1级的压力表来进行测量，问该仪表能否符合工艺上的误差要求？若采用一台测量范围为0~1.2 MPa、精度等级为1级的压力表，问能符合误差要求吗？试说明其理由。

1.10 简述系统误差、随机误差和粗大误差。

1.11 试述拉依达准则和格拉布斯准则，说明这两个准则在粗大误差处理中的用途。

1.12 减小和消除系统误差的方法主要有哪些？

1.13 试述自动检测技术的发展趋势。

第 2 章　传感器基础知识

2.1　传感器的基本概念

现代信息技术包括计算机技术、通信技术和传感器技术等。计算机相当于人的大脑，通信相当于人的神经，而传感器则相当于人的感觉器官。如果没有各种精确可靠的传感器去检测原始数据并提供真实的信息，即使是性能非常优越的计算机，也无法发挥其应有的作用。

2.1.1　传感器的定义

从广义上讲，传感器就是能够感觉外界信息，并能按一定规律将这些信息转换成可用的输出信号的器件或装置。这一概念包含以下 3 个方面的含义：

(1) 传感器是一种能够完成提取外界信息任务的装置。

(2) 传感器的输入量通常指非电量，如物理量、化学量、生物量等；而输出量是便于传输、转换、处理、显示等的物理量，主要是电量信号。例如，电容式传感器的输入量可以是力、压强、位移、速度等非电量信号；输出量则是电压信号。

(3) 传感器的输出量与输入量之间能精确地遵守一定规律。

1. 传感器的组成

传感器一般由敏感元件、转换元件和转换电路 3 个部分组成，如图 2-1 所示。

图 2-1　传感器组成框图

1) 敏感元件

敏感元件是传感器中能直接感受被测量的部分，即直接感受被测量，并输出与被测量成确定关系的某一物理量。例如，弹性敏感元件将压力转换为位移，且压力与位移之间保持一定的函数关系。

2) 转换元件

转换元件是传感器中将敏感元件的输出量转换为适于传输和测量的电信号的部分。例如，应变式压力传感器中的电阻应变片将应变转换成电阻的变化。

3) 转换电路

转换电路将电量参数转换成便于测量的电压、电流、频率等电量信号。例如，交、直流电桥、放大器、振荡器、电荷放大器等。

值得一提的是，并不是所有的传感器必须同时包括敏感元件、转换元件和转换电路。如果敏感元件直接输出的是电量，它就同时兼为转换元件，如热电偶；如果转换元件能直接感受被测量，而输出与之成一定关系的电量，传感器就没有敏感元件，如压电元件。

另外，传感器和检测仪表在组成和功能上是有区别的，检测仪表通常由传感器和变送器两部分组成。传感器负责将物理量转化为变送器可以接收、利用的电量，变送器则将传感器的信号进行处理和计算，得到被测量的数值，然后进行数据显示和信号输出，并提供对检测仪表的操作管理功能。传感器和检测仪表并没有严格的阶线。有的传感器就是检测仪表，如热电偶，可以直接将温度转换为 mV 级的电信号并供计算机使用；有的检测仪表包括传感器和变送器，如电磁流量计，由传感器和变送器两部分组成，传感器将被测流体流速转换成电信号，传感器电信号传输到变送器，进行数据处理和计算后得到流体的流量，然后进行流量显示、流量累计和流量信号输出，并提供对电磁流量计的操作管理功能。

2. 传感器的分类

传感器千差万别，种类繁多，分类方法多种，常用的分类方法有以下 4 种。

1）按被测物理量分类

按被测物理量可分为温度、压力、流量、物位、位移、加速度、磁场、光通量等传感器。这种分类方法明确表明了传感器的用途，便于使用者选用，如压力传感器用于测量压力信号。

2）按工作原理分类

按工作原理可分为电阻传感器、热敏传感器、光敏传感器、电容传感器、电感传感器、磁电传感器等。这种分类方法表明了传感器的工作原理，有利于传感器的设计和应用。例如，电容传感器就是将被测量转换成电容值的变化。

3）按转换能量供给形式分类

按转换能量供给形式可分为能量变换型（发电型）和能量控制型（参量型）两种。能量变换型传感器在进行信号转换时不需另外提供能量，就可将输入信号能量变换为另一种形式的能量输出，例如，热电偶传感器、压电式传感器等。

能量控制型传感器工作时必须有外加电源，如电阻、电感、电容、霍尔式传感器等。

4）按工作机理分类

按工作机理可分为结构型传感器和物性型传感器两种。

结构型传感器是指被测量变化引起传感器结构改变，从而引起输出电量变化。例如，电容压力传感器就属于这种传感器，外加压力变化时，电容极板发生位移，结构改变引起电容值变化，输出电压也发生变化。

物性型传感器利用物质的物理或化学特性随被测参数变化的原理制成，一般没有可动结构部分，易小型化，如各种半导体传感器。

习惯上常把工作原理和用途结合起来命名传感器，如电容式压力传感器、电感式位移传感器等，见表 2-1。

表 2-1　传感器分类表

<table>
<tr><th colspan="2">传感器分类</th><th rowspan="2">转换原理</th><th rowspan="2">传感器名称</th><th rowspan="2">典型应用</th></tr>
<tr><th>转换形式</th><th>中间参量</th></tr>
<tr><td rowspan="22">电参数</td><td rowspan="7">电阻</td><td>移动电位器触点改变电阻</td><td>电位器传感器</td><td>位移</td></tr>
<tr><td>改变电阻丝或片的尺寸</td><td>电阻丝应变传感器、半导体应变传感器</td><td>微应变、力、负荷</td></tr>
<tr><td rowspan="3">利用电阻的温度效应（电阻温度系数）</td><td>热丝传感器</td><td>气流速度、液体流量</td></tr>
<tr><td>电阻温度传感器</td><td>温度、辐射热</td></tr>
<tr><td>热敏电阻传感器</td><td>温度</td></tr>
<tr><td>利用电阻的光敏效应</td><td>光敏电阻传感器</td><td>光强</td></tr>
<tr><td>利用电阻的湿度效应</td><td>湿敏电阻</td><td>湿度</td></tr>
<tr><td rowspan="2">电容</td><td>改变电容的几何尺寸</td><td rowspan="2">电容传感器</td><td>力、压力、负荷、位移</td></tr>
<tr><td>改变电容的介电常数</td><td>液位、厚度、含水量</td></tr>
<tr><td rowspan="6">电感</td><td>改变磁路几何尺寸、导磁体位置</td><td>电感传感器</td><td>位移</td></tr>
<tr><td>涡流去磁效应</td><td>涡流传感器</td><td>位移、厚度、硬度</td></tr>
<tr><td>利用压磁效应</td><td>压磁传感器</td><td>力、压力</td></tr>
<tr><td rowspan="3">改变互感</td><td>差动变压器</td><td>位移</td></tr>
<tr><td>自整角机</td><td>位移</td></tr>
<tr><td>旋转变压器</td><td>位移</td></tr>
<tr><td rowspan="3">频率</td><td rowspan="3">改变谐振回路中的固有参数</td><td>振弦式传感器</td><td>压力、力</td></tr>
<tr><td>振筒式传感器</td><td>气压</td></tr>
<tr><td>石英谐振传感器</td><td>力、温度等</td></tr>
<tr><td rowspan="3">计数</td><td>利用莫尔条纹</td><td>光栅</td><td rowspan="3">大角位移、大直线位移</td></tr>
<tr><td>改变互感</td><td>感应同步器</td></tr>
<tr><td>利用数字编码</td><td>角度编码器</td></tr>
<tr><td>数字</td><td>利用数字编码</td><td>角度编码器</td><td>大角位移</td></tr>
<tr><td rowspan="6">电量</td><td rowspan="4">电动势</td><td>温差电动势</td><td>热电偶</td><td>温度、热流</td></tr>
<tr><td>霍尔效应</td><td>霍尔传感器</td><td>磁通、电流</td></tr>
<tr><td>电磁感应</td><td>磁电传感器</td><td>速度、加速度</td></tr>
<tr><td>光电效应</td><td>光电池</td><td>光强</td></tr>
<tr><td rowspan="2">电荷</td><td>辐射电离</td><td>电离室</td><td>离子计数、放射性强度</td></tr>
<tr><td>压电效应</td><td>压电传感器</td><td>动态力、加速度</td></tr>
</table>

2.1.2 传感器的工作机理

在工程学和技术领域里，传感器被定义为：一种以一定的精确度将被测量转换为与之有确定对应关系的、易于精确处理和测量的某种物理量的测量部件或装置。

随着通信技术的发展，电信号最易于传输和处理，因此，又可把传感器狭义地定义为能把外界非电信息转换成电信号输出的器件。

科学家预料，当人类跨入光子时代，光信息成为更便于快速、高效传输与处理的可用信号时，传感器的概念将随之发展成为能把外界信息转换成光信号输出的器件。

传感器之所以具有能量信息转换的机能，在于它的工作机理是基于各种物理的、化学的和生物的效应，并受相应的定律和法则所支配。了解这些定律和法则，有助于我们对传感器本质的理解和对新效应传感器的开发。

作为传感器工作物理基础的基本定律主要有以下四种类型。

1. 守恒定律

守恒定律包括能量、动量、电荷等守恒定律。这些定律是我们研究、开发新型传感器，或分析、综合现有传感器时，都必须严格遵守的基本法则。

2. 场的定律

场的定律包括动力场的运动定律、电磁场的感应定律等，其作用与物体在空间的位置及分布状态有关。这些场的定律一般可由物理方程给出，这些方程可作为许多传感器工作的数学模型。例如：利用静电场定律研制的电容式传感器；利用电磁感应定律研制的电感式传感器；利用运动定律与电磁感应定律研制的电动式传感器，等等。利用场的定律制成的传感器，可统称为“结构型传感器”。

3. 物质定律

物质定律是表示各种物质本身内在性质的定律(如虎克定律、欧姆定律等)，通常以这种物质所固有的物理常数加以描述。因此，这些常数的大小决定了传感器的主要性能。如：利用半导体物质法则——压阻、热阻、光阻、湿阻等效应，可分别做成压敏、热敏、光敏、湿敏等传感器件；利用压电晶体物质法则——压电效应，可制成压电传感器，等等。这种基于物质定律的传感器，可统称为“物性型传感器”，这是当代传感器技术领域中具有广阔发展前景的传感器。

4. 统计法则

它是把微观系统与宏观系统联系起来的物理法则。这些法则，常常与传感器的工作状态有关，是分析某些传感器的理论基础。

2.1.3 非电量检测技术

在实践过程中，人们逐步认识到电量具有易测量等许多优点，而且大多数非电量可以精确地转化为相应的电量，可用电量的测量技术对其测量，这就是非电量检测技术，或称非电量电测技术。

1. 非电量的分类

非电量，主要可归纳为以下四类。

1)热工量

温度、热量、比热容、热流、热分布；压力、压强、压差、真空度；流量、流速、风速；物位、液位、界面等。

2)机械量

位移、尺寸、形状、形变；力、应力、力矩、扭矩；重量、质量；转速、线速度；振动、加速度、噪声。

3)物性和成分量

气、液体化学成分，酸碱度，盐度，浓度，黏度，硬度；密度、比重。

4)状态量

颜色、透明度、磨损量、裂纹、缺陷、泄漏等。

2. 非电量检测的分类

1)电磁检测

电磁检测有：

电阻式——电位计式、应变片式、压阻式；

电感式——自感式、互感式(差动变压器)、电涡流式、压磁式、感应同步器；

电容式——电容式、容栅式；

磁电式——磁电感应式、磁栅式、磁敏式(霍尔式)；

热电式——热电偶、热电阻、热敏电阻；

压电式——正压电式、声表面波式；

振频式——振弦式、振筒式、振片式。

2)光学检测

光学检测有：光电式、激光式、红外式、光栅式、光导纤维式、光学编码器式等。

3)超声波检测

4)同位素检测

5)微波检测

6)电化学检测

3. 非电量检测的优点

非电量检测的优点有：

(1)便于实现连续测量。

(2)便于实现远距离测量和集中控制。

(3)便于实现静动测量。

(4)便于实现大范围测量。

(5)便于实现计算机辅助检测。

2.2　电阻式传感器

2.2.1　概述

电阻式传感器是一种能把非电物理量(如位移、力、压力、加速度、扭矩等)转换成与之有确定对应关系的电阻阻值，再经过测量电桥转换成便于传送和记录的电压(电流)信号的一种装置。它在非电量检测中应用十分广泛。

电阻式传感器具有一系列特点，如结构简单、输出精度较高、线性和稳定性好等。但它受环境条件(如温度)影响较大，且有分辨力不高等不足之处。

电阻式传感器种类较多，主要有变阻器式、电阻应变式和固态压阻式传感器等三种类型。前两种传感器一般采用的敏感元件是弹性敏感元件，转换元件分别是电位器和电阻应变片；而压阻式传感器的敏感元件和转换元件均为半导体(如硅)。变阻器式传感器结构简单，价格便宜，输出信号功率大，被测量与转换量间容易实现线性或其他所需要的函数关系。但由于电位器可靠性差，干扰(噪声)大，使用寿命短，比其他类型的电阻式传感器性能要差一些，故其应用范围在逐渐缩小。

2.2.2 电阻应变片

电阻应变式传感器的核心元件是电阻应变片，其工作原理是基于电阻应变效应(即当电阻敏感栅感受应变时，其电阻值发生相应变化的物理现象)。

1. 电阻应变片的结构

电阻应变片的结构和型式多种多样，如图 2-2 所示，其结构主要由四部分组成：①电阻丝(敏感栅)，它是应变片的转换元件；②基底和面胶(覆盖层)，基底是将传感器弹性体的应变传递到敏感栅上的中间介质，并起到电阻丝和弹性体间的绝缘作用，面胶起着保护电阻丝的作用；③黏合剂，它将电阻丝与基底粘贴在一起；④引线，作为连接测量导线之用。

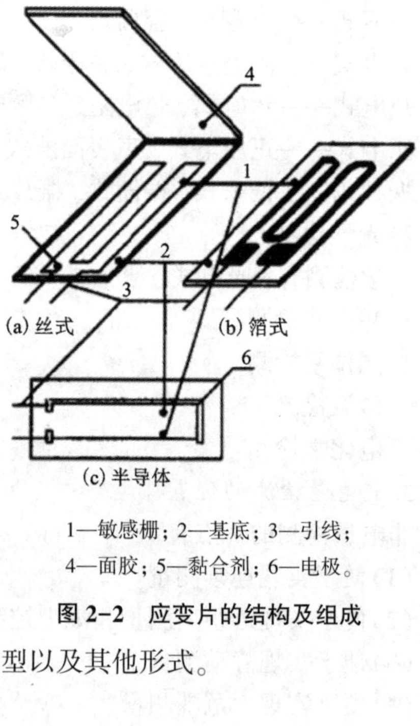

(a) 丝式　(b) 箔式

(c) 半导体

1—敏感栅；2—基底；3—引线；4—面胶；5—黏合剂；6—电极。

图 2-2　应变片的结构及组成

2. 电阻应变片的类型

电阻应变片的分类方法很多，常用的方法是按照制造应变片时所用的材料、工作温度范围以及用途进行分类。按应变片敏感栅的材料，可将应变片分成金属应变片和半导体应变片两大类。

金属应变片包括体型和薄膜型，其中体型又包括丝式和箔式。

半导体应变片包括体型、薄膜型、扩散型、PN 结型以及其他形式。

3. 常用的电阻应变片

1)金属丝式应变片

金属丝式应变片，根据基底材料不同可分为纸基、胶基、纸浸胶基和金属基等。其敏感栅由金属丝绕制而成。

金属丝式应变片的电阻丝直径为 0.02~0.05 mm，常用的为 0.025 mm。电流安全允许值为 10~12 mA 至 40~50 mA。电阻值一般应在 50~1000 Ω，常用的为 120 Ω。引出线是直径为 0.15~0.30 mm 的镀银或镀锡铜带或铜丝。

2）箔式应变片

箔式应变片的敏感栅是通过光刻、腐蚀等工艺制成的；其箔栅厚度一般在 0.003~0.01 mm；箔金属材料为康铜或合金（卡玛合金、镍铬锰硅合金等）；基底可用环氧树脂、缩醛或酚醛树脂等制成。

箔式应变片有很多优点，如可根据需要制成任意形状的敏感栅；表面积大，散热性能好，可以允许通过比较大的电流，蠕变小，疲劳寿命高；便于成批生产，生产效率比较高；等等。因此，目前在国内外应用很广泛。

3）半导体应变片

半导体应变片是利用半导体的压阻效应制成的一种转换元件。它与金属丝式应变片和箔式应变片比较，具有灵敏系数高（比金属应变片的灵敏度系数大 50~100 倍）、机械滞后小、体积小以及耗电量少等优点。这些优点使它具有独特的应用价值。

但是，半导体应变片的电阻温度系数大，非线性也大，这些缺点不同程度地制约了它的应用。不过，随着近年来半导体集成电路工艺的飞速发展，相继出现了扩散型、外延型和薄膜型半导体应变片，使其缺点得到了一些改善。

4）金属薄膜应变片

金属薄膜是指厚度在 0.1 μm 以下的金属膜。厚度在 25 μm 左右的膜称为厚膜，箔式应变片即属厚膜类型。

金属薄膜应变片是采用真空溅射或真空沉积的方法制成的。它可以将产生应变的金属或合金直接沉积在弹性元件上而不用黏合剂，这样应变片的滞后和蠕变性均很小，灵敏度也高。

5）高温及低温应变片

按工作温度分为高、低温应变片，其性能取决于应变片的应变电阻合金、基底、黏合剂的耐热性能及引出线的性能等。

2.2.3　电阻应变片的工作原理

1. 电阻应变效应

电阻应变片的转换原理是基于金属电阻丝的电阻应变效应。早在 1856 年美国物理学家汤姆逊就提出了“金属丝在机械应变作用下会发生电阻变化”的原理，但直到 20 世纪 40 年代才制成了粘贴式电阻应变片。

电阻应变效应是指金属电阻丝的电阻随着它所承受机械变形（伸长或缩短）的大小而发生改变的一种物理现象。

2. 应变灵敏系数

设有一根圆形的金属电阻丝如图 2-3 所示，其原始电阻为

$$x = \frac{\rho l}{A} \tag{2-1}$$

式中：ρ 为金属电阻丝的电阻率，$\Omega \cdot m$；l 为金属电阻丝长度，m；金属电阻丝的横截面积 $A = \pi d^2/4$，m^2，其中 d 为金属电阻丝直径，m。

当电阻丝受轴向力 F 作用被拉伸时，由于应变效应，其电阻值也将发生变化。此时，金属电阻丝的长度伸长了 Δl，横截面积缩小了 ΔA，电阻率的变化为 $\Delta\rho$，R 为 l，ρ，A 的函数，

即 $R=f(l, \rho, A)$，两边求微分，有 $\Delta R=\dfrac{\rho}{A}\Delta l+\dfrac{l}{A}\Delta\rho-\dfrac{\rho l}{A^2}\Delta A$，两边同除以 $R=\dfrac{\rho l}{A}$，得

$$\frac{\Delta R}{R}=\frac{\Delta\rho}{\rho}+\frac{\Delta l}{l}-\frac{\Delta A}{A} \tag{2-2}$$

式中：$\dfrac{\Delta A}{A}=\dfrac{2\Delta d}{d}$，而$\dfrac{\Delta d}{d}$为金属电阻丝的径向应变；$\dfrac{\Delta l}{l}$为电阻丝的轴向应变。

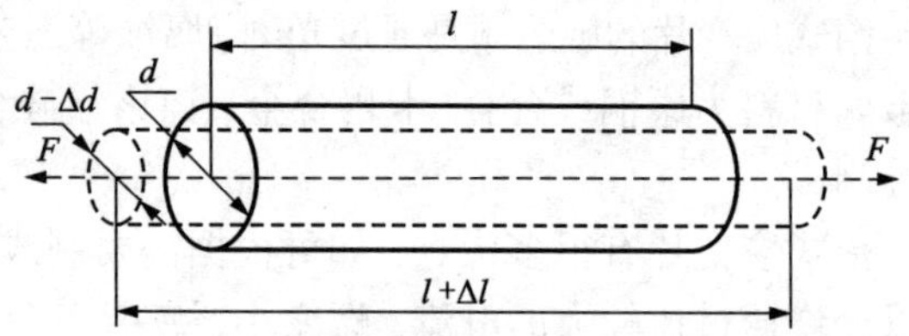

图 2-3　金属电阻丝受拉变形

由材料力学可知

$$\frac{\dfrac{\Delta d}{d}}{\dfrac{\Delta l}{l}}=-\mu \tag{2-3}$$

式中：μ 为材料的泊松系数，若令 $\varepsilon=\dfrac{\Delta l}{l}$（轴向应变），则式(2-2)可写为

$$\frac{\Delta R}{R}=\varepsilon+2\mu\varepsilon+\frac{\Delta\rho}{\rho}=\varepsilon(1+2\mu)+\frac{\Delta\rho}{\rho} \tag{2-4}$$

若令电阻丝的灵敏系数为 k_0，即

$$k_0=\frac{\dfrac{\Delta R}{R}}{\varepsilon}=(1+2\mu)+\frac{\dfrac{\Delta\rho}{\rho}}{\varepsilon} \tag{2-5}$$

或

$$\frac{\Delta R}{R}=k_0\cdot\varepsilon \tag{2-6}$$

式(2-5)为电阻应变效应表达式，其中 k_0 为单根金属丝电阻应变灵敏系数。其物理意义为：当金属电阻丝发生轴向应变时，其电阻相对变化与其应变的比值。也可以说：单位应变下的电阻变化率。式(2-5)说明 k_0 主要取决于两个因素，一是金属丝的几何尺寸变化 $(1+2\mu)$；二是导体受力后，材料的电阻率 ρ 发生变化 $(\Delta\rho/\rho)/\varepsilon$。对于金属电阻丝材料，一般是以几何尺寸变化因素为主；对于半导体材料，则是以电阻率变化因素为主。对于大多数金属电阻丝材料，在其弹性范围内，$k_0=1.9\sim2.1$，是一个常数。

应该注意，单根金属丝的电阻应变灵敏系数 k_0 与相同材料制成的应变片的灵敏系数 k 是不同的。这是由于影响应变片灵敏系数的因素比较复杂，因此对应变片来说，当它随试件变形时，其电阻变化率 $\Delta R/R$ 与应变 ε 的关系式为

$$\frac{\Delta R}{R}=k\cdot\varepsilon \tag{2-7}$$

式中：k 为应变片的灵敏系数。其定义为：安装在处于单向应力状态的试件表面的应变片，使其轴线（敏感栅纵向中心线）与应力方向平行时，应变片电阻值的相对变化与其轴向应变之比值称为应变片的灵敏系数。应变片 k 值一般由实验来标定。

2.2.4　电阻应变片的应用

电阻应变片有两方面的应用：一是作为敏感元件，直接用于被测试件的应变测量；另一方面是作为转换元件，通过弹性元件构成传感器，用以对任何能转变成弹性元件应变的其他物理量作间接测量。

1. 测力传感器

应变片式传感器的最大用武之地是称重和测力领域。这种测力传感器的结构由应变片、弹性元件和一些附件组成。视弹性元件结构形式(如柱形、筒形、环形、梁式、轮辐式等)和受载性质(如拉、压、弯曲和剪切等)的不同，分为许多种类，主要有柱筒形弹性元件式测力传感器、环形弹性元件式测力传感器、悬臂梁式测力传感器。

应变片布片和电桥连接如图 2-4 至图 2-7 所示。

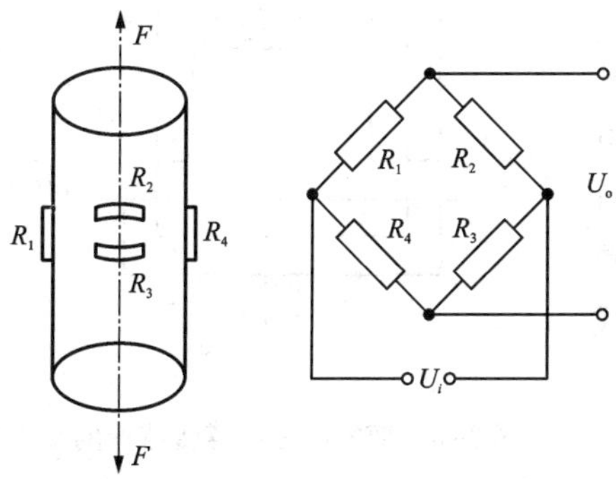

图 2-4　柱筒形弹性元件式测力传感器

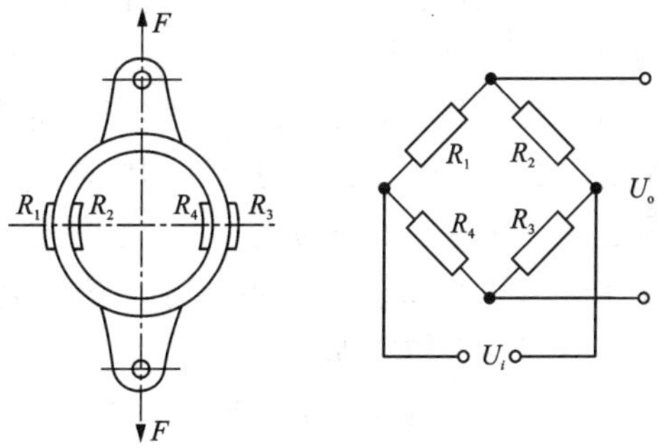

图 2-5　环形弹性元件式测力传感器

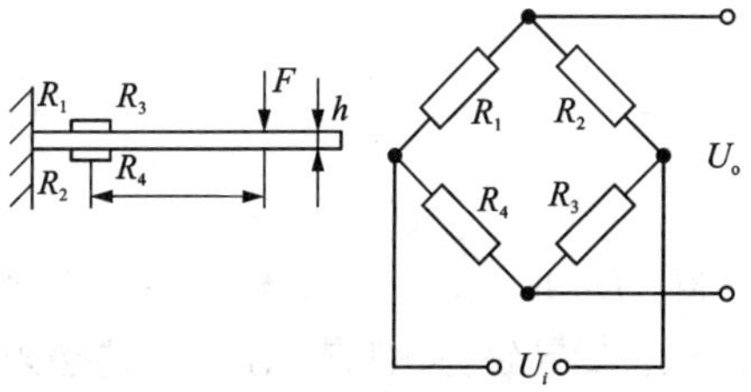

图 2-6　悬臂梁式测力传感器

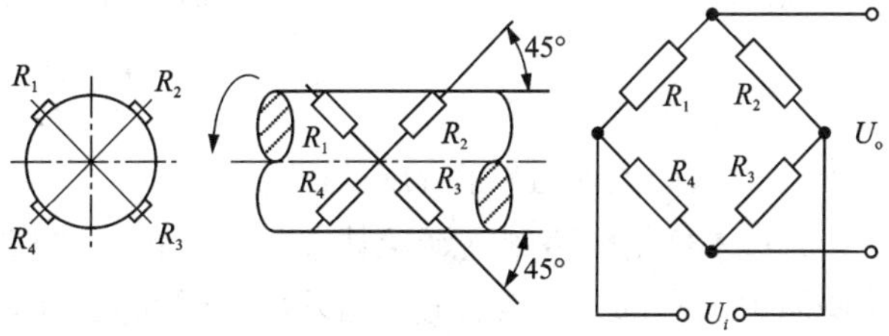

图 2-7　轴弹性元件式测力传感器

2. 位移传感器

应变式线位移传感器典型结构原理与图 2-6 相同。当被测物体产生位移时，悬臂梁随之产生与位移相等的挠度，因而应变片产生相应的应变。在小挠度情况下，挠度与应变成正比。将应变片接入桥路，输出与位移成正比的电压信号。

应变式位移传感器可用来近测或远测静态与动态的位移量。因此，既要求弹性元件刚度小，对被测对象的影响反力小，又要求系统的固有频率高，动态频响特性好。

3. 其他传感器

利用应变片除了可以构成上述主要应变传感器外，还可以构成其他应变式传感器，如通过质量块与弹性元件的作用，可将被测加速度转换成弹性应变，从而构成应变式加速度传感器；又如通过弹性元件和扭矩应变片，可构成应变式扭矩传感器等。

2.3 电感式传感器

电感式传感器是利用被测量的变化引起线圈自感或互感系数的变化，从而导致线圈电感的改变这一物理现象来实现测量的。因此根据转换原理，电感式传感器可以分为自感式和互感式两大类。限于篇幅，这里仅介绍自感式传感器。

2.3.1 变气隙型电感传感器

图 2-8 所示为变气隙型电感传感器的结构型式。活动衔铁和铁芯都由横截面积相等的高导磁材料做成，线圈绕在铁芯上，衔铁和铁芯间有一气隙 δ。当活动衔铁作纵向位移时，气隙 δ 发生变化，从而使铁芯磁路中的磁阻发生变化，磁阻的变化将使线圈的电感量发生变化。这样，活动衔铁的位移量与线圈的电感量之间存在一定的对应关系，只要测出线圈的电感量变化就可以得知位移量的大小。这就是变气隙式电感传感器的工作原理。

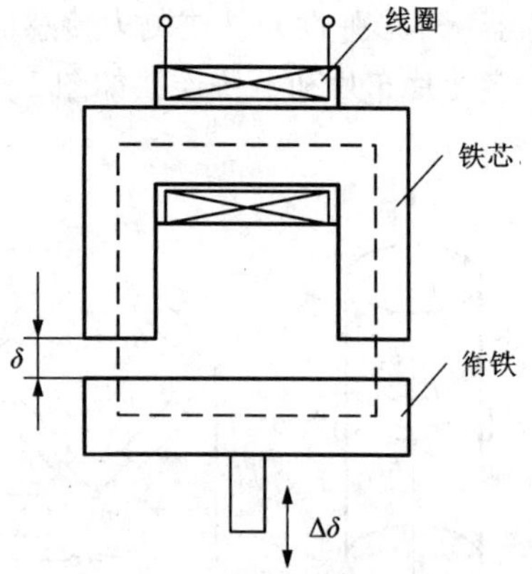

图 2-8 变气隙型电感传感器的结构

从电工学中可知线圈的电感量 L 为

$$L=\frac{\Psi}{I}=\frac{W\Phi}{I} \tag{2-8}$$

式中：Ψ 为与线圈交链的磁链；Φ 为由激励电流产生的磁通量；I 为流过线圈的电流；W 为线圈匝数。从磁路理论得知，线圈通以电流 I 后激励的磁通量 Φ 为

$$\Phi=\frac{WI}{R_m} \tag{2-9}$$

式中：R_m 为磁通通过路径的磁阻。

式(2-8)是磁路的欧姆定律表达式，代入式(2-9)后得：$L=W^2/R_m$。从结构中可知，磁路磁阻由三个部分组成：①线圈外部空间漏磁磁路的磁阻 R_0；②导磁体(铁芯和衔铁)的磁阻 R_F；③磁通路径上气隙的磁阻 R_δ。即总的磁阻 R_m 为 R_F、R_δ 串联后与 R_0 并联的结果。但由于漏磁很小，即 R_0 很大很大，故

$$R_m\approx R_F+R_\delta \tag{2-10}$$

而导磁体磁阻 R_F 由于铁芯和衔铁都是高导磁材料做成的，它与 R_δ 相比显得很小，故对于变气隙型电感传感器，其磁路的磁阻由气隙磁阻所决定，即磁阻的计算公式可近似为

$$R_m=R_\delta=\frac{2\delta}{\mu_0 A} \tag{2-11}$$

联立式(2-8)、式(2-9)、式(2-10)、式(2-11)，线圈的电感量 L 为

$$L=\frac{W^2}{R_m}=\frac{W^2\mu_0 A}{2\delta}=\frac{W^2\mu_0 A}{l_\delta} \tag{2-12}$$

式中：A 为气隙磁路的横截面积，也就是导磁体的横截面积；l_δ 为气隙总长度(图 2-8 中气隙为两个，故 $l_\delta=2\delta$)；μ_0 为空气的磁导率。

当衔铁位移使气隙减小 $\Delta\delta$ 时(即衔铁向上位移 Δx)，线圈电感变化量为

$$\Delta L = L_1 - L_0 = \frac{W^2\mu_0 A}{2(\delta - \Delta\delta)} - \frac{W^2\mu_0 A}{2\delta} = L_0\,\frac{\Delta\delta}{\delta}\left(\frac{1}{1-\dfrac{\Delta\delta}{\delta}}\right) \tag{2-13}$$

若 $\Delta\delta/\delta \ll 1$，则

$$\Delta L \approx L_0\,\frac{\Delta\delta}{\delta} \text{ 或 } \frac{\Delta L}{L_0} = \frac{\Delta\delta}{\delta} \tag{2-14}$$

式(2-14)告诉我们，当活动衔铁的位移量很小时，线圈的电感变化量(或相对变化量)与位移量有线性关系。

变气隙型电感传感器的电感灵敏度为

$$k_{\mathrm{L}} = \frac{\Delta L}{\Delta x} = \frac{\Delta L}{\Delta\delta} = \frac{L_0}{\delta} \tag{2-15}$$

实际上 L-L_δ 为非线性关系，它的非线性误差为

$$e_{\mathrm{f}} = \left(\frac{\Delta x}{\delta}\right)^2 \times 100\% \tag{2-16}$$

从式(2-16)可知，为使电感传感器的电感灵敏度提高，可减小气隙 δ，但 δ 减小则 Δx 受限制，那么位移测量范围将减小。气隙 δ 减小时，非线性误差将增大。故一般取 $\Delta x\approx(0.1\sim0.2)\delta$，$\delta=(l_\delta/2)=0.1\sim0.5$ mm。

2.3.2　变面积型电感传感器

气隙长度 δ 保持不变，而改变铁芯与衔铁之间的相对遮盖面积(即气隙磁路截面积)的电感传感器叫变面积型电感传感器。其结构示意图如图 2-9 所示。

变面积型电感传感器线圈电感量的计算也如变气隙型电感传感器一样[式(2-17)]。只是这里的输入位移量 x 使气隙磁路截面积发生变化，从而使线圈电感量发生变化。

设初始时铁芯与衔铁之间的相对遮盖面积(即铁芯横截面积)$A=ab$，a 为截面长度，b 为截面宽度，衔铁的位移量为 x，则由于衔铁位移而产生的线圈电感变化量为

$$\Delta L = L_0 - L = \frac{W^2\mu_0 A}{2\delta} - \frac{W^2\mu_0 b(a-x)}{2\delta} = \frac{W^2\mu_0 bx}{2\delta} = L_0\,\frac{x}{a} \tag{2-17}$$

其电感的相对变化量为

$$\frac{\Delta L}{L_0} = \frac{x}{a} \tag{2-18}$$

式(2-17)和式(2-18)表明，变面积型电感传感器的电感变化量(或相对变化量)与输入位移量有线性关系。图 2-10 所示为变面积型电感传感器 ΔL-x 的关系，是一条直线。实际上，这条直线是有范围的，一旦当 $x>a$ 时就不再存在直线关系了，同时，由于漏磁阻的影响，其线性范围也是有限的。这种传感器的电感灵敏度为

$$k_{\mathrm{L}} = \frac{\Delta L}{x} = \frac{L_0}{a} \tag{2-19}$$

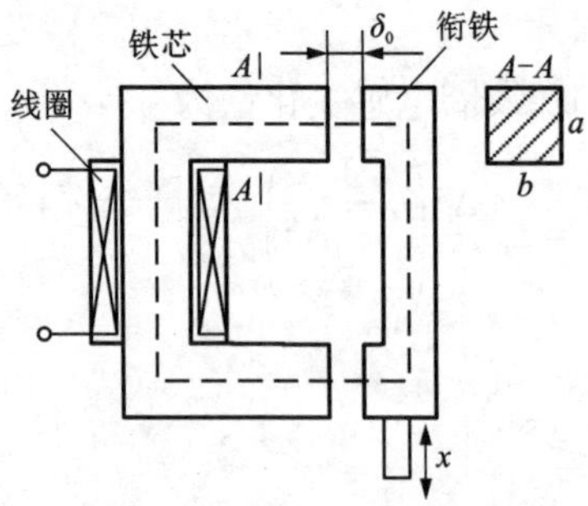

图 2-9 变面积型电感传感器结构

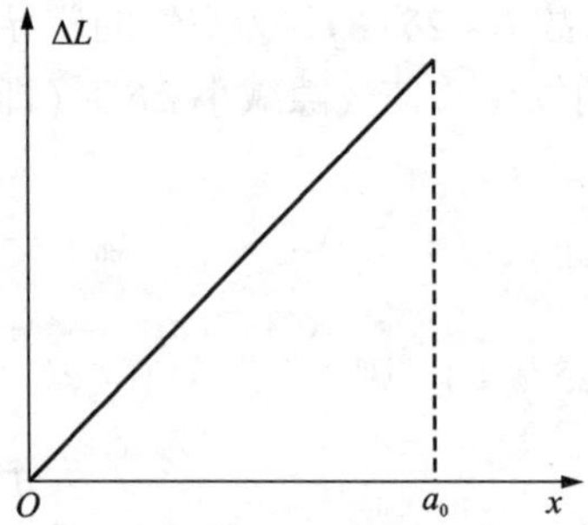

图 2-10 变面积型电感传感器 ΔL-x 关系图

2.4 电容式传感器

电容式传感器是把被测量转换为电容量变化的一种传感器。它具有结构简单、灵敏度高、动态响应特性好、适应性强、抗过载能力大及价格便宜等优点，因此，可以用来测量压力、力、位移、振动、液位等参数。但电容式传感器的泄漏电阻和非线性等缺点也给它的应用带来一定的局限。随着电子技术的发展，特别是集成电路的应用，这些缺点逐渐得到了克服，促进了电容式传感器的广泛应用。

2.4.1 电容式传感器的工作原理

电容式传感器的基本工作原理可以用图 2-11 所示的平板电容器来说明。设两极板的有效面积各为 A，两极板间的距离为 d，极板间介质的介电常数为 ε，在忽略极板边缘影响的条件下，平板电容器的电容 C 为

$$C=\frac{\varepsilon A}{d} \tag{2-20}$$

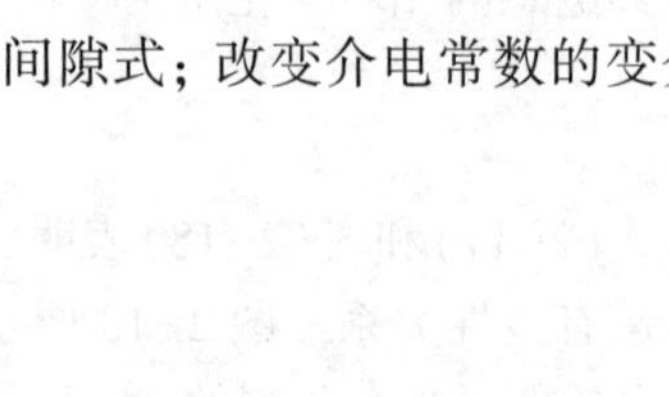

图 2-11 平板电容器

由式(2-20)可以看出，ε，A，d 三个参数都直接影响电容 C 的大小。如果保持其中两个参数不变，而使另一个参数改变，则电容将产生变化。如果变化的参数与被测量之间存在一定函数关系，那被测量的变化就可以直接由电容的变化反映出来。所以电容式传感器可以分成三种类型：改变极板面积的变面积式；改变极板距离的变间隙式；改变介电常数的变介电常数式。

2.4.2 电容式传感器的类型及特性

1. 变面积式电容传感器

图 2-12 是一直线位移型电容传感器示意图。当活动极板移动 Δx 后，覆盖面积就发生了变化，电容也随之改变，其值为

$$C=\frac{\varepsilon b(a-\Delta x)}{d}=C_0-\frac{\varepsilon b}{d}\Delta x \qquad (2-21)$$

电容因位移而产生的变化量为

$$\Delta C=C-C_0=-\frac{\varepsilon b}{d}\Delta x=-C_0\frac{\Delta x}{a} \qquad (2-22)$$

其灵敏度为

$$K=\frac{\Delta C}{\Delta x}=-\frac{\varepsilon b}{d} \qquad (2-23)$$

可见增加 b 或减小 d 均可提高传感器的灵敏度。

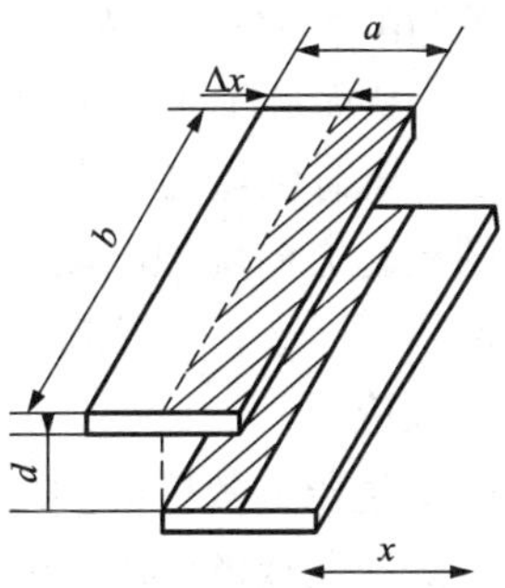

图 2-12　直线位移型电容传感器

2. 变间隙式电容传感器

图 2-13 为变间隙式电容传感器的原理图。当活动极板因被测参数的改变而引起移动时，固定极板和活动极板间的距离 d 发生变化，从而改变了两极板之间的电容 C。

设极板面积为 A，其静态电容为 $C_0=\frac{\varepsilon A}{d}$，当活动极板移动 x 后，其电容为

$$C=\frac{\varepsilon A}{d-x}=C_0\frac{1+\frac{x}{d}}{1-\frac{x^2}{d^2}} \qquad (2-24)$$

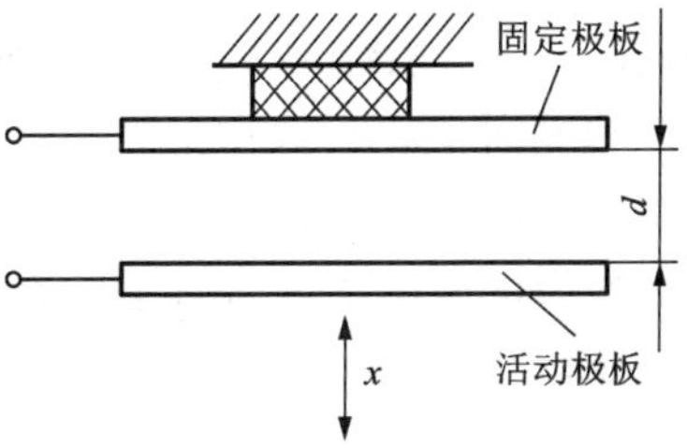

图 2-13　变间隙式电容传感器结构

当 $x \ll d$ 时，

$$1-\frac{x^2}{d^2}\approx 1$$

则

$$C=C_0\left(1+\frac{x}{d}\right) \qquad (2-25)$$

由式(2-24)可以看出电容 C 与 x 不是线性关系，只有当 $x \ll d$ 时，才可以认为是近似线性关系。同时还可看出，要提高灵敏度，应减小起始间隙 d。但当 d 过小时，又容易引起击穿，同时加工精度要求也很高。为此，一般在极板间放置云母、塑料膜等介电常数高的物质来改善这种情况。在实际应用中，为了提高灵敏度、减小非线性，可采用差动式结构。

2.5　压电式传感器

压电式传感器是一种典型的有源传感器，压电式传感器具有良好的静态特性和动态特性。其优点为：静态刚性好；灵敏度及分辨率高；具有良好的静态与动态性能；固有频率高，工作频带宽；体积小，质量轻，结构简单，工作可靠。压电转换元件的主要缺点是无静态输出，要求有很高的电输出阻抗，需用低电容的低噪声电缆，很多压电材料的工作温度在250℃左右。

2.5.1　压电效应

有一些电介质，由于其晶体结构的特殊性，当沿着一定方向受到作用力时，内部产生极

化现象(电介质内部晶格结构在外部力场的作用下，使晶格的正、负电荷中心不重合，出现电偶极矩，从而产生了电极化)，同时，在电介质的某两个表面上产生符号相反的电荷，当外力去掉后，电荷也随之消失，又恢复到不带电状态，这种现象称为正压电效应。反之，当在电介质的极化方向施加电场时，这些电介质就在一定方向上产生机械变形或机械应力，当外加电场撤去后，这些变形或应力也随之消失，这种现象称为逆压电效应，逆压电效应也称为电致伸缩效应。

能产生压电效应的物质称为压电材料或压电晶体。压电式传感器大都是利用压电材料的正压电效应制成的，在电声和超声领域中也有利用逆压电效应制成的传感器。

压电晶体的正压电效应(称为压电效应)可用式(2-26)来表示：

$$Q = dF \tag{2-26}$$

式中：Q 为压电晶体某个表面上的电荷量，C；d 为压电系数(与压电材料特性有关)，C/N；F 为外加作用力，N。

由于压电晶体各向异性(各个方向产生的压电效应不尽相同)，所以当受力方向和受力方式不同时，压电系数也不同。为表示这个特征，一般用数字下脚标来表示受力方向和产生压电效应的晶面，如 d_{ij} 表示受力的方向($j=1, 2, 3, 4, 5, 6$)，i 表示产生压电效应出现电荷的晶面($i=1, 2, 3, 4, 5, 6$)。例如，d_{11} 表示在 X 方向施加拉压力时，在垂直 X 轴的晶面上产生压电效应的压电系数；d_{12} 表示在 Y 方向上施加拉压力时，在垂直于 X 轴晶面上产生压电效应的压电系数。

2.5.2 压电材料

具有压电效应的敏感功能材料叫压电材料。对压电材料的要求为：具有大的压电系数 d；机械强度高、刚度大，以便获得高的固有振荡频率；高电阻率和大介电系数；高的居里点；温度、湿度和时间稳定性好。

压电材料主要分为压电单晶、压电多晶和有机压电材料。其中，压电单晶又包括石英晶体和其他压电单晶。

目前，国内外压电式传感器中应用最普遍的是各类压电陶瓷和压电单晶体中的石英晶体。有机压电材料是近年来新发现的很有发展前途的新型压电材料，如压电橡胶和压电塑料等。

1. *石英晶体*

无论是天然水晶或是人工水晶，都呈现出规则的外形。规则的几何外形是晶体内部结构对称性的反映，图 2-14(a)所示为右旋石英晶体的外形结构，通常为六角柱形。一个完整理想的石英晶体，外形可见面共 30 个晶面：6 个 m 面(柱面)；6 个 R 面(大棱面)；6 个 r 面(小棱面)；6 个 S 面(三方双锥面)；6 个 X 面(三方偏方面)。

X 面、S 面在 R 面右下方或 m 面右上方的为右旋石英晶体；X 面、S 面在 R 面左下方或 m 面左上方的为左旋石英晶体。

由于晶体的物理性能与方向有关，因此需要在晶体内选定参考方向，这种方向叫晶轴。晶轴并非一条直线，而是晶体中的一个方向。人们规定，不论右旋或左旋石英晶体都采用右手直角坐标系表示晶轴的方向。如图 2-14(b)所示，其中 X 轴是平行于相邻棱柱面内夹角的等分线，垂直于此轴的棱柱面上压电效应最强，故称为电轴；垂直于六边形对边的轴线 Y 轴

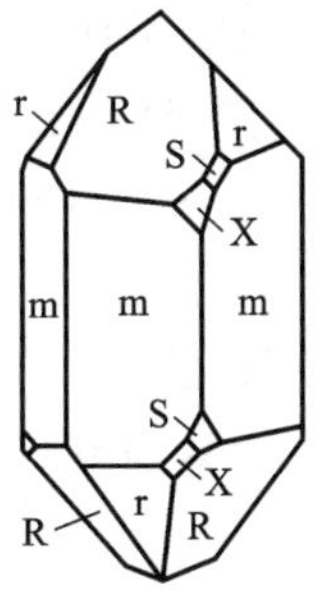

(a) 右旋石英晶体

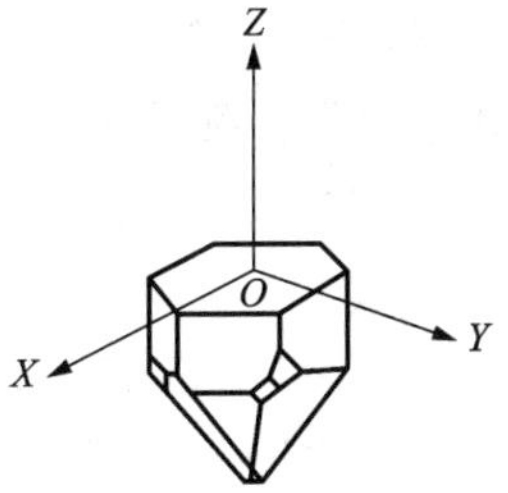

(b) 晶轴

图 2-14 石英晶体的外形结构

称为机械轴，在电场作用下，沿该轴方向的机械变形最明显；在垂直于 X、Y 轴的纵轴 Z 方向没有压电效应，此轴可用光学方法确定，故称为光轴或中性轴。

2. 石英晶体的压电效应机理

石英晶体的压电特性与其内部分子结构有关。其化学式为 SiO_2，在一个晶体单元中有三个硅离子 Si^{4+} 和六个氧离子 O^{2-}，后者是成对的，所以一个硅离子和两个氧离子交替排列。当没有外力作用时，Si^{4+} 和 O^{2-} 在垂直于晶轴 Z 的 XY 平面上的投影恰好等效为正六边形排列。如图 2-14(a)所示，正、负离子正好分布在正六边形的顶角上，它们所形成的电偶极矩 P_1、P_2 和 P_3 的大小相等，相互的夹角为 120°。因为电偶极矩定义为电荷 q 与间距 l 的乘积，即 $P=ql$，其方向是从负电荷指向正电荷，是一矢量，所以正负电荷中心重合，电偶极矩的矢量和为零，即

$$P_1 + P_2 + P_3 = 0$$

此时晶体表面没有带电现象。

但当晶体受到 X 方向的压应力 σ_1 作用时，晶体受到压缩而产生形变，正、负离子的相对位置也随之发生变化，此时正、负电荷中心不再重合，电偶极矩在 X 方向的分量为

$$(P_1 + P_2 + P_3)X > 0$$

在 Y、Z 方向的分量为

$$(P_1 + P_2 + P_3)Y = 0$$

$$(P_1 + P_2 + P_3)Z = 0$$

由上式看出，在 X 轴正向出现正电荷；在 Y、Z 轴方向则不出现电荷。当晶体受到沿 X 方向的拉应力作用时，则在 X 轴方向上电荷与上述相反；在 Y、Z 方向则不出现电荷。

3. 压电陶瓷

自 1947 年发现钛酸钡($BaTiO_3$)具有压电特性后，几十年来压电陶瓷材料发展极为迅速，应用日渐广泛，从日常生活所用的压电式打火机到现代电子技术、超声、微波声学及传感技术，都要用到压电陶瓷。它的优点是烧制方便，易于成型，耐湿，耐高温，原材料普遍，价格低廉。

在传感器中应用的压电陶瓷材料主要是钛酸钡($BaTiO_3$)和锆钛酸铅(PZT)压电陶瓷。

1) 钛酸钡压电陶瓷

钛酸钡压电陶瓷是由碳酸钡和二氧化钛按 1：1 物质的量比混合经烧结得到的，其压电系数 d、相对介电常数 ε 和电阻率 ρ 都很高，抗湿性好，价格便宜。但其居里点为 120，机械强度差，可以通过置换 Ba^{2+} 和 Ti^{4+} 以及添加杂质等方法来改善其特性。

2) 锆钛酸铅(PZT)压电陶瓷

PZT 由 $PbTiO_3$ 与 $PbZrO_3$ 按 47：53 物质的量比组成，居里点在 300 以上，性能稳定，具有很高的介电常数与压电常数。用加入少量杂质或适当改变组分的方法能明显地改变其一些特性，得到满足不同使用目的的材料。

压电陶瓷具有明显的热释电效应。所谓热释电效应是某些晶体除了由于机械应力的作用而引起的电极化(压电效应)之外，还可由温度变化产生电极化。用热释电系数来表示该效应的强弱。它的这种特性用于非热传感器中，却成了一大缺点，因为热输出是传感技术中非常讨厌的噪声源。

4. 新型压电材料

1) 压电半导体

20 世纪 60 年代以来，发现了一些既具有半导体特性又有压电特性的晶体，如硫化锌(ZnS)、氧化锌(ZnO)、硫化钙(CaS)、砷化镓(GaAs)等。由于在同一材料上兼有压电和半导体两种物理性能，既可以利用压电性能制作传感器，又可以利用半导体特性制成电子器件(如测量电路)，所以传感器集成化的发展前途是远大的。

2) 高分子压电材料

近年来，发现某些高分子聚合物薄膜经延展拉伸和电场极化后，也具有压电特性，这类材料称为高分子压电薄膜。目前发现的压电薄膜有聚二氟乙烯 PVF_2、聚氟乙烯 PVC 等，其中以 PVF_2 的压电系数最高。高分子压电材料具有柔软性、不易破碎、可以大量生产和制成较大面积等优点。它与空气的声阻抗匹配具有独特的优越性，很有希望成为新型的电声材料。

2.6 磁敏传感器

2.6.1 概述

现代科学技术的迅速发展，使磁性材料、电气设备和电力电子器件的应用日益广泛，电磁场对人体和生物的污染、对测量设备的干扰已备受人们的关注，因此磁参数的测量也愈显重要。

近代磁测量的研究包括以下三个方面：对空间磁场、磁性材料性能的测量；物质的磁结构分析，物质在磁场中的各种磁效应测量；磁性测量在其他学科领域的应用。磁测量的直接应用包括测量磁场强度的各种磁场计，如地磁的测量，磁带、磁卡和磁盘的读出，磁性探伤，磁性诊断，磁控设备等。磁测量的间接应用包括把磁场作为媒介用以探测非磁信号的应用，如无接触开关、无触点电位器、电流计、功率计、线位移和角位移的测量等。除了电机、电器、仪表等行业外，磁测量技术广泛应用于科学技术领域，如：农业上使用磁化水灌浇农作物；生物工程上测量蛋白质的磁性及物质结构；化学工程上用于测量催化剂的磁化率；医学上用于测量心脏磁场、绘制心电图、测血清磁化率；军事上用于测量弱磁并制成排雷、探潜等装置；地球上测量地磁变化、探矿、地震预报等；空间技术上用于测量星体周围磁场，对卫星通信和导弹制导等有重要意义；计算机的各种磁盘信息存储技术，生活上的日常音响和影像磁带、磁卡都是磁性材料高质量发展的结果。与之相应，磁测量技术和高精度的仪器仪表也得到了迅速发展。

早期磁场测量方法是利用磁针在磁场中的自由振荡周期来测定地磁场的"磁强计"法；目前是通过电磁感应、固体内霍尔效应、磁阻效应、磁共振、约瑟夫逊器件、磁光效应等制成的磁性物理量传感器来检测的。不同用途的磁敏传感器对灵敏度、分辨率、线性度各有不同的要求，表 2-2 列举了磁敏传感器的主要类型。

表 2-2　磁敏传感器的主要类型

效应	种类和材料	特征	应用
电磁感应	检测线圈，倍频磁调制器	简单，精度高	长度测量器，接近传感器，扭力仪
磁共振	质子磁力计	精度高，结构复杂	测量磁场强度
超导体	超导量子干涉元件	高分辨率，需要超低温	检测生物体磁性
霍尔效应	霍尔元件，集成霍尔传感器磁敏电阻	简单，价廉，受温度影响大	无刷电机，转速表
磁阻效应	磁敏电阻	简单，价廉	转速表，位置检测
磁光效应	BSO 磁场传感器	绝缘性能好，对环境适应性强	高电压电流计
吸力	磁性簧片开关	简单，价廉	接近开关，位置检测

磁测量的内容包括磁场中磁通、磁位降、磁感应强度、磁场强度、磁导率等的测量和磁性材料性能的测量。磁学中原先使用的单位是绝对电磁单位制(CGSM)，经过不断的演化，目前在工业中推荐采用国际单位制(SI)。表 2-3 列出了这两种单位制中单位名称、符号和换算关系。磁性材料性能的测量也是磁测量的一个重要内容，材料的磁性能与工作条件有关，在不同的外磁场(恒定、交变、低频、高频和脉冲)条件下工作，显示出不同的磁化过程和动静态特性。

表 2-3　磁学量的度量单位

磁学量	CGSM		SI		换算关系
	单位名称	符号	单位名称	符号	
磁通 ϕ	麦克斯韦	Mx	韦伯	Wb	1 Wb = 10^8 Mx
磁感应强度 B	高斯	Gs	特斯拉	T 或 Wb/m^2	1 T = 10^4 Gs
磁通势 F	吉伯特	Gilbert	安或安匝	A，NI	1 A = 0.1 Gilbert
磁场强度 H	奥斯特	Oe	安/米	A/m	1 A/m = $4\pi\times10^3$ Oe
磁导率 μ	真空磁导率 $\mu_0=1$		$\mu_0=4\pi\times10^{-7}$	H/m	

磁敏式传感器是利用固体中的磁电转换效应，为载流半导体在磁场中有磁电效应（霍尔效应）而输出电势，该类传感器主要有霍尔传感器、磁阻传感器、磁敏二极管和磁敏三极管等。霍尔元件及霍尔传感器是磁电传感器中生产量最大的一种，它除用于无刷直流电机外，还用于测量转速、流量、流速，及利用它制成高斯计、电流计、功率计等仪器。

2.6.2 霍尔效应

霍尔效应的实质是磁电转换效应。如图 2-15 所示的有限尺寸的半导体中，在 X 方向加一电场 E（一般是加一电流 I_x），在 Z 方向加一磁场 B，此时，半导体中的载流子（设为电子）将受电场力作用而向 $-X$ 方向运动。当电子以一速度运动时，由于磁场 B 的作用产生洛伦兹力 F，运动的电子在电场力和洛伦兹力的作用下会改变运动轨迹而向 $-Y$ 方向运动。结果在 $-Y$ 平面上堆积了负电荷，而 $+Y$ 平面上就有多余的正电荷，两种电荷使半导体内又产生了一横向电场 E_y。只有当作用在电子上的洛伦兹力和 E_y 电场力相平衡时，电子的运动才会停止。在稳定状态下，半导体片两侧面（Y 方向）的负电荷和正电荷相对积累，形成电动势，这种现象称为霍尔效应。由此而产生的电动势称为霍尔电势。霍尔元件的符号和基本电路如图 2-16 所示。

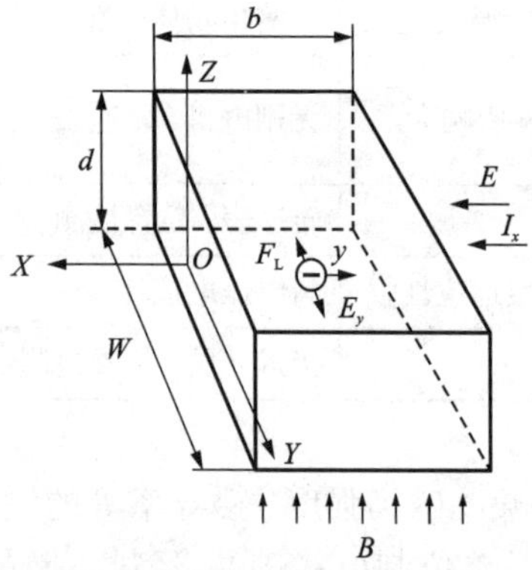

图 2-15 霍尔效应

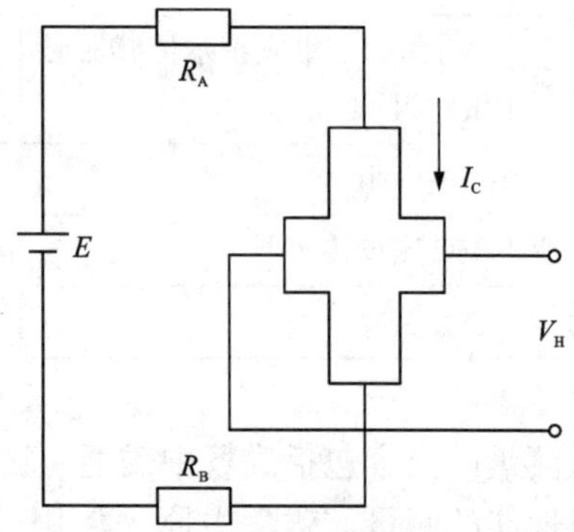

图 2-16 霍尔元件符号和基本电路

2.6.3 霍尔传感器

1. 线性霍尔传感器

线性霍尔传感器的输出电压与外加磁场强度在一定范围内呈线性关系。它有单端输出和双端输出（差动输出）两种电路，如图 2-17 所示。

2. 开关型霍尔传感器

常用的开关型霍尔传感器内部框图如图 2-18（a）所示，它由霍尔元件、放大器、施密特整形电路和集电极开路输出等部分组成。其工作特性如图 2-18（b）所示，工作电路如图 2-18（c）所示。不论是集电极开路输出还是发射极输出，开关型霍尔传感器输出端均应接负载电阻，取值一般以负载电流适合参数规范为佳。其工作特性有一定磁滞，可以防止噪声干扰，使开关动作更可靠。B_{OP} 为工作点“开”的磁场强度，B_{RP} 为释放点“关”的磁场强度。另外还有一种“锁定型”传感器。当磁场强度超过工作点时，其输出导通。而在磁场撤销后，

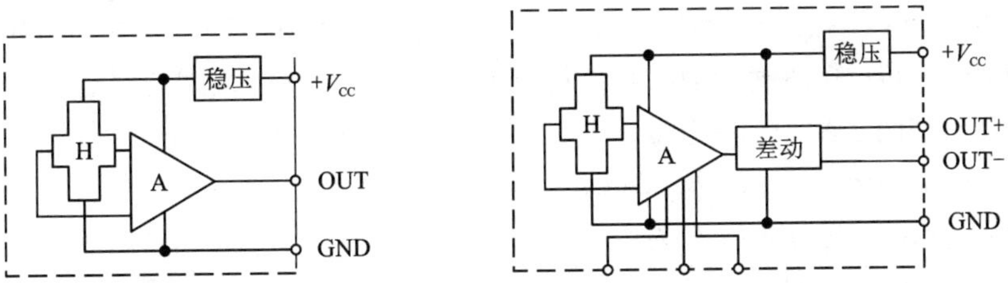

(a) 单端输出　　(b) 差动输出

图 2-17　线性霍尔传感器结构

其输出状态保持不变，必须施加反向磁场并使之超过释放点，才能使其关断，其工作特性如图 2-18(d)所示。

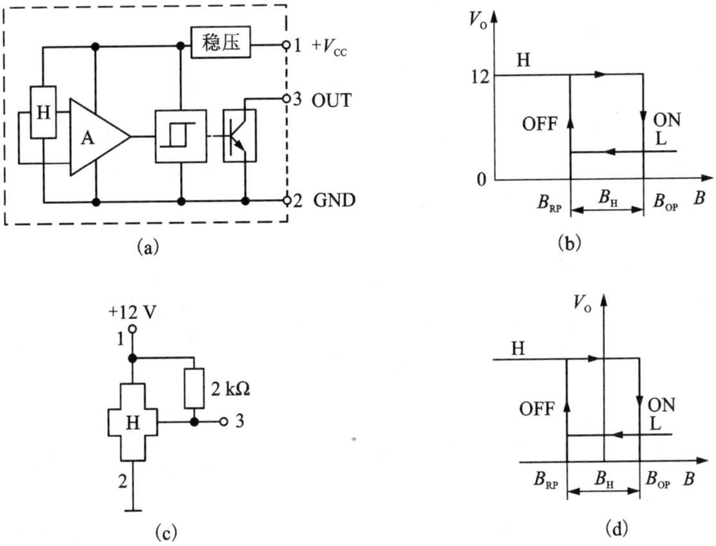

图 2-18　开关型霍尔传感器及特性

2.6.4　电磁感应法

电磁感应法是以电磁感应定律为基础的磁场测量方法。这类磁传感器是一个匝数为 N、截面积为 S 的探测线圈。探测线圈置于被测磁场 B 中，通过线圈与磁场的相对运动、旋转振动等使线圈中的磁通 ϕ 发生变化，则探测线圈中将产生感应电动势。设 N 为线圈的匝数，S 为线圈的平均截面积，t 为磁场变化的时间，则感应电动势的值可由式(2-27)计算：

$$e = -N\frac{\mathrm{d}\phi}{\mathrm{d}t} \tag{2-27}$$

对式(2-27)测量的感应电动势进行时间积分，可求出磁感应强度 B 的变化量

$$\Delta B = \frac{1}{NS}\int -e\mathrm{d}t \tag{2-28}$$

1. 旋转线圈法

图 2-19 为旋转线圈法的工作原理图。若被探测磁场为直流磁场，电动机带动探测线圈以恒定角速度 ω 旋转，并使旋转轴线与磁场方向垂直，于是穿越线圈的磁通 ϕ 发生变化，$\phi=SB_m\sin\omega t$，则线圈中的感应电动势为

$$e=-N\mathrm{d}\phi/\mathrm{d}t=-NS\omega B_m\cos\omega t \tag{2-29}$$

因此，感应电动势的有效值 E 为

$$E=4.44fNSB_m \tag{2-30}$$

式中：f 为交变磁场的变化频率，测出 E 值，就可间接得出磁场 B_m 值。由于式(2-30)的根据是发电机工作原理，所以这种检测方法又称旋转线圈法。

旋转线圈法有较好的测量线性度，其灵敏度则可借助改变 ω 来调整，也可用交流放大器来提高。此方法用于测量恒定磁场，磁感应强度测量范围为 $10^{-8}\sim10$ T，误差为 $10^{-4}\sim10^{-2}$。

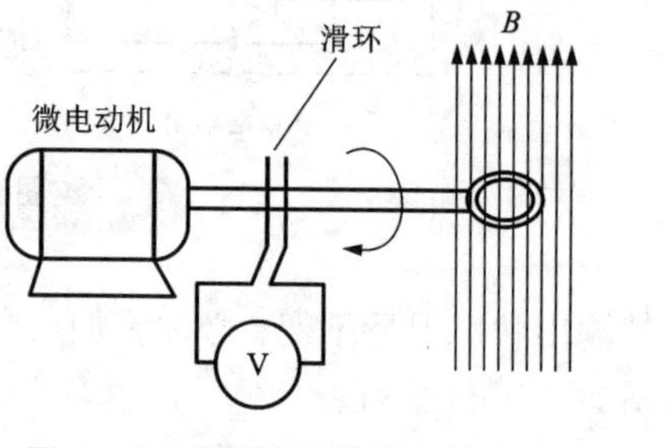

图 2-19　旋转线圈法工作原理图

应用探测线圈测得的磁感应强度实际上是探测线圈以内的平均值，用它测定空间磁场的分布时，线圈的尺寸应小于被测磁场的均匀范围；放置探测线圈时，须使线圈的轴线与磁场的轴线一致，否则会造成测量误差。探测线圈的引线应有良好的绝缘，两根引线应绞合在一起，以免外磁场在引线中感应附加电势产生误差。

2. 交变感应法

当被测磁场为交变磁场时，可将探测线圈置于磁场中的被测点，线圈中将产生感应电动势。假设待测磁场为正弦交变磁场，$B=B_m\sin\omega t$，则通过线圈的磁通量同样有 $\phi=SB_m\sin\omega t$，同样可得到感应电动势的有效值 $E=4.44fNSB_m$。

如探测线圈的法线与磁场方向间存在夹角 θ，则 $E=4.44fNSB_m\cos\theta$。交变感应法还可以进一步确定磁场的方向，当感应电动势最小时，线圈的法线与磁场方向垂直。

3. 冲击检流计法

冲击检流计的结构与磁电系检流计基本相同，但是可动部分的转动惯量大。图 2-20 为用冲击检流计测量磁场的原理图。图 2-21 为采用检流计测量脉冲电流的工作过程，分为两个阶段：

(1) 脉冲电流阶段。脉冲电流所含的电量 Q 在极短的时间对检流计冲击。

(2) 自由运动阶段。全部电量冲击后，可动部分自由振荡运动，最后衰减至初始位置。

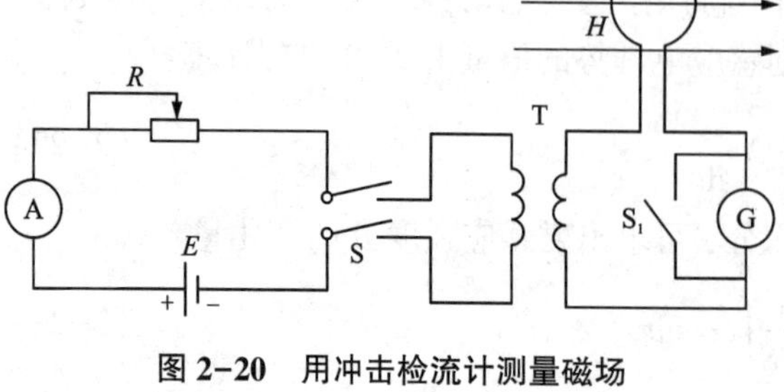

图 2-20　用冲击检流计测量磁场

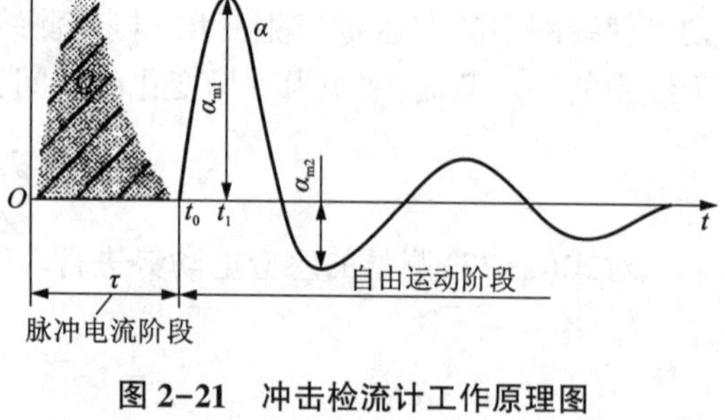

图 2-21　冲击检流计工作原理图

按照冲击检流计理论，它的第一次最大偏转角与流过线圈的电量 Q 成正比

$$Q = C_q \alpha_{ml} \tag{2-31}$$

式中：C_q 为冲击检流计的电量冲击常数；α_{ml} 为冲击检流计第一次最大偏转角。

2.6.5 磁敏电阻

1. 磁阻效应

当通有电流的半导体或磁性金属薄片置于与电流垂直或平行的外磁场中，由于磁场的作用力加长了载流子运动的路径，使其电阻值加大的现象称为磁阻效应。20 世纪末对 InSb、InAs 等半导体材料的研究发现其具有明显的磁阻效应后，实用的磁敏电阻器才得以问世。在半导体中只有一种载流子时，磁阻效应几乎可忽略；当有两种载流子时，磁阻效应很强。磁阻中不仅出现电阻率与 B 有关，还出现电流的流动方向也与 B 有关的现象。在温度恒定和弱磁场作用下，R 与 B^2 成正比。对于只有电子参与导电的最简单情况，磁阻效应可由下式表示

$$\rho_E = \rho_0(1 + 0.273\mu^2 B^2) \tag{2-32}$$

式中：ρ_0 为零磁场下的电阻率；ρ_E 为 B 磁场下的电阻率；μ 为电子迁移率。

2. 磁敏电阻工作原理

磁敏电阻(MR)是利用磁阻效应构成的磁性传感器，它的阻值随磁场强弱而变化。磁敏电阻材料有 InSb(弱磁材料的磁敏电阻)和 CoNi(镍化钴)(强磁材料的磁敏电阻)。

在弱磁场附近，灵敏度很低，需要对半导体磁敏电阻加偏磁，提高其灵敏度，一般选用 50 mT 到几百毫特的永久磁铁提供偏磁。强磁体磁敏电阻一般不加偏置，但有时也加偏置以改善线性度。

2.6.6 磁敏晶体管

1. 磁敏二极管的工作原理

磁敏二极管(SMD)结构如图 2-22 所示。在高纯度锗半导体芯片的两端分别做成高掺杂的 N 型和 P 型区域，中间为长度较长的本征区 I，形成 P-I-N 结。I 区的两个侧面做不同的处理，一个侧面磨成光滑面，另一个侧面打毛。粗糙的表面处容易使电子-空穴对复合而消失，这个表面称为复合面，即 r(recombination)面，这就构成了磁敏二极管。

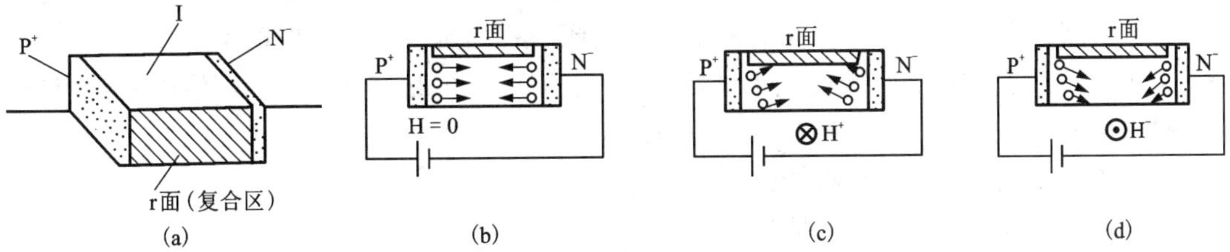

图 2-22 磁敏二极管结构原理图

它的工作原理如下：当元件的两端外加正向偏压时，磁敏二极管中产生两种载流子的运动，即从 P 区发射的空穴和从 N 区注入到锗区的电子。在没有磁场的情况下，大部分空穴和电子分别流入 N 区和 P 区而产生电流，其中有极少数在锗区复合掉。当磁敏二极管两端有外加电压时，在元件内部由三部分进行分压，即两个结和锗区。如锗区电阻增大，其压降就要

增加，使两个结的电压减小，促使进入锗区的载流子浓度减小，又使锗区电阻进一步增大，直到一个动态平衡状态。

如果加反向磁场，则使载流子偏离高复合区，锗区内载流子浓度增加，压降减小，两个结上的电压增加，又促使载流子向锗区注入，直到元件电阻减小到某一稳定状态为止。

2. 磁敏三极管的工作原理

磁敏三极管是一个 PNP 结构的晶体管，与普通晶体管不同之处是基区较大(大于载流子扩散长度)，电流放大倍数小于 1，一般为 0.05~0.1。在外加正磁场时，由于洛伦兹力的作用，使载流子向基极偏转，输送到集电极的电流减小，所以电流放大倍数减小；反之，外加反向磁场时，由于洛伦兹力的作用，使载流子向集电极偏转，输送到集电极的电流增大，所以电流放大倍数增大。磁敏三极管的电流放大倍数随外加磁场变化，而且具有正反向磁灵敏度，使用时应注意外磁场方向要与磁敏感表面垂直，以获得最大的灵敏度。其灵敏度是霍尔传感器的 100~1000 倍。

2.6.7 核磁共振

磁性物质内具有磁矩的粒子在直流磁场的作用下，其能级将发生分裂，当能级间的能量差正好与外加交变磁场(其方向垂直于直流磁场)的量子值相同时，物质将强烈接受交变磁场的能量，并产生共振即为磁共振。它在本质上是能级间跃迁的量子效应，与物质的磁性有密切的关系。当磁矩来源于顺磁物质原子中的原子核时，此磁共振现象称为核磁共振。核磁共振法的原理是基于塞曼效应，即物质的原子核磁矩在恒定磁场中将绕着该磁场方向作进动，其进动频率为

$$\omega_0 = \gamma u_0 H_0 \tag{2-33}$$

式中：γ 为旋磁比，对于氢原子核，其值为 2.67513×10^8 Hz/T，对于锂原子核，其值为 1.03965×10^8 Hz/T；u_0 为真空磁导率；H_0 为被测磁场强度。

由于磁共振的共振频率取决于磁场强度，因此可以制成磁传感器，用于高精度磁场强度的测量，其分辨率达 10^{-7} T，测量范围为 5×10^{-2}~2×10^6 A/m，常用来校正标准磁场和用于磁场测量仪的校验仪器。

实际测量时将核磁共振用的样品(如掺一定浓度 $FeCl_3$ 的水、聚四氟乙烯或甘油等)密封于玻璃管内并放置在磁场中，若在垂直于恒定被测磁场 B_0 方向上，将样品加一个高频交变磁场，则当该交变磁场频率与样品的核子的进动频率相同时将发生共振现象。

核子将从交变磁场中吸收能量来维持共振，引起电压振幅突然下降，而使观察者容易看到这种共振吸收现象，因此核磁共振法也叫共振吸收法。

图 2-23 为核磁共振法测磁场强度的原理框图。该装置主要包括边缘振荡器、检波放大器、移相器、低频振荡器、频率计和示波器等。边缘振荡器产生可调高频交变磁场以寻找作为共振体的磁性样品的进动频率。低频振荡器(一般为 50 Hz 工频交流)作为调制场线圈的一个励磁电

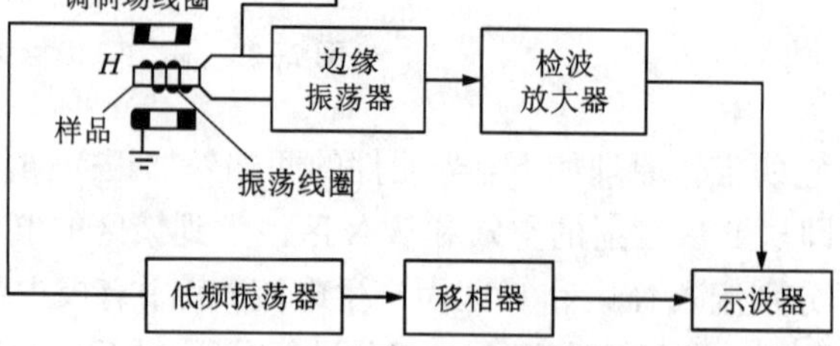

图 2-23　核磁共振法测磁场强度原理图

源，该线圈提供与被测磁场同方向的叠加交变磁场，其目的是让共振吸收信号（图 2–24 中的下陷尖峰）周期性出现，以配合寻找共振吸收峰的位置（通常 $T_1 \neq T_2$），调节高频角频率 ω，当 $\omega=\omega_0$ 时，各吸收峰的时间间距将相等，即 $T_1=T_2$。图 2–24 为共振吸收峰的产生及其位置示意图，图中 $H_{\sim}$ 为低频交变磁场，H_0 为被测空间磁场强度，H 是高频角频率为 $\omega(\omega \neq \omega_0)$ 时所对应的磁场强度$[H=\omega/(\mu_0\gamma)]$。

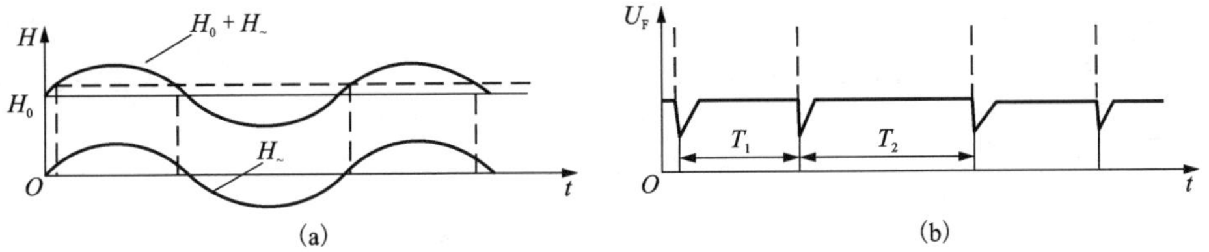

图 2–24　共振吸收峰的位置示意图

2.6.8　磁光效应

置于外磁场中的物体，其光学特性（吸光度与折射率等）在外磁场作用下发生变化的现象称为磁光效应。磁光效应有多种，例如磁光法拉第效应，它指的是平面偏振光（直线偏振光）通过带磁性的透光物体或通过在纵向磁场作用下的非旋光性物质时，其偏振光面发生偏转的现象。偏振光的旋转角与磁场强度成正比。运用磁光法拉第效应构成的测磁仪器可测 5×10^{-2} T 以下的磁感应强度，误差小于 1%，最高灵敏度可达 5×10^{-5} T，频宽为 3～750 Hz。这种方法还具有耐高压和无接地噪声感应等优点。

磁光的其他效应，如科顿–蒙顿（Cotton–Monton）效应，与光纤技术相结合构成了光纤电磁场传感器，具有高绝缘性和无感性，在高压电气系统中是最有用的检测器件。

2.7　光电传感器

光电传感器是光电检测系统中实现光电转换的重要元件，它是把光信号转变为电信号的器件。它首先把被测量的变化转换成光信号的变化，再借助光电元件进一步将光信号转换成电信号。本节主要介绍光电传感器的组成、工作原理、基本特性等。

2.7.1　光电效应

光电式传感器的基础是光电转换元件的光电效应。光照射在某些物质上，引起物质的电性质发生变化，也就是光能转化为电能，这类现象被人们统称为光电效应。光电效应分为光电子发射、光电导效应和光生伏特效应。前一种现象发生在物体表面，又称为外光电效应。后两种现象发生在物体内部，称为内光电效应。

1. 外光电效应

外光电效应是指在光的照射下，材料中的电子逸出表面的现象，逸出的电子称为光电子。光电管及光电倍增管均属这一类，它们的光电发射极，就是用具有这种特性的材料制造的。光电子逸出时所具有的初始动能 E_k 与光的频率 f 有关，频率高则动能大。

$$E_k = \frac{1}{2}mv^2 = hf - A \tag{2-34}$$

式中：A 为物体表面的逸出功；m 为电子质量；v 为电子逸出初速度。

每一种金属材料都有一个对应的光频阀值，称为“红限”频率，相应的波长为 λ_k。光线的频率小于红限频率，光子的能量不足以使金属内的电子逸出，因而小于红限频率的入射光，光强再大也不会产生光电子的发射；反之，入射光频率高于红限频率时，即使光线微弱，也会有光电子发射出来。光电子的最大初动能随入射光频率的增大而增大。在入射光的频谱成分不变时，发射的光电子数正比于光强，即光强越大，意味着入射光子数目越多，逸出的电子数也就越多。

2. 内光电效应

在光的照射下材料的电阻率发生改变的现象称为内光电效应，其分为光电导效应和光生伏特效应。半导体材料受到光照时，材料中处于价带的电子吸收光子能量而形成自由电子，而价带也会相应地形成自由空穴，即会产生电子-空穴对，使其导电性能增强，光线越强，阻值越低，这种光照后电阻率发生变化的现象，称为光电导效应。基于这种效应的光电器件有光敏电阻（光电导型）和反向工作的光敏二极管、光敏三极管（光电导结型）。

光生伏特效应：半导体材料 P-N 接收到光照后产生一定方向的电动势的现象称为光生伏特效应。光生伏特型光电器件是自发电式的，属有源器件。以可见光作光源的光电池是常用的光生伏特型光电器件。

2.7.2 光电检测及其发展

1. 辐射度量和光度量的检测

光度量是以平均人眼视觉为基础的量，利用人眼的观测，通过对比的方法可以确定光度量的大小。但由于人与人之间视觉上的差异，即使是同一个人，自身条件的变化也会引起视觉上的主观误差，这都将影响光度量检测的结果。至于辐射度量的测量，特别是对不可见光辐射的测量，是人眼所无能为力的。在光电方法没有发展起来之前，常利用照相底片感光法，根据感光底片的黑度来估计辐射量的大小。这些方法手续复杂，只局限在一定的光谱范围内，且效率低、精度差。

目前，大量采用光电检测的方法来测定光度量和辐射度量。该方法十分方便，且能消除主观因素带来的误差。此外，光电检测仪器经计量标定，可以达到很高的精度。目前常用的这类仪器有光强度计、光亮度计、辐射计，以及光测高温计和辐射测温仪等。

2. 光电元器件及光电成像系统特性的检测

光电元器件包括各种类型的光电、热电探测器和各种光谱区中的光电成像器件。它们本身就是一种光电转换器件，其使用性能由表征它们特性的参量来决定，如光谱特性、光灵敏度、亮度增益等。而这些参量的具体值则必须通过检测来获得。实际上，每个特性参量的检测系统都是一个光电检测系统，只是这时被检测的对象就是光电元器件本身而已。

光电成像系统包括各种方式的光电成像装置。如直视近红外成像仪、直视微光成像仪、微光电视、热释电电视、CCD 成像系统，以及热成像系统等。在这些系统中，各自都有一个实现光电图像转换的核心器件。这些系统的性能也是由表征系统的若干特性参量来确定的。如系统的亮度增益、最小可分辨温差等。这些光电参量的检测也是由一个光电检测系统来完成的。

3. 光学材料、元件及系统特性的检测

光学仪器及测量技术中所涉及的材料、元件和系统的测量，过去大多采用目视检测仪器来完成，它们以手工操作和目视为基础。这些方法有的仍有很大的作用，有的存在着效率低和精度差的缺点，这就要求用光电检测的方法来代替，以提高检测性能。随着工程光学系统的发展，还有一些特性检测很难用手工和目视方法来完成。例如，材料、元件的光谱特性，光学系统的调制传递函数，大倍率的减光片等。这些也都需要通过光电检测的方法来实现测量。

此外，随着光学系统光谱工作范围的拓宽，紫外、红外系统的广泛使用，对这些系统的性能及其元件、材料等的特性也不可能用目视的方法检测，而只能借助于光电检测系统来实现。

光电检测技术引入光学测量领域后，许多古典光学测量仪器得到改进，如光电自准直仪、光电瞄准器、激光导向仪等，使这一领域产生了深刻的变化。

4. 非光物理量的光电检测

这是光电检测技术当前应用最广、发展最快、且最为活跃的应用领域。这类检测技术的核心是如何把非光物理量转换为光信号，主要方法有两种：

(1) 通过一定手段将非光量转换为发光量，通过对发光量的光电检测，实现对非光物理量的检测；

(2) 使光束通过被检测对象，让其携带待测物理量的信息，通过对带有待测信息的光信号进行光电检测，实现对待测非光物理量的检测。

这类光电检测所能完成的检测对象十分广泛。如各种射线及电子束强度的检测；各种几何量的检测，其中包括长、宽、高、面积等参量；各种机械量的检测，其中包括重量、应力、压强、位移、速度、加速度、转速、振动、流量，以及材料的硬度和强度等参量；各种电量与磁量的检测；对温度、湿度、物质浓度及成分等参量的检测。

上述的讨论中，涉及的应用范围只是光电检测的对象，而检测的目的并未涉及，因为这又是一个更为广泛的领域。有时对同一物理量的检测，由于目的不同，就可能成为完全不同的光电检测系统。如对红外辐射的检测，在红外报警系统中，检测的作用是发现可疑目标及时报警；在红外导引系统中，检测的作用是通过对红外目标，如飞机喷口的光电检测，控制导弹击中目标；在测温系统中，检测作用是测定辐射体的温度。可见，结合光电检测的应用目的，其内容将更为丰富。

5. 光电检测的现代发展

现代检测技术是所有科技领域及工业部门正常运转的基础之一。光电检测技术不仅是现代检测技术的重要组成部分，而且随着社会的发展其重要性越来越明显，主要原因是光电检测技术的特点完全适应了近代检测技术发展的方向和需要。

(1) 近代检测技术要求向非接触化方向发展，这就可以在不改变被测物性质的条件下进行检测。而光电检测的最大优点是非接触测量。光束通过被测物在绝大多数条件下不会改变其特性，当然也有例外。这是人们更多地注意这种检测方式的重要原因。

(2) 现代检测技术要求获得尽可能多的信息量，而光电检测中的光电成像型检测系统，恰能提供待测对象信息含量最多的图像信息。

(3)现代检测技术所用电子元件及电路向集成化发展，检测技术向自动化发展，检测结果向数字化发展，检测系统向智能化发展。所有这些发展方向也正是光电检测技术的发展方向。可见，光电检测技术完全满足现代技术发展的需要，因此有着广阔的应用前景。

2.7.3 几种常用光电检测传感器

1. 光电管

光电管的结构如图 2-25 所示。在一个真空的玻璃泡内装有两个电极：光电阴极和阳极。光电阴极有的是贴附在玻璃泡内壁，有的是涂在半圆筒形的金属片上，阴极对光敏感的一面是向内的，在阴极前装有单根金属丝或环状的阳极。当阴极受到适当波长的光线照射时便发射电子，电子被带正电位的阳极所吸引，这样在光电管内就有电子流，在外电路中便产生了电流。

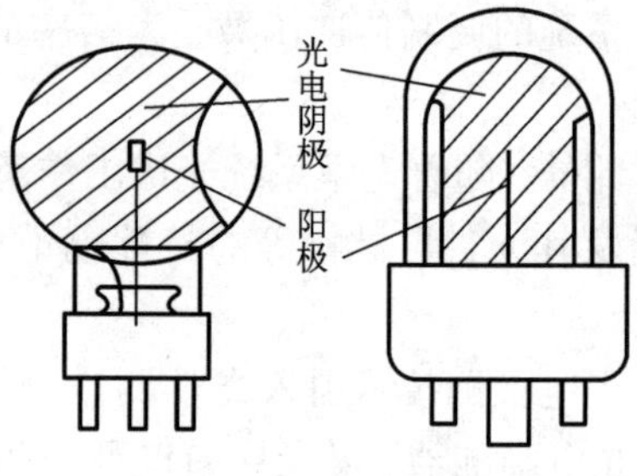

图 2-25 光电管的结构

在入射光极为微弱时，光电管能产生的光电流就很小，在这种情况下即使光电流能被放大，但信号与噪声同时被放大了，为了克服这个缺点，就要采用光电倍增管。

2. 光电倍增管

光电倍增管简称 PMT，是近几年来在光电子学领域得到重大发展的一种超高灵敏度的光电探测器，它已被广泛应用在众多的高技术领域中，如光谱分析、遥感卫星测量、高能物理、医学影像诊断、环境监测、军事侦察及空间探索等方面。

1)结构与工作原理

图 2-26 为光电倍增管工作原理示意图。它由光电阴极、若干倍增极和阳极三部分组成。光电阴极是由半导体光电材料锑、铯制造的，入射光就在它上面打出光电子。倍增极数目在 4~14 个不等。在各倍增极上加上一定的电压。阳极收集电子，外电路形成电流输出。

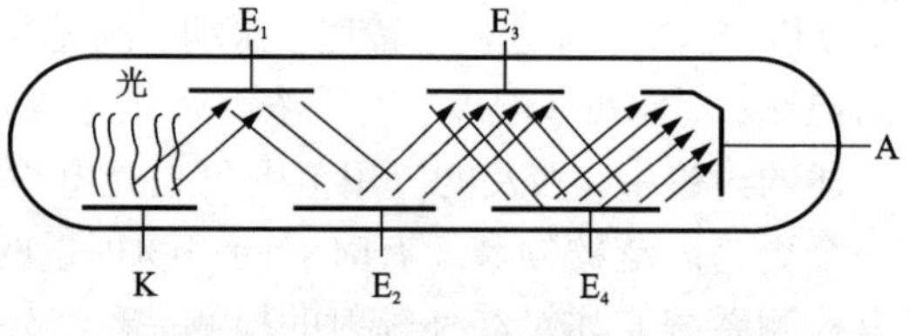

图 2-26 光电倍增管工作原理示意图

工作时，各个倍增电极上均加上电压，阴极 K 电位最低，从阴极开始，各个倍增极 E_1，E_2，E_3，E_4(或更多)电位依次升高，阳极 A 电位最高。

入射光在光电阴极上激发电子，由于各极间有电场存在，所以阴极激发电子被加速，轰击第一倍增极。这些倍增极具有这样的特性：在受到一定数量的电子轰击后，能放出更多的电子，称为“二次电子”。光电倍增管中倍增极的几何形状设计成每个极都能接受前一极的二次电子，而在各个倍增极上顺序加上越来越高的正电压。这样如果在光电阴极上由于入射光的作用发射出一个电子，这个电子将被第一倍增极的正电压所加速而轰击第一倍增极，设这时第一倍增极有 σ 个二次电子发出，这 σ 个电子又轰击第二倍增极，而其产生的二次电子又增加 σ 倍，经过 n 个倍增极后，原先一个电子将变为 σ^n 个电子，这些电子最后被阳极所收集而在光电阴极与阳极之间形成电流。构成倍增极的材料的 $\sigma>1$，设 $\sigma=4$，在 $n=10$ 时，则放大倍数为 $\sigma^n=4^{10}\sim10^6$，可见，光电倍增管的放大倍数是很高的。

2）使用特性

（1）光谱响应。

光电倍增管由阴极接受入射光后发射出光电子，其转换效率（阴极灵敏度）随入射光的波长而变。这种光阴极灵敏度与入射光波长之间的关系称为光谱响应特性。一般情况下，光谱响应特性的长波段取决于光阴极材料，短波段则取决于光电倍增管材料。光电倍增管的阴极一般都采用具有低逸出功能的碱金属材料所制成的光电发射面。光电倍增管的窗材料通常由硼硅玻璃、透紫玻璃（UV 玻璃）、合成石英玻璃和氟化镁（或镁氟化物）玻璃制成。硼硅玻璃窗材料可以透过近红外至 300 nm 的可见入射光，而其他三种玻璃材料则可用于对紫外区不可见光的探测。

（2）光照灵敏度。

由于测量光电倍增管的光谱响应特性需要精密的测试系统和很长的时间，因此，要为用户提供每一支光电倍增管的光谱响应特性曲线是不现实的，一般为用户提供阴极和阳极的光照灵敏度。阴极光照灵敏度，是指使用钨灯产生的 2856 K 色温光测试的每单位通量入射光产生的阴极光电子电流。阳极光照灵敏度是每单位阴极上的入射光能量产生的阳极输出电流（即经过二次发射极倍增的输出电流）。

（3）电流放大（增益）。

光阴极发射出来的光电子被电场加速后撞击到第一倍增极上将产生二次电子发射，以便产生多于光电子数目的电子流，这些二次发射的电子流又被加速撞击到下一个倍增极，以产生又一次的二次电子发射，连续重复这一过程，直到最末倍增极的二次电子发射被阳极收集，这样就达到了电流放大的目的。这时光电倍增管阴极产生的很小的光电子电流即被放大成较大的阳极输出电流。一般的光电倍增管有 9~12 个倍增极。

（4）阳极暗电流。

光电倍增管在完全黑暗的环境下仍有微小的电流输出，这个微小的电流称为阳极暗电流，它是决定光电倍增管对微弱光信号的检出能力的重要指标之一。

（5）温度特点。

降低光电倍增管的使用环境温度可以减少热电子发射，从而降低暗电流。另外，光电倍增管的灵敏度也会受到温度的影响。在紫外和可见光区，光电倍增管的温度系数为负值，到了长度截止波长附近则呈正值。由于在长波截止波长附近的温度系数很大，所以在一些应用中应当严格控制光电倍增管的环境温度。

（6）滞后特性。

当工作电压或入射光发生变化之后，光电倍增管会有一个几秒钟至几十秒钟的不稳定输出过程，在达到稳定状态之前，输出信号会出现一些微过脉冲或欠脉冲现象。这种滞后特性在分光光度测试中应予以重视。滞后特性是由二次电子偏离预定轨道和电极支撑架、玻壳等的静电荷引起的。当工作电压或入射光改变时，就会出现明显的滞后。对此，北京滨松公司侧窗型光电倍增管采用了“抗滞后设计”方案，实际上已经很好地消除了这种滞后现象。

3. 光敏电阻

1）工作原理

光敏电阻是用具有内光电效应的光导材料制成的，为纯电阻元件，其阻值随光照增强而减小，这种现象称为光导效应，因此光敏电阻又称光导管。

光敏电阻的工作原理是基于内光电效应。在半导体光敏材料两端装上电极引线，将其封装在带有透明窗的管壳里就构成了光敏电阻，为了增加灵敏度，两电极常做成梳状。用于制造光敏电阻的材料主要是金属硫化物、硒化物和碲化物等半导体材料。通常采用涂敷、喷涂、烧结等方法在绝缘衬底上制作成很薄的光敏电阻体及梳状欧姆电极，接出引线，封装在具有透光镜的密封壳体内，以免受潮影响其灵敏度，无光线时其阻值很高。

当受到光照并且光辐射能量足够大时，光导材料禁带中的电子受到能量大于其禁带宽度 ΔE_g 的光子激发，由价带越过禁带跃迁到导带，使其导带的电子和价带的空穴增加，电阻率变小。在光敏电阻两端的金属电极之间加上电压，其中便有电流通过，光敏电阻受到适当波长的光线照射时，电流随光强的增加而变大，从而实现光电转换。光敏电阻没有极性，使用时既可加直流电压，也可以加交流电压。

光敏电阻优点：灵敏度高，体积小，重量轻，光谱响应范围宽，机械强度高，耐冲击和振动，寿命长。

光敏电阻缺点：使用时需要外部电源，当有电流通过它时，会产生热。

2）光敏电阻的电特性

（1）将光敏电阻置于室温、无光照射的全暗条件下，经过一定稳定时间之后，测得的电阻值称暗电阻（或称暗阻）。这时，在给定工作电压下测得光敏电阻中的电流值称暗电流。

（2）光敏电阻在光照射下，测得的电阻值称为亮电阻（或称亮阻）。这时，给定工作电压下的电流称亮电流。

（3）亮电流与暗电流之差称为光敏电阻的光电流。

实用中光敏电阻的暗电阻值为 1~100 MΩ，亮电阻在几千欧以下。暗电阻值与亮电阻值之差越大，光敏电阻性能越好，灵敏度也越高。一般暗阻越大，亮阻越小越好。

2.7.4 光电传感器的特点

与半导体光电探测器（如 APD，PIN）相比，PMT 在以下几个方面具有明显的优点。

1. 高增益

光电倍增管（PMT）的增益很高，倍增因子可为 $10^3 \sim 10^7$ 倍，此时仍能保持相当好的信噪比，而通常的雪崩光电二极管（APD）的倍增因子为几十到一百倍左右。

2. 高灵敏度

PMT 有高的灵敏度，可以探测非常微弱的光信号，甚至是单光子信号，即所谓的单光子计数器或闪烁计数器。

3. 超低噪声

光电探测器的噪声与无光照情况下产生的电流（称暗电流）平方根成正比，PMT 的暗电流为几纳安（nA），为一般硅光电二极管的几百分之一。

4. 光敏区面积大

PMT 的光敏区面积可以做得很大，通常直径从几毫米到一百毫米以上，适用于对不同场合的要求。因此，PMT 是一种很理想的弱光信号探测器，已成为超高灵敏度光检测设备中的关键部件。

由于光电倍增管具有极高灵敏度和超快时间响应等特点，可广泛应用于光子计数、极微弱光探测、化学发光、生物发光研究、极低能量射线探测、分光光度计、旋光仪、色度计、照度计、尘埃计、浊度计、光密度计、热释光量仪、辐射量热计、扫描电镜、生化分析仪等仪器设备中。

一个光电器件有很多特性，不同的器件在一些特性上有很大的区别。从选用角度讲，通常关注波长响应范围、输入光强范围、最大灵敏度、输出电流、光电特性线性、动态特性、外加电压、受光面积、稳定性、外形尺寸、价格等项目。

2.8　生物传感器

2.8.1　概述

生物传感器是利用各种生物或生物物质做成的，用以检测识别生物体内化学成分的传感器。它以生物活性单元(如酶、抗体、核酸、细胞等)作为生物敏感基元，对被测目标物具有高度的选择性。它通过各种物理、化学信号转换器捕捉目标物与敏感基元之间的反应，然后将反应的程度用离散或连续的电信号表达出来，从而得出被测物的特性。

20世纪60年代以来，生物医学工程迅猛发展，作为检测生物体内化学成分的各种生物传感器不断出现；60年代中期起利用酶的催化作用和它的催化专一性开发了酶传感器并达到实用阶段；70年代又研制出微生物、免疫传感器等；80年代以来，生物传感器的概念得到公认，作为传感器的一个分支，它从化学传感器中独立出来，并且得到了发展，使生物工程与半导体技术相结合，进入了生物电子学传感器时代。由于生命科学得到人类的极大重视，生物传感器的研究和开发出现了突飞猛进的局面。西方发达工业国以及不少发展中国家都投入了巨大的人力、物力研究生命科学及其获取生命信息的生物传感器。仅日本就有5个管理部门和50多个公司从事生物传感器的研究，欧洲把生物传感器的研究列入尤里卡计划，美国各大学均有该方面的研究机构。这种研究高潮的形成，说明各国都充分认识到生物传感器在微电子学、生物学、生命科学中的地位。

生物传感器技术是一门由生物、化学、物理、医学、电子技术等多学科互相渗透成长起来的高新技术，具有选择性好、灵敏度高、分析速度快、成本低、能在复杂的体系中进行在线连续监测的特点。生物传感器的高度自动化、微型化与集成化，减少了对使用者环境和技术的要求，适合野外现场分析的需求，在生物、医学、环境监测、食品、医药及军事医学等领域都有着重要的应用价值。

2.8.2　生物传感器的工作原理、分类及特点

1. 生物传感器的工作原理

生物传感器的工作原理如图2-27所示，被测物质经过扩散作用进入生物敏感膜层，经分子识别，发生生物学反应(物理、化学变化)，产生物理、化学现象或产生新的化学物质，使相应的变换器将其转换成可定量和可传输、处理的电信号。生物传感器的选择性主要取决于生物敏感材料，而灵敏度的高低则与信号转换器的类型、生物材料的固定化技术等有很大的关系。

生物传感器主要由生物敏感元件(分子识别元件或生物敏感膜)和信号转换器两个主要部分组成。生物敏感元件是具有分子识别能力的生物活性物质(如组织切片、细胞、细胞器、

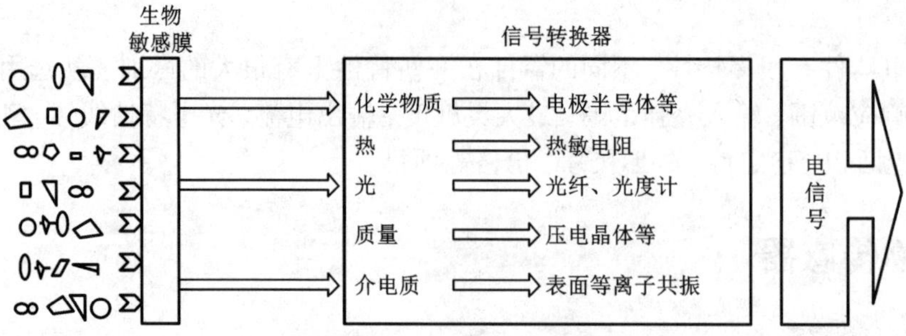

图 2-27 生物传感器的原理图

细胞膜、酶、抗体、核酸、有机物分子等)；信号转换器是将待测物与分子识别元件特异性结合后，所产生的复合物(或光、热等)通过信号转换器转换为可以输出的电信号、光信号等，从而达到分析检测的目的，信号转换器主要有电化学电极(如电位、电流)、光学检测元件、热敏电阻、场效应晶体管、压电石英晶体及表面等离子共振器件等。

目前研究或已经商品化的生物传感器，从工作原理上看，大致可以分为以下几类。

1)将化学变化转换为电信号

目前绝大部分生物传感器的工作原理均属此类。现以酶传感器为例加以说明。酶能催化特定物质发生反应，从而使特定物质的量有所增减，用能把这类物质的量的改变转换为电信号的装置和固定化的酶相耦合，即组成酶传感器。常用的这类信号转换装置有 Clark 型氧电极、过氧化氢电极、氢离子电极、氨气敏电极、CO_2 气敏电极、离子敏场效应晶体管等。除酶以外，用固定化细胞，特别是微生物细胞、固定化细胞器，同样可以组成相应的传感器，其工作原理与酶相似。这种生物传感器的工作原理如图 2-28 所示。

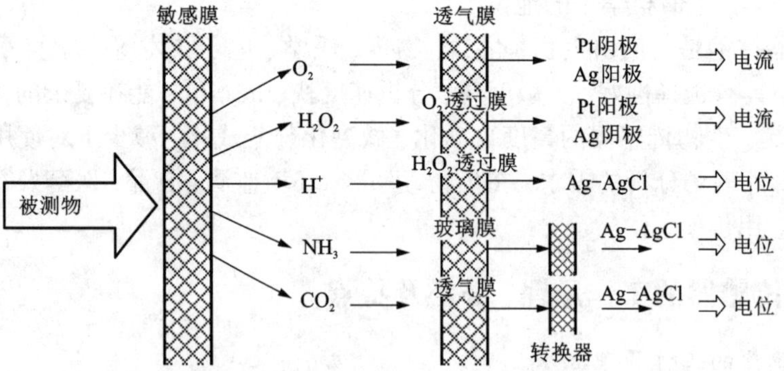

图 2-28 将化学变化转换成电信号的生物传感器原理图

2)将热变化转换为电信号

当固定化的生物材料与相应的被测物作用时，常伴有热的变化，即产生热效应。然后，利用热敏元件(如热敏电阻)转换为电阻等物理量的变化。图 2-29 为这类生物传感器的工作原理。

3) 将光效应转换为电信号

有些生物物质，如过氧化氢酶，能催化过氧化氢/鲁米诺体系发光，因此，如能将过氧化氢酶膜附着在光纤或光敏二极管等光敏元件的前端，再用光电流检测装置，即可测定过氧化氢的含量。许多酶反应都伴有过氧化氢的产生，如葡萄糖氧化酶(GOD)在催化葡萄糖氧化时也产生过氧化氢，因此把 GOD 和过氧化氢酶一起做成复合酶膜，则可利用上述反应测定葡萄糖。除酶传感器外，也可依据上述原理组成酶标免疫传感器。

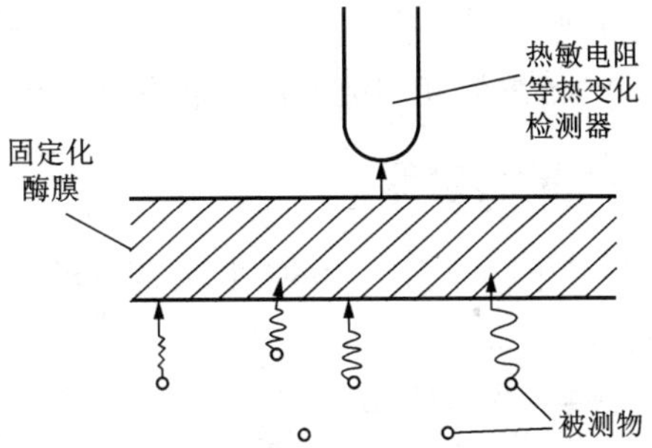

图 2-29　热效应生物传感器原理图

4) 直接产生电信号

上述三种原理的生物传感器，都是将分子识别元件中的生物敏感物质与待测物发生化学反应，所产生的化学或物理变化量通过信号转换器变为电信号进行测量的，这些方式称为间接测量方式。另有一种方式是酶反应伴随有电子转移、微生物细胞的氧化直接或通过电子传送体作用在电极表面上直接产生电信号，因此称为直接测量。

2. 生物传感器的分类

生物传感器一般按生物敏感元件上的生物敏感物质和器件法分类。

按生物活性物质不同可以将生物传感器分为微生物传感器(microbial sensor)、酶传感器(enzyme sensor)、免疫传感器(immunol sensor)、组织传感器(tissue sensor)、细胞传感器(organall sensor)和基因传感器(gene sensor)等。根据生物传感器的信号转换器可分为生物电极(bio-electrode)、半导体生物传感器(semiconduct biosensor)、热生物传感器(calorimetric biosensor)、光生物传感器(optical biosensor)、压电晶体生物传感器(pie-zoelectric biosensor)等。

随着生物传感器技术的发展和新型生物传感器的出现，近年来又出现了新的分类方法，如直径在微米级甚至更小的生物传感器统称为微型生物传感器；凡是以分子之间特异识别并结合为基础的生物传感器统称为亲和生物传感器；以酶压电传感器、免疫传感器为代表，同时能够测定两种以上指标或综合指标的生物传感器称为多功能传感器，如味觉传感器、嗅觉传感器、鲜度传感器、血液成分传感器等；由两种以上分子识别元件构成的生物传感器称为复合生物传感器，如多酶传感器、酶-微生物复合传感器等。

3. 生物传感器的特点

生物传感器工作时，生物学反应过程中产生的信息层是多元化的。传感器技术的现代成果和半导体技术为这些信息的转换和检测提供了丰富的手段，使得研究者研制出形形色色的生物传感器。生物传感器一般具有如下特点：

(1) 根据生物反应的奇异性和多样性，从理论上讲可以制造出测定所有生物物质的多种多样的生物传感器。

(2) 生物传感器是由选择性好的生物材料构成的分子识别元件，因此不需要样品的预处理，样品中被检测组分的分离和检测同时完成，且测定时不需要加入其他试剂，比各种传统的生物学和化学分析法操作简便、快速、准确。

(3)体积小，可以实现连续在线监测，联机操作，直接显示与读出测试结果。

(4)响应快，样品用量少，且由于敏感材料是固定化的，可以反复多次使用。

(5)传感器连同测定仪的成本远低于大型的分析仪器，便于推广和普及。

2.8.3 酶传感器

酶是生物体内产生的，具有催化活性的活性蛋白质，分子量可以为一万到几十万，甚至数百万以上。

1. 酶的基本特征

(1)酶的高效催化性。酶是一类有催化活性的蛋白质，在生命活动中起着极为重要的作用，参与所有新陈代谢过程中的生化反应，使得生命赖以生存的许多复杂的化学反应在常温下能够发生，并以极高速度和明显的方向性维持生命的代谢活动，可以说生命活动离不开酶。酶的催化效率是其他催化剂的 $10 \sim 10^{13}$ 倍。

(2)酶的高度专一性。酶不仅具有一般催化剂加快反应速度的作用，而且具有高度的专一性(特异的选择性)，即一种酶只能作用于一种或一类物质，产生一定的产物。如淀粉酶只能催化淀粉水解。

(3)酶是蛋白质。其催化一般在温和条件下进行，极端的环境条件(如高温、酸碱)会使酶失去活性。

(4)有些酶(如脱氢酶)需要辅酶或辅基。若从酶蛋白分子中除去辅助成分，酶便不具有催化活性。

2. 酶传感器的类型

酶传感器是以酶为敏感材料所构成的生物传感器。根据信号转换器的类型，酶传感器大致可以分为酶电极传感器、场效应晶体管酶传感器、热敏电阻酶传感器、光纤型酶传感器等。

1)酶电极传感器

酶电极是由固定化酶与离子选择电极、气敏电极、氧化还原电极等电化学电极组合而成的生物传感器，因而具有酶的分子识别和选择催化功能，又有电化学电极响应快、操作简便的特点，能快速测定试液中某一给定物质的浓度。目前，酶电极用于糖类、醇类、有机酸、氨基酸、激素、三磷酸腺苷等成分的测定。根据电化学测量信号，酶电极主要分为电流型酶电极和电位型酶电极。

(1)电流型酶电极。

电流型酶电极是将酶促反应产生的物质在电极上发生氧化或还原反应产生的电流信号，在一定的条件下，测得的电流信号与被测物浓度呈线性关系。其基础电极可以用氧、过氧化氢电极等，还可以用近年来开发的介体修饰的碳、铂、钯和金等基础电极。表 2–4 所示为常见的电流型酶电极。

表 2–4　常见的电流型酶电极

测定对象	酶	检测电极
葡萄糖	葡萄糖氧化物	O_2，H_2O_2
麦芽糖	淀粉酶	Pt

续表2-4

测定对象	酶	检测电极
蔗糖	转化酶+变旋光酶+葡萄糖酶	O_2
半乳糖	半乳糖酶	Pt
尿酸	尿酸酶	O_2
乳酸	乳酸氧化酶	O_2
胆固醇	胆固醇氧化酶	O_2，H_2O_2
磷脂质	磷脂酶	Pt
苯酚	酪氨酸酶	Pt
乙醇	乙醇氧化酶	O_2
丙酮酸	丙酮酸脱氧酶	O_2

(2)电位型酶电极。

电位型酶电极是将酶促反应所引起的物质量的变化转变成电位信号输出，电位信号大小与底物浓度的对数值呈线性关系，所用的基础电极有 pH 电极、气敏电极(CO_2，NH_3 等)。电位型酶电极的适用范围不仅取决于底物的溶解度，还取决于基础电极的检测范围(一般为 $10^{-4}\sim10^{2}$ mol/L)，当基础电极等选择适宜时检测范围可为 $10^{-5}\sim10^{-1}$ mol/L。表 2-5 是常见的电位型酶电极。

表 2-5　常见的电位型酶电极

测定对象	酶	检测电极
尿素	脲酶	NH_3，CO_2，pH
中型脂质	蛋白脂酶	pH
丙桃苷	葡萄糖苷酶	CN^-
L-谷氨酸	谷氨酸脱氢酶	NH_4^+，CO_2
L-天冬氨酸	天冬酰胺酶	NH_4^+
青霉素	青霉素酶	pH
苦杏仁苷	苦杏仁苷酶	CN^-
硝基化合物	硝基还原酶-亚硝基还原酶	NH_4^+

2)FET-酶传感器

场效应晶体管酶传感器(FET-酶传感器)是将酶膜复合场效应管的栅极，在进行测量时，酶的催化作用使待测的有机分子反应生成场效应晶体管能够响应的离子。由于场效应晶体管栅极对表面电荷非常敏感，由此引起栅极的电位变化，这样就可以对漏极电流进行调制，通过漏极电流的变化，获得所需的信号。由于氢离子酶的 FET 器件最为成熟，与 H^+变化有关的生化反应首先被用到 FET-酶传感器方面，随后出现 FET-免疫传感器和 FET-细菌传感器。

基于酶促反应 pH 变化，通过场效应晶体管转换成电信号进行检测原理，FET-尿酶传感器、FET-葡萄糖传感器、FET-青霉素传感器、FET-L-谷氨酶传感器等被研制出来。近年来，薄膜物理学与固体物理学的发展，为 FET-酶传感器的微型化开拓了新的前景。离子敏场效应晶体管、气敏金属氧化物半导体电容器、薄膜电极等微型传感器都使用微电子生产工艺制造，有良好的重现性、可靠性和适用性。微型化的 FET-酶传感器与传统的电化学电极比较，具有输入阻抗小、响应时间短、线性好、体积小、样品用量少、信号倍增等特点，是酶传感器重要的发展方向。

3）热敏电阻酶传感器

热敏电阻酶传感器由固定化酶和热敏电阻组合而成。用酶热敏电阻测定待测物的含量是依据酶促反应产生的热量的多少来进行的。若反应体是绝热体系，则酶促反应产生的热使体系温度升高，借测量体系的温度变化可推知待测物的含量。目前热敏电阻可以测定 10^{-4} K 微小的温度变化，精度可达 1%。热敏电阻具有热容量小、响应快、稳定性好、使用方便、价格便宜的特点。

该类传感器对酶的载体有特殊要求：不随温度变化而膨胀和收缩，热容量小；机械强度高，耐压性好，适合流动装置用；对酸、碱、有机溶剂等化学试剂和诸如细菌、霉菌等具有生物学稳定性等。目前，载体除玻璃以外，还有使用多糖凝胶或尼龙制的毛细管等。热敏电阻酶传感器在临床分析、发酵分析及过程控制等方面都获得满意的效果。

4）光纤型酶传感器

光纤型酶传感器这类传感器利用酶的高选择性，待测物质（相应酶的底物）从样品溶液中扩散到生物催化层，在固定化酶的催化下生成一种待检测的物质；当底物扩散速度与催化产物生成速度达成平衡时，即可得到一个稳定的光信号，信号大小与底物浓度呈正比。

目前光纤传感器中传感器基体与敏感膜的结合方式有两种：一种是固定光纤的端部，应用在生物医学检测中的方法主要是“强度调制”；另一种是将光纤的某一段包层去掉，在其上固定敏感膜作包层，从而改变了光纤的传导特性，检测方法一般是“相位调制”或“频率调制”。

2.8.4 微生物传感器

1. 微生物反应的特征

微生物反应是微生物作为生物催化剂进行生物化学反应的过程。

根据微生物代谢流向可以分为同化作用和异化作用。在微生物反应过程中，细胞同环境不断地转变自身的物质和能量的交换。细胞将底物摄入并通过一系列的生化反应变成自身组成物质，并存储能量称为同化作用。反之，细胞将自身的组成物质经生化反应释放能量或排出体外，称为异化作用。

微生物还可以分为自养性微生物与异养性微生物。自养性微生物以 CO_2、无机氮化物作氮源，通过细菌的光合作用或合成作用合成能量。

异养型微生物以有机物作为碳源，无机物或有机物作氮源，通过氧化有机物获得能量。绝大多数微生物都属于异养型。

根据微生物对氧的需求可以分为喜氧反应和厌氧反应。微生物反应生长过程中不需要氧气，而需要 CO_2 的称为厌氧反应。

2. 微生物传感器的类型

用微生物作为分子识别元件构成的传感器称为微生物传感器。微生物传感器从工作原理上可以分为两种类型，即呼吸机能型微生物传感器和代谢机能型微生物传感器。

呼吸机能型微生物传感器是基于微生物呼吸量与有机物前后浓度不同，通过测量 O_2 电极转变为扩散电流值从而间接测定有机物浓度；代谢机能型微生物传感器的原理是微生物使有机物分解而产生各种代谢生成物，这些代谢物中含有电活性物质。

如果按信号转换器类型，微生物传感器可分为电流型微生物传感器、电位型微生物传感器、压电高频阻抗型微生物传感器、燃料电池型微生物传感器、光微生物传感器。

1）电流型微生物传感器

电流型微生物传感器的工作原理是微生物敏感膜与待测物发生一系列生化反应后，通过检测某一物质含量的变化，最终输出电流信号。电流型传感器常用的信号转换器件有氧电极、过氧化氢电极及燃料电池型电极等，其中用得最多的是氧电极。常见的电流型微生物传感器有甲烷微生物传感器、细菌总数传感器、硝酸盐微生物传感器、致癌物微生物传感器。

2）电位型微生物传感器

电位型微生物传感器工作时，经其中的信号转换器转换后输出的信号是电位。常用的转换器件有 pH 电极、氨电极、二氧化碳电极等，各种电位型传感器的电位值与被测离子活度有关。常见的电位型微生物传感器有头孢菌素微生物传感器、烟酸微生物传感器、尿酸微生物传感器、L-天冬氨酸微生物传感器等。

3）压电高频阻抗型微生物传感器

微生物在生长过程中能改变培养液的化学成分，从而导致培养液阻抗的变化，引起电导率和介电常数的改变。如果用压电微生物传感器监测微生物的生长，当培养的微生物数量超过某一域值，压电晶体振荡频率产生突跃。从接种微生物生长开始至到达域值，培养液性质参数出现突变并被压电传感器检出所需要的时间称为频率测出时间（简称 FDT）。FDT 与原始接种的待测微生物浓度及其增代时间有关。当微生物增代时间固定，FDT 与待测微生物数量之间呈线性关系，故可以通过测定 FDT 来测定微生物含量。如检测大肠杆菌的压电微生物传感器。

4）燃料电池型微生物传感器

微生物在呼吸代谢过程中会产生电子，直接在阳极上放电，产生电信号。但微生物在电极上放电的能力很弱，往往要加入电子传递的媒介物——介体，起到增大电流的作用。

作为介体的氧化-还原电对试剂可以把微生物的呼吸过程直接有效地同电极联系起来。电化学氧化过程产生的流动电子，用电流或其他方法进行测量，在适当条件下此信号即为检测底物的依据。根据此原理研制出能检测葡萄糖、乳糖、乙醇、甲醇、维生素 B 等的燃料电池型微生物传感器。

5）光微生物传感器

有些微生物具有光合作用能力，在光照作用下能将待测物转化成为电极敏感物质，或其本身能够释放氧气，将这类微生物固定并与氧电极、氢电极等结合即可制得光微生物传感器。常见的光微生物传感器有测定磷酸盐的光微生物传感器、测定硫化物的光微生物传感器等。

2.8.5 酶传感器与微生物传感器的比较

酶在微生物反应中起催化作用，而每个微生物细胞都是一个极为复杂的完整的生命系统，数以千计的酶在系统中高度协调地行使作用。所以微生物传感器与酶传感器相比，它有以下特点：

(1)微生物的菌株比分离提纯酶的价格低得多，因而制成的传感器便于推广普及。

(2)微生物细胞内的酶在适当环境下活性不易降低，因此微生物传感器的寿命更长。

(3)即使微生物体内的酶的催化活性已经丧失，也还可以因细胞的增殖使之再生。

(4)对于需要辅助因子的复杂的连续反应，用微生物则更易于完成。

利用微生物作为生物敏感膜时也有如下不利因素：

(1)微生物反应通常伴随自身生长，不容易建立分析标准。

(2)细胞是多酶系统，许多代谢途径并存，难以排除不必要的反应。

(3)环境条件变化会引起微生物生理状态的复杂变化，不适当的操作会导致代谢现象出现不期望的反应。

所以，与酶传感器相比，微生物传感器有价格便宜、性能稳定的优点，但其响应时间长(数分钟)，选择性较差。

习题与思考题

2.1 什么是传感器？简述传感器的主要组成。

2.2 简述传感器工作的物理基本定律的四种类型。

2.3 什么是电阻式传感器？简述电阻应变片的工作原理。

2.4 什么是电感式传感器？自感式传感器主要有哪几种类型？

2.5 试述电容式传感器的工作原理。

2.6 什么是压电效应？什么是霍尔效应？

2.7 简述外光电效应和内光电效应。

2.8 简述光电传感器的特点以及光电检测的发展趋势。

2.9 什么是生物传感器？试述生物传感器的工作原理。

2.10 试述常见的微生物传感器类型。

第 3 章　压力、物位检测技术

3.1　压力检测技术

3.1.1　压力的概念

1. 压力的定义

工程测量中常称呼的压力实际上就是物理学中的压强。物理学中把单位面积上所受到的作用力称为压强，而把某一面积上所受力的总和称为压力。在工程上由于把压强称作压力由来已久，因此下面就按习惯用法进行讨论。

由定义可知，压力 p 的公式为

$$p = F/S \tag{3-1}$$

式中：F 为垂直作用在面积 S 上的力。

2. 压力计量中的几种参数

1）大气压

大气压就是地球表面上的空气柱重力所产生的压力。它随着某一地点海平面的高度、纬度和气象情况而变化，用 $P_{气}$ 表示。

2）绝对压力

绝对压力指液体、气体和蒸汽作用在单位面积上的全部压力。在压力表中将表壳密封抽成真空，则可制成绝对压力表，用 $P_{绝}$ 表示。

3）表压力（剩余压力）

表压力是测量仪表上所指示的压力，它等于绝对压力与当地大气压之差，用 $P_{表}$ 表示，即

$$P_{表} = P_{绝} - P_{气} \tag{3-2}$$

4）负压（真空）

负压是当绝对压力小于大气压时，大气压与绝对压力之差，用 $P_{真}$表示。

5）差压

差压是两个压力之间的差值，用 ΔP 表示。

3. 压力测量的单位

由压力的定义表达式可知，压力的单位是力和面积的导出单位。国际单位制中压力的单位称为“帕斯卡”，以法国科学家帕斯卡的名字命名，用符号“Pa”表示。$1\ Pa = 1\ N/m^2$。

“帕斯卡”（Pa）这个单位在实际使用中过于小，不方便，所以实际上广泛使用原始单位

(Pa)乘以 10 的乘方的单位，将 10 的乘方称为词头，在压力仪表中采用的词头有 10^3 符号 k、10^6 符号 M、10^9 符号 G。它既不是数，也不是词，而是分别带 10 的不同指数的大小。所以它不能单独使用，只有加在原始单位之前才有意义，如 10 kPa、8 MPa 等。

3.1.2 压力仪表的分类

1. 按压力范围划分

压力测量仪表是用来测量气体或液体压力的工业自动化仪表，又称压力表或压力计。压力测量仪表按工作原理分为液柱式、弹性式、负荷式和电测试等类型。其中弹性式和电测试压力表是工业生产中常用的压力检测仪表。弹性式压力表主要用于压力就地显示，而电测试压力表不仅用于压力就地显示，而且可进行压力信号远传，供计算机控制系统或仪表使用。

为了测量方便，根据所测压力高低不同，习惯上把压力划分成不同的区间，在各个区间内，压力的发生和测量都有很大差别，压力范围的划分对仪表分类也有影响。下面介绍常用的压力范围的划分规则。

(1)微压：压力在 0~0.1 MPa；

(2)低压：压力在 0.1~10 MPa；

(3)高压：压力在 10~600 MPa；

(4)超高压：压力高于 600 MPa；

(5)真空(以绝对压力表示)：

①粗真空：$1.3332\times10^3 \sim 1.3332\times10^5$ Pa；

②低真空：$0.13332 \sim 1.3332\times10^3$ Pa；

③高真空：$1.3332\times10^{-6} \sim 0.13332$ Pa；

④超高真空：$1.3332\times10^{-10} \sim 1.3332\times10^{-6}$ Pa。

2. 按作用原理划分

按作用原理划分压力测量仪表分为下面几类。

(1)液柱式压力计：包括 U 形压力计、单管压力计及倾斜式压力计等，它们都是用液柱高度产生的压力平衡未知压力。

(2)活塞式压力计：包括单活塞式压力计、双活塞压力计、带增压器的活塞式压力计、浮球式压力计。它们用液体传递压力，把一个准确已知的压力传给被校准的仪表。

(3)弹性式压力计：利用各种形式的弹性元件，在它受到压力作用后，产生弹性变形，根据弹性变形的大小来测量被测压力。属于这一类的压力仪表的品种最多，应用也最广，它们又有不同的分类方法。

3. 按物理性质划分

按物理性质划分压力测量分为如下几类。

(1)电阻式压力计：利用一些金属或合金在压力直接作用下，本身电阻发生变化的原理来测量压力。

(2)热导式真空计：利用气体在压力降低时，导热函数变小的原理来测量压力，它主要用在真空测量中。

(3)电离真空计：电离真空计具有一定能量的质点通过稀薄气体时，可使气体电离，根据电离产生的离子数测量压力，它主要用于真空测量中。

3.1.3　压力检测的基本方法及其传感器的主要类型

1. 压力检测的基本方法

根据工作原理的不同，压力检测方法主要有以下几种：

(1)弹性力平衡法。利用弹性元件受压力作用发生弹性形变而产生的弹性力与被测压力相平衡的原理。将压力转换成位移，测出弹性元件变形的位移大小就可以测出被测压力。例如弹簧管压力计、波纹管压力计及模式压力计等，应用最为广泛。

(2)重力平衡法。主要有液柱式和活塞式两种。利用一定高度的工作液体产生的重力或砝码的重量与被测压力相平衡的原理。例如 U 形管压力计、单管压力计，结构简单读数直观。活塞式压力计是一种标准型压力测量仪。

(3)机械力平衡法。其原理是将被测压力经变换元件转移成一个集中力，用外力与之平衡，通过测得平衡时的外力来得到被测压力。主要用在压力或差压变送中，精度较高，但结构复杂。

(4)物性测量法。基于敏感元件在压力的作用下某些物理特性发生与压力呈确定关系变化的原理。将被测压力直接转换成电量进行测量。如压电式、振弦式和应变片式、电容式、光纤式和电离式真空计等。

2. 压力传感器的主要类型

电测试压力表主要由测压元件传感器(也称作压力传感器)、测量电路和过程连接件三部分组成。压力传感器是工程中常用的一种传感器，通常使用的压力传感器主要是利用压电效应制造而成的，这样的传感器也称为压电传感器。压力传感器能感受规定的被测量流体压强值，并按照一定的规律转换成可用的输出信号的器件或装置。目前压力仪表所采用的压力传感器主要有陶瓷压力传感器、蓝宝石压力传感器、应变片压力传感器、扩散硅压力传感器等，下面分别介绍。

1)陶瓷压力传感器

这种传感器具有抗腐蚀性，它没有经过液体传递，所受到的压力直接作用在传感器陶瓷膜片的前表面上。这时，陶瓷膜片会形成很微小的形变，而厚膜电阻则印刷在膜片的背面上，这样就可以连接成为一个惠更斯电桥。

根据压敏电阻的压阻效应，可以让电桥形成一个具有高度线性的电压信号，跟压力呈正比关系。而标准的信号是以压力量程的不同为依据标定的，它能够跟应变式传感器互相兼容。陶瓷压力传感器的时间稳定性和温度稳定性都很高，它的自带温度补偿范围是 0~70℃，它还能够跟很多的介质直接接触。

2)蓝宝石压力传感器

它是根据应变电阻式原理而工作的，它的计量特性很好，因为利用了硅-蓝宝石这个搭配作为半导体敏感元件。蓝宝石的绝缘特性和弹性都很好，而且蓝宝石的硬度很高，比硅还要坚固；蓝宝石系的组成是单晶体绝缘体元素，因此它不会发生蠕动、疲劳以及滞后现象。所以，温度对它的测量影响很小，就算是在高温环境中，它的工作特性还是保持得很好，而且蓝宝石还具有很强的抗辐射作用，在恶劣环境中可以正常地工作，它的性价比高、温度误差很小、精度很好以及可靠性高。

3)应变片压力传感器

这种传感器的种类很多，电容式、谐振式、电感式、电阻应变片以及压阻式等，但是以压阻式使用最为广泛，它具有比较好的线性、比较高的精度以及比较低的价格。

4)扩散硅压力传感器

当待测介质的压力作用在这种传感器膜片上的时候，膜片会形成一定的微位移，它跟介质压力呈正比关系。当压力作用时，会导致传感器的电阻值发生一定的改变，使用电子线路对这个变化进行检测，从而输出一个与压力成正比的电压信号。

3.1.4 智能型压力变送器及其安装

1. 智能型压力变送器

智能型压力变送器是一种能将压力转换成电信号并进行信号传输及显示的仪表。这种仪表的测量范围较广，分别可测 $0\sim5\times10^2$ MPa 的压力，允许误差至 0.2%。

智能型压力变送器一般由压力传感器、测量电路和信号处理装置组成。常用的信号处理装置有指示仪、记录仪以及控制器、微处理器等。图 3-1 所示为压力变送器及智能手操器实物图。

(a) 压力变送器　　(b) 差压变送器　　(c) 智能手操器

图 3-1　压力变送器及智能手操器实物图

压力传感器的作用是把压力信号检测出来，并转换成电信号进行输出，当输出的电信号能够被进一步变换为标准信号时，压力传感器又称为压力变送器。

智能型变送器的特点是可进行远程通信。利用手持终端，可对现场智能型变送器进行各种运行参数的选择和设定。其精确度高，使用与维护方便。通过编制各种程序，使变送器具有自修正、自补偿、自诊断及错误方式报警等多种功能，因而提高了变送器的精确度。简化了调整、校准与维护过程，促使变送器与计算机、控制系统直接对话。

图 3-2 为智能型压力变送器框图。由图可见，当要进行压力变送器参数设定或调试时，将手操器连接在压力变送器的信号输出导线上，可在远离压力变送器的场所对仪表进行操作。

除具有普通压力变送器的功能外，智能型压力变送器还具有如下特点：

(1)组态功能使应用更加灵活方便。具有组态线性化、更换工程单位、增加阻尼(滤波)、程序调零调量程等功能。

(2)设有自动调零、自动调量程按钮。加入起始压力后将自动调零钮按下，就可实现调

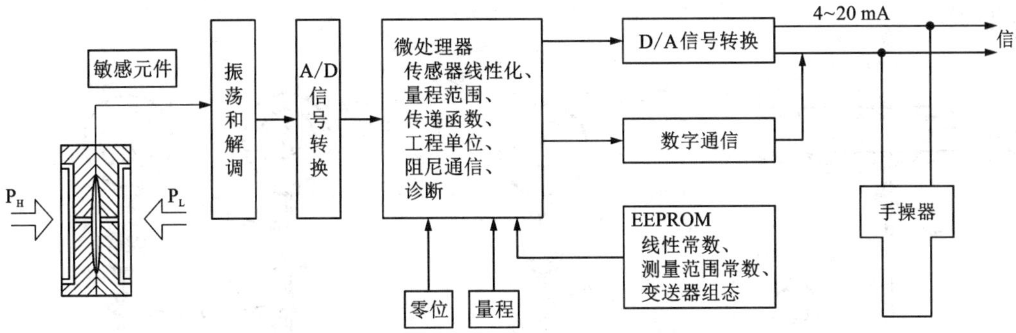

图 3-2　智能型压力(差压)变送器框图

零，加入满量程压力后按下自动调量程钮就可实现调量程。

(3)为了调校组态方便，配有遥控接口。该接口可以挂在变送器(两线制)的两根信号线上(不分极性)，利用相移键控技术(一种信号调制方法)将高频信号叠加到 4~20 mA 信号上，从而实现与变送器的通信，同时不影响 4~20 mA 信号的接收。

(4)具备自诊断功能，能自动检查变送器回路系统故障。

2. 压力变送器的安装

压力变送器的安装正确与否，直接影响到测量结果的正确性与仪表的寿命，一般要注意以下事项：

(1)取压点的选择。取压点必须真正反映被测介质的压力，应取在被测介质流动的直线管道上，而不应取在管路急弯、阀门、死角、分叉及流束形成涡流的区域；当管路中有突出物体时，取压口应取在其前面；当必须在控制阀门附近取压时，若取压口在其前，则与阀门距离应不小于 2 倍管径，若取压口在其后，则与阀门距离应不小于 3 倍管径。

(2)导压管的铺设。导压管的长度一般为 3~50 m，内径为 6~10 mm，连接导管的水平段应有一定的斜度，以利于排除冷凝液体或气体。当被测介质为易冷凝或冻结时，应加保温管线。在取压口与测压仪表之间，应靠近取压口装切断阀。对液体测压管道，应靠近压力表处装排污管。

(3)测压仪表的安装。测压仪表安装时应注意：

①仪表应垂直于水平面安装，且仪表应安装在取压口同一水平位置，否则需考虑附加高度误差的修正，如图 3-3(a)所示。

值得一提的是，图 3-3(a)中介绍了压力表头的安装方式，如果需要安装压力变送器，可以将压力表头换成压力变送器。如果需要同时安装压力表头和压力变送器，可以在切断阀的后面加一个三通管，分别进行连接。

②仪表安装处与测定点之间的距离应尽量短，以免指示迟缓。

③保证密封性，不应有泄漏现象出现，尤其是易燃易爆气体介质和有毒有害介质。

④当测量蒸汽压力时，应加装冷凝管，以避免高温蒸汽与测温元件接触，如图 3-3(b)所示。

⑤对于有腐蚀性或黏度较大，有结晶、沉淀等介质，可安装适当的隔离罐，罐中充以中性隔离液，以防腐蚀或堵塞导压管和压力表，如图 3-3(c)所示。

⑥为了保证仪表不受被测介质的急剧变化或脉动压力的影响，应加装缓冲器、减振装置及固定装置。

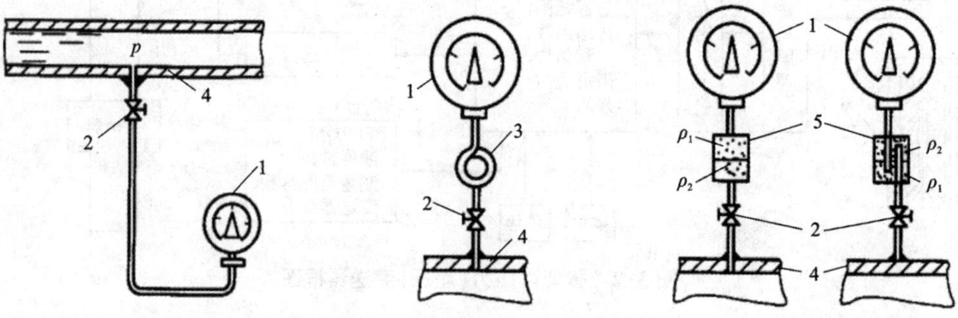

(a) 压力表位于设备下方　(b) 测量蒸汽　(c) 测量有腐蚀性气体

1—压力仪表；2—切断阀；3—冷凝管；4—生产设备；5—隔离容器；ρ_1、ρ_2—被测介质和隔离液的密度。

图 3-3　压力仪表安装示意图

3.2　物位检测技术

3.2.1　物位检测的基本概念及分类

1. 物位检测的基本概念

生产过程中，大量的固体和液体物料在容器中或场地上占有一定的体积或堆成一定的高度，如粉矿仓料位、浮选槽的矿浆液位、水池的水位以及不同比重的液体之间或固液之间分界面的位置等，都是过程检测的重要对象。物位检测主要包括液位、料位和相界面位置的检测。下面是工业生产过程中经常检测的几个参数：

物位——指容器中的液体介质的液位、固体的料位或颗粒物的料位和两种不同液体介质分界面的界位。

液位——容器中的液体介质的高低位置。

料位——容器中固体或颗粒状物质的堆积高度。

界位——两种不溶液体介质的分界面的高低位置。

物位的测量会遇到种种困难：物料进出时液面的波动；具有泡沫、悬浮物或者沸腾/浓缩等现象的介质液位；高温、高压、大黏度的液位；固体物料料位的安息角、滞留区和空隙的影响；相界面的分界不明显或存在混浊段；其他有毒、强腐蚀、有放射性的被测对象等。

在物位检测中，由于被测对象不同，介质状态、特性不同以及检测环境条件不同，决定了物位检测方法的多种多样，需要根据具体情况和要求进行选择或设计。表 3-1 是目前已获得成功应用的各种液位、料位检测方法及相应测量仪器的主要性能特点汇总表。

表 3-1 物位测量方法及常见物位仪表性能

测量方法		直接测量	差压法			浮力法			电学法		
仪器名称		玻璃管液位计	压力式液位计	吹气式液位计	差压式液位计	钢带浮子式	杠杆浮球式	浮筒式液位计	电阻式物位计	电容式物位计	电感式物位计
技术性能	被测介质类型	液位	液位、料位	液位	液位、液-液相界面	液位	液位、液-液相界面	液位、液-液相界面	液位、液-液相界面	液位、料位、相界面	液位
	测量范围/m	1.5	50	16	20	20	2.5	2.5	安装位置定	50	20
技术性能	误差/%	±3	±2	±2	±1	±1.5	±1.5	±1	±10 mm	±2	±0.5
	工作压力/Pa	1.6×10^{6}	常压	常压	40×10^{6}	6.4×10^{6}	6.4×10^{6}	32×10^{6}	1×10^{6}	3.2×10^{6}	1.6×10^{6}
	工作温度/Y	100~150	200	200	-20~200	120	150	200	200	-200~400	-30~160
	对黏性介质	不适用	法兰式可用	不适用	法兰式可用	不适用	不适用	不适用	不适用	不适用	适用
	对有泡介质	不适用	适用	适用	适用	不适用	适用	适用	不适用	不适用	不适用
	与介质接触态	接触	接触或不接触	接触	接触	接触	接触	接触	接触	接触	接触或不接触
	可动部件	无	无	无	无	有	有	有	无	无	无

测量方法		声学法			核辐射法	光学法	机械接触法			其他		
仪器名称		超声波物位计			核辐射式物位计	激光式物位计	重锤式	旋翼式	音叉式	磁致伸缩式	称重式	微波式
		气介式	液介式	固介式								
技术性能	被测介质类型	液位、料位	液位、液-液相界面	液位	液位、料位	液位、料位	液位、液-固相界面	液位	液位、料位	液位、液-液相界面	液位、料位	液位、料位
	测量范围/m	30	10	50	20	20	50	安装位置定	安装位置定	18	20	60
技术性能	误差/%	±3	±5 mm	±1	±2	±0.5	±2	±1	±1	±0.05	±0.5	±0.5
	工作压力/Pa	0.8×10^{6}	0.8×10^{6}	1.6×10^{6}	随容器定	常压	常压	常压	4×10^{6}	随容器定	常压	1×10^{6}
	工作温度/Y	200	150	高温	无要求	1500	500	80	150	-40~70	常温	150
	对黏性介质	不适用	适用	适用	适用	适用	不适用	不适用	不适用	适用	适用	适用
	对有泡介质	适用	不适用	适用	适用	适用	不适用	不适用	不适用	不适用	适用	适用
	与介质接触态	不接触	不接触	接触	不接触	不接触	接触	接触或不接触	接触或不接触	接触	接触	不接触
	可动部件	无	无	无	无	无	有	有	有	无	有	无

2. 物位检测的主要类型

物位检测按照测量的方式可以分为连续测量和定点测量。按其工作原理又可分为下列几种类型。

1) 静压式物位测量

根据流体静力学原理检测物位。静止介质内某一点的静压力与介质上方自由空间压力之差，与该点上方的介质高度成正比，因此可利用差压来检测液位。这种方法一般只用于液位的检测，主要采用玻璃管及压力(压差)仪表来测量。

2) 浮力式物位测量

利用漂浮于液面上浮子随液面变化的位置，或者部分浸没于液体中的物质的浮力随液位变化来检测液位。前者称为恒浮力法，后者称为变浮力法，二者均用于液位的测量。恒浮力式物位测量包括浮标式、浮球式和翻板式等各种方法。变浮力式物位测量方法中典型的敏感元件是浮筒，它利用浮筒在液体中浸没高度不同以致所受的浮力不同来检测液位的变化。

3) 电气式物位测量

把敏感元件做成一定形状的电极置于被测介质中，根据电极之间的电气参数(如电阻、电容等)随物位变化的改变来对物位进行检测。这种方法既可用于液位检测，也可用于料位检测。

4) 声学式物位测量

利用超声波在介质中的传播速度及在不同相界面之间的反射特性来测量物位。液位和料位的测量都可以用此方法。

5) 核辐射式物位测量

根据同位素射线的核辐射透过物料时，其强度随物质层的厚度变化而变化的原理来测量液位。

3.2.2 常见液位检测方法

液位检测总体上可分为直接检测和间接检测两种方法，由于测量状况及条件复杂多样，因此往往采用间接检测，即将液位信号转化为其他相关信号进行测量，如压力法、浮力法、电学法、热学法等。

1. 直接检测法

直接检测是一种最为简单、直观的测量方法，它是利用连通器的原理，将容器中的液体引入带有标尺的观察管中，通过标尺读出液位高度。

2. 压力法

压力法依据液体重量所产生的压力进行测量。由于液体对容器底面产生的静压力与液位高度成正比。因此通过测容器中液体的压力即可测算出液位高度。

对常压开口容器，液位高度 H 与液体静压力 p 之间有如下关系

$$H = \frac{p}{\rho g} \tag{3-3}$$

式中：ρ 为被测液体的密度，kg/m^3。

3. 浮力法

浮力法测液位依据力平衡原理，通常借助浮子一类的悬浮物，浮子做成空心刚体，使它

在平衡时能够浮于液面。当液位高度发生变化时，浮子就会跟随液面上下移动，测出浮子的位移就可知液位变化量。浮子式液位计按浮子形状不同可分为浮子式、浮筒式等；按机构不同可分为钢带式、杠杆式等。

4. 重锤探测法

重锤连在与电机相连的鼓轮上，电机牵引使重锤在执行机构控制下动作，从预先定好的原点处靠自重开始下降，通过计数或逻辑控制记录重锤下降的位置；当重锤碰到物料时，产生失重信号，控制执行机构停转—反转，使电机带动重锤迅速返回原点位置。

5. 称重法

一定容积的容器内，物料重量与料位高度应当是成比例的，因此可用称重传感器或测力传感器测算出料位高低。

称重法实际上也属于比较粗略的测量方法，因为物料在自然堆积时有时会出现孔隙、裂口或滞留现象，因此一般也只适用于精度要求不高的场合。

6. 电学法

电学法按工作原理不同又可分为电阻式、电感式和电容式。用电学法测量无摩擦件和可动部件，信号转换、传送方便；便于远传，工作可靠，且输出可转换为统一的电信号，与电动单元组合仪表配合使用，可方便地实现液位的自动检测和自动控制。

1) 电阻式液位检测法

电阻式液位计既可进行定点液位控制，也可进行连续测量。所谓定点控制是指液位上升或下降到一定位置时引起电路的接通或断开，引发报警器报警。电阻式液位计的原理是基于液位变化引起电极间电阻变化，由电阻变化反映出液位情况。

2) 电感式液位检测法

电感式液位计利用电磁感应现象，液位变化引起线圈电感变化，感应电流也发生变化。电感式液位计既可进行连续测量，也可进行液位定点控制。

3) 电容式液位检测法

电容式液位计利用液位高低变化影响电容器电容量大小的原理进行测量。依此原理还可进行其他形式的物位测量。电容式液位计的结构形式很多，有平极板式、同心圆柱式等。它的适用范围非常广泛，对介质本身性质的要求不像其他方法那样严格，对导电介质和非导电介质都能测量，此外还能测量有倾斜晃动及高速运动的容器的液位，不仅可作液位控制器，还能用于连续测量。

7. 热学法

在冶金行业中常遇到高温熔融金属液位的测量。由于测量条件的特殊性，目前除使用核辐射法外，还常用热学法进行检测。它利用了高温熔融液体本身的特性，即在空气和高温液体的分界面处温度场出现突变的特点，用测量温度的方法间接获得高温金属溶液液位。热学法按温度测量转换原理的不同，通常又分为热电法和热磁感应法。

1) 热电法

热电法采用热电偶测量温度场，图 3-4 为热电偶测量高温金属溶液液位的原理图。

在容器壁上选定一系列测量点，装上热电偶，并将各测点上热电偶的输出记录下来，得到温度-电势分布曲线，曲线产生了温度突变点为液面，如图 3-5 所示。

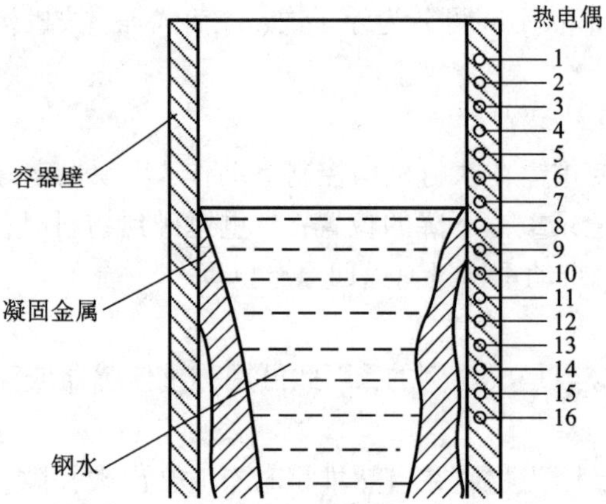

图 3-4　热电偶测量高温金属溶液液位的原理图

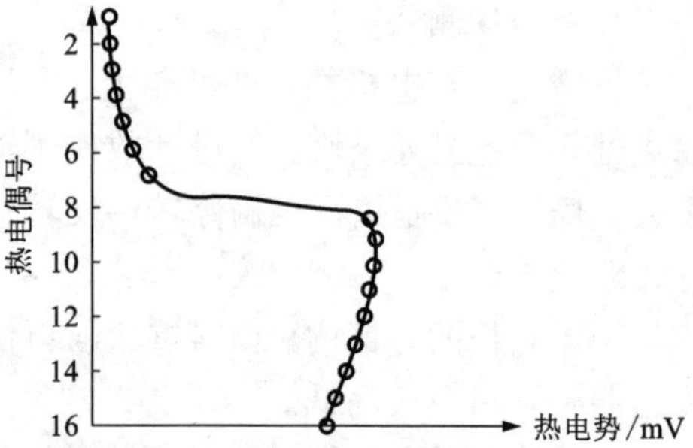

图 3-5　温度-电势分布图

2)热磁感应法

热磁感应法也称热磁敏法，这是近年来发展很快的一种检测方法，测量安装方式类似热电法，在容器外壁上选择一系列测量点，在这些点上焊上热敏磁性材料作为感温元件，对应于每个磁性元件安装一个测量线圈并通以交流电。前述热电法测温元件为一组耐高温热电偶，它们把金属溶液液面处温度场出现的变化转换为电势大小的变化；热磁感应法测温元件为一组热敏磁性元件，它们把金属溶液液面处温度场出现的变化转换为电抗(电感)大小的变化。

激励交流电源频率越高，阻抗变化越大，用交流电桥测出各测点线圈的阻抗，通过比较找出突变点便可知容器中溶液液位。

8. 超声波法

超声波发射器向某一方向发射超声波，在发射时刻同时开始计时，超声波在空气中传播，途中碰到障碍物立即返回来，超声波接收器收到反射波立即停止计时。设第一个回波到达的时刻与发射脉冲时刻的时间差为 T，超声波传感器和被测物体之间的距离为 L，则

$$L = C \cdot T/2 \tag{3-4}$$

式中：C 为声音传播速度。

考虑到传感器的成本与安装的方便性，也可采用收发兼用型超声波探头。声波的速度 C 与温度 T 有关，如果环境温度变化显著，则必须考虑温度补偿问题。

9. 核辐射法

不同物质对同位素射线的吸收能力不同，一般固体最强，液体次之，气体最差。当射线射入厚度为 h 的介质时，会有一部分被介质吸收掉。透过介质的射线强度 I 与入射强度 I_0 之间有如下关系

$$I = I_0 e^{-\mu h} \tag{3-5}$$

式中：μ 为吸收系数，条件固定时为常数。

式(3-5)可变形为

$$h = \frac{1}{\mu}(\ln I_0 - \ln I) \tag{3-6}$$

因此，测液位可通过测量射线在穿过液体时强度的变化量来实现。此法测量仪由辐射源、接收器和测量仪表组成。辐射源一般用^{60}Co或铯，放在专门的铅室中，只允许射线经一小孔或窄缝透出。接收器与前置放大器安装在一起，γ射线由盖革计数管吸收。射线越强，电流脉冲数越多，经积分电路变成电压，再放大。

射线不受温度、压力、湿度、电磁场的影响，适于特殊场合或恶劣环境下不常有人之处。但使用时应控制剂量，做好防护以防泄露。

10. 微波法

在电磁波谱中将波长为1～1000 mm的电磁波称为微波。微波的特点是在各种障碍物上都能产生良好的反射，具有良好的定向辐射性能；在传输过程中受到粉尘、烟雾、火焰及强光的影响小，具有很强的环境适应能力。

随着大规模集成电路技术和微处理器技术的迅速发展，微波检测技术从长期停滞不前的原理性、实验性研究阶段，迅速进入工程实用和产业化阶段。有关厂商不断推出各种高性能的微波固体器件以及微波集成电路，不但使微波发射接收电路实现小型化，而且性能指标也有很大的提高，价格也有很大的下降。利用介质对微波的反射或吸收特性，微波检测技术在运动目标检测、目标物含水率检测、液位、料位检测等方面的应用愈来愈广泛。

11. 磁电法

利用磁电转换原理进行液位测量的磁致伸缩液位计是近年来推出的新产品。磁致伸缩液位计由探测杆(内装有磁致伸缩线)、电路单元和浮子三部分组成。探测杆上端部的电子部件产生一个低压电流询问脉冲，该脉冲沿着磁致伸缩线向下传输，并产生一个环形的磁场，同时产生一个磁场沿波导线向下传播；探测杆外配有浮子，浮子随着液位变化沿测杆上下移动，由于浮子内有一组磁铁，也产生一个磁场，当电流磁场与浮子磁场两个磁场相遇时，波导线扭曲形成返回脉冲，精确测量发射脉冲到接受返回脉冲的时间，即可计算液位的准确位置。

12. 光学法

激光用于液位测量，克服了普通光亮度差、方向性差、传输距离近、单色性差、易受干扰等缺点，使测量精度大为提高。

激光式液位检测仪由激光发射器、接收器及测量控制电路组成，工作方式有反射式和遮断式，在液位测量中两种方式都可使用，但一般只用作定点检测控制，不易进行连续测量。

激光发射器发出的激光束以一定角度照射到被测液面上，经液面反射到接收器的光敏检测元件上。当液位在正常范围时，上、下液位接收器光敏元件均无法接收到激光反射信号；当液面上升或下降到上、下限位置，相应位置的光敏检测元件产生信号，进行报警或推动执行机构控制加液或停止加液。

3.2.3　压力式液体物位检测

对于密度比较稳定的液体液位的检测，采用压力式液体物位检测具有精确、实用、方便等优点。压力式液体物位检测广泛应用于工业生产过程的容器液体物位检测。

1. 压力式液位检测

压力式液位计是利用液面高度变化时，容器底部或侧面某点上的压力也将随之变化的原理进行测量的。在测量时，对无压、敞开的容器，多用直接测量底面某点压力的方法测量，这种液位测量仪称为压力式液位计；对于有压密闭容器，多采用差压方法测量，采用这种方式的液位测量仪称为压差式液位计。

图 3-6 是两种压力式液位计的测量示意图。图 3-6(a)是用引压管把容器底部的压力引到压力变送器上，在被测液体的密度不变时，液面高度正比于压力表指示的压力值，计算公式为

$$h = \frac{p}{\rho g} \tag{3-7}$$

式中：p 为压力表的示值；h 为液位高度；ρ 为液体密度；g 为重力加速度。

如果被测介质有腐蚀性、有沉淀、易结晶或黏性强等性质时，不能直接采用弹簧式压力表，这时可采用如图 3-6(b)所示的方法，采用带隔离器的法兰取压法。一般采用膜片、波纹管等低刚度的隔离膜将被测介质与导电填充液隔开，这时被测的压力经隔离膜传给填充液，填充液再直接与测压仪表接触。另外，除用隔离膜及填充液外，在实际工作中，有时还可选用隔离液作中间介质，即在导管中间加隔离容器或隔离罐。这里采用不与被测介质互溶的、密度差别较大的、不易挥发的隔离液来隔离和传递压力，常用的隔离液有水、甘油、变压器油等。压力式液位计的精度主要受到压力表精度的限制。

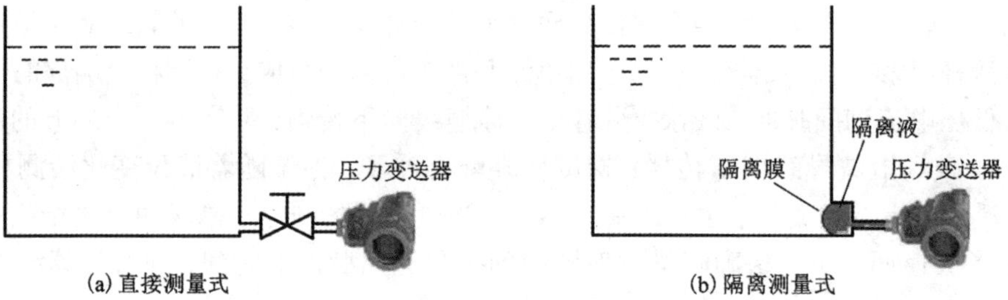

图 3-6　压力式液位检测

2. 差压式液位检测

在密闭容器中，测量容器下部的液体压力除与液面高度有关外，还与液面上部介质压力有关，因此，用压力变送器直接测底面压力方法测量密闭容器中液位误差很大。为了消除被测液面上部压力的影响，需要采用差压变送器。

差压变送器通过检测液面空间与最低液位之间的差压来测量液位，它仍是根据液柱静压与液位高度成正比的原理进行检测的。

如图 3-7 所示为密闭容器的差压式液位计原理图。差压变送器的高压室与容器底部的取压点相连，低压室与容器顶端的密闭空间相连。高压室中充满了被测液体，压力 p_2 为反应液柱高度的静压；低压管中充满了液面以上空间的气体，压力 p_1 反映了容器顶部的气体压力，液体上面的气体密度可以忽略不计。则上、下取压点之间的压力差为

$$\Delta p = p_2 - p_1 = h_1 \rho g \tag{3-8}$$

式中：Δp 为上、下取压口压力差，由差压变送器测量，Pa；ρ 为液体密度，kg/m^3；g 为重力加速度，m/s^2。

考虑下取压点与底部的距离 h_0，则液体的高度 h 为

$$h=\frac{\Delta p}{\rho g}+h_0 \tag{3-9}$$

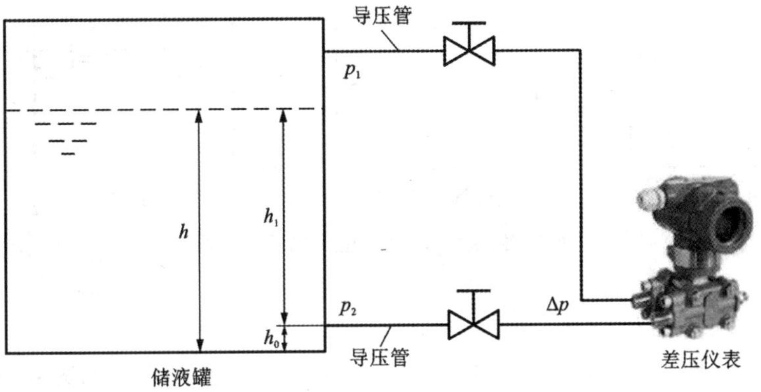

图 3-7　差压式液位检测原理

3.2.4　超声波式物位检测

超声波测位技术有很多优点，它不仅能定点和连续测位，而且能方便地提供遥测或遥控所需的信号。与放射性测位技术相比，超声技术不需要防护，与激光测位技术相比，它具有简单和经济的优点，同时超声技术一般不需要运动部件，所以在安装和维护上又相应地比较方便。超声波物位计可广泛应用于矿业、化工、水处理、石油、环保监测等许多领域。

1. 基本检测原理

超声波物位计测量一个超声波脉冲从发出到返回整个过程所需的时间。超声波物位计垂直安装在物体的表面，它向物面发出一个超声波脉冲，经过一段时间，超声波物位计的传感器接收到从物面反射回的信号，信号经过变送器电路的选择和处理，根据超声波发出和接收的时间差，计算出物面到传感器的距离。声波传输距离与声速和声传输时间的关系可用公式表示

$$L=\frac{1}{2}vt \tag{3-10}$$

式中：L 为超声波探头距所测物面距离，m；v 为经温度补偿后的声速值，m/s；t 为测量范围内声波的运行时间，s。

2. 超声波式液位检测方案

超声波液位计是利用回声测距原理进行工作的。由于超声波可以在不同介质中传播，所以超声波液位计也分为气介式、液介式及固介式三类，最常用的是气介式和液介式。图 3-8 所示是液介式与气介式超声波液位计的几种测量方案，图 3-8(a)为液介式，也就是将超声波物位计置于液面以下，这种安装方式主要针对液体介质比较稳定而上面气体介质(温度、压力、成分等)很不稳定的情况；图 3-8(b)为气介式，这是工业生产中比较常用的检测方法；图 3-8(c)是检测泡沫层下面液体的高度，利用一个浮子装置将下面液面引到平板上，通过测量超声波物位计到平板的距离即可算出液面的高度。

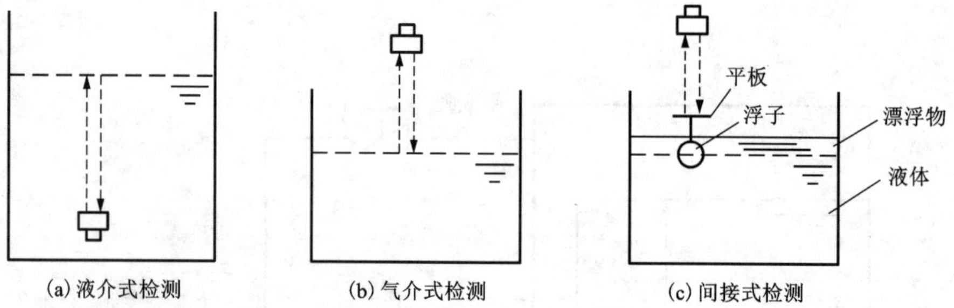

图 3-8　超声波液位检测的几种方案

3. 浮力-超声波法液位检测

对于一些容器诸如浓硫酸罐等，储存强腐蚀性液体的液位检测，无法采用压力变送器进行检测，这时可以将储存罐内的液位引出，然后在外面采用超声波物位计检测其液位。

浮力-超声波法依据力平衡原理，通常借助浮子悬浮物，它在平衡时能够浮于液面。当液位高度发生变化时，浮子连通与浮子连接的重物就会跟随液面上、下移动。

图 3-9 为浮力-超声波法液位检测原理图。由图可见，检测装置主要由浮子、滑轮、细绳、平板和超声波物位计组成。安装时，细绳的长度应保证浮子到底时，平板到超声波物位计的距离刚好是储液罐的高度。那么，储液罐的液位计算公式为

$$h = H - h_1 \tag{3-11}$$

式中：h 为储液罐液位；H 为储液罐高度；h_1 为超声波物位计到平板的距离。

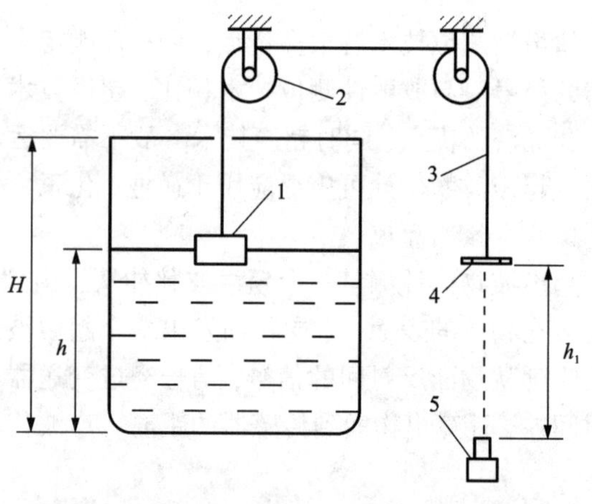

1—浮子；2—滑轮；3—细绳；4—平板；5—超声波物位计。

图 3-9　浮力—超声波法液位检测原理图

4. 超声波物位计选型

超声波物位计按结构形式可分为一体式和分体式两种。一体式超声波物位计的仪表表头和换能器为一整体。一体式超声波物位计防护等级高、抗干扰能力强，能适应大多数工业环境。分体式超声波物位计的仪表表头与换能器分开安装，表头与换能器之间用导线连接。分体式超声波物位计适合不便于维护、调试等复杂的环境场合，并且表头上的总线通信和开关量输出等功能可以用于变送和远控。

超声波物位计按应用环境可分为普通型超声波物位计和防腐型超声波物位计。普通型超声波物位计换能器的材质为 PC，能应用于大部分非强腐环境的测量。防腐型超声波物位计换能器的材质为 PTFE，能应用于工业现场的强腐蚀环境，如测量硫酸、盐酸等。

超声波物位计是一种非接触式、高可靠性、高性价比、易安装维护的物位测量仪器。产品广泛应用于石油、矿业、发电厂、化工厂、水处理厂、环保监测等许多行业。

3.2.5　雷达式物位检测

雷达式物位计是一种常用的非接触式物位检测仪表，也常称雷达物位计，对环境要求不高，使用方便，性能非常稳定，同时也不会受大气中的水蒸气和压力变化影响，还能够用在严重粉尘环境中，它的体积比较小，使用很方便，不会产生磨损或污染之类的情况。因此广泛应用于工业生产的物位检测。

1. 检测原理

雷达物位计的工作原理是通过探测自身发出的微波被物面反射后的信息，进而换算出物面位置。具体而言，雷达物位计的天线发射出电磁波，这些电磁波经料面反射后，再被天线接收，电磁波从发射到接收的时间与到料面的距离成正比。雷达物位计记录电磁波经历的时间，而电磁波的传输速度为常数，则可计算出液面到天线的距离，从而计算出物位。

雷达波是一种特殊形式的电磁波，雷达物位计利用电磁波的特殊性能来进行物位检测。电磁波的物理特性与可见光相似，传播速度相当于光速。其频率为 300 MHz～3000 GHz。电磁波可以穿透空间蒸汽、粉尘等干扰源，遇到障碍物易于被反射，被测介质导电性越好或介电常数越大，回波信号的反射效果越好。

雷达物位计的频率越高，发射角越小，单位面积上能量(磁通量或场强)越大，波的衰减越小，雷达物位计的测量效果越好。

发射—反射—接收是雷达物位计工作的基本原理。雷达传感器的天线以波束的形式发射最小 5.8 GHz 的雷达信号。反射回来的信号仍由天线接收，雷达物位计的雷达脉冲信号从发射到接收的运行时间与传感器到介质表面的距离以及物位成比例。

图 3-10 为雷达物位计的检测示意图，物位计算公式为

$$h = H - vt/2 \qquad (3-12)$$

式中：h 为物位；H 为容器高；v 为雷达波速度；t 为雷达波发射到接收的间隔时间。

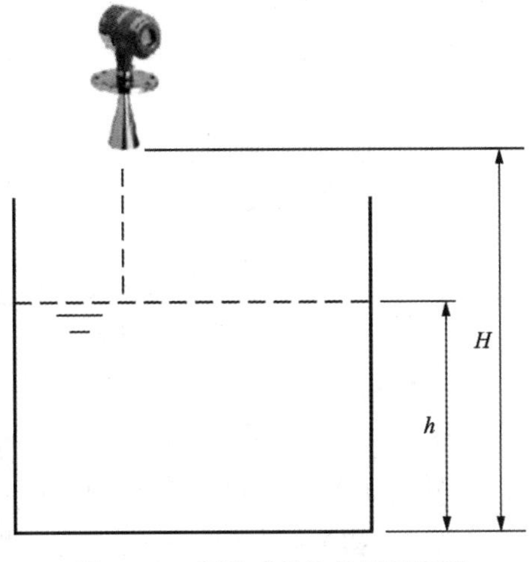

图 3-10　雷达式物位检测示意图

2. 雷达物位计的分类及特点

雷达物位计已成为物位测量仪表市场上的主流产品，主要分为雷达物位计和导波雷达物位计两大类。

1) 雷达物位计

雷达物位计发射功率很低的极短微波通过天线系统发射并接收。雷达波以光速在空气中运行，运行时间可以通过电子部件被转换成物位信号。一种特殊的时间延伸方法可以确保极短时间内稳定和精确地测量。即使存在虚假反射，最新的微处理技术和软件也可以准确地分析出物位回波。通过输入容器尺寸，可以将上空距离值转换成与物位成正比的信号。仪表可以空仓调试。在固体测量中的应用可以使用 K 频段的高频传感器。由于信号的聚焦效果非常好，料仓内的安装物件或仓壁的黏附物都不会影响测量。如图 3-11 所示为雷达物位计实物图。

2)导波雷达物位计

图 3-11 雷达物位计实物图

导波雷达物位计的微波脉冲沿着一根缆、棒或包含一根棒的同轴套管运行，接触到被测介质后，微波脉冲被反射回来，并被电子部件接收和分析计算其运行时间。微处理器识别物位回波，分析计算后将它转换成物位信号输出。

由于导波雷达物位计测量原理简单，可以不带料调整，从而节省了大量调试费用。测量缆或棒可以截断，使之更加适应现场应用。对于蒸汽不敏感，即使在烟雾、噪声、蒸汽很强烈的情况下，测量精度也不受影响。不受介质特性变化的影响，被测介质的密度变化或介电常数的变化不会影响测量精度。在测量探头或容器壁上黏附介质不会影响测量结果。如果采用同轴套管式的测量，物位检测完全不受容器内安装物的影响，不需要特殊调试。

导波雷达物位计可以提供不同形式的探头以用于不同应用情况。缆式探头，用于测量液体介质或比重大的固体介质，量程可达 60 米；棒式探头，用于测量液体介质或比重轻的固体介质，量程可达 6 米；同轴套管探头，用于测量低黏度的介质，不受过程条件的影响，量程可达 6 米。导波雷达物位计的实物图如图 3-12 所示。

(a) 缆式　　(b) 棒式　　(c) 同轴套管式

图 3-12 导波雷达物位计的实物图

3. 雷达物位计的特点

雷达物位计是一种常用的测量仪器，适用于粉尘、温度、压力变化大，有惰性气体及蒸汽存在的场合，具有性能稳定、使用灵活、适用范围广等优点。

以下是雷达物位计在应用中表现的一些特点和优势：

(1)检测范围大、精度高。测量范围可达 60 m，测量精度可达 3 mm。

(2)适应性强。不受温度变化、粉尘、蒸汽的影响。

(3)适用范围广。可用于固体料仓、密闭或敞开容器、反应釜等物位的连续检测。

4. 雷达物位计的应用选型

(1)在过程监测场合(例如选矿厂泵池的液位测量、石灰仓的料位测量等)主要选用脉冲型雷达物位计，这是因为其频率较低，天线结构设计时充分考虑了冷凝、物料附着等因素对物位测量的影响，还能利用料位计中的回波信号处理功能，在有搅拌器等复杂工况时也能识别有效回波，价格相对也较便宜。

（2）针对粉矿仓、精矿仓等颗粒状物料或存在安息角等不规则料堆的测量时，应选用高频非接触式雷达物位计。26 GHz 高频雷达物位计测量精确，而且能准确、有效地处理回波，同时对挥发、结晶及粉尘等干扰因素都能予以排除。值得注意的是，这些料仓中安装物位计时要确定仪表的安装位置，应避开进料口以免造成进料虚假信号。

（3）对于灰仓的物位检测，由于灰仓定期进料造成上部空仓部分粉尘较大，极易造成虚假信号，另外已沉积的积灰表面比较松软，不易造成信号反射。所以选择导波雷达物位计等接触型物位计和水滴形高频雷达物位计可以对除尘的灰仓及一些液体物位实现准确的测量。

（4）对于罐体内物位检测，被测介质的介电常数是影响雷达物位计的主要因素，所以在选型时应充分考虑被测介质的介电常数需满足雷达物位计对最小介电常数的要求。当选择接触式测量时应考虑测量缆（杆）的防腐蚀、防化学反应等因素。非接触式仪表应着重考虑测量仪表在罐顶的安装位置，避开进料口或其他干扰因素，防止对物位计正常工作造成干扰。由于一般罐体的容积较大，装在罐顶的仪表不容易检修维护，因此在选型时可以考虑分体式仪表。另外，在选择接触式物位计时，缆（杆）会随着液面的波动而摆动。久而久之，在根部的连接部位会出现断裂或测量信号中断等现象，故在仪表选型时应充分考虑此因素。

（5）天线式雷达物位计要根据现场的实际工况选用合适的天线类型。最常见的天线类型为喇叭口天线，这类天线的聚波性好，但喇叭口积水会影响测量结果，也不适用于腐蚀性介质的测量；而且对压力过高的容器，容易造成泄漏。通常对高压设备或腐蚀性介质，建议选用平面密封型天线。杆式天线安装尺寸小，适合安装条件受限制的场合，且适用于腐蚀性介质。

3.2.6　激光式物位检测

激光物位计是最常用的激光式物位检测仪表。其适用于各种恶劣工况下的料位及液位测量。激光物位计的实物图如图 3-13 所示。

1. 测量原理

激光物位计也称激光料位计，由半导体激光器发射连续或高速脉冲激光束，激光束遇到被测物体表面后进行反射，光线返回时由激光接收器接收，并精确记录激光自发射到接收之间的时间差，从而确定从激光雷达到被测物之间的距离。

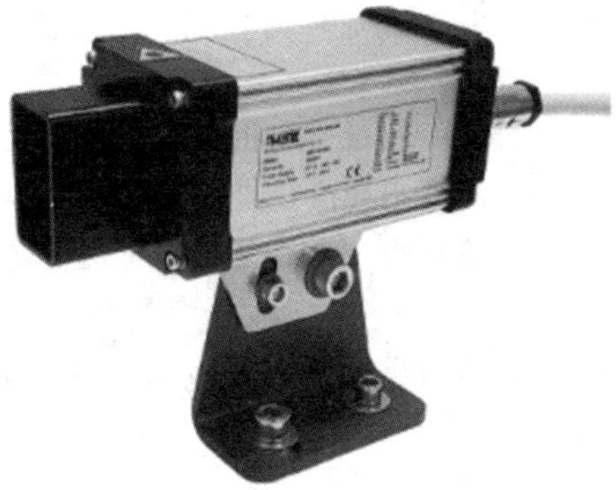

图 3-13　激光物位计

激光物位计到物料表面的距离为 D，D 与脉冲的时间行程 T 成正比，设光速为 C，则有

$$D = C \times T/2 \tag{3-13}$$

设激光物位计到容器底部的距离 H 已知，则物位 L 为

$$L = H - D \tag{3-14}$$

根据用户设置的量程和满度信息，激光物位计处理器计算出当前物位的百分比，然后按照比例输出 4~20 mA 或 0~5 V 等模拟信号。

根据测量时间方法的不同，激光物位计可分为脉冲式和相位式两种测量形式。激光物位计可以在矿业、冶金、化工、造纸、油气等领域应用。

2. 激光物位计的特点

(1) 可实现连续准确测量。激光物位计以光波形式进行测量，激光的穿透能力很强，所以激光物位计不受被测物质的粉尘浓度、气体密度和压力等因素的影响。

(2) 可连续测量高温物体。激光物位计加上高温视窗隔底并加吹扫环、风冷和水冷装置，使仪表可工作在低于150℃的环境，这时可测量的介质温度为800℃～1600℃，因此可测量其他物位计不能测量的高温物体。

3. 激光物位检测计的优缺点

与现有其他物位检测计比较，激光物位计的优点和缺点如下。

1) 主要优点

(1) 测量光束发散角小、方向性好；

(2) 量程大、测距远、盲点少；

(3) 不受介质温度及温度变化影响；

(4) 非插入式测量，非接触测量；

(5) 测量速度快，适合变化快的液位及料位测量；

(6) 测量精确，适合高精度要求场合；

(7) 波束角小，适合长距离定位。

2) 主要缺点

(1) 易受测试波段光源干扰，被深色测物吸收；

(2) 价格高。

习题与思考题

3.1　试述工程测量中压力的含义，写出工程测量中几个常用的压力单位。

3.2　根据工作原理的不同，压力检测分为哪几种基本方法？试述压力传感器的主要类型。

3.3　什么是物位？列出工业生产过程中经常检测的几个物位参数。

3.4　简述常用的液位检测方法以及常用料位检测方法。

3.5　简述压力变送器与差压变送器的区别。当采用压力法检测液体物位时，如何选择变送器？

3.6　当采用压力变送器检测水蒸气的压力时，可以采取什么措施避免蒸汽烫伤检测仪表？

3.7　什么是物位？列举几种常用的物位检测方法。

3.8　物位检测有哪些主要类型？常用液位检测方法有哪些？

3.9　简述雷达物位计的检测原理、特点。

3.10　简述激光物位计的检测原理、优点。

3.11　超声波物位计可以用于磨矿作业的粉矿仓料位检测吗？为什么？

第 4 章　流量检测技术

4.1　流量及其计算

4.1.1　流量的概念

在自然界中，物体的形态是多种多样的，最常见的有固态、液态和气态。

由于热力学上将物体中每一个均匀部分称为一个相，因此，各部分均匀的固体、液体和气体可分别称为固相物体、液相物体和气相物体，均统称为单相物体。

液体和气体具有流动的特性，两者统称为流体。因此，各部分均匀的气体、液体的流动可称为单相流体的流动，或简称为单相流体。当物体各部分之间存在差别时，这一物体称为多相物体。例如，气体和液体的混合物、气体和固体的混合物以及液体和固体的混合物。多相物体的流动简称为多相流体。

所谓流量，是指单位时间内流体(气体、液体、粉末或固体颗粒等)流经管道或设备某处横截面的数量，又称瞬时流量。当流体用体积表示时称为体积流量，以质量表示时称为质量流量。

如果流体的流动是不随时间变化的，即定常流，流量就可以用流体在单位时间内通过一定截面的体积或质量来表示。当流动为非定常流时，流量随时间不断地变化。因此，对某一时刻的流量，可以假定在该时刻前后某一微小的 Δt 时间内流动为恒定，用该微小时间间隔内流过的流体体积或质量来表示。

4.1.2　流量的计算

设流体通过截面中的某一微小面积为 $\mathrm{d}s$，并取通过该微小面积流体的流速为 v，则流体通过微小面积 $\mathrm{d}s$ 的体积流量 $\mathrm{d}q_{\mathrm{v}}$ 为

$$\mathrm{d}q_{\mathrm{v}} = v\mathrm{d}s \tag{4-1}$$

流体通过整个截面积的体积流量 q_{v}，可通过对截面积 s 积分求出

$$q_{\mathrm{v}} = \int v\mathrm{d}s \tag{4-2}$$

质量流量可以用流体体积流量与流体密度之积来表示。若质量流量为 q_{m}，流体密度为 ρ，则

$$q_{\mathrm{m}} = \rho vs \tag{4-3}$$

测量这些流量的仪器称为流量计。专门测量体积流量的称为体积流量计，测量流体质量

流量的称为质量流量计。

在工程应用中，常常同时要求测量经过一段时间流过管道的总流体量，即要求测量通过管道的流体累积流量。下面讨论累积流量与瞬时流量之间的关系。

如果体积流量为 q_v，质量流量为 q_m，那么，在时间间隔 Δt 内流体流过的累积流量，可用下式表示：

流体体积累积流量

$$Q_v = \int_t q_v \mathrm{d}t \approx \sum_{i=0}^{N} q_v(i)\Delta t \tag{4-4}$$

流体质量累积流量

$$Q_m = \int_t q_m \mathrm{d}t \approx \sum_{i=0}^{N} q_m(i)\Delta t \tag{4-5}$$

式中：Δt 为采样周期；$q_v(i)$ 和 $q_m(i)$ 分别为 i 个采样周期内的瞬时体积流量和瞬时质量流量。计算机进行累积时，采用离散式计算方法。

4.1.3 流量测量方法与流量仪表的技术参数

1. 流量测量方法

现代工业中，流量测量应用的领域广泛，由于各种流体性质不同，测量时其状态(压力、温度)也不相同，因此采用各种各样的方法和测量仪表进行流量测量。流量测量方法大致可以归纳为以下几类：

(1)利用伯努利方程原理，通过测量流体差压信号来反映流量的差压式流量测量法；

(2)通过直接测量流体流速来得出流量的速度式流量测量法；

(3)利用标准小容积来连续测量流量的容积式测量法；

(4)以测量流体质量流量为目的的质量流量测量法。

2. 流量仪表的主要技术参数

1)流量范围

流量范围指流量计可测的最大流量与最小流量的范围。在该范围内流量计的测量误差不超过允许值。

2)量程和量程比

流量范围内最大流量与最小流量值之差称为流量计的量程。最大流量与最小流量的比值称为量程比，亦称流量计的范围度。

量程比是评价流量计计量性能的重要参数，它可用于不同流量范围的流量计之间的性能比较。量程比大，说明流量范围宽。流量计的流量范围越宽越好，但流量计量程比的大小受仪表测量原理和结构的限制。

3)允许误差

流量仪表在规定的正常工作条件下允许的量，一般用最大相对误差和引用误差来表示。

4)压力损失

安装在流通管道中的流量计实际上是一个阻力件，在流体流过时将造成压力损失，这将带来一定的能量消耗。压力损失通常用流量计的进、出口之间的静压差来表示，它随流量的不同而变化。

压力损失的大小是流量仪表选型的一个重要技术指标。压力损失小，流体能耗小，输运流体的动力要求小，测量成本低；反之则能耗大，经济效益相应降低。故希望流量计的压力损失愈小愈好。

3. 流量计的主要类型

按流量计的测量原理，可将流量计分为八大类。

1) 差压式流量计

这是最普通的流量计，包括孔板、文丘里管、音速喷嘴、阿牛巴、威力巴、德尔塔巴等。该流量计可用于测量大多数液体、气体和蒸汽的流速。该流量计没有移动部分，应用广泛，易于使用。但堵塞后，它会产生压力损失，影响精确度，流量测量的精确度取决于压力表的精确度。

2) 容积流量计

该流量计用于测量液体或气体的体积流速，它将流体引入计量空间内，并计算转动次数。叶轮、齿轮、活塞或孔板等用以分流流体。该流量计的精确度较高，是测量黏性液体的几种方法之一。但是它也会产生不可恢复的压力误差，以及需装有移动部件。

3) 涡轮流量计

涡轮流量计是当流体流经涡轮流量计时，流体使转子旋转，转子的旋转速度与流体的速度相关，通过转子感受到的流体平均流速，推导出流量或总量。涡轮流量计可精确地测量洁净的液体和气体。

4) 电磁流量计

电磁流量计的测量原理是依据法拉第电磁感应定律。法拉第电磁感应定律证明一个导体在磁场中运动将感应生成电势。采用电磁测量原理，流体就是运动中的导体。感应电势相对于流速成正比并被两个测量电极所检测，然后变送器将它进行放大，根据管道横截面积计算出流体流量。具有导电性的流体在流经电磁场时，通过测量电压可得到流体速度。电磁流量计没有移动部件，不受流体的影响。在满管时测量导电性液体精确度很高。电磁流量计可用于测量浆状流体的流速。

5) 超声波流量计

传播时间法和多普勒效应法是超声波流量计常采用的方法，用以测量流体的平均速度。像其他速度测量计一样，是测量体积流量的仪表。它是无阻碍流量计，如果超声变送器安装在管道外侧，就无须插入。它适用于几乎所有的液体，包括浆体，精确度高，但管道的污浊会影响精确度。

6) 涡街流量计

涡街流量计是在流体中安放一根非流线型旋涡发生体，产生旋涡的速率与流体的速度成一定比例，从而计算出体积流量。涡街流量计适用于测量液体、气体或蒸汽。它没有移动部件，也没有污垢问题。涡街流量计会产生噪声，而且要求流体具有较高的流速，以产生旋涡。

7) 热质量流量计

热质量流量计通过测量流体温度的升高或降低来测量流体速度。热质量流量计没有移动部件或孔，能精确测量气体的流量。热质量流量计是少数能测量质量流量的检测仪器之一，也是少数用于测量大口径气体流量的技术。

8)科里奥利质量流量计

这种流量计利用振动流体管产生与质量流量相应的偏转来进行测量。科里奥利质量流量计可用于液体、浆体、气体或蒸汽的质量流量的测量，精确度高。但要对管道壁进行定期维护，防止腐蚀。

限于篇幅，本书仅介绍几种最常用的流量检测仪表。

4.2 电磁流量计

电磁流量计是矿物加工过程中最为常用的流量检测仪表，可以用来检测清水、污水、药液、石灰乳、矿浆(非磁性)等导电液体的流量。

4.2.1 概述

电磁流量计(electromagnetic flowmeter, EMF)是根据法拉第电磁感应定律制造的一种流量计，主要用于测量导电流体体积流量。20世纪30年代便有了比较系统的电磁流量计的理论，20世纪50年代开始进入工业应用领域。20世纪七八十年代电磁流量计技术有了突破性的发展，成为使用广泛的一类仪表，涉及工业、农业、医学等多个领域，可测介质范围也从电导率很低的蒸馏水到电导率很高的液态金属，并有成熟的耐高温、高压及耐高腐蚀性物料的设计方法。电磁流量计已实现小型化、智能化、一体化，已有0.2级精度的商品化电磁流量计。

电磁流量计采用的原理与常见的差压式流量计不同，后者需要在管道中设置一定的检测元件，因此也易造成堵塞，且会带来一定的压力损失。而电磁流量计以电磁感应定律为基础，通过安装在管道两侧的磁铁，以流动的液体当作切割磁力线的导体，由产生的感应电动势测得管道内液体的流速和流量。

由电磁流量计的测量过程，不难看到它有以下主要优点：

(1)属于非接触性仪表，测量管段是光滑直管，管内没有任何阻碍流体流动的节流元件，不会引起额外的压力损失，节能效果好，可用于测量各种黏度的液体，特别适于测量含固体颗粒的液固混合流，如矿浆、泥浆、污水等。此外除电极外没有其他组件与流体直接接触，因此它还适用于测量腐蚀性大的液体，由此形成了独特的应用领域。

(2)流量计测量过程不受被测介质的温度、黏度、密度等因素的影响，因此只需一次经水标定后就可用于测量其他导电液体的流量。

(3)电磁场的产生是极快的过程，因此电磁流量计反应速度快，无机械惯性，可以测量瞬时流量，还可测水平或垂直管道中两个轴向的流量。

(4)流量计输出只与被测介质的流速有关，量程范围宽。

(5)应用口径范围大，小口径、微小口径常用于医药卫生等有卫生要求的场所；中小口径常用于高要求或推测场合，如选矿工业测量矿浆；大口径较多用于给排水工程。

电磁流量计也有以下一些不足之处：不能测较高温度流体；不能测气体、蒸汽以及含有大量气泡的液体；易受外界电磁干扰，造成输出精度受影响；结构复杂，成本较高。

4.2.2　工作原理

电磁流量计由传感器和转换器两部分组成。传感器将流量转换成电信号；转换器将传感器产生的电信号转换成流量数据，提供流量数据显示和输出流量信号。图 4-1 为电磁流量计的结构原理图，由图 4-1(a)可见，电磁流量计传感器主要由导管、外壳、电极、磁轭、励磁线圈和衬里组成，传感器安装于被测液体管道上。如图 4-1(b)所示，设在均匀磁场中，垂直于磁场方向有一个直径为 D 的管道，管道由不导磁的材料制成，管道内表面衬挂绝缘衬里。为了消除磁滞对测量的影响，励磁线圈产生的磁场为变换式，即通过周期性改变励磁线圈供电电流的方向来改变磁极。

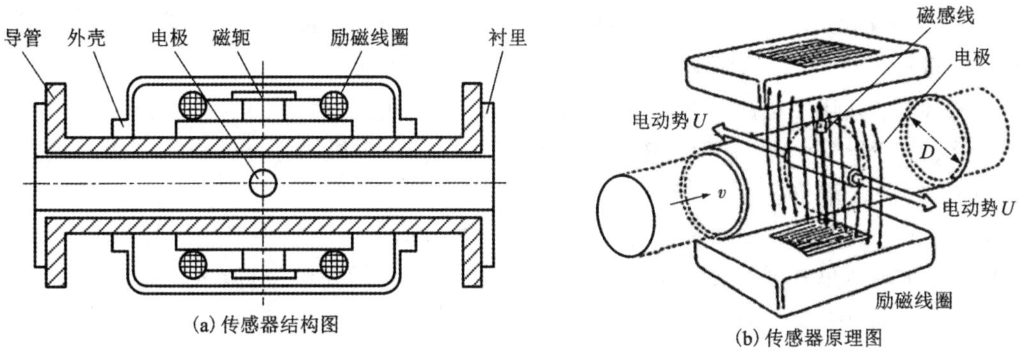

图 4-1　电磁流量计传感器结构及原理图

当导电的液体在导管中流动时，导电液体切割磁力线，于是在磁场及流动方向垂直的方向上产生感应电势，如安装一对电极，则电极间产生和流速成比例的电势差，即

$$E = \frac{d\phi}{dt} \times 10^{-8} = BDv \times 10^{-8} \tag{4-6}$$

式中：E 为感应电势；B 为磁感应强度；D 为管道内径；v 为液体在管道中的平均速度。

由式(4-6)得到

$$v = \frac{E}{BD} \times 10^{8} \tag{4-7}$$

$$q_v = \frac{\pi D^2}{4} \cdot v = \frac{\pi DE}{4B} \times 10^{8} \tag{4-8}$$

由式(4-8)可知，流体在管道中流过的体积流量和感应电势成正比，只要设法测出 E，则 q_v 就知道了。该式是从直流磁场中引出的，但是由于直流磁场导致的直流电势 E 将造成导电液体的电解，使电极产生极化，因此增加了测量误差。

为了消除介质的极化影响，现在的电磁流量计多采用交变磁场。采用交变磁场以后，感应电势也是交变的，这不但可以消除介质的极化影响，而且便于后面环节的信号放大，但增加了感应误差。如何消除感应误差是电磁流量计设计的一项重要任务。

电磁流量计由变送器和转换器两部分组成。变送器被安装在被测介质的管道中，将被测介质的流量变换成瞬时的电信号，此电信号通常是毫伏级的微弱电压信号，而各种干扰成分

(同相电磁干扰和90°干扰)往往是有效信号的若干倍；为了把有效信号准确地测量出来，转换器要有很高的输入阻抗，以鉴别和抑制各种干扰成分，并能在一定范围内补偿电源电压和频率波动的影响，最后把瞬时电信号放大、整流输出4~20 mA DC的标准信号，供仪表指示、记录或调节用。

4.2.3 电磁流量计的组成

电磁流量计主要由磁路系统、测量导管、电极、外壳、衬里和转换器等部分组成。

磁路系统：其作用是产生均匀的直流或交流磁场。直流磁路用永久磁铁来实现，其优点是结构比较简单，受交流磁场的干扰较小，但它易使测量导管内的电解质液体极化，使正电极被负离子包围，负电极被正离子包围，即电极的极化现象，并导致两电极之间内阻增大，从而严重影响仪表正常工作。当管道直径较大时，永久磁铁相应也很大，笨重且不经济，所以电磁流量计一般采用交变磁场，且是50 Hz工频电源激励产生的。

测量导管：其作用是让被测导电性液体通过。为了使磁力线通过测量导管时磁通量被分流或短路，测量导管必须采用不导磁、低导电率和具有一定机械强度的材料制成，可选用不导磁的不锈钢、玻璃钢、高强度塑料、铝等。

电极：其作用是引出和被测量成正比的感应电势信号。电极一般用非导磁的不锈钢制成，且被要求与衬里齐平，以便流体通过时不受阻碍。它的安装位置宜在管道的垂直方向，以防止沉淀物堆积在其上面而影响测量精度。

外壳：用铁磁材料制成，是分配励磁线圈的外罩，并隔离外磁场的干扰。

衬里：在测量导管的内侧及法兰密封面上，有一层完整的电绝缘衬里。它直接接触被测液体，其作用是增加测量导管的耐腐蚀性，防止感应电势被金属测量导管管壁短路。衬里材料多为耐腐蚀、耐高温、耐磨的聚四氟乙烯塑料、陶瓷等。

转换器：由液体流动产生的感应电势信号十分微弱，受各种干扰因素的影响很大，转换器的作用就是将感应电势信号放大并转换成统一的标准信号并抑制主要的干扰信号。其任务是把电极检测到的感应电势信号放大并转换成统一的标准直流信号。

结构形式：电磁流量计主要有一体式和分体式，可根据实际情况合理选择。一体式电磁流量计安装方便，但不适用于不便观测以及温度较高的场合；分体式电磁流量计的传感器和转换器分开安装，通过专用导线连接，以便将转换器安装在便于观测的地方。图4-2为电磁流量计的实物图。

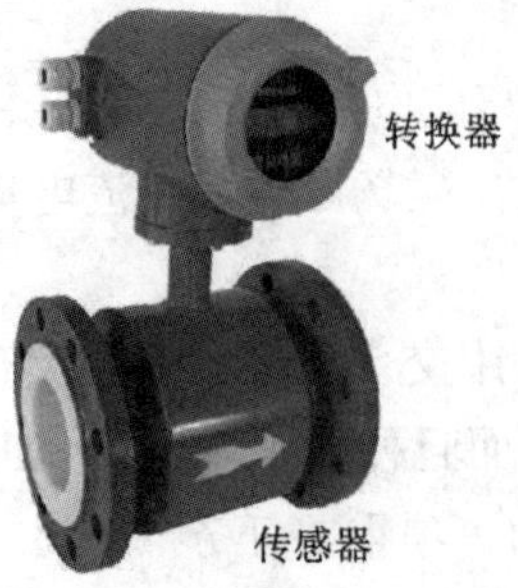

(a) 一体式

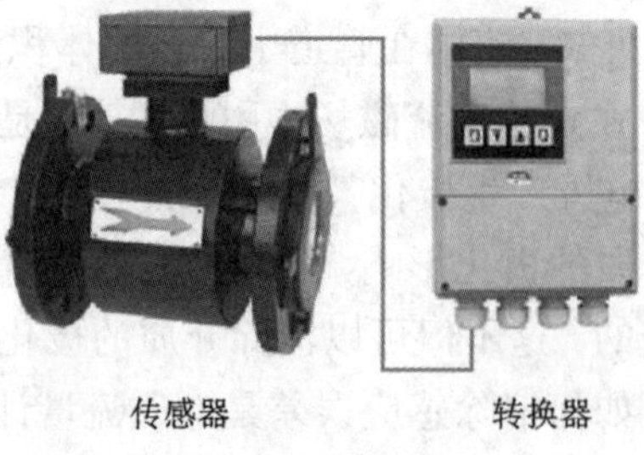

(b) 分体式

图4-2 电磁流量计实物图

4.2.4　电磁流量计的选型与安装

1. 选型

电磁流量计的选用应综合考虑使用场合、被测介质、测量要求等因素。

选矿、冶金、化工、污水处理等行业可以选用通用型电磁流量计，有爆炸性危险的场合则应选用防爆型，医药卫生等行业则可选用卫生型。

对于测量精度的选择视具体情况而定，应在经济允许范围内追求精度等级高的流量计，例如一些高精度的电磁流量计误差可以达到±(0.5~1)%，可用于昂贵介质的精确测量，而一些低精度流量计成本较为低廉，用于对控制调节等一般要求的场合。

被测介质的腐蚀性、磨蚀性、流速、流量等因素也会影响电磁流量计的选择，测量腐蚀性大的介质应选用具有耐腐蚀衬里和电极的电磁流量计，实际应用中应因情况合理选择，具体可查相关手册。

2. 安装

电磁流量计的传感器需安装在管道上，传感器的安装应注意以下事项：

(1)避免安装在周围有强腐蚀性气体的场所；避免安装在周围有电动机、变压器等可能带来电磁场干扰的场合；如果测量对象是两相或多相流体，应避免可能会使流体相分离的场所；避免安装在可能被雨水浸没的场所，避免阳光直射。

(2)水平安装时，电极轴应处于水平，防止流体夹带气泡可能引起的电极短时间绝缘；垂直安装时流动方向应向上，可使较轻颗粒上浮离开传感电极区。

(3)传感器应采取接地措施以减小干扰的影响。在一般情况下，可用参比电极或金属管将管中流体接地，将传感器的接地片与地线相连。如果是非导电的管道或者没有参比电极，可以将流体通过接地环接地。

4.3　超声波流量计

超声波流量计是一种新型流量计，20 世纪 70 年代随着集成电路技术的迅速发展其开始得到实际应用，目前已成功地应用于河流量、硫酸流量等特殊场合的流量测量。

4.3.1　超声波流量计的工作原理及特点

1. 工作原理

超声波流量计的工作原理：在流体中超声波向上游和向下游的传播速度由于叠加了流体流速而不同，因此可根据超声波向上、下游传播速度之差测得流体流速。

图 4-3 是超声波流量计的原理图。它在测量管道的上、下游一定距离上安装两对超声波发射和接收元件(F_1，J_1)、(F_2，J_2)，由于(F_1，J_1)的超声波是顺流速方向传播，而(F_2，J_2)的超声波是逆流速方向传播，根据这两束超声波在流体中传播速度的不同，采用测量两接收元件上超声波传播的时间差、相位差或频率差等方法，测量出流体的平均速度。

设超声波传播方向与流体流动方向的夹角为 α，流体在管道内的平均流速为 v，超声波在静止流体中的声速为 c，管道的内径为 D。

超声波由 F_1 至 J_1 的绝对传播速度为

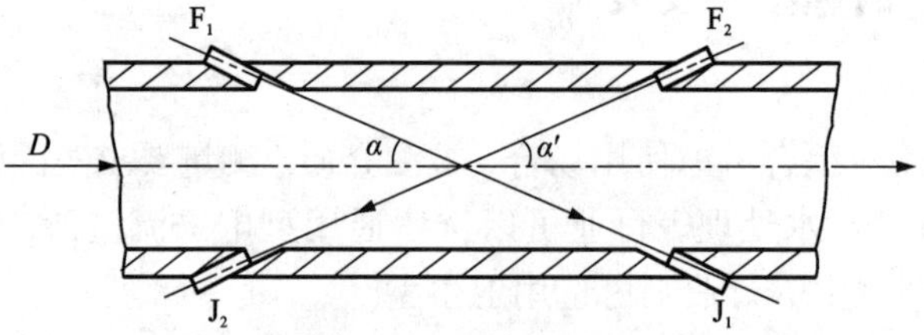

图 4-3 超声波流量计检测原理图

$$v_1 = c + v\cos\alpha \tag{4-9}$$

超声波由 F_2 至 J_2 的绝对传播速度为

$$v_2 = c - v\cos\alpha \tag{4-10}$$

由式(4-9)和式(4-10)可得流体的平均速度为

$$v = \frac{v_1 - v_2}{2\cos\alpha} \tag{4-11}$$

由式(4-11)可见，流体的平均速度 v 与声速 c 无关，只要测出 v_1 和 v_2 之差，就可得到流体的流速，再乘上管道的截面积就可求出流体的容积流量。

近几年来，随着电子技术、数字技术的发展，利用超声波脉冲测量流体流量的技术发展很快，基于不同原理，适用于不同场合的各种型式超声波流量计得到了广泛应用。超声波流量计的外形各种各样，图 4-4 为一种超声波流量计实物图。

图 4-4 超声波流量计实物图

2. 特点

超声波流量计具有以下特点：

(1)超声波流量计属于非接触式测量仪表，不会影响流场，没有压力损失。

(2)适用范围广，在工程上适用于各种流体和中低压气体的流量测量，包括一般流量计难以解决的强腐蚀性、放射性等流体的流量测量，也可弥补电磁流量计不能测量的非导电性流体的缺点，采用多普勒法还可测量两相流体流量。

(3)测量准确度不受流体电导率、黏度、密度、腐蚀性和成分的影响，也不受管径大小的限制，常用于管道直径 5~20 cm、流速 0.001~100 m/s 的测量。

(4)传播时间差法只能用于清洁液体和气体，多普勒法只能用于测量含有一定量悬浮颗粒和气泡的液体。

(5)多普勒法测量精度不高。

4.3.2 超声波流量计的应用选型

超声波流量计除上述各种类型外，近年来又出现了采用数字化电路的数字式超声波流量计，把换能器和转换器做在一起，形成一体式超声波流量计等。面对众多类型超声波流量计，用户需根据实际情况和测量需要合理选型。

1. 多普勒式超声波流量计

只能用于测量含有适量的能反射超声波信号颗粒或气泡的流体，如工厂排放液、未处理污水、杂质含量稳定工厂过程液等。要注意它对被测介质要求比较苛刻，即不能是洁净水，同时杂质含量要相对稳定，才可以正常测量。选择此类超声波流量计既要对被测介质心中有数，也要对所选用超声波流量计性能、精度和对被测介质要求有深入了解。

2. 便携式超声波流量计

适用于临时性测量，主要用于校对管道上已安装其他流量仪表运行状态，进行一个区域内流体平衡测试，检查管道当时流量情况等。不做固定安装，而用于这些用途时，选用便携式超声波流量计既方便又经济。

3. 时差式超声波流量计

目前生产最多、应用范围最广泛的是时差式超声波流量计。它主要用来测量洁净流体流量，如在自来水公司和工业用水领域得到广泛应用。此外它也可以测量杂质含量不高的(杂质含量小于 10 g/L，粒径小于 1 mm)均匀流体，如污水等介质流体，精度可达±1.5%。实际应用表明，选用时差式超声波流量计，对适用流体测量都可以达到满意效果。

4. 管道式超声波流量计

精度最高，可达±0.5%，不受管道材质、衬里限制，适用于流量测量精度要求高的场合。但管径增大，成本也会随之增加，通常选用中小口径管段式超声波流量计较为经济。

5. 固定式超声波流量计

该流量计要求有足够安装空间，使用插入式换能器代替外贴式换能器，彻底消除管衬、结垢及管壁对超声波信号衰减影响，测量稳定性更高，也大大减小维护工作量。插入式换能器也可以不断流安装，其应用正不断扩大。

另外，还有厂家推出了内部为数字化电路的超声波流量计，其特点是采用数字电路处理信号，纠错能力增强，取样及时，精度提高(模拟电路精度为±1.5%，数字电路可以达到±1.0%)，集成度提高，仪表体积大大减小，有多种信号输出模式供选择，实际应用也取得了很好效果。

4.4　涡街流量计

涡街流量计又称旋涡流量计，是根据卡门(Karman)涡街原理制造的，主要用于工业管道介质流体的流量测量，如气体、液体、蒸汽等多种介质。其特点是压力损失小、量程范围大、精度高，在测量工况体积流量时几乎不受流体密度、压力、温度、黏度等参数的影响。无可动机械零件，因此可靠性高，维护量小，仪表参数能长期稳定。涡街流量计采用压电应力式传感器，可靠性高，可在−20～+250℃的工作温度范围内工作。有模拟标准信号，也有数字脉冲信号输出，容易与计算机等数字系统配套使用，是一种比较先进、理想的测量仪器。

4.4.1　涡街流量计组成及工作原理

1. 组成

涡街流量计由传感器和转换器两部分组成，图 4-5 为涡街流量计功能框图。传感器包括旋涡发生体(阻流体)、检测元件、仪表表体等；转换器包括前置放大器、滤波整形电路、D/A

转换电路、输出接口电路、支架和防护罩等。近年来智能型流量计还把微处理器、显示通信及其他功能模块装在转换器内。图 4-6 为涡街流量计的实物图。

图 4-5　涡街流量计功能框图

图 4-6　涡街流量计实物图

2. 工作原理

在流体中设置柱形旋涡发生体，则从旋涡发生体两侧交替地产生有规则的旋涡，这种旋涡称为卡门旋涡，旋涡列在旋涡发生体下游成非对称地排列，如图 4-7 所示。图中管道直径为 D，旋涡发生体直径为 d，流体速度为 v_1。涡街流量计根据卡门涡街原理测量气体、蒸汽或液体的体积流量。

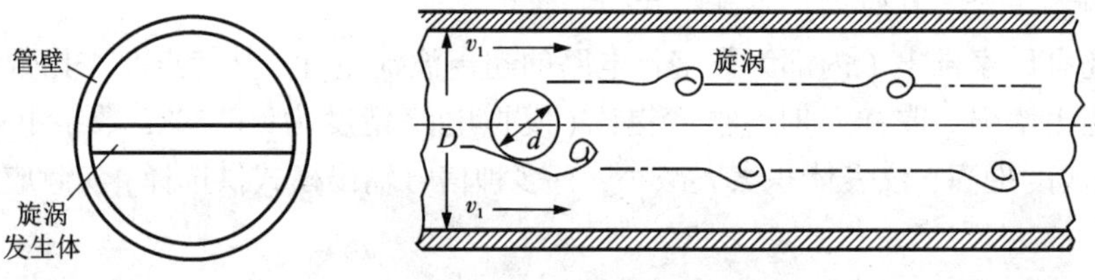

图 4-7　涡街流量计传感器原理图

涡街流量计是应用流体振荡原理来测量流量的，流体在管道中经过涡街流量计的旋涡发生体(通常为三角柱体)时，在旋涡发生体后上、下交替产生正比于流速的两列旋涡，旋涡的释放频率与流过旋涡发生体的流体平均速度及旋涡发生体特征宽度有关，可用下式表示

$$f=\frac{S_t v}{d} \tag{4-12}$$

式中：f 为旋涡的释放频率，Hz；v 为流过旋涡发生体的流体平均速度，m/s；d 为旋涡发生体特征宽度，m；S_t 为斯特劳哈尔数(Strouhal number)，无量纲，它的数值范围为 0.14～0.27。S_t 是雷诺数的函数

$$S_t=\frac{f}{Re} \tag{4-13}$$

当雷诺数 Re 在 10^2～10^5，S_t 值约为 0.2。在测量中，要尽量满足流体的雷诺数在 10^2～10^5，此时旋涡频率为

$$f = \frac{0.2v}{d} \tag{4-14}$$

由此，通过测量旋涡频率就可以计算出流过旋涡发生体的流体平均速度 v，再由下式

$$Q = vA \tag{4-15}$$

即可求出流量 Q，其中 A 为流体流过旋涡发生体的截面积。

4.4.2　涡街流量计的特点及应用选型

1. 涡街流量计的特点

涡街流量计的特点：

(1) 量程比宽，可达 10∶1 或 25∶1，精度较高，不受流体温度、压力、成分、黏度以及密度的影响。

(2) 结构简单，安装于管道内的漩涡发生体坚固耐用，可靠性高，易于维护。

(3) 压损小，约为孔板流量计的 1/4。

(4) 输出与流速（流量）成正比的脉冲频率信号，抗干扰能力强，容易进行流量计算。

(5) 适用流体种类多，如液体、气体、蒸汽和部分混相流体。

涡街流量计是速度式流量计，旋涡的规律性易受上游侧的湍流、流速分布畸变等因素的影响。所以安装流量计时，为保证测量精度，前后应有足够长的直管段，上游侧如有缩径阻力件，要有 15*D* 长的直管段，下游侧应有 5*D* 以上的直管段。传感器在管道上可以水平、垂直或倾斜安装，但测量液体时，如果是垂直安装，应使液体自下向上流动，以保证管路中总是充满液体。安装地点应注意避免机械运动，尤其要避免管道振动。

2. 涡街流量计的应用选型

涡街流量计选型应根据被测流体介质的物理性质和化学性质来决定，使涡街流量计的通径、流量范围、衬里材料、电极材料和输出电流等都能适应被测流体的性质、流量测量和流量控制的要求。

1) 精度要求

根据测量要求和使用场合选择仪表精度等级，做到经济合算。比如用于贸易结算、产品交接和能源计量的场合，应该选择精度等级高些，如 0.5 级、1.0 级，或者更高等级；用于过程控制的场合，根据控制要求选择不同精度等级，如 1.0 级、2.0 级；有些仅仅是检测一下过程流量，无须做精确控制和计量的场合，可以选择精度等级稍低的，如 1.5 级、2.5 级，甚至 4.0 级，这时可以选用价格低廉的插入式涡街流量计。

2) 可测量的介质

一般的介质涡街流量计的满度流量可以在测量介质流速 0.5～12 m/s 范围内选用，范围比较宽。选择仪表规格（口径）不一定与工艺管道相同，应视测量流量范围是否在流速范围内确定，即当管道流速偏低，不能满足流量仪表要求时或者在此流速下测量准确度不能保证时，需要缩小仪表口径，从而提高管内流速，得到满意的测量结果。

3) 涡街流量计变送器的选择

在饱和蒸汽测量中，一般主要考虑测量饱和蒸汽的流量不得低于涡街流量计的下限，也就是说必须满足流体流速不得低于 5 m/s。根据用气量的大小选用不同口径的涡街流量变送器，而不能以现有的工艺管道口径来选择变送器口径。

4)压力补偿的压力变送器选择

由于饱和蒸汽管路长，压力波动较大，必须采用压力补偿，考虑到压力、温度及密度的对应关系，测量中只采用压力补偿即可。由于管道饱和蒸汽压力在 0.3~0.7 MPa，压力变送器的量程选择 1 MPa 即可。

5)显示仪表选择

一些重要的场合需要显示仪表进行就地数据显示，以便于现场数据观察和操作，而控制系统可以不需要现场显示。

4.5 差压式流量计

差压式流量计基于流体在通过设置于流通管道上的流动阻力件时产生的压力差与流体流量之间的确定关系，通过测量差压值求得流体流量。产生差压的装置有多种型式，如各种节流装置、均速管、弯管等。其他型式的差压式流量计还有靶式流量计、浮子流量计等。

4.5.1 节流式流量计的组成及测量原理

节流式流量计是目前工业生产中用来测量液体、气体或蒸汽流量的最常用的一类流量仪表，有多种结构的节流装置，但其基本工作原理大致相同，都是利用流体经过节流装置产生的压力差与流体流速有关的特性进行检测。为了便于说明节流式流量计的检测原理，本节以孔板式流量计为例进行说明。其他节流式流量计的检测原理与孔板式流量计类似。

1. 节流装置的结构组成

孔板式流量计是最典型的节流式流量计，其结构如图 4-8 所示，主要由节流元件、引压管路、三阀组和差压计等组成。

节流式流量计的特点为：结构简单，使用寿命长，适应性较广，能够测量各种工况下的单相流体和高温、高压下的流体流量；节流式流量计发展早，应用历史长，有丰富、可靠的实验数据，标准节流装置的设计加工已标准化，无须标定就可在已知不确定度范围内进行流量测量；安装要求严格；测量范围窄，一般量程比为 3∶1；压力损失较大，精度不够高(±1%~±2%)。

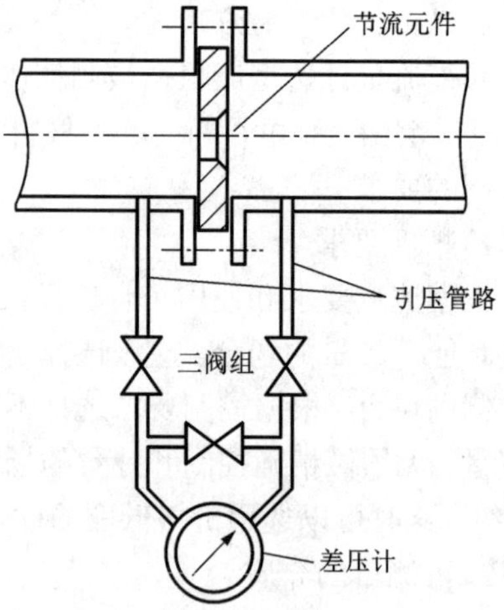

图 4-8 孔板式流量计组成

2. 测量原理

节流式流量计中产生差压的装置称节流装置，其主体是一个流通面积小于管道截面的局部收缩阻力件，称为节流元件。当流体流过节流元件时产生节流现象，在节流元件两侧形成压力差，在节流元件、测压位置、管道条件和流体参数一定的情况下，节流元件前后压力差的大小与流量有关。因此，可以通过测量节流元件前后的差压来测量流体流量。流体流经节流元件时的压力、速度变化情况如图 4-9 所示。从图中可见，稳定流动的流体沿水平管道流动到节流件前截面 1 之后，流束开始收缩，位于边缘处的流体向中心加速，流束中央的压力开始下降。由于流动有惯性，流束收缩到最小截面的位置不在节流件处，而在节流件后的截面 2 处(此位置随流量大小而变)，此处的流速 u_2 最大，压力 P_2 最低。过截面 2 后，流束逐渐扩大。在截面 3 处，流束充满管道，流体速度恢复到节流前的速度($u_1=u_3$)。由于流体流经节流件时会产生旋涡及沿程的摩擦阻力等造成能量损失，因此压力 P_3 不能恢复到原来的数值 P_1。P_1 和 P_3 的差值 δp 称为流体流件的压力损失。

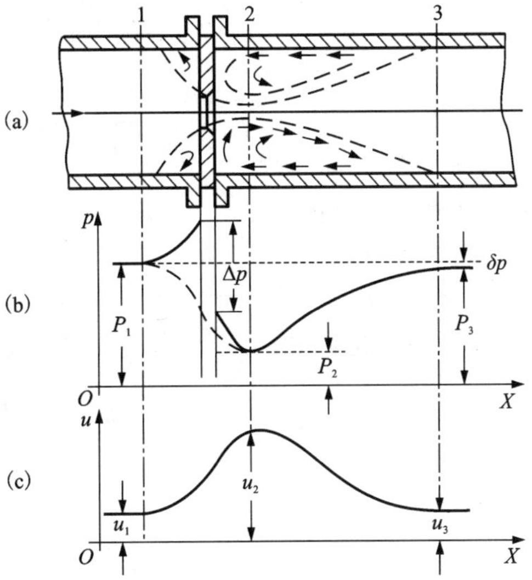

图 4-9　流体流经节流件时压力和流速变化情况

流体压力沿管壁的变化和轴线上是不同的，在节流元件前由于节流元件对流体的阻碍，造成部分流体局部滞止，使管壁上流体静压比上游压力稍有增高。节流元件前后差压与流量之间的关系，即节流式流量计的流量方程可由伯努利方程和流动连续方程推出。设管道水平放置，对于截面 1、2，由于 $Z_1=Z_2$，则有

$$\frac{P_1}{\rho_1}+\frac{U_1^2}{2}=\frac{P_2}{\rho_2}+\frac{U_2^2}{2} \tag{4-16}$$

$$\rho_1 u_1 \frac{\pi}{4}D^2=\rho_2 u_2 \frac{\pi}{4}d'^2 \tag{4-17}$$

式中：P_1、P_2 为截面 1 和 2 上流体的静压力；u_1、u_2 为截面 1 和 2 上流体的平均流速；ρ_1、ρ_2 为截面 1 和 2 上流体的密度，对于不可压缩流体，$\rho_1=\rho_2=\rho$；D、d' 为截面 1、2 上流束的直径。

由式(4-16)、式(4-17)可求出

$$u_2=\frac{1}{\sqrt{1-(d'/D)^4}}\sqrt{\frac{2}{\rho}(P_1-P_2)} \tag{4-18}$$

根据流量的定义，可得流量与差压的关系为

体积流量

$$q_v=u_2A_2=\frac{1}{\sqrt{1-(d'/D)^4}}\frac{\pi}{4}d'^2\sqrt{\frac{2}{\rho}(P_1-P_2)} \tag{4-19}$$

质量流量

$$q_m=\rho u_2A_2=\frac{1}{\sqrt{1-(d'/D)^4}}\frac{\pi}{4}d'^2\sqrt{2\rho(P_1-P_2)} \tag{4-20}$$

式中：A_2 为截面 2 上流束的截面积。

在推导上式时，未考虑损失压力 δp，且截面 2 的位置是变化的，流束收缩后的最小截面直径 d' 难以确定，而(P_1-P_2)是理论差压，不易测量。因此，在实际使用节流装置流量公式时，以节流元件的开孔直径 d 来代替 d'，并令直径比 $\beta=d/D$。以实际采用的某种取压方式所得到的压差 Δp 来代替(P_1-P_2)的值，同时引入流出系数 C(或流量系数 α)对上式进行修正，得到实际的流量公式

$$q_v = \frac{C}{\sqrt{1-\beta^4}} \frac{\pi}{4} d^2 \sqrt{\frac{2}{\rho}\Delta p} = \alpha \frac{\pi}{4} d^2 \sqrt{\frac{2}{\rho}\Delta p} \tag{4-21}$$

$$q_m = \frac{C}{\sqrt{1-\beta^4}} \frac{\pi}{4} d^2 \sqrt{2\rho\Delta p} = \alpha \frac{\pi}{4} d^2 \sqrt{2\rho\Delta p} \tag{4-22}$$

式中：α 为流量系数，$\alpha = \frac{C}{\sqrt{1-\beta^4}} = CE$，其中 E 为渐近速度，$E = \frac{1}{\sqrt{1-\beta^4}}$。

对于可压缩流体，考虑到节流过程中流体密度的变化而引入流束膨胀系数 ε 进行修正，ρ 采用节流元件前的流体密度，由此流量公式更一般地表示为

$$q_v = \alpha\varepsilon \frac{\pi}{4} d^2 \sqrt{\frac{2}{\rho}\Delta p} \tag{4-23}$$

$$q_m = \alpha\varepsilon \frac{\pi}{4} d^2 \sqrt{2\rho\Delta p} \tag{4-24}$$

式中：$\varepsilon \leqslant 1$。当用于不可压缩流体时，$\varepsilon = 1$；用于可压缩流体时，$\varepsilon < 1$。

流量系数 α(或流出系数 C)与节流件形式、取压方式、管道直径 D、直径比 β 及流体雷诺数 Re 等因素有关，只能通过实验确定。实验证明，在一定的安装条件下，对于给定的节流装置，当 Re 大于某一数值(称为界限雷诺数)时，α 保持不变。因此，节流式流量计应工作在界限雷诺数之上。

流束膨胀系数 ε 也是一个影响因素十分复杂的参数。实验表明，ε 与雷诺数无关，对于给定的节流装置，ε 的数值主要取决于 β、$\Delta p/P_1$ 及被测介质的等熵指数 k。α 和 ε 均可通过查阅图表求得。

4.5.2 常用节流装置

节流装置由节流元件、测量管段(节流元件前后的直管段)与取压装置等三部分组成。

节流装置分为标准节流装置和非标准节流装置两大类。标准节流装置中，节流元件的结构形式、尺寸和技术要求等均已标准化，对取压方式、取压装置以及对节流元件前后直管段的要求也有相应规定，有关计算数据都经过大量的系统实验而有统一的图表可供查阅。按标准规定设计制造的节流装置，不必经过单独标定即可投入使用。

1. 标准节流装置的适用条件

(1)流体必须是牛顿流体，在物理学和热力学上是均匀的、单相的，或者可认为是单相的流体，如混合气体、溶液、分散性粒子小于 0.1 μm 的胶质溶液，含有不超过 2%(质量分数)均匀分散的固体微粒的气体以及不超过 5%(体积分数)均匀分散气泡的液体流，均可按单相流体考虑，但其密度应取平均密度。

(2)流体必须充满管道和节流装置且连续流动，流经节流元件前流动应达到充分紊流，流束平行于管道轴线且无旋转，流经节流元件时不发生相变。

(3)流动是稳定的或随时间缓变的，不适用于脉动流和临界流的流量测量，流量变化范围亦不能太大(一般最大流量与最小流量之比值不超过 3∶1)。

2. 标准喷嘴

标准喷嘴是一种以管道轴线为中心线的旋转对称体，主要由入口圆弧收缩部分与出口圆

筒形喉部组成，有ISA1932喷嘴和长径喷嘴两种型式。ISA1932喷嘴的结构如图4-10所示，其廓形由入口端面A、收缩部分第一圆弧曲面B与第二圆弧曲面C、圆筒喉部E和出口边缘保护槽F组成。各段型线之间相切，不得有任何不光滑部分。喷嘴的特征尺寸是其圆筒形喉部的内直径d，筒形长度$b=0.3D$。长径喷嘴廓形由A与B两段组成，A是1/4椭圆弧线构成的流体收缩段，B为圆筒形喉部平流段。

标准喷嘴的测量精度比孔板高，压力损失要小于孔板；能测量带有污垢的流体介质，使用寿命长；但结构较复杂，体积大，比孔板加工困难，成本较高。

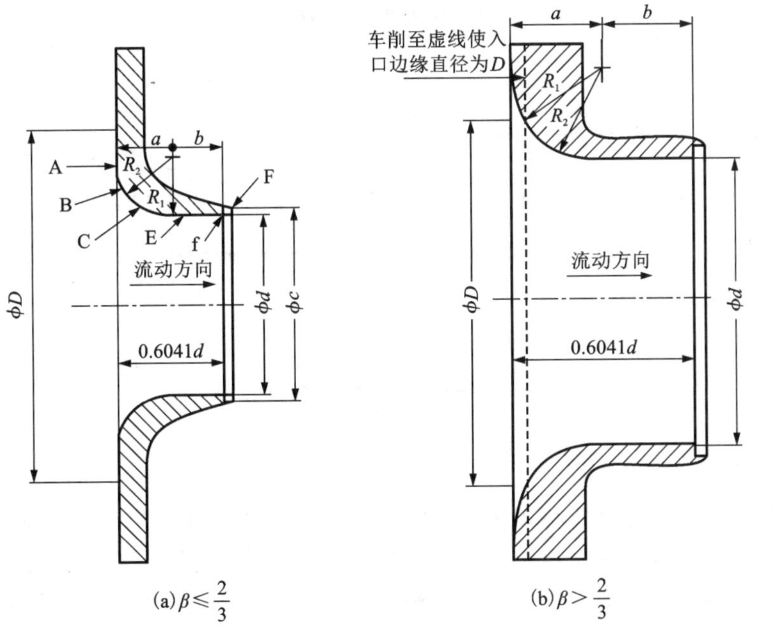

图4-10 ISA1932喷嘴

3. 文丘里管

文丘里管有两种标准形式：经典文丘里管与偏心文丘里管。

文丘里管压力损失最低，有较高的测量精度，对流体中的悬浮物不敏感，可用于污脏流体介质的流量测量，在大管径流量测量方面应用得较多。但尺寸大，笨重，加工困难，成本高，一般用在有特殊要求的场合。

1）文丘里管的结构

经典的文丘里管由入口圆管段、收缩段、喉管段和扩散段组成，一般入口圆管段长等于入口圆管管径，喉管段长等于喉管管径，其结构如图4-11(a)所示。经典文丘里管收缩段呈轴对称径向收缩，喉管段明显抬高，这种结构容易对灌溉输水管道中的固体粗颗粒污物形成拦截淤积，从而影响文丘里管的正常测量。偏心文丘里管的组成结构与经典文丘里管基本相似，也是由入口圆管段、收缩段、喉管段和扩散段组成，但是改变了入口收缩方式和出口的扩散方式，即其收缩段集中向圆管底部呈偏心收缩，直至与喉管段相接，扩散段向上部呈偏心扩散，喉管段长与喉管直径相等，其结构如4-11(b)所示。偏心文丘里流量计消除了底坎，明显提高了杂质通过能力，避免在喉管段前发生淤堵。偏心文丘里管的结构参数主要包括喉管段缩径比(喉管直径 d 与入口圆管直径 D 之比)、收缩锥角 α_1 及扩散锥角 α_2 等。

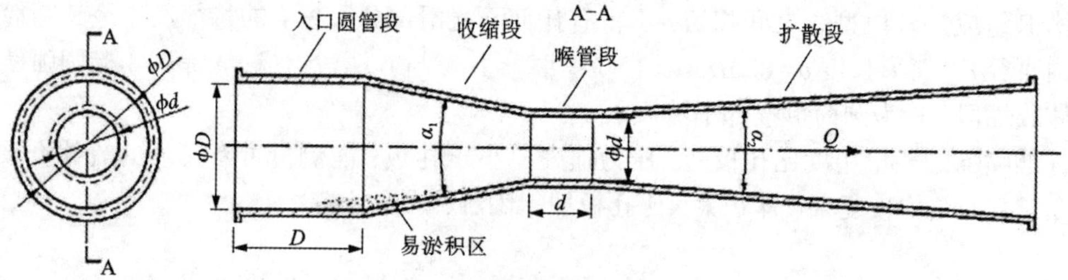

(a) 经典文丘里管

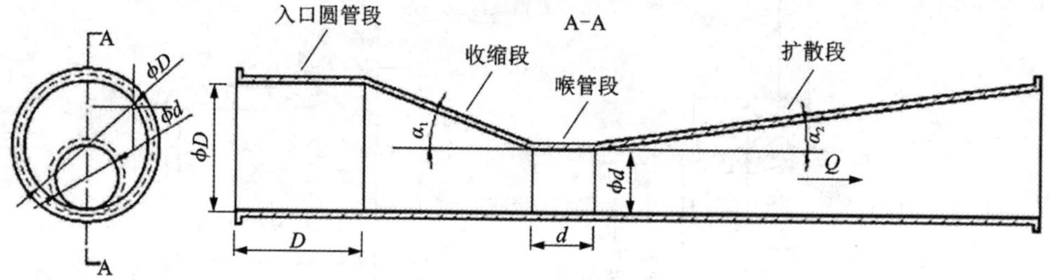

(b) 偏心文丘里管

图 4–11　文丘里管结构图

2) 测量原理

偏心文丘里流量计是以偏心文丘里管替换经典文丘里管而形成的一种测量装置，其结构形式与经典文丘里流量计有所差别，但测量原理基本相同，仍属于差压类测量仪表。当液体流经偏心文丘里管收缩段时，过流面积逐渐减小，流速增加，压力下降，在喉管段压力降到最低值。经此节流作用，偏心文丘里管的入口圆管断面与喉管段断面必定存在着一定压力差，由流体的连续性方程和能量方程可推导出流量计算式

$$Q = \frac{\pi}{4}\varepsilon\beta^2 D^2 \frac{C}{\sqrt{1-\beta^4}}\sqrt{\frac{2\Delta P}{\rho}} \tag{4-25}$$

式中：Q 为管道流量，m^3/s；β 为喉管段缩径比；D 为入口圆管内径，m；ΔP 为入口圆管与喉管断面的压力差，Pa；ρ 为流体密度，取 $\rho = 1000\ kg/m^3$；ε 为液体膨胀系数，对于不可压缩性流体取 $\varepsilon = 1$；C 为流出系数，定义为通过文丘里管的实际流量与理论流量的比值。

流出系数 C 是差压式流量计节流件的重要参数之一，一般与节流装置的材质、形状、尺寸、加工精度、取压位置、雷诺数等诸多因素有关，差压式流量计在使用前必须进行流出系数的测定。对于本书讨论的偏心文丘里管测量装置而言，只有当其流出系数为一常数或接近常数时，流量与压差之间的抛物线关系趋于稳定，才可以用于管道测流量。

4. 测量管道条件

测量管道截面应为圆形，节流元件及取压装置安装在两圆形直管之间。节流元件附近管道的圆度应符合标准中的具体规定。

节流元件前后应有足够长的直管段，以保证流体流到节流元件前达到充分紊流状态，否则将影响测量精度。标准节流装置组成部分中的测量直管段(前 10D 后 5D，一般由仪表厂家

提供）是最小直管段 L 的一部分，其内表面必须是光滑的，L 的其余部分内表面可以是粗糙的。最小直管段 L 的长度取决于节流件的形式和直径比 β，可查阅规范。

当现场难以满足直管段的最小长度要求或有扰动源存在时，可考虑在节流元件前安装流动整流器，以消除流动的不对称分布和旋转流等情况。安装位置和使用的整流器型式在标准中有具体规定。安装了整流器后会产生相应的压力损失。

5. 差压变送器

差压变送器与节流装置配套组成节流式流量计。差压变送器经导压管与节流装置连接，接收被测流体流过节流装置时所产生的差压信号，并根据生产的要求，以不同信号形式把差压信号传递给显示仪表，从而实现对流量参数的显示、记录和自动控制。

差压变送器的种类很多，凡可测量差压的仪表均可作为节流式流量计中的差压变送器。节流装置的差压范围一般为数帕至数百帕。

4.6 皮托管流量计

4.6.1 皮托管的结构

皮托管是一根弯成直角的双层空心复合管，带有多个取压孔，能同时测量流体总压和静压，其结构如图 4-12 所示。由于流体的总压和静压之差与被测流体的流速有确定的数值关系，因此可以用皮托管测得流体流速，从而计算出被测流量的大小。

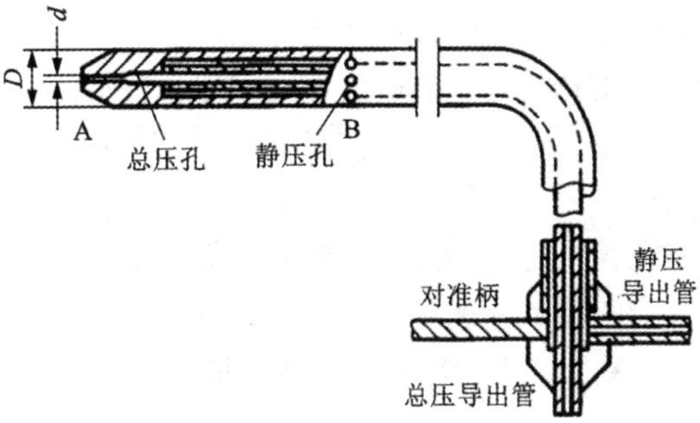

图 4-12 皮托管结构

4.6.2 皮托管的工作原理

皮托管的工作原理如下：

皮托管头部迎流方向开有一个小孔 A，称为总压孔，在距头部一定距离处开有若干垂直于流体流向的静压孔 B，各孔所测静压在均压室均压后输出。设在均匀流动的管道中某点处流体的静压为 p，流速为 u。若在此处放置一根皮托管，并使皮托管轴线与流向平行，如图 4-13 所示，紧靠皮托管前端 A 的流体被阻滞，在阻滞区域的中心形成“驻点”，驻点处流动完全停止，流速等于零，压力由静压 p 上升到滞止压力 p_1（总压）。设流动为不可压缩无黏性流体的稳定流动，则驻点处流体的伯努利方程为

$$\frac{p_1}{\rho} = \frac{p}{\rho} + \frac{u^2}{2} \tag{4-26}$$

式中：p_1 为驻点处流体总压；p 为驻点处流体静压；u 为驻点处流体流速；ρ 为流体密度。

由此可以得该点的流速为

$$u = \sqrt{\frac{2}{\rho}(p_1 - p)} = \sqrt{\frac{2}{\rho}\Delta p} \tag{4-27}$$

考虑到实际测量情况与理论上的差别，引入皮托管系数 α（数值由实验确定）对上式进行

修正，修正后的流速公式为

$$u = \alpha\sqrt{\frac{2}{\rho}\Delta p} \tag{4-28}$$

对于可压缩流体，考虑到压缩性的影响，实际流速计算公式为

$$u = \alpha(1 - \varepsilon)\sqrt{\frac{2}{\rho}\Delta p} \tag{4-29}$$

式中：$(1-\varepsilon)$为流体可压缩性修正系数，对不可压缩流体，$\varepsilon=0$。

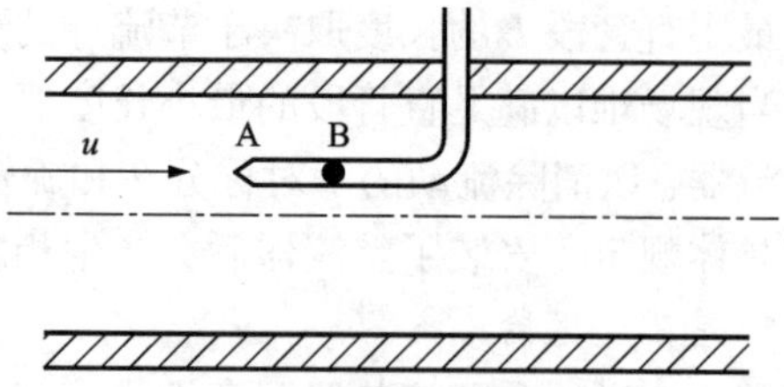

A—总压感应点；B—静压感应点。

图 4-13　皮托管测量原理

皮托管可以测得管道截面上某一点的流速，若该点流速恰为管道截面上的平均流速 $\bar{u}$，则流量可由式 $q_V=\bar{u}A$（A 为管道截面积）求出。理论上可以根据前述流速分布与平均流速关系式求出平均流速所在半径位置（例如层流状态时，在管道半径 $r=0.707R$ 的圆环上的流速等于管道截面平均流速，R 为管道内半径），只要将皮托管放在该位置就可测得平均流速，进而求出流量。但实际应用中，该方法误差大，难以实施，由于种种因素的影响，圆管内的实际流速分布并不能按理论方法确定。因此，实用中通常采取在同一截面选取多点测量，然后求出平均流速的方法。如何选取测量点是皮托管测流量的关键，目前较常用的方法有等环面法、切比雪夫积分法和对数线性法。

使用皮托管时，需将其牢固固定，测头轴线应与管道轴线平行，被测流体的流动应尽可能保持稳定，否则将带来测量误差。在管路中选择插入皮托管的横截面位置，应保证其有足够长的上下游直管段。

皮托管具有压损小、价格低廉等优点，适用于中、大管径管道的流量测量，尤其在实验室研究和测定流体的流速分布时，更具明显优越性。其缺点是测量结果受流速分布影响严重，计算复杂，精度也较低，测量时间长，难以实现自动测量等。

4.7　匀速管流量计

4.7.1　均速管流量计概述

均速管流量计始于 20 世纪 60 年代，至今已有 50 余年历史。与节流孔板相比，它的结构简单，容易加工，成本低廉，不可恢复的压力损失小，大约只相当于节流装置的百分之几；流量传感器是插入式探头，安装简易，可以不断流进行装卸和维护，而且性能稳定。其原理是测量管道内流动流体的速度压力——流速，典型的方法是早期使用皮托管，其缺点是只能测量管道截面上某一点的流体速度，此速度并不代表流体的平均流速。虽然可以优选检测点或经多点测量来计算其平均值，但实施起来却比较麻烦，后来发展了均速管，这种流量计才逐渐发展和广泛应用起来。

均速管又称为均速流量传感器或均速探头，均速测量技术近年来发展很快，其结构形式多样，圆形横截面的均速管已被淘汰，而采用菱形、T 字形、椭圆形与子弹头形等形式。均速管的开孔位置与数目也各不相同，迎流方向的全压孔（或称高压孔）设在管的前端，开孔数目有 2、4、5 等（知管道半径对应的开孔数目），具体数目视管径大小而定。开孔的布置按对数

线性法或对数-切比雪夫法计算。静压孔设在测杆的背部或侧面，开孔数目可有一个或几个，形式多样。

均速管流量探头主要有阿牛巴(Annubar)、威力巴(Vrabar)、威尔巴(Wellbar)、德尔塔巴(Deltaflow)、托巴(Torbar)等几种。它们的共同特点都是结构简单的插入式探头，适于测量气体、蒸汽和液体的流量，管道内径从十几毫米到几米，使用范围很广。一般要求雷诺数 $10^4 \leqslant Re_D \leqslant 10^7$，测量准确度通常为 1%~3%。均速管尚未标准化，故制作的均速管应经过标定后才能使用。由于均速管的取压孔直径仅几毫米到十几毫米，取压孔容易堵塞，一般不适于含尘土或黏度大的流体；其次差压信号较小，通常用微压差式或低压差变送器做二次仪表。这里只简要介绍阿牛巴、热线匀速管与威尔巴流量计。

4.7.2　阿牛巴流量计

阿牛巴(Annubar)流量计是最早用来测量平均速度压力的仪表，几十年来在插入式流量计的使用过程中，因它简单实用，至今仍常被选用。

为了获得管道内的流体平均速度，先要测量其平均速度头。将管道截面分成几个等面积圆环，如图 4-14 所示。总压管面对气流方向开有四个取压孔，所测量的是这四个圆环截面的流体总压头(包括静压头和动压头)，在总压管内另插入一根引压管，由它引出四个总压头的平均值 p_1，静压管装在背着流动方向上，取压孔在管道轴线位置上，引出流体的静压头 p_2。

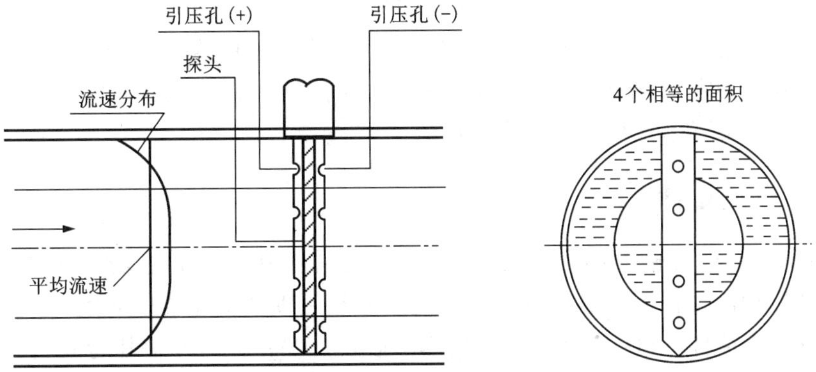

图 4-14　阿牛巴流量计原理图

将 p_1、p_2 分别引入差压变送器，测出两者的压差 Δp，Δp 便是流体的平均速度头。根据伯努利方程式从平均速度头可求出流体平均速度和流量，实用流量方程式如下

$$Q = 0.12645 K_r Y_r F_r D^2 \sqrt{\Delta p / \rho} \tag{4-30}$$

$$M = 0.12645 K_r Y_r F_r D^2 \sqrt{\Delta p \times \rho} \tag{4-31}$$

式中：D 为管道内径，mm；Δp 为压差，kPa；ρ 为流体密度，kg/m^3；K_r、Y_r、F_r 分别为均速管流量系数、气体膨胀系数(对液体 $Y_r=1$)、雷诺数修正系数，它们与均速管结构、管道直径、液体种类、雷诺数大小等有关，由实验求得，或由生产厂提供。

阿牛巴是一种均速流量探头，配以差压变送器和流量积算仪而组成阿牛巴流量计，也属于差压式流量测量仪表，用来测量一般气体、液体和蒸汽的流量。适用范围：管径 $D=25$~

2500 mm(特殊达5000 mm)，工作压力≤5 MPa，工作温度≤400℃，雷诺数 $Re_D \geq 10^4$，流速要求气体为 5 m/s，液体为 0.5 m/s，蒸汽为 9 m/s 以上。

4.7.3 热线匀速管流量计

热线匀速管流量计是早已广泛用于风洞上的测速仪表，每一个热丝感测元件与电子转换器构成一台热线匀速管流量计，它是通过专用的微型风洞标定的，使用很方便。为了测量平均流速应采用热线匀速管。热线匀速管类似上述阿牛巴流量计所述，把管道截面分成几个等面积圆环，每一个热丝感测元件对应测量一个圆环中的流体速度，通过几个圆环流体速度的平均值推算出其质量流量。

设热丝的电阻为 R，加热电流为 I，导热系数为 λ，表面积为 A_R，加热温度为 T_J，流动气流的温度为 T_Q。当流体的流速为 v 时，则有

$$I^2R = \lambda A_R(T_J - T_Q) \tag{4-32}$$

$$\lambda A_R = \alpha_1 + \alpha_2(\rho v)^m \tag{4-33}$$

因此质量流速为

$$\rho v = \left[\frac{I^2R}{\alpha_2(T_J - T_Q)} - \frac{\alpha_1}{\alpha_2}\right]^{\frac{1}{m}} \tag{4-34}$$

质量流量为

$$M = KA(\rho v) \tag{4-35}$$

式中：A 为管道横截面积；α_1、α_2、m 与 K 均为常数，由仪表厂给出。

匀速管等插入式探头结构简单，使用方便，应用广泛。为了提高测量精度，对有关影响因素进行了大量的研究，提出了一些修正系数。

4.7.4 威尔巴流量计

威尔巴(Wellbar)流量计是国内生产的均速管流量计中的一种主要产品。它由威尔巴探头、差压变送器和流量积算仪等组成测量系统。测量原理如图 4-15 所示，在管道中插入一根威尔巴探头，当流体流过探头时，在其前部(迎流方向)产生一个高压分布区，在其后部产生一个低压分布区，探头管在高、低压区有按一定规则排列的多对(一般为三对)取压孔，分别测量流体的全压力(包括静压力和平均速度压力)p_1 和静压力 p_2，将 p_1 和 p_2 分别引入差压变送器，测量出差压 $\Delta p = p_1 - p_2$，Δp 反映流体平均流速的大小，由此可推算出流体的流量。

1. 威尔巴探头及其特点

威尔巴流量计采用截面形状如子弹头形的探头，一体化双腔金属结构。高压孔在弹头前端部形成较高的高压区，可阻止流体中的微粒进入取压孔，低压孔位于探头侧后两边，在流体与探头的分离点以前，可减少低压孔被堵塞的可能性。在探头前部金属的表面，进行了粗糙化处理，根据空气动力学原理，流体流过粗糙表面，形成一个稳定的紊流边界层，有利于提高低流速状态的测量精度，使得流体在低流速时，探头仍可获得稳定精确的差压信号，延伸了探头的量程下限，保持流量系数稳定。

威尔巴流量计是阿牛巴流量计的继续发展，子弹头形的探头，技术性能优良，其主要特点如下：

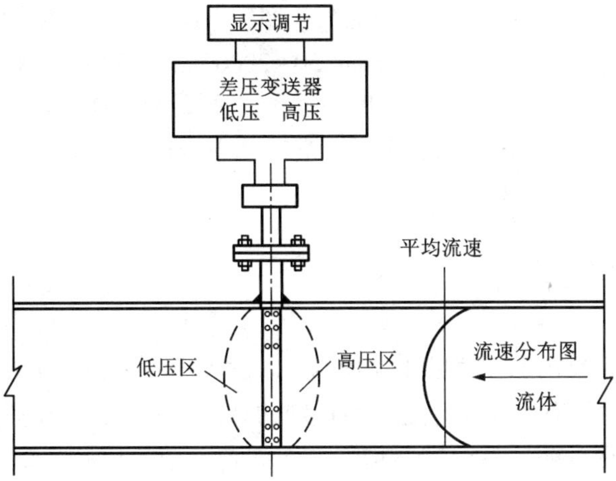

图 4-15　威尔巴流量计测量原理

(1)子弹头形探头，符合流体动力学原理，一体化双腔结构，强度高，耐高温，可用于高温高压场合。

(2)探头前部金属表面，进行了粗糙化处理，后部低压取压孔进行防堵设计，产生的差压信号稳定，防堵性能好，基本免维护。

(3)流量系数不受管道雷诺数的影响，流量系数稳定，测量精度高。

(4)适用范围广泛，可用于测量气体、液体、蒸汽、腐蚀性介质和高温高压介质等流体，可在各种尺寸的圆形管道和方形管道上安装使用。

(5)安装方便，可在线带压安装和检修(不断流装卸)，对直管段的长度，要求较短。

2. 威尔巴流量计的流量方程

威尔巴流量计作为一种差压式流量测量仪表，流体流过的流量与差压的平方根呈比例关系，与节流式流量计类似，其实用流量方程式如下：

质量流量方程式

$$M = 0.12645KY_1D^2\sqrt{\Delta p \times \rho_1} \tag{4-36}$$

体积流量方程式

$$Q = 0.12645KY_1D^2\sqrt{\Delta p/\rho_1} \tag{4-37}$$

流体(气体)温度、压力变化的补偿方程

$$Q = 0.12645KY_1D^2\sqrt{\Delta p/\rho_1} \times \sqrt{p_1T_2/p_2T_1} \tag{4-38}$$

标准体积流量方程式

$$Q_{20} = 0.12645KY_1F_1D^2\sqrt{\Delta p/\rho_1} \tag{4-39}$$

式中：Q_{20} 为气体在标准状态(20℃，101.325 kPa 大气压)下的体积流量；Δp 为探头产生的差压，kPa；K 为流量系数，其值与探头结构、流体流动状况、流体种类、管径大小等有关，由实验求得，或厂家给出；Y_1 为气体膨胀系数，其值与气体压力、管径、探头形状及其直径的大小等有关，由实验求得；ρ_1 为被测流体在工作状态下(设计条件下)的密度，kg/m^3；F_1 为密度系数，$F_1=\rho_1/\rho_{20}$，其中 ρ_{20} 为气体在标准状态下的密度，kg/m^3；p_1、p_2 为设计与实际条件下，流体的绝对压力，kPa；T_1、T_2 为设计与实际条件下，流体的绝对温度，K。

威尔巴流量计适用于空气、煤气、天然气、烟气、自来水、给水、含腐溶液、饱和蒸汽、过热蒸汽等；适于圆管直径 D 在 12~50 mm、50~2000 mm、2000~5000 mm；也适用于长方形管道。测量范围度约 10∶1，测量不确定度为±1%，重复性为±0.1%。直管段长度要求较长：上游侧不小于 7D，下游侧不小于 3D，应视管道局部阻力的形式而定。配套仪表有差压变送器和流量积算仪等，可与计算机连接。

4.7.5 德尔塔巴流量计

1. 概述

德尔塔巴流量计是运用差压式的工作原理，以插入式的安装方法设计而成的一种流量传感器。就工作原理，德尔塔巴流量计是一种特殊的节流装置，其输出是差压。该传感器通过探头(或探针)取压，探头前后有两排不均匀分布的若干个引压孔(取压管直径约 ϕ20，取压孔低压孔径 ϕ8)。通过两排引压孔将管道从上到下(从左到右)的不同压力(流速)平均后形成了差压，进而可以计算出质量流量或体积流量。图 4-16 为德尔塔巴流量计的实物图。

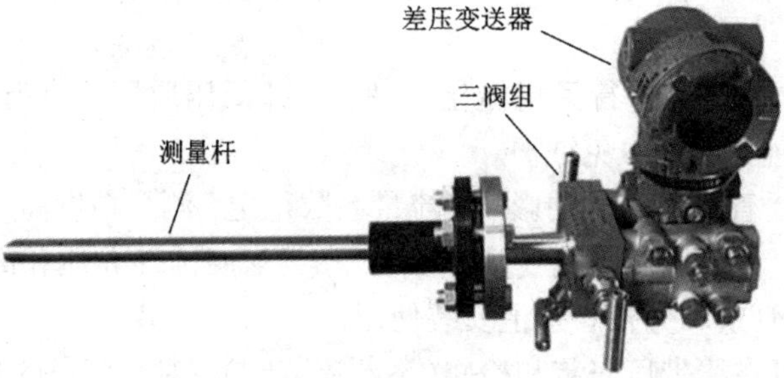

图 4-16　德尔塔巴流量计实物图

2. 适用范围

(1)公称直径：25 mm≤D_N≤6000 mm。

(2)公称压力：P_N≤25 MPa。

(3)介质温度：t≤650℃。

(4)精度等级：0.5 级，1 级，1.5 级。

3. 系统结构

德尔塔巴流量计由德尔塔巴节流装置、安装支架、温度传感器、压力变送器、差压变送器组成。其中差压探头是关键部件，决定着流量检测精度。

如图 4-17 所示，德尔塔巴节流装置为独特的对称曲面设计，可以进行双向测量。德尔塔巴探头长度为流体管道内径，两侧分布不均匀 8 mm 取压孔。面向流体进入的曲面上的取压孔为高压取压孔，另一面的为低压取压孔。德尔塔巴低压取压孔在传感器侧后两边，在传感器与被测流体分开前避免了低压取压孔被堵塞和受到涡流的影响。德尔塔巴传感器表面粗糙处理，使流体流速变化大时仍能使流体在传感器表面保持紊流状态，可以稳定地测得被测流体低流速时的流量。

安装德尔塔巴流量计时，它的测杆(探头)横穿管道内部与管轴垂直，在检测杆迎流面上设有多个总压检测孔，在检测杆背流面上设有多个静压检测孔，分别由总压导压管和静压导压管引出，根据总压与静压的差压值，计算流经管道流量。德尔塔巴流量计测量杆具有以下结构特点：

(1)探头截面形状：威尔巴为子弹头形，德尔塔巴为类菱形，类菱形截面在能使高、低区的分界更明显。

(2)探头杆取压孔的位置：威尔巴的全压孔在杆前端，静压孔在杆两侧壁；德尔塔巴流量计的全压孔也在杆前端，但静压孔却在杆的后端，测量背压力(负压)。

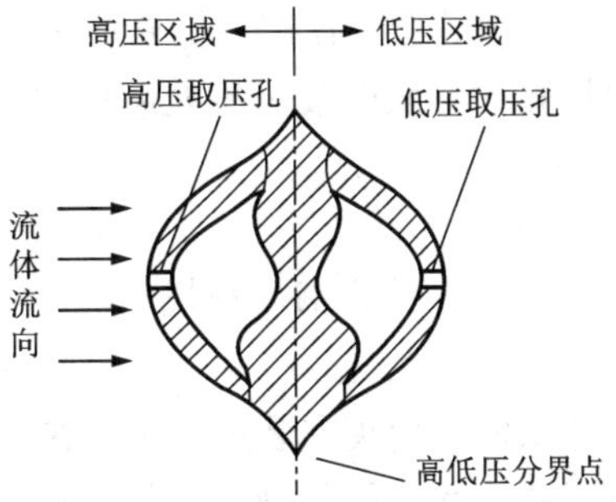

图 4-17　德尔塔巴探头截面图

因此，在相同管径和流速条件下，德尔塔巴探头产生的差压较威尔巴探头的要大一些，约大 20%~40%。这是德尔塔巴流量计的显著优点。

4. 测量原理

德尔塔巴流量计用差压式工作原理进行流量检测，将一定直径的测量管插入被测介质管道。流体流经测量管时，首先经过一个压力大于管道静压的高压区域，流体在高压孔后的加速段速度迅速增大，高压区域的压力上升，在经过高低压分界点后，阻力消失，在测量管后部的低压区域产生部分真空，使测量管前后的压力差增大。德尔塔巴流量计利用高、低压区按科学计算有规律地分布在测量管两侧的取压孔来检测流体的差压，得出由平均流速产生的平均差压，把这个差压传送给差压变送器并进行分析计算。德尔塔巴节流装置采用了不均匀分布的两排取压孔进行取压，避免了单一取压孔只能取得某一点流速而不是平均流速，这样能更好地反映被测管道的真实流量。

5. 流量计算

一般管道中的流速分布是不均匀的。如果是充分发展的流体，其速度分布为指数规律。为了准确计量，将整个圆截面分成多个单元面积相等的多个半圆及多个半环。传感器的检测杆由一根中空的金属管制成，迎流面钻多对总压孔，它们分别处于各单元面积的中央，分别反映了各单元面积内的流速大小。由于各总压孔是相通的，传至检测杆中的各点总压值平均后，由总压引出管引至高压接头，送到传感器的正压室。当传感器正确安装在有足够长的直管段的工艺管道上时，流量截面上应没有旋涡，整个截面的静压可认为是常数，在传感器的背面或侧面设有检测孔，代表了整个截面的静压。经静压引出管由低压接头引至传感器的负压室。正、负压室压差的平方与流量截面的平均流速成正比，从而获得差压与流量呈正比的关系。

可由伯努利方程和连续性方程推导出均速管德尔塔巴流量计的流量计算公式

$$Q_v = \frac{\pi}{4} D^2 \alpha \varepsilon \sqrt{\frac{2\Delta p}{\rho_1}} \tag{4-40}$$

$$Q_m = \frac{\pi}{4} D^2 \alpha \varepsilon \sqrt{2\Delta p \rho_1} \tag{4-41}$$

式中：Q_m 和 Q_v 分别为质量流量(kg/s)和体积流量(m^3/s)；α 为流量系数；ε 为可膨胀系数；D 为管道内径，m；ρ_1 为被测流体密度，kg/m；Δp 为差压，Pa。

由于德尔塔巴节流装置引起的压力损失极小，所以膨胀系数 ε 非常接近于 1，但在计算时 ε 是一个常数，在被测量介质为可压缩介质时，比如氧气，要按当前工作状态下的可膨胀系数计算。一般可按照最大流量的 2/3 时的可膨胀系数计算

$$\varepsilon = 1 - \frac{4}{9}(1 - \varepsilon_D) \tag{4-42}$$

式中：ε_D 可在计算书中查找。

6. 安装方式

德尔塔巴探头安装示意图如图 4-18 所示。德尔塔巴探头必须根据管道尺寸选型，确保检测杆的尺寸必须与管道直径一致。为了使德尔塔巴探头更有效地工作，现场安装时需要注意以下几个细节：①在探头上标有流体流向和差压极性的标牌，安装时确认探头极性；②必须保证探头的高压侧与变送器的正极连接，低压侧与变送器的负极连接；③将差压变送器按照手册进行线路连接。

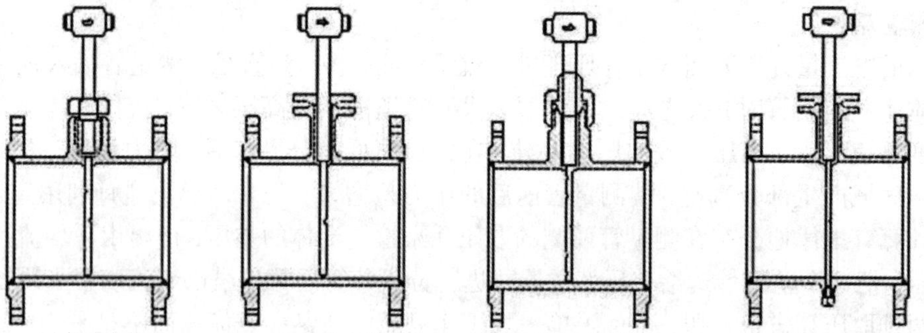

(a) 螺纹安装　(b) 法兰安装　(c) 油壬安装　(d) 测杆固定形安装

图 4-18　德尔塔巴流量计安装图

当被测介质为空气时，差压信号通过气体介质传递到差压变送器，所以安装差压变送器时应尽量由上往下插入，或者倾斜 3°，使冷凝水能顺利返回管道中。现场安装时，三阀组和差压变送器的位置必须高于探头差压输出端口，否则将影响测量效果。

德尔塔巴流量计安装检测杆的测量段应是直的，其上、下游直管段长度参照所规定的长度。

4.8　科里奥利质量流量计

工业生产中经常需要实时检测流体的质量流量。在质量流量计出现之前，容积流量法被看作是唯一可行的方法，但需做烦琐的流量-密度换算。科里奥利质量流量计的出现，可直接检测流体的质量流量。科里奥利质量流量计不但具有较高的准确性、重复性、稳定性，而且在流体通道内没有阻流元件和可动部件，因而其可靠性好，使用寿命长，还能测量高黏度流体和高压气体的流量，可测多重介质和多个工艺参数。

4.8.1　工作原理

科里奥利流量计是根据牛顿第二运动定律的原理进行运作的，即力=质量×加速度（$F=ma$）的应用。从公式 $F=ma$ 推得重要的概念为：如果对物体不施加一个力，并对由它产生的加速度进行测量的话，那么质量也就无法测得。科里奥利质量流量计基于流体在直线运动的同时，处于一种旋转系中这点上，巧妙地把这两种运动结合起来，设计出振动管式质量流量计。虽然振动管的形状有多种，但一般分为弯管和直管两种，其中又有单管和双管之分。由于原理都是相同的，为简便起见，这里采用 U 形单管来叙述。

科里奥利质量流量计把固定在仪表内部的 U 形管（流量传感管），用电磁驱动系统进行驱动，使其振动，如图 4-19（a）所示。

当流体流经具有固定频率的振动管时，流体被强制接受管子的垂直动量。在管子向上运动的振动半周期时，流入仪表的流体向下压，抵抗管子向上的力，反之流出仪表的流体存在向上的力，抗拒管子对其垂直动量的减少，而把管子向上推，如图 4-19（b）所示。两个作用力的合成引起流量传感器扭曲，如图 4-19（c）所示，这就是“科里奥利效应”。

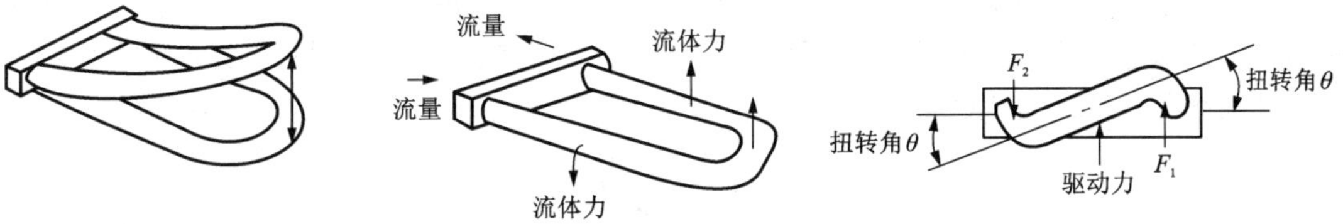

(a) 振动中的流量传感器　(b) 传感器的作用力　(c) 力偶及管子扭曲的传感器端面

图 4-19　科里奥利质量流量计原理图

在振动的另外半周期，管子向下运动，而扭曲方向则相反。传感管扭曲多少与流体的质量流量直接成正比，扭转角 θ 的测量可用位于流量传感管两侧的光电检测器或电磁感应器等来实现，并检测其振动的速度。由于管子的扭曲引起这两个速度信号之间有一个时间差，感应器把此信号传送到变送器，变送器把信号处理并转换成直接与质量成正比的输出信号。

在双流量管仪表中，如图 4-20 所示。两根管子的振动及扭曲相位差为 180°，它们合成的扭曲度确定了质量流量。

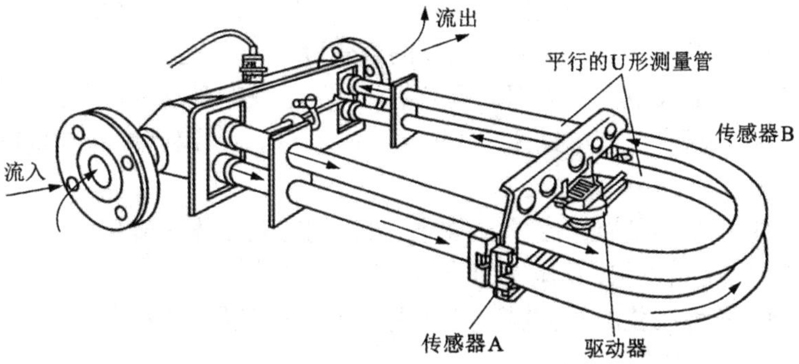

图 4-20　双 U 形管科里奥利质量流量计传感器

科里奥利力有三个要素：一个质量，一个旋转的运载体，另一个同运载体相关的运动。当一个物体在旋转系中以速度 v 沿径向运动时，将受到一个力的作用，其大小可由下式计算

$$\vec{F}_c = 2m\vec{v} \times \vec{w} \tag{4-43}$$

式中：$\vec{F}_c$ 为科里奥利力，N；m 为物体的质量，kg；$\vec{w}$ 为旋转角速度矢量，rad/s；$\vec{v}$ 为物体在旋转坐标系中的速度矢量，m/s。

实际上科里奥利质量流量计的 U 形管不一定以角速度 ω 转动，如图 4-21 所示。

U 形管是绕 x—x 轴振动，科里奥利力仍将存在，只不过是一个周期变化的力。U 形管是一个对称的几何图形，左右受力情况相同，呈正弦变化的角速度为 ω_p。科里奥利力的大小也就是扭矩 M 的大小，直接正比于 mv，要想知道质量流量，只要测出 U 形管的扭变量，推算出扭矩 M 即可。因此，直接或间接地测量在旋转管道中流动的流体所施加的科里奥利力，就可以测得质量流量，也就是说，所有被测的流体都流过传感管，它的质量流量就可直接测得，这就是科里奥利流量计的基本原理。

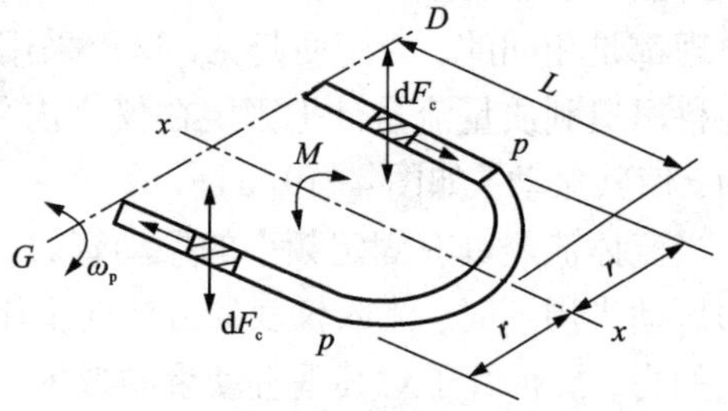

图 4-21　振动的 U 形管扭曲示意图

科里奥利流量计的计算公式为

$$q_m = \frac{k_s}{8r^2}\Delta t \tag{4-44}$$

式中：q_m 为质量流量；r 为 U 形管变曲半径；Δt 为 U 形管振动的时间间隔；k_s 为传感器的几何常数。

4.8.2　科里奥利质量流量计的特点及应用选型

1. 特点

科里奥利质量流量计目前已成为重要的、广泛应用和较成熟的质量流量检测仪表，这是由于它确实具有其他仪表所不能比拟的特点：

(1) 直接测量流体的质量，实现了真正的高精度的流量测量。

(2) 管路内没有任何插入物，无可动部件，也没有电极污染等问题，因此，故障率因素少，同时便于清洗、维护与保养。

(3) 可以测量广泛的介质，如气体、液体及化工介质、矿浆、浆体等。

(4) 调整和使用很方便，不用配置进出口的直管段。

(5) 能较容易地测量多相流体、固体颗粒的流体，以及高黏度的流体。

(6) 精确地测量高温、低流速气体，其抗蚀、防污、防爆、耐磨等问题均已较满意地得到解决。

(7) 多参数测量，在测量质量流量的同时，可以同时获取体积流量、密度与温度值；对于如压力、温度、密度和黏性等以及流速的分布不敏感。

(8) 安装简便，各种尺寸的传感器管及其进、出口方向随意调动安装。

2. 应用选型

图 4-22 为一体式科里奥利质量流量计实物图，应用时需要通过两端法兰安装在管道上。

为了使科里奥利质量流量计能正常、安全和高性能地工作，正确地安装和使用非常重要。

应用科里奥利质量流量计时要注意以下几点：

(1) 由科里奥利质量流量计的原理可知，它是测定流量检测管在固有振动时的微小扭转角，所以在科里奥利质量流量计应用过程中，尽可能消除对机壳和传感管的振动。

图 4-22　科里奥利质量流量计

(2) 应用于液体测量，典型的安装方法是流量管位于流程或管道下方。应用于气体，流量管通常安装在流程或管道上方。流量计也可安装在垂直管线上，这可自动排出液体。特别要注意安装在流程或管道上方。特别要注意的是在应用过程中，一定不要把仪表的接头作为管道的支撑，要分别支撑所有旁路和阀门。

(3) 在含有固体颗粒的流体计量时，应用中要防止固体颗粒在流量检测管的弯曲部分沉积。在低温使用时，要防止流量检测管结霜。

(4) 在测量液、气双相流时，要特别注意仪表安装时游离气体应排出，因被测液体中的游离气体将严重影响仪表的测量精确度。

(5) 由于科里奥利质量流量计是振动管式流量仪表，在检测应用过程中，各仪表之间要保持足够的距离，并设置牢固的支撑物，消除相互间振动的影响。

(6) 对于腐蚀性流体，特别是那些带有游离卤素的氯化物，要采用耐腐蚀、耐热镍合金传感器。在应用过程中安装下游关闭阀门，确保流量实际零点的调整。

4.9　电子皮带秤

4.9.1　电子皮带秤的基本组成

电子皮带秤的具体类型多种多样，但其基本组成大致相同，主要由秤体、称重传感器、测速器和主机组成，如图 4-23 所示。秤体是一个用于承受荷重的装置，在电子皮带秤组成部件中十分关键，往往决定着电子皮带秤的总体精度；称重传感器安装于秤体上，用于测量秤体所受的荷重，并输出与作用力成正比的毫伏级电压信号；测速器用于测量输送皮带的速度，一般通过阻尼轮安装于下皮带的上表面或者直接与主动辊筒的轴连接，测速器输出与皮带速度成正比的脉冲信号，通过累计一定时间内的脉冲数，可以计算皮带速度；主机是电子皮带秤的核心部件，用于称重传感器信号放大和转换、测速器脉冲信号接收、数据处理与计算、系统管理、操作显示等。

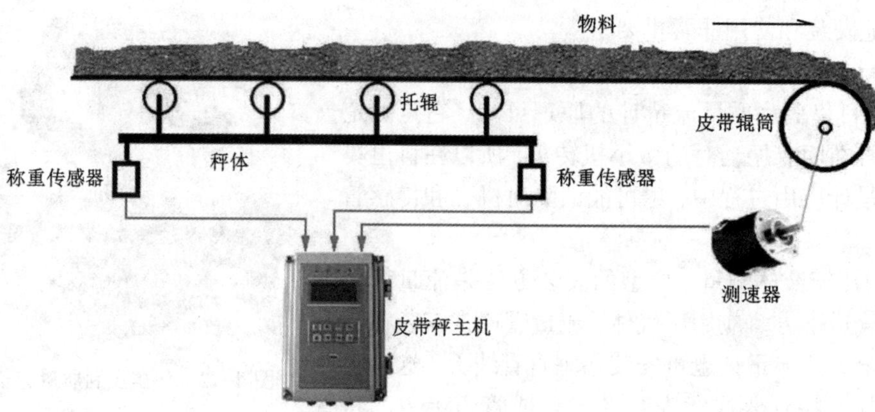

图 4-23 电子皮带秤原理图

4.9.2 电子皮带秤的检测原理

电子皮带秤的秤体安装于输送机架上，当物料经过时，秤体受到皮带上的物料重量作用并通过秤体机构作用于与秤体连接的称重传感器，称重传感器产生一个正比于皮带载荷的电压信号(mV 级)，该信号经放大后输入计算机处理和计算，得到输送皮带上单位长度的物料质量(kg/m)。测速器直接连在主动辊筒轴上或者安装在皮带的阻尼轮轴上，当皮带运行时输出一系列脉冲，每个脉冲表示一个皮带运动单元，脉冲的频率正比于皮带速度，脉冲信号输入计算机计算得到皮带速度(m/s)。单位长度的物料质量与皮带速度结合计算，得到瞬时物料流量。对瞬时物料流量进行积分，得到一段时间内的物料累积量。其计算公式如下

$$q = G_L v \tag{4-45}$$

$$W = \int_0^T q\mathrm{d}t \tag{4-46}$$

式中：q 为瞬时流量；G_L 为单位长度的物料质量；v 为皮带速度；W 为物料流量累计量；T 为累计时间，$T=N\Delta t$。

由于电子皮带秤的数据处理和计算部件为计算机(微机或单片机)，计算机在进行数据采集和计算时，并非连续进行，而是间隔很短时间进行一次，因此对于瞬时物料流量的计算以及物料流量的累计也是逐次进行，物料流量累计公式为

$$W = \sum_{i=1}^{N} q\Delta t \tag{4-47}$$

式中：Δt 为计算周期；N 为累计时间内的瞬时流量计算次数。

4.9.3 常用电子皮带秤的类型

电子皮带秤的种类多种多样，但其基本组成和检测原理基本相同。按秤体结构形式划分，目前常用的电子皮带秤主要为单杠杆式、双杠杆式、悬浮式和阵列式等(图 4-24)。单杠杆式电子皮带秤结构紧凑，适用于多种长度的输送皮带，但检测精度不高，主要用于对精度要求不高或输送皮带长度较短的场合；双杠杆式电子皮带秤由两个对称安装的杠杆式秤体组

成，检测精度稍高于单杠杆式，但要求的输送皮带较长；悬浮式电子皮带秤的秤体通过连接件悬挂在四个称重传感器上，由于这种安装方式在秤体上形成较长的水平应力段，因此可以获得较高的检测精度；阵列式电子皮带秤由多个悬浮式秤体组成，安装时需要较长的皮带长度，对于输送皮带较长、皮带张力变化较大的场合，采用阵列式电子皮带秤可以获得比悬浮式电子皮带秤更高的检测精度。

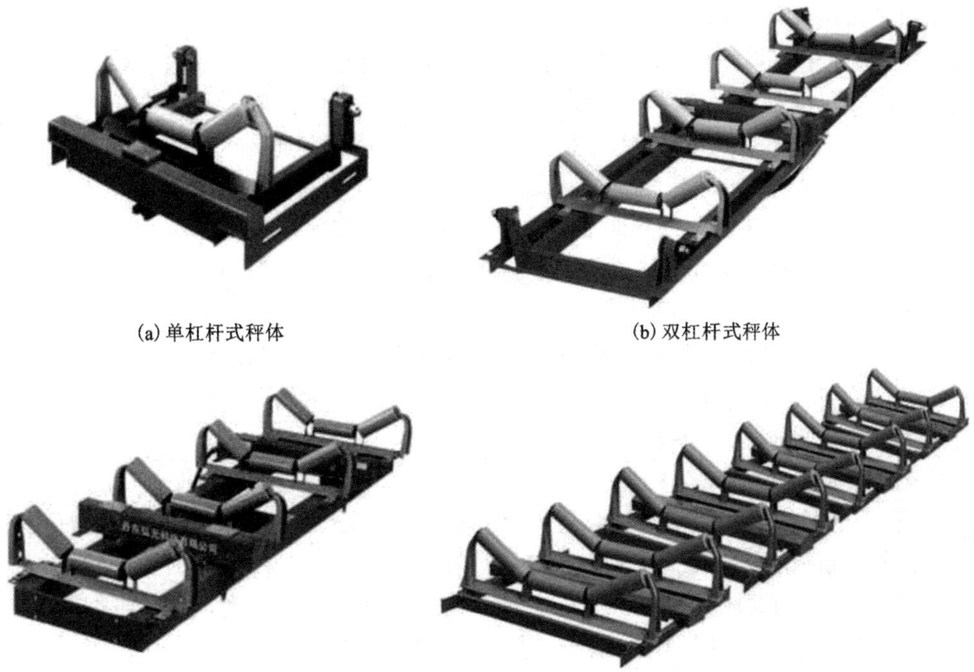

(a) 单杠杆式秤体　(b) 双杠杆式秤体　(c) 悬浮式秤体　(d) 阵列式秤体

图 4-24　电子皮带秤常用秤体

4.9.4　电子皮带秤的安装要求

秤体的安装是否合理关系到电子皮带秤实际达到的检测精度。安装秤体时必须保证秤体段上的皮带面与秤体前、后至少 5 个托辊上的皮带面平直。安装时需遵守以下原则。

1. 选择张力变化最小的位置安装秤体

电子皮带秤的最佳安装位置要选择输送皮带张力变化最小的位置，通常选择距离给料端或输出端约 4~6 m 的位置，选给料端位置时要注意导料栏板的影响，选择输出端位置时要注意是否安装有导向托辊并注意它对皮带的影响。

2. 输送机的爬坡角度(倾斜角度)

输送皮带倾斜向上输送物料时，关键要防止物料在输送过程中滑动和滚动，否则将产生计量误差，因此坡度角一般小于 20°。

3. 消除风力的影响

当有风吹到电子秤上时，会影响精度。关键是风向，与皮带运行方向相同或相反方向的风对称重影响很小，而向上或向下吹向皮带的风影响最大。如条件许可，室内安装是最好的选择，如不能室内安装，则需加装防护密封罩，防护密封罩的长度应当从秤体的两端算起至少各5米，防护密封罩上的开门应在防护密封罩的两端而不应在侧面。

4. 皮带的张力

皮带张紧力变化时，对测量精度会产生较大影响，除去短于8 m以下输送皮带机外，均推荐选用重力拉紧装置，重力拉紧装置在皮带长度发生一些变化(一般是伸长)时，能自动调节皮带的张紧力。

5. 牢固的输送机纵梁和框架

(1)在安装电子皮带秤秤体的位置和前后各5个托辊范围内称为称重区域，在这个区域内输送机的承载机构和纵梁必须有足够的强度，在空载和满载之间，纵梁的挠曲量不能超过0.8 mm。在纵梁和输送机立柱之间加装三角支撑，便可达到上述要求。

(2)在称重区域内，如果有伸缩部件(调节输送机纵向长度的活动部件)时，此部件则要求焊接牢固使之固定，或者避开有伸缩部件接头的位置安装秤体。

(3)在称重区域内如果有纵梁接头则要将其焊接牢固，或者避开有接头的位置安装秤体。

6. 输送皮带具有凸形曲线段的情况

安装电子皮带秤的输送机最好是直线的，如果输送皮带机是凸形曲线，则应把电子秤安装在装料点一侧(皮带长度不太大时)。当运输皮带较长时，应保证电子皮带秤离开凸形曲线段位置至少5个托料辊筒的距离。

7. 振动和皮带偏移情况

(1)在称重区域内输送机两侧的纵梁要保持水平，沿皮带前进方向的左右两侧高度相同。

(2)称重区域内的输送机应该是稳定和无振动的。

(3)在称重区域内的输送机皮带应稳定地运行在各托辊中心位置，不产生偏移，被输送的物料要位于输送皮带中间而不要偏在一边。

(4)皮带纠偏机构、导向辊应位于称重区域以外至少6个托辊远的位置，输送皮带上面安装有卸料装置时，无论是皮带翻转方式或刮板方式，卸料装置均应安装于称重区域以外至少6个托辊远的位置。如果条件有限，也必须保证卸料装置工作时称重区域内的皮带不产生偏移，或皮带被拉起造成皮带与皮带托辊脱离，避免不能良好接触的情况发生，正常的皮带运行产生偏移应保证不超过皮带宽度的±5%。

8. 输送皮带具有凹形曲线段

输送皮带机具有凹形曲线段(由水平输送变化为向上输送)，这种情况下，电子皮带秤要安装在给料点与凹形曲线段之间的直线段上，要求电子皮带秤距离凹形曲线段距离至少12个或10个托辊距离。

4.10 核子皮带秤

4.10.1 γ射线的衰减规律

γ射线又称γ粒子流，是原子核能级跃迁蜕变时释放出的射线，是波长短于0.01埃的电磁波。γ射线有很强的穿透力，其穿透物体时服从以下规律

$$I = I_0 e^{-\lambda d L} \tag{4-48}$$

式中：I_0 为入射 γ 射线强度；I 为透射 γ 射线强度；λ 为吸收系数；d 为物体密度；L 为物体厚度。

式(4-48)中，吸收系数与物体成分有关，不同成分的物体其吸收系数不一样；密度是物体的真密度，密度大的物体吸收更多的 γ 射线光子；厚度是指 γ 射线穿透同一种物质时物体的厚度，对于 γ 射线穿透由几种物质组成的物体时，其衰减应按几种物体串联计算，也就是先算出 γ 射线穿透前面物体后的强度，并以此作为后一种物体的入射量。图 4-25 为 γ 射线穿透三种物体的示意图，入射 γ 射线强度为 I_0，完全透射后的 γ 射线强度为 I，其计算式为

$$I = I_0 e^{-\lambda_1 d_1 L_1} e^{-\lambda_2 d_2 L_2} e^{-\lambda_3 d_3 L_3} = I_0 e^{-\lambda_1 d_1 L_1 - \lambda_2 d_2 L_2 - \lambda_3 d_3 L_3} \tag{4-49}$$

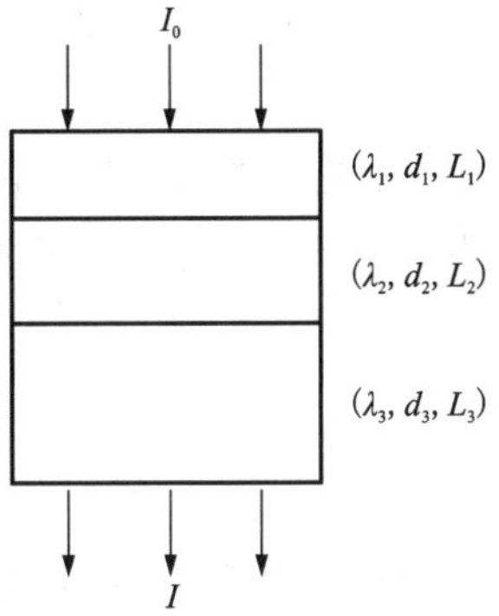

图 4-25　γ 射线穿透三种物体示意图

γ 射线具有很强的穿透力，可以穿透诸如钢板、墙壁等较厚的金属和非金属物体，工业上利用 γ 射线穿透物体时其衰减与物体的成分、密度和厚度有关的规律，开发了可用来检测物体厚度、密度、成分变化、内部缺陷等用途的仪器。

4.10.2　核子皮带秤的结构组成

核子皮带秤主要由放射源、探测器、信号放大与调理器、测速器、计算机系统等组成，如图 4-26 所示。放射源置于一个对放射源具有很好屏蔽作用的铅罐内，铅罐下面有一个开孔，用于射出 γ 射线。探测器是将 γ 射线光子转换为光电流的电子装置，其产生的光电流与 γ 射线的强度成正比；探测器产生的光电流比较弱，容易受到干扰而不便于远距离传输，需要前置放大器进行线性放大处理和调理成毫安级的电流信号，此信号输入计算机系统，作为物料荷重的计算依据。测速器用于检测运输皮带的速度，测速器产生与皮带速度成正比的脉冲信号，脉冲信号输入计算机系统，用于计算皮带运行速度。

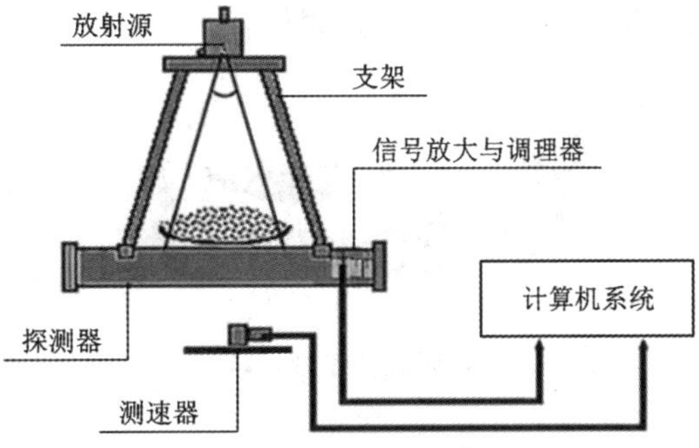

图 4-26　核子皮带秤的结构组成

4.10.3　核子皮带秤的检测原理

核子皮带秤的工作原理和电子皮带秤工作原理有很大的区别，电子皮带秤主要通过传感器来称量物料的重量，而核子皮带秤是基于 γ 射线穿过被测介质时的衰减程度来计算被测物料的重量。

核子皮带秤是根据被测物料对同位素(Cs^{137} 放射源)发出 γ 射线的吸收原理制造的一种物料流量检测装置。放射源发出稳定的 γ 射线，γ 射线穿过物料到达探测器，探测器接收 γ 射线光子并转换成与 γ 射线强度成正比的光电流信号。通过对光电流信号进行放大处理后传给计算机处理，并与空皮带时的 γ 射线强度测量比较，计算机经 A/D 转换、数据计算后得

到物料的荷重，再结合测速器测量得到的皮带速度，计算得到瞬时流量和累计流量。

核子皮带秤利用 γ 射线穿透物料时的衰减作为计算物料荷重的基本依据，假设空皮带时 γ 射线穿透物体后的强度为 I_1，有物料时 γ 射线穿透物体后的强度为 I_2，则物料荷重的计算公式为

$$q = k(\ln I_2 - \ln I_1) \tag{4-50}$$

式中：q 为单位长度的荷重；k 为重量系数。

物料荷重结合输送皮带的速度 v，则瞬时物料流量计算公式为

$$w = qv = k(\ln I_2 - \ln I_1)v \tag{4-51}$$

理论上，物料的累计量可以通过一段时间内的瞬时流量积分获得，但由于计算机是分时采样获得测量数据的，而且无法处理连续的变量，只能通过对连续变量进行离散化处理和计算。设计算周期为 t，则一段时间 $T(T=Nt)$ 内物料的累计量计算公式为

$$W = \int_0^T w\mathrm{d}t \approx \sum_{i=0}^{N} wt \tag{4-52}$$

4.10.4 核子皮带秤的主要类型

根据采用的放射源类型来区分，核子皮带秤主要分为点源式和线源式两种类型。图 4-27 所示为点放射源，放射源的形状为小珠形，γ 射线通过射源罐的一个小圆孔射出，呈点状照射于物料上；图 4-28 所示为线放射源，它的形状为长条棒形，γ 射线通过射源罐的一直线型小缝射出，呈线状照射于物料上。

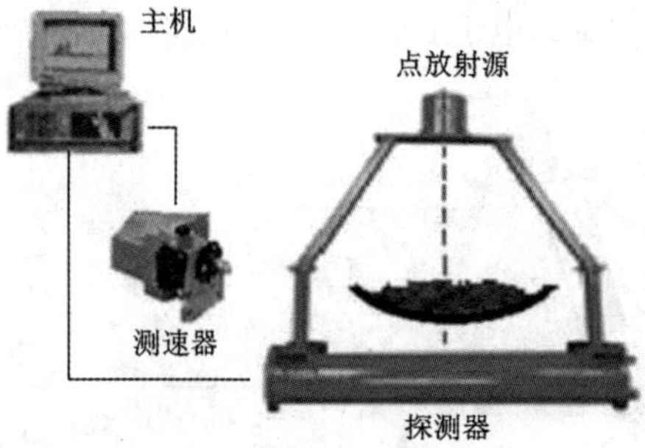

图 4-27 点源式核子皮带秤

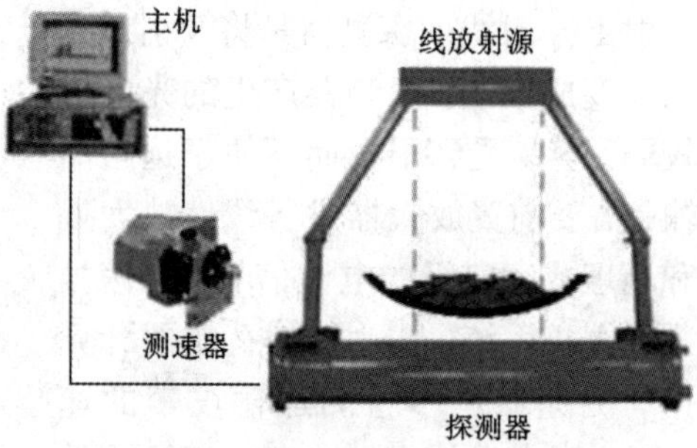

图 4-28 线源式核子皮带秤

点放射源由于 γ 射线照射于皮带物料的很小区域，当皮带跑偏较大时，照射点物料厚度发生变化，引起 γ 射线的衰减量变化较大，从而造成检测误差；线放射源由于 γ 射线均匀照射于整个皮带物料截面，当皮带跑偏时，引起 γ 射线的衰减量变化不大，从而检测误差较小。但是，无论是点源式核子皮带秤还是线源式核子皮带秤，当皮带上的物料截面形状变化较大时，都会引起较大的检测误差。这

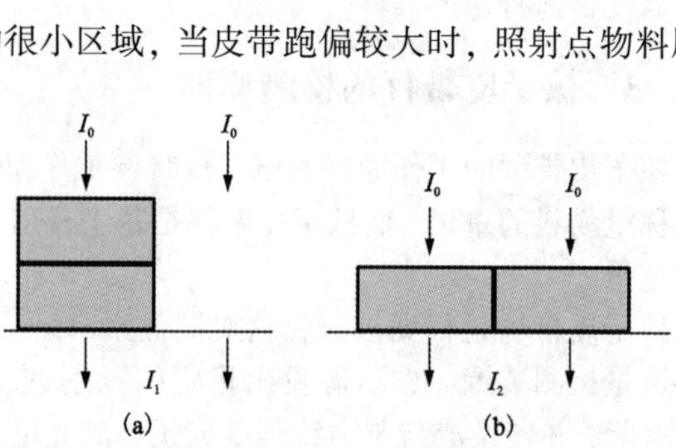

图 4-29 断面形状对 γ 射线衰减影响示意图

里用如图 4-29 所示的两块完全相同的物体的放置方式进行说明。图 4-29(a)为两个物体叠在一起，图 4-29(b)为两个物体铺开放置，γ 射线穿透两个物体前的强度都为 I_0。

如图 4-29(a)所示，γ 射线穿透物体后的强度 I_1 为

$$I_1 = I_0 + I_0 e^{-2\lambda dL} \tag{4-53}$$

如图 4-29(b)所示，γ 射线穿透物体后的强度 I_2 为

$$I_2 = 2I_0 e^{-\lambda dL} \tag{4-54}$$

很显然 $I_1>I_2$，这就是说，两个物体叠加在一起的衰减量将小于两个物体铺开来的衰减量。这就说明了对核子皮带秤而言，同样的物料，不同的断面形状，将引起物料流量检测出现误差。

习题与思考题

4.1　什么是流量？主要有哪几种流量表达方式？

4.2　简述流量的基本计算方法。

4.3　简述节流式流量计的基本组成及测量原理。

4.4　试述电磁流量计的工作原理以及在选矿过程中的使用范围。

4.5　简述超声波流量计的工作原理及其特点。

4.6　简述涡街流量计的工作原理及其使用范围。

4.7　试述节流式流量计的组成及工作原理。

4.8　简述阿牛巴流量计和德尔塔巴流量计的工作原理。

4.9　试述电子皮带秤的基本组成及工作原理

4.10　电子皮带秤有哪几种基本类型？并比较这几种基本类型的检测精度。

4.11　简述核子皮带秤的基本组成及工作原理，试通过例子说明核子皮带秤检测容易受物料断面形状影响的主要原因。

4.12　简述电子皮带秤和核子皮带秤的主要影响因素，以及如何选择电子皮带秤和核子皮带秤。

第 5 章　密度(浓度)、粒度检测技术

5.1　密度与浓度检测技术

5.1.1　差压式密度检测

差压式密度检测法是利用差压原理测量液体介质的密度。常用的方法是通过差压变送器测出一定高度差的两点之间的压力差，再利用下式计算液体介质的密度。

$$d = \frac{\Delta p}{gh} \tag{5-1}$$

式中：d 为液体密度；Δp 为两测点之间的压力差；g 为重力加速度；h 为两测点的高度差。

由于差压式密度检测法测量的是液体高、低两点的压力差，因此可以测量密闭容器或非密闭容器的液体密度，且密度测量不受容器压力、液位、温度的影响。差压式密度检测法示意图如图 5-1 所示。值得一提的是，对于被测液体含有固体颗粒或者容易出现阻塞的情况时，可以在导压管的入口处安装隔膜囊，并使囊内和导压管内充满液体。

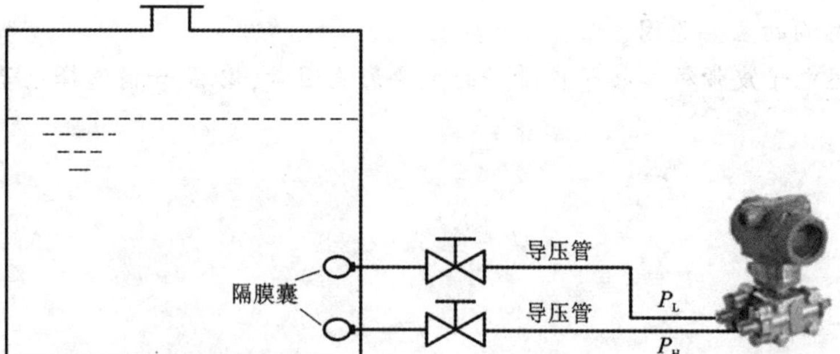

图 5-1　差压式液体密度检测示意图

在实际应用中，液体压力可以通过导压管远传，因此适于高温液体介质的密度检测。为了避免强腐蚀性液体、固体颗粒等进入导压管，往往在导压管入口处安装隔膜囊(常用材料为聚四氟乙烯)，并在导压管内充满液体，因而适于腐蚀性强、黏稠度较大和固液混合的各种液体介质的密度检测。

5.1.2　重浮子式液体密度检测

重浮子式液体密度检测方法利用阿基米德原理对液体密度进行检测，由于其简单、精确和容易实现，在工业过程中得到广泛应用。早年重浮子式液体密度检测方法通常采用重浮子和标有密度刻度的弹簧秤组成液体密度测量装置。现在对该方法进行了改进，可以采用重浮子、力传感器和称重显示仪等组成液体密度测量装置，可以实时显示密度检测数据和输出密度信号。

重浮子式密度检测工作原理为：当一定体积的重浮子完全浸没在液体中时，其受到的浮力与液体的密度有关，通过测量连接重浮子细绳受到的拉力，即可计算重浮子受到的浮力，从而计算液体的密度。密度的计算公式为

$$d = d_1\left(1 - \frac{F}{mg}\right) \tag{5-2}$$

式中：d 为液体密度；F 为细绳拉力；d_1 为重浮子密度；m 为重浮子质量；g 为重力加速度。

图 5-2 为新型重浮子密度检测原理图。图中，拉力传感器的一端通过细绳(如不锈钢细绳)连接重浮子，另一端则固定。拉力传感器的输出信号通过导线连接密度显示仪，信号经放大和计算，得到被测液体的密度。密度显示仪不仅可以显示被测液体的密度，还可以输出与密度量程对应的 4~20 mA 电流信号，该信号可以供控制计算机等利用。

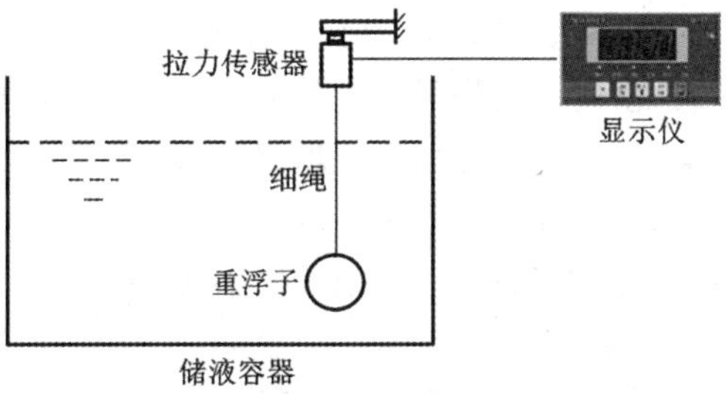

图 5-2　新型重浮子密度检测原理图

5.1.3　核子密度计

1. 核子密度计的组成

核子密度计是矿物加工过程常用的检测仪表，主要用于矿浆浓度的检测。如图 5-3 所示，核子密度计主要由放射源、探测器、主机等组成。放射源通常采用 Cs^{137} 同位素，放置于厚壁铅罐中，γ 射线从铅罐的开孔中射出，穿过被测物体后到达探测器，由探测器将 γ 射线转换为光电流，并对光电流进行放大处理，放大后的光电流输送到主机，由主机进行数据采集、计算、显示等。主机一般安装在探测器附近。

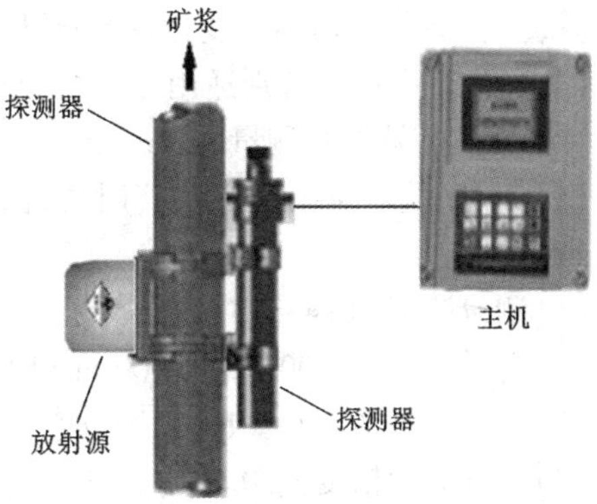

图 5-3　核子密度计的组成

2. 核子密度计的检测原理

核子密度计以 γ 射线透射为手段，以非接触的方式对管道、密封罐、槽体内各种流体、半流体或固液混合物的密度(浓度)进行在线测量。

核子密度计是基于 γ 射线的衰减原理进行测量的，在被测介质的成分比较稳定、γ 射线

穿透介质厚度不变的前提下，根据 γ 射线穿透物体前后的衰减程度为依据进行测量，其计算公式为

$$d = [\ln(I_0) - \ln(I)]/\lambda L \tag{5-3}$$

式中：d 为被测介质密度；I_0 为入射 γ 射线强度；I 为透过后 γ 射线强度；λ 为吸收系数；L 为物体厚度。

由于 λ 和 L 为一个不变的值，并且 Cs^{137} 同位素的半衰期比较长(约为 30 年)，其 γ 射线强度较短时间内相对稳定，因此在实际应用中，被测介质密度采用的计算公式为

$$d = d_{std} + k[\ln(I_{std}) - \ln(I)] \tag{5-4}$$

式中：d_{std} 为已知被测介质密度；I_{std} 为已知被测介质密度对应的透射 γ 射线强度；k 为密度系数。

3. 核子密度计的标定

核子密度计在使用前必须进行标定，所谓标定就是采用已知密度的实物与核子密度计显示值进行对比，从而求出密度系数 k，并且确定已知被测介质密度 d_{std} 和已知被测介质密度对应的透射 γ 射线强度 I_{std}。

举个例子，当矿浆密度为 d_1 时，核子密度计测到的 γ 射线强度为 I_1，当矿浆密度为 d_2 时，核子密度计测到的 γ 射线强度为 I_2，将数据分别代入式(5-4)即可计算出密度系数 k，再取 $d_{std}=d_1$ 和 $I_{std}=I_1$(也可以取 $d_{std}=d_2$ 和 $I_{std}=I_2$)，并将 k、d_{std} 和 I_{std} 的值存入核子密度计，这样就完成了核子密度计的标定。

4. 核子密度计的主要特点及技术指标

1) 主要特点

(1) 安全性高。使用低辐射放射源，将放射源强度降到最低。一般使用放射源活度为 1~20 毫居里的密封的民用放射源。

(2) 安装快捷方便。结构简单、安装维修方便，可直接夹装在管道上，不影响正常生产，可在恶劣的环境下工作。

(3) 工作可靠。可以更加真实、准确、快速地反映被测物的密度(浓度)变化情况，可对放射源衰减、现场环境温度变化进行自动补偿。

(4) 适用范围广。特别适用于密度变化范围较大的场合，能够很好地线性跟随，可用于对多种形状的容器进行测量。

(5) 标定简单。可在正常生产时通过显示密度和标准密度进行实物标定。

2) 主要技术指标

(1) 测量范围：0.4~3.0 g/cm^3。

(2) 管道直径：<500 mm(>500 mm 时采用反射式测量)。

(3) 密度测量精度：≤0.004 g/cm^3。

(4) 浓度测量精度：±0.2%。

(5) 环境温度：主机部分 0~45℃，核探测器-20~90℃。

5. 核子密度计应用注意事项

核子密度计广泛应用于矿业、冶金、化工、煤炭、石油、环保等工业领域，尤其是在高温、高压、有害气体、易燃易爆、高粉尘等环境比常规仪表有明显优势。

为了确保核子密度计安全、可靠使用和精确检测，在应用安装时，需要注意以下事项：

(1)核子密度计的放射源和探测器安装时要相互对准，放射源不要安装在有人的地方。

(2)被测介质不能混入气泡，这样会减小 γ 射线穿透被测介质的厚度，从而引起测量误差，核子密度计一般安装于上升流的管道上。

(3)当被测介质为向下运动时，最好增加辅助装置，以去除介质中气泡对检测的影响。

5.1.4　矿浆密度与浓度的换算

选矿生产过程中通常采用百分比浓度(即质量分数)来表示矿浆中矿石所占的比例。矿浆百分比浓度的计算公式为

$$p=\frac{m_{矿}}{m_{矿}+m_{水}}\times 100\% \tag{5-5}$$

式中：p 为矿浆百分比浓度；$m_{矿}$ 为矿浆中矿石的质量；$m_{水}$ 为矿浆中水的质量。

设矿浆中的矿石密度为 δ，水密度为 d_0，矿石所占体积为 $V_{矿}$，水所占体积为 $V_{水}$，矿浆的总体积为 $V_{总}$，则矿浆密度 d 的计算公式为

$$d=\frac{m_{矿}+m_{水}}{V_{总}} \tag{5-6}$$

$$V_{总}=V_{矿}+V_{水}=\frac{m_{矿}}{\delta}+\frac{m_{水}}{d_0} \tag{5-7}$$

将式(5-7)代入式(5-6)得

$$d=\frac{m_{矿}+m_{水}}{\dfrac{m_{矿}}{\delta}+\dfrac{m_{水}}{d_0}} \tag{5-8}$$

式(5-5)与式(5-8)组成方程，解方程组得

$$p=\frac{\dfrac{1}{d_0}-\dfrac{1}{d}}{\dfrac{1}{d_0}-\dfrac{1}{\delta}}\times 100\% \tag{5-9}$$

工业生产中习惯上把水的密度设为 1，则式(5-9)简化为

$$p=\frac{1-\dfrac{1}{d}}{1-\dfrac{1}{\delta}}\times 100\% \tag{5-10}$$

采用密度检测仪表检测矿浆浓度时，密度检测仪表首先检测矿浆的密度，然后通过式(5-9)或式(5-10)计算得到矿浆的百分比浓度。

5.2　粒度检测技术

5.2.1　常用粒度检测方法

颗粒是具有一定尺寸和形状的微小物体，是组成粉体的基本单元。它宏观很小，但微观

却包含大量的分子、原子。通常把尺寸在毫米以下的固体粉末、液滴、气泡等统称为粒子或颗粒。随着科学技术和生产工艺的日益发展和完善，颗粒粒度有不断减小的趋势。工程上将粒径在 1 μm 以下的颗粒称为超细颗粒。

颗粒的尺寸大小称为颗粒的粒度。不同大小粒径的颗粒分别占粉体总量的百分比称为粒度分布。粒度分布有区间分布和累计分布两种形式。区间分布又称为微分分布或频率分布，它表示一系列粒径区间中不同粒径颗粒的百分含量。累计分布也叫积分分布，它表示小于或大于某粒径颗粒的百分含量。

在不同的应用领域中，对粉体特性的要求各不相同，在所有反映粉体特性的指标中，粒度分布是所有应用领域中最受关注的一项指标。所以客观真实地反映粉体的粒度分布是一项非常重要的工作。粒度测试是通过特定的仪器和方法对粉体粒度特性进行表征的一项实验工作。根据测量要求不同，目前得到广泛应用的各种颗粒粒径测量仪器的种类很多，相应的颗粒测量方法也有很多。按其基本工作原理可以分为直接法和间接法两大类。

直接法是根据颗粒的几何尺寸测定，如筛分法和显微镜法。而根据某种物理规律测定颗粒在某些因素影响下所具有的某一物理量，再换算成具有相同数值的同一物理量的球体的直径，用它代表粒子的大小，称为间接法，如光散射法、沉降法、电感应法。其中光散射法作为一种新颖的测量方法和测量仪器，以其显著特点已在颗粒测量领域及国际市场上占据了主导地位。

目前常用的粒度检测方法有筛分法、显微镜法、光散射法、沉降法和电感应法五种，另外还有一些在特定行业和领域中常用的测量方法。

1. 筛分法

筛分法的基本原理为：将待测颗粒依次通过一套筛孔减小的标准筛网，按照颗粒大小不同进行机械分离，根据分离的结果计算粉尘的筛上质量百分比和筛下质量百分比。试样在各级筛孔上的筛上质量百分比，构成了该待测颗粒的筛上粒度分布，相应的筛下质量百分比构成筛下粒度分布。筛分法的优点是简单、直观、操作方便，但是主要适用于直径较大的颗粒，而且易受到操作人员主观因素、试样量和筛分时间等因素影响，精度难以达到很高。

筛分法是一种最传统的粒度测试方法，是将某一类型的颗粒依次通过一组筛孔大小分为若干等级的套筛，从而使颗粒分为若干级。筛分法分干筛和湿筛两种形式，可以用单个筛子来控制单一粒径颗粒的通过率，也可以用多个筛子叠加起来同时测量多个粒径颗粒的通过率，并计算出百分数。筛分法有手工筛、振动筛、负压筛、自动筛等多种方式。这些方法价格相对便宜，但测量精度不是很高，主要用于粒径较大颗粒的测量。它要求粉体具有较好的流动性及分散性，而且筛分时间较长，效率低，用样品量较多，不能测试细小颗粒。

2. 显微镜法

显微镜法使用透光式光学显微镜，显微镜法测量颗粒粒度是通过直接观察颗粒的外表进行测量的一种方法，是一种可以对单个颗粒测量的粒度检测方法。其不仅可以测量颗粒大小，还可以对颗粒的形状、表面粗糙度有一定了解。显微镜法是最直接的一种观测方法，经常作为检测设备的校验。由其测量原理可知，显微镜测量颗粒粒度只能得出颗粒的长和宽，而丢失了颗粒的高度信息，并且要得到待测颗粒的粒度分布，需要大量的实验，测量效率低。

显微镜法是目前少数可以观察和测量单个粒子的方法之一，由于是直接观察，因此测量结果准确可靠，常用来校准或比较其他测量方法的结果。该法的测量部件主要由显微镜、

CCD 摄像头(或数码相机)、图形采集卡、计算机等部分组成。其基本工作原理是将显微镜放大后的颗粒图像通过 CCD 摄像头和图形采集卡传输到计算机中，由计算机对这些图像进行边缘识别等处理，计算出每个颗粒的投影面积，根据等效投影面积原理得出每个颗粒的粒径，再统计出所设定的粒径区间的颗粒的数量，就可以得到粒度分布了。

一般光学显微镜的测量范围为 0.8~150 μm，而电子显微镜(包括透射电子显微镜和扫描电子显微镜)，其测量范围为 0.001~50 μm。因为显微镜法所需试样量非常少，必须谨慎地取样和制备试样并严格控制影响统计准确性的因素。现代显微镜法测粒径可将颗粒图像摄入计算机进行图像分析，大大提高了分析处理的速度和准确性，应用也更加广泛。

3. 光散射法

光散射法测量颗粒粒度是应用光的散射原理，经过测量散射到其他方向的光的能量与原来入射光的能量之间的关系来得出粒度信息的一种方法。但由于测量方法本身的限制，光散射法只能局限于实验室使用，并且测试溶液需要进行稀释，不能满足在线实时检测的需要。

光散射法是目前得到最广泛使用的一种颗粒测量方法，激光粒度仪就是应用光散射法原理的典型仪器，它利用光被散射后，散射光的振幅、位相、偏振态等与散射颗粒的大小、折射率等有关的特性，来测量粉体样品的粒度分布。其采用激光作光源，用基于米氏散射理论的数据处理软件分析测试数据。

它的主要优点有：

(1)可以实现非接触测量，对被测样品的干扰也就很小，测量的系统误差小；

(2)测量范围宽广；

(3)适用性广；

(4)测量速度快；

(5)测量准确、精度高、重复性好；

(6)仪器的自动化和智能化程度高；

(7)在线测量。

4. 沉降法

沉降法是根据不同粒径的颗粒在液体中的沉降速度不同测量粒度分布的一种方法，有重力沉降法、离心沉降法等。它的基本过程是把样品放到某种液体中制成一定浓度的悬浮液，悬浮液中的颗粒在重力或离心力作用下将发生沉降。不同粒径颗粒的沉降速度是不同的，大颗粒的沉降速度较快，小颗粒的沉降速度较慢。其理论依据是著名的斯托克斯(Stokes)公式。

颗粒的沉降速度与粒径之间的关系符合 Stokes 定律：悬浮在液体中的颗粒(刚性球形粒子)在重力场中受重力、浮力和黏滞阻力的作用将发生运动，其运动方程为

$$v = \frac{2r^2(\rho_2 - \rho_1)g}{9\eta} \tag{5-11}$$

式中：r 为球形粒子半径；η 为分散介质黏度；ρ_1 和 ρ_2 分别为粒子和介质黏度；v 为粒子沉降线速度。

从 Stokes 定律中我们看到，沉降速度与颗粒直径的平方成正比。比如两个粒径比为 1∶10 的颗粒，其沉降速度之比为 1∶100，就是说细颗粒的沉降速度要慢很多。但在实际测量过程中，直接测量颗粒的沉降速度是很困难的，因此在实际应用过程中通过测量不同时刻透过悬浮液光强的变化率来间接地反映颗粒的沉降速度。另外，比尔定律给出了某时刻的光强与粒

径之间的数量关系。

比尔定律：设在 T_1，T_2，T_3，…，T_i 时刻测得一系列的光强值 $I_1<I_2<I_3\cdots<I_i$，这些光强值对应的颗粒粒径为 $D_1>D_2>D_3>\cdots>D_i$。通过计算机对所测得的光强值和粒径值进行处理就可以得到粒度分布了。

5. 电感应法

电感应法也称电阻法或库尔特法，是由美国一个叫库尔特(Coulter)的人发明的一种粒度测试方法，目前此法也应用较广。其检测原理为：通过小微孔，在孔的两边各浸入一个电极，使悬浮在电解质溶液中的颗粒在通过小孔的瞬间占据了小微孔中的部分空间而排开了小微孔中的导电液体，即将取代小孔中导电液体而导致小微孔两端的电阻变化，从而产生电压脉冲，电压脉冲的振幅与颗粒的体积成正比，将这些脉冲放大，测量并记录，测出颗粒的数目和粒径分布。当不同大小的粒径颗粒连续通过小微孔时，小微孔的两端将连续产生不同大小的电阻信号，通过计算机对这些电阻信号进行处理就可以得到粒度分布了。它具有较高的精度和较快的测量速度，主要应用于粉体工程中颗粒粒径的测量和清洁介质中杂质颗粒数的计量和控制，常被用来作为对其他颗粒测量方法的一种对比和互相校验方法。该法在测试时所用的介质通常是导电性能较好的生理盐水，并且在使用时要防止重合和孔口的堵塞。

6. 各种粒度测试方法的比较

为了表示粒度分布，在粒度测量过程中要从小到大(或从大到小)分成若干个粒径区间，这些粒径区间称为粒级。每个粒径区间间隔内，颗粒相对应的表示该区间含量的一系列百分数，称为频率分布。表示小于(或大于)某粒径的一系列百分数称为累计分布，累计分布是由频率分布累加得到的。

常见的粒度分布的表示方法有表格法和图形法两种。表格法是用列表的方式表示粒径所对应的百分比含量，通常有区间分布和累计分布。图形法是用直方图和曲线等图形方式表示粒度分布。

表 5-1 对各种粒度测试方法进行了比较，从表中可见，各种粒度测试方法都有其优点和缺点，应根据应用对象情况和使用要求进行选择。

表 5-1　各种粒度测量方法的比较

粒度测量方法	优　点	缺　点
筛分法	简单、直观、设备造价低、常用于粒径大于 40 μm 的样品	不能用于粒径 40 μm 以下的细样品；结果受人为因素和筛孔变形影响较大
显微镜法	简单、直观、可进行形貌分析，适合分布窄(最大和最小粒径的比值小于 10∶1)的样品	无法分析分布范围宽的样品，无法分析粒径小于 1 μm 的样品
沉降法(包括重力沉降法和离心沉降法)	操作简便，仪器可以连续运行，价格低，准确性和重复性较好，测试范围较大	测试时间较长，操作比较复杂
库尔特法	操作简便，可测颗粒总数，等效概念明确，速度快，准确性好	适合分布范围较窄的样品
激光法	操作简便，测试速度快，测试范围大，重复性和准确性好，可进行在线测量和干法测量	结果受分布模型影响较大，仪器造价较高

续表5-1

粒度测量方法	优　点	缺　点
电镜法	适合测试超细颗粒甚至纳米颗粒、分辨率高	样品少、代表性差、仪器价格昂贵
超声波法	可对高浓度浆料直接测量	分辨率较低
透气法	仪器价格低，不用对样品进行分散，可测磁性材料粉体	只能得到平均粒度值，不能测粒度分布

5.2.2　粒度检测常用术语

1. 等效粒径

颗粒的直径称为粒径，一般以微米或纳米为单位来表示粒径大小，其符号为 μm，nm。但从几何学上讲，只有圆球形的几何体才有直径，其他形状的几何体并没有直径，如多角形、多棱形、棒形、片形等不规则形状的颗粒是不存在真实直径的。由于实际颗粒的形状通常为非球形的，因此难以直接用粒径这个值来表示其大小，但是由于粒径是描述颗粒大小的所有概念中最简单、直观、容易量化的一个量，所以在实际的粒度分布测量过程中，人们还都是用粒径来描述颗粒大小，不过一般都采用等效粒径的概念。而且在粒度分布测量过程中所说的粒径并非颗粒的真实直径，而是虚拟的“等效直径”。等效直径是当被测颗粒的某一物理特性与某一直径的同质球体最相近时，就把该球体的直径作为被测颗粒的等效直径，即大多数情况下粒度仪所测的粒径是一种等效意义上的粒径。

当一个颗粒的某一物理特性与同质球形颗粒相同或相近时，我们就用该球形颗粒的直径来代表这个实际颗粒的直径。根据不同的测量方法，等效粒径具体可分为下列几种：

(1)等效体积径：即与所测颗粒具有相同体积的同质球形颗粒的直径。激光法所测粒径一般认为是等效体积径。

(2)等效沉速粒径：即与所测颗粒具有相同沉降速度的同质球形颗粒的直径。重力沉降法、离心沉降法所测的粒径为等效沉速粒径，也叫 Stokes 径。

(3)等效电阻径：即在一定条件下与所测颗粒具有相同电阻的同质球形颗粒的直径。库尔特法所测的粒径就是等效电阻粒径。

(4)等效投影面积径：即与所测颗粒具有相同的投影面积的球形颗粒的直径。显微镜法所测的粒径即为等效投影面积直径。

不同原理的粒度检测仪器依据不同的颗粒特性做等效对比。如沉降式粒度仪是依据颗粒的沉降速度作等效对比，所测的粒径为等效沉速径，即用与被测颗粒具有相同沉降速度的同质球形颗粒的直径来代表实际颗粒的大小。激光粒度仪是利用颗粒对激光的散射特性作等效对比，所测出的等效粒径为等效散射粒径，即用与实际被测颗粒具有相同散射效果的球形颗粒的直径来代表这个实际颗粒的大小。当被测颗粒为球形时，其等效粒径就是它的实际直径。

2. 粒径分析中的常用术语

1)平均径

表示颗粒平均大小的数据，有很多不同的平均值的算法。根据不同的仪器所测量的粒度分布，平均粒径分为体积平均径、面积平均径、长度平均径、数量平均径等。

2）$D50$

也叫中位径或中值粒径，一个样品的累计粒度分布百分数达到50%时所对应的粒径，这是一个表示粒度大小的典型值，该值准确地将总体划分为二等分，也就是说粒径大于它的颗粒占50%，小于它的颗粒也占50%。如果一个样品的 $D50=5\ \mu m$，说明在组成该样品的所有粒径的颗粒中，大于5 μm的颗粒占50%，小于5 μm的颗粒也占50%。$D50$ 常用来表示粉体的平均粒度。

3）$D97$

指粒度累计分布百分数达到97%时对应的粒径值，其物理意义表示粒径小于它的颗粒占97%。它通常被用来表示粉体粗端粒度指标，是粉体生产和应用中一个被重点关注的指标。

4）最频粒径

是频率分布曲线的最高点对应的粒径值。平均径、中值和最频值有时是相同的，有时是不同的，这取决于样品的粒度分布的形态。如果粒度分布是一般的分布或高斯分布，则平均径、中值和最频值将恰好处在同一位置，如图5-4所示。

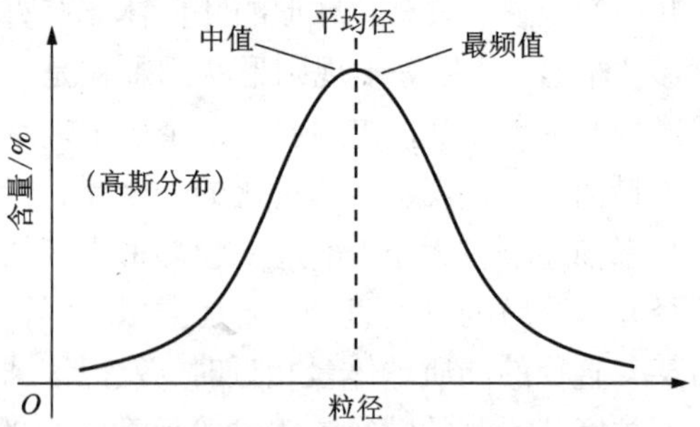

图5-4　粒径检测中的平均值、中值和最频值

由于不同的粒度测量技术都是对颗粒不同特性的测量，每一种不同的粒度测量方法都是测量粒子的一个不同的特性（大小），所以每一种技术都会产生一个不同的平均径，而且它们都是正确的。

粒度检测的准确度指某一仪器对颗粒粒度标准样品的测量结果与该标准样标称值之间的误差。其算法为

$$\Delta = \frac{|D - x|}{x} \times 100\% \tag{5-12}$$

式中：x 为多次测量结果 $D50$ 的平均值；D 为标准样品的标称值；Δ 为准确性误差。

5）颗粒的分散处理

颗粒通常会因为其本身所带的电荷、水分、范德华力等，能相互作用而发生“团聚”现象，即多个颗粒黏附到一起成为“团粒”的现象。颗粒越细，其表面能越大，“团聚”的机会就越多。在通常情况下，粒度分布测试就是要得到颗粒在单体状态下的分布状态，而粉体中的颗粒常常有“团聚”现象，因此要进行分散处理。在粒度测量时需要对样品进行分散的检测方法有激光法、沉降法、筛分法、电阻法、显微镜法等。在粒度检测中不需要对样品进行分散的检测方法有费氏法（测平均粒度）、超声波法。湿法粒度测试的分散方法有润湿、搅拌、超声波、分散剂等，这些方法往往同时使用。干法粒度测试的分散方法是颗粒在高速运动中自身的旋转、颗粒之间的碰撞、颗粒与器壁之间的碰撞等。

5.2.3　分级粒度间接检测法

1. 分级矿浆浓度与细度的关系

在粒度检测仪出现之前，选矿厂通常利用分级矿浆浓度与粒度有某一对应关系，通过检测矿浆浓度而查表得到矿浆的粒度。现如今，很多选矿厂仍然在使用该方法来间接检测矿浆的粒度。该法具有简单、实用、成本低、较为准确等特点。

在选矿生产过程中，在磨矿分级设备工况稳定且处理矿石物理性质基本稳定的情况下，分级溢流矿浆的浓度与粒度之间存在一定的对应关系，这种关系可以通过实验获得。图 5-5 为某选矿厂磨矿分级作业分级溢流浓度与粒度关系曲线。值得一提的是，不同的磨矿分级设备或不同的矿石性质，分级溢流浓度与粒度关系曲线往往不一样，需要进行浓度、粒度测量实验确定。

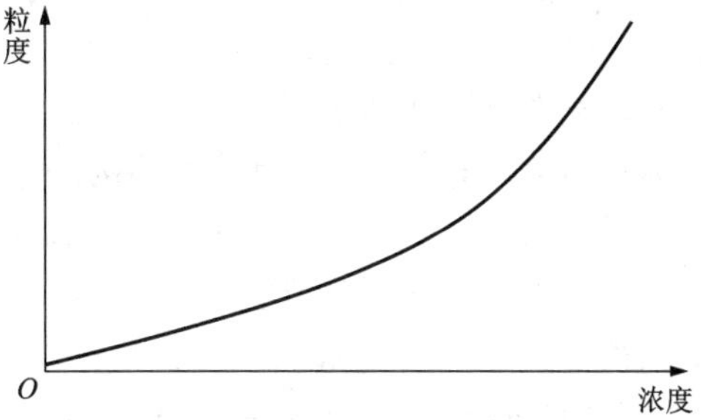

图 5-5　分级溢流浓度与粒度关系曲线

通过矿浆浓度间接检测矿浆粒度的方法由于其精度能满足生产要求，且简单易行，因此广泛应用于选矿厂的磨矿分级过程的粒度检测。但由于矿石性质和磨矿分级设备工况的不断变化，浓度与粒度的关系曲线也出现漂移，因此会出现不同程度的误差。即便如此，该方法仍然在选矿工业界得到广泛应用。

2. 分级矿浆浓度与细度检测案例

磨矿分级过程通常采用螺旋分级机或水力旋流器进行分级，需要实时检测螺旋分级机溢流或水力旋流器溢流矿浆的粒度，以确保磨矿产品粒度合格。常用的方法是，在分级溢流管道上安装密度计以检测矿浆的浓度，然后进行矿浆浓度与矿浆粒度的对应关系实验，并编写矿浆浓度与矿浆粒度的对照表和计算程序。由于对照表数据不是连续的，当浓度数据处在相邻两个实验数据之间时，采用线性法估算。图 5-6 为螺旋分级机和水力旋流器的矿浆粒度检测示意图。

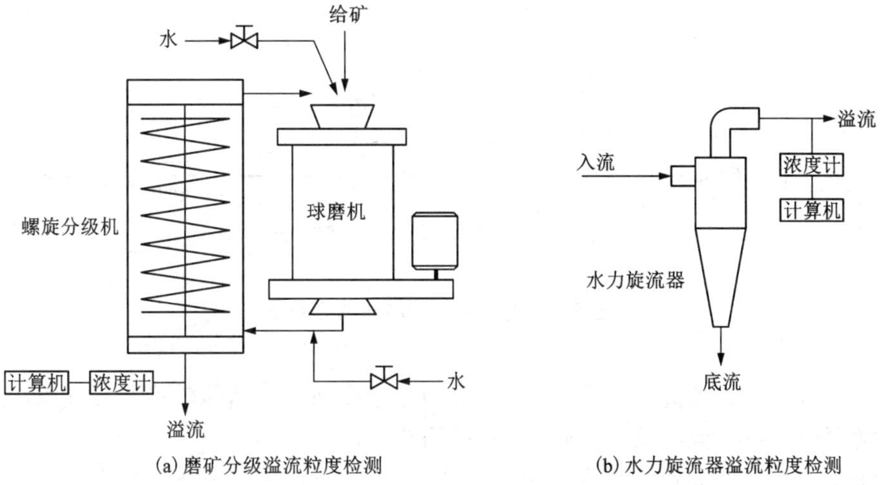

图 5-6　磨矿分级和水力旋流器矿浆粒度检测原理图

5.2.4 激光粒度仪

大部分矿山企业初始监视浓度、粒度的方法都是先通过人工采样、制备样品，然后再借助筛分工具进行样品分析后计算浓度、粒度的。这种方法的精度虽然较高，但由于其属于劳动密集型工作，不适宜频繁操作，在许多情况下都需要尽量减少粒级分析的次数，以减小工人的劳动强度。在现代化的控制过程中，需要连续地测量被控量，采用人工采样测量矿浆浓度、粒度的做法显然是不能满足控制要求的。因此必须使用更高效率的仪器对粒度进行检测。

1. 激光粒度仪工作原理

基于散射原理的激光粒度仪采用激光作为光源，用基于米氏散射理论的光学系统和数据处理软件处理分析数据，近年来在粒度检测领域得到了越来越广泛的应用。激光粒度仪从问世到现在已经有近 40 年的历史。激光粒度仪本质上是一种光学仪器，其光学结构对仪器性能具有决定性影响。近 40 年来，出现了多种光学结构，其演变的主要方向是扩展仪器的测量下限。相对于传统的粒度测量仪器(如沉降仪、筛分、显微镜等)，它具有测量速度快、重复性好、动态范围大、操作方便等优点，现在已成为世界上最流行的粒度测量仪器。

激光粒度仪是利用颗粒对光的散射(衍射)现象测量颗粒大小的。光在传播中，波长受到与波长尺度相当的隙孔或颗粒的限制，会产生衍射和散射，衍射和散射的光能的空间(角度)分布与光波波长和隙孔或颗粒的尺度有关。用激光做光源，光为波长一定的单色光后，衍射和散射的光能的空间(角度)分布就只与粒径有关。激光束经滤波、扩束、准直后变成一束平行光，在该平行光束没有照射到颗粒的情况下经过富氏透镜后汇聚到焦点上。

当通过某种特定的方式把颗粒均匀地放置到平行光束中时，激光将发生衍射和散射现象，一部分光将与光轴呈一定的角度向外扩散。米氏散射理论证明，大颗粒引发的散射光与光轴之间的散射角小，小颗粒引发的散射光与光轴之间的散射角大。这些不同角度的散射光通过傅氏透镜后汇聚到焦平面上将形成半径不同明暗交替的光环，不同半径上光环都代表着粒度和含量信息。这样在焦平面的不同半径上安装一系列光电接收器，将光信号转换成电信号并传输到计算机中，再用专用软件进行分析和识别这些信号，就可以得出粒度分布。图 5-7 所示为激光照射颗粒时的光路图。

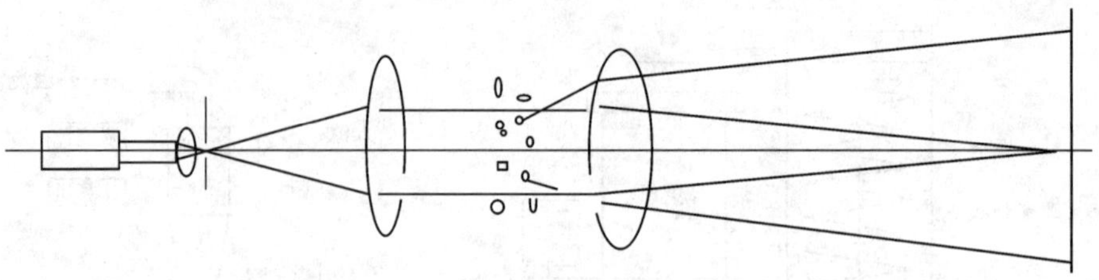

图 5-7 激光照射颗粒时的光路图

激光粒度仪一般由激光器、傅氏透镜、光电接收器阵列、信号转换与传输系统、样品分散系统、数据处理系统等组成，装置示意图如图 5-8 所示。

由激光器发出的激光束，经滤波、扩束、准直后变成一束平行光，在该平行光束没有照

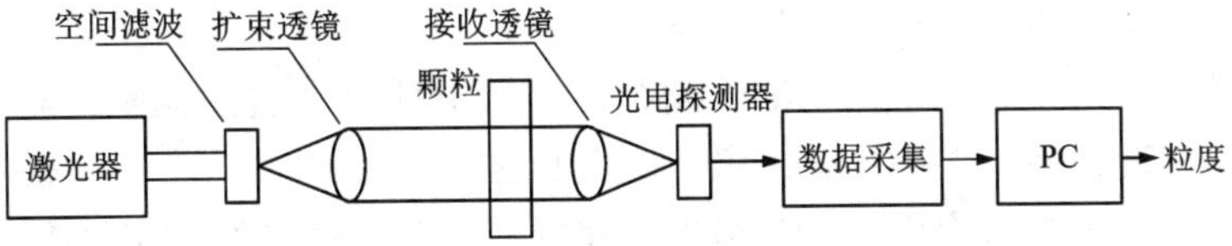

图 5-8 激光粒度仪装置示意图

射到颗粒的情况下，光束经过傅氏透镜后将汇聚到焦点上。理论与实践都证明，大颗粒引发的散射光的散射角小，颗粒越小，散射光的散射角越大。这些不同角度的散射光通过傅氏透镜后在焦平面上将形成一系列光环，由这些光环组成的明暗交替的光斑称为 Airy 斑，如图 5-9 所示。

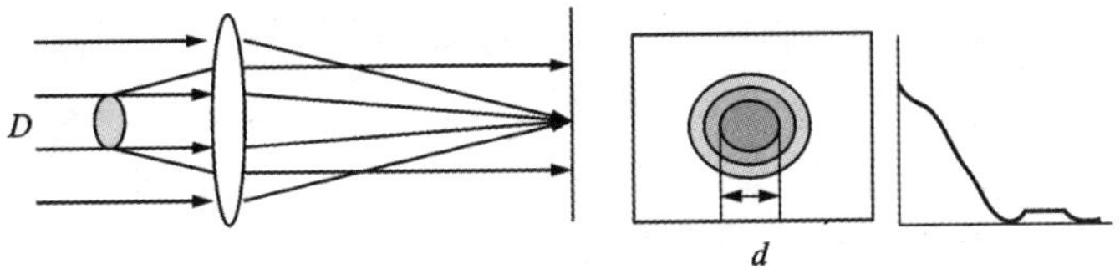

图 5-9 光的散射现象及 Airy 斑示意图

Airy 斑中包含着丰富的粒度信息。简单地理解就是半径大的光环对应着较小粒径的颗粒，半径小的光环对应着较大粒径的颗粒；不同半径上光环的光能大小包含该粒径颗粒的含量信息。在焦平面上安装一系列光电接收器，将这些由不同粒径颗粒散射的光信号转换成电信号，并传输到计算机中，再采用米氏散射理论通过计算机将这些信号进行数学处理，就可以得出粒度分布，如图 5-10 所示。

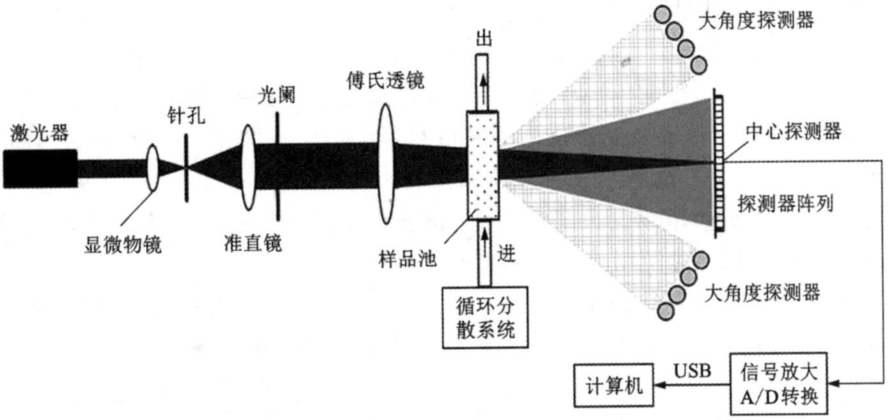

图 5-10 激光粒度仪的工作原理示意图

激光粒度仪的光学系统由发射、接收和测量窗口等三部分组成。发射部分由光源(激光器)和光束处理器件(一般为空间滤波-准直扩束系统)组成，主要作用是为仪器提供单色的平行光。接收器是仪器光学结构的关键。测量窗口主要是让被测样品在完全分散的悬浮状态下通过测量区，以便仪器获得样品的粒度信息。

接收器由傅里叶透镜和光电探测器阵列组成。所谓傅里叶透镜就是针对物方在无限远，像方在后焦面的情况消除像差的透镜。激光粒度仪的光学结构是一个光学傅里叶变换系统，即系统的观察面为系统的后焦面。激光粒度仪将探测器放在透镜的后焦面上，因此相同传播方向的平行光将聚焦在探测器的同一点上。探测器由多个中心在光轴上的同心圆环组成，每一个环是一个独立的探测单元。这样的探测器又称为环形光电探测器阵列，简称光电探测器阵列。

激光器作为理想光源是激光粒度仪的关键部件，该器件的质量、性能、寿命对整个系统有着至关重要的影响。市场上可选择的激光发生器很多，最常用的是 He-Ne 气体激光器和半导体激光器。这两种激光发生器时间稳定性都比较好，适于长期稳定工作。但 He-Ne 气体激光器需要直流高压(2 kV)维持正常工作，所以在操作过程中有一定的危险性；而半导体激光器只需要使用普通的直流电源即可，且它的寿命是一般 He-Ne 气体激光器的 4 倍，且预热时间短，功耗低，仅为 5 mW，可连续长时间工作，因此大大降低了仪器的故障率。

滤波-准直扩束系统由空间滤波器、准直透镜和光阑组成。该系统把激光器发出的较细的激光束转化为一束光斑大小合适、光强均匀的平行宽光束为样品池的入射光。其中，空间滤波器由显微物镜(扩束镜)、支架和特制的针孔组成，它的主要作用是滤除高阶散射光的干扰，提高系统感应散射光的精度。它的基本组成如图 5-11 所示。

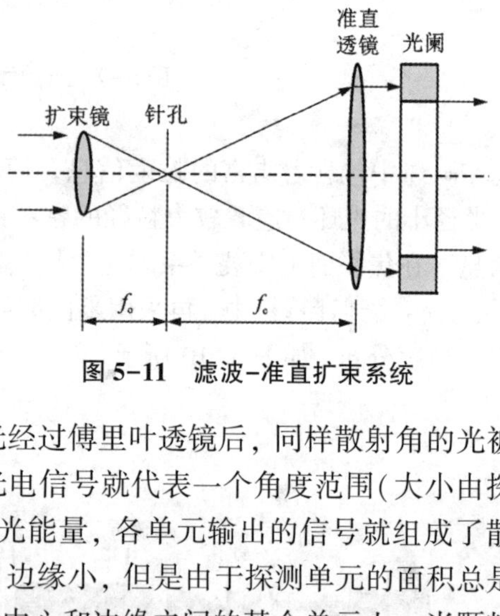

图 5-11　滤波-准直扩束系统

激光器发出的激光束经聚焦、低通滤波和准直后，变成直径为 8～25 mm 的平行光。平行光束照到测量窗口内的颗粒后发生散射。散射光经过傅里叶透镜后，同样散射角的光被聚焦到探测器的同一半径上。一个探测单元输出的光电信号就代表一个角度范围(大小由探测器的内、外半径之差及透镜的焦距决定)内的散射光能量，各单元输出的信号就组成了散射光能的分布。尽管散射光的强度分布总是中心大、边缘小，但是由于探测单元的面积总是里面小外面大，所以测得的光能分布的峰值一般是在中心和边缘之间的某个单元上。当颗粒直径变小时，散射光的分布范围变大，光能分布的峰值也随之外移。所以不同大小的颗粒对应于不同的光能分布，反之由测得的光能分布就可推算样品的粒度分布。

光电探测器上接收的是模拟量，不便于计算机处理，必须配置相应的硬件电路进行数字量的获取和传输。其主要包括光电探测器阵列的驱动电路，微弱信号的放大、采集与处理电路 USB 接口控制电路。工作时，探测器输出的电流信号被放大后经多路选通电路和模数转换电路转换为 16 位的数据信息，再经接口控制电路将数据送入计算机，如图 5-12 所示。

激光粒度测试系统所能测量的粒子直径范围与其焦距和环形探测器参数紧密相关。测量下限是激光粒度仪重要的技术指标。激光粒度仪光学结构的改进基本上都是为了扩展其测量下限或是小颗粒段的分辨率，基本思路是增大散射光的测量范围、测量精度或者减少照射光的波长。

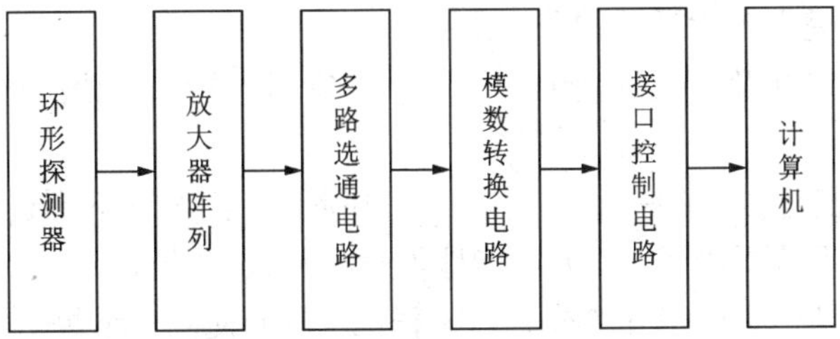

图5-12 数据采集系统组成框图

样品循环系统在粒度测量中占有举足轻重的地位。由于样品的化学性质、物理性质和极性，以及样品的状态(固态、液态、气态或胶质)的影响，使得有些样品分散非常困难，如果样品不能得到均匀良好的分散，实际上等价于聚集后的大粒子，就谈不上准确测量了。样品循环系统有干法和湿法两种，包括泵、声波分散器、搅拌器、测试窗组件(干法和湿法)、水池与排放装置等。样品池系统的循环要与颗粒的悬浮条件相匹配，对于大而重的颗粒，要在相对高速下循环，以使颗粒保持悬浮；而对于易碎的小颗粒，循环速度则要相对降低，以防止易碎小颗粒解体。为加强样品的分散，采用湿法分散技术，机械搅拌使样品均匀散开，超声高频震荡使团聚的颗粒充分分散，电磁循环泵使大小颗粒在整个循环系统中均匀分布，从而在根本上保证了宽分布样品测试的准确重复。激光粒度分析仪实物如图5-13所示。

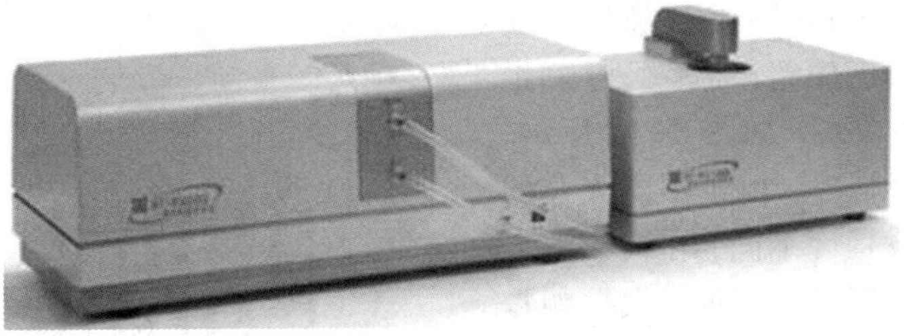

图5-13 激光粒度分析仪实物图

2. 激光粒度仪的特点

激光粒度分析仪的特点主要有：

(1)测试操作简便快捷。放入分散介质和被测样品，启动超声波发生器使样品充分分散，然后启动循环泵，实际的测试过程只有几秒钟。测试结果以粒度分布数据表、分布曲线、比表面积、*D*10、*D*50、*D*90等方式显示、打印和记录。

(2)输出数据丰富直观。仪器分析软件可以在各种计算机视窗平台上运行，具有操作简单、直观的特点，不仅可以对样品进行动态检测，而且具有强大的数据处理与输出功能，用户可以选择和设计满足需要的表格和图形输出。

5.2.5 超声波粒度仪

1. 超声波粒度检测概述

在破碎粉磨及其相关过程中，粒度指标始终是一个重要参数。利用超声波技术对矿浆中固体颗粒粒度进行在线测量早在 20 世纪 70 年代就开始了，到目前为止取得了很大的进展，而且也是粒度检测研究中较为活跃的分支之一。

超声波法在颗粒尺寸及浓度测量中已经有不少应用，主要利用了超声波的相速度谱和衰减谱。

另外，现有粒度测量方法的一个共同缺点是不易用于高浓度下颗粒的检测。而超声波在测量高浓度样品时，不需要稀释，最大可能地保持了样品的原始状态，避免了因稀释而改变样品的原貌，如稀释导致团聚相分离或者污染样品，从而使测量结果更加接近实际情况。

2. *超声波矿浆粒度检测的基本原理*

超声波检测技术是利用超声波来进行各种测量的技术。超声波在两相体系中的传播规律与颗粒物的粒径和浓度有关，所以可用于颗粒粒径和浓度的测量。相比于其他原理的颗粒测量方法，如电感应法、显微镜法、光散射法等测量方法，超声波具有较强的穿透力，可在有色甚至不透明的物质中传播，并具有测量速度快、容易实现测量和数据处理自动化等优点，超声波传感器价格低且耐污损，测量系统简单方便。

入射超声波由于受到颗粒介质的散射和吸收，透射声波强度会衰减，采用聚焦超声波并将测量区布置在超声波聚焦声束段，当颗粒粒径与超声波聚焦声束直径之比控制在一范围内，通过其中的颗粒的数目和粒径随时间变化，透射声强也会随时间起伏变化，产生声脉动效果，这种超声信号的随机脉动与在测量瞬间处于超声波聚焦声束测量区中的颗粒粒径和数目有关，测出透射超声波强度的随机变化序列并进行统计分析，就可以应用超声脉动理论求得颗粒的平均粒径和浓度。

超声波粒度仪工作时，超声波发射端发出一定频率和强度的超声波，经过测量区域，到达信号接收端，如图 5-14 所示。当颗粒通过测量区域时，由于不同大小的颗粒对声波的吸收程度不同，在接收端上得到的声波的衰减程度也不同，根据颗粒大小同超声波强度衰减之间的关系，得到颗粒的粒度分布，同时还可测得体系的固含量。

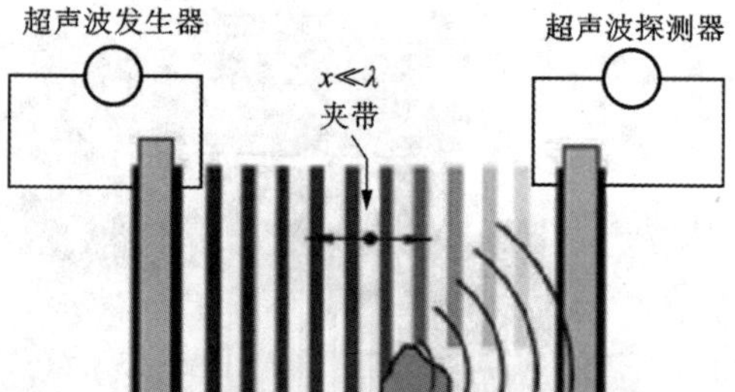

图 5-14 超声波的测量原理

超声波粒度检测仪的基本原理为：超声波在矿浆中传播时，其振幅随矿浆中固体量的多少及粒子大小变化而变化。只要检测出超声波穿过被测矿浆时振幅的衰减量就可知道被测矿浆的粒度及浓度。根据声学原理得知，平面超声波在矿浆中传播时，穿过 x 距离后，其振幅 I 的变化可表示为

$$I = I_0 e^{-\alpha x} \tag{5-13}$$

式中：I_0 为初始振幅；α 为衰减系数；x 为传播距离。

在实际使用中，初始振幅 I_0 的大小由超声波发射器的发射电压及发射传感器的特性来确定，是一个固定值，超声波的传播距离 x 的大小由工艺条件确定，也是一个固定值。所以，超声波衰减系数 α 只与接收传感器的振幅 I_0 有关。在线粒度分析仪工作时能实时连续地测

量发射和接收电压的大小，采用穿透比较法就可得知穿过被测矿浆时超声波的衰减量。矿浆的超声波衰减系数 α 为

$$\alpha = \alpha_k - \alpha_0 \tag{5-14}$$

式中：α_k 为矿浆条件下被测介质的超声波衰减系数；α_0 为清水条件下被测介质的超声波衰减系数。

$$\alpha = \frac{2}{3}\pi r^3 n\left[\frac{1}{b}k^4 r^3 + k\left(\frac{\rho}{\rho_0} - 1\right)^2 \frac{S}{S^2 + \left(\frac{\rho}{\rho_0} + \tau^2\right)}\right] \tag{5-15}$$

式(5-15)右边中的第一项为由于散射形成的衰减，第二项为由于黏滞吸收形成的衰减。在一定的条件下，当矿浆中粒子很小时，黏滞吸收衰减起主要作用；当颗粒变大时，散射衰减起主要作用。

在矿浆浓度较大和实际上矿粒并不是理想的圆球体，以及颗粒粒径不完全严格相同等情况下，式(5-15)就不完整了，但其变化规律依然存在。因此为了实用上的明晰方便，可以将式(5-15)简化为

$$\alpha = K_1 f^a n D^b \tag{5-16}$$

式中：D 为矿砂颗粒直径；n 为单位体积矿浆中所含有的矿砂颗粒数；K_1，a，b 均为常数，其大小随工作条件的变化有所改变。

式(5-15)和式(5-16)是单一粒径情况下超声波衰减公式，在实际应用中存在较大困难，应考虑实际应用中分布粒径情况(即混合粒径)下矿浆体系的超声波衰减情况。

在实际应用中，经常用某一粒径以下的颗粒的质量百分数 G 来描述矿浆中的矿砂的粒径。当 D_0 在一个较窄的范围内变化时，也可以把 G 与 D_0 的关系用某一负幂的形式表示，即

$$G = K_2 D_0^{-q} \tag{5-17}$$

超声波衰减值与矿浆的浓度和粒度间的关系式为

$$\alpha = KMG^{\gamma} \tag{5-18}$$

式中：γ 为超声波衰减的粒度常数，$\gamma=-(b-3)/q$，当 $b>3$ 时，γ 为负值，$b<3$ 时，γ 为正值；K 为常数，是包括了工作频率、粒级级配情况、矿砂的密度等各种因素在内的一个综合常数。

只要常数 K 和 γ 都是在实际情况下检测出来的，则该公式在实际应用中都是可以足够让人满意的。

根据式(5-18)，可以得到由超声波衰减值确定的矿浆的浓度和粒度的公式。超声波粒度仪一般都是由 2 种工作频率的超声波探头组成的传感器系统，设在这 2 种频率 f_1 和 f_2 下测得的超声波衰减值分别为 α_1 和 α_2，则

$$\alpha_1 = K_1 M G^{\gamma_1} \tag{5-19}$$

$$\alpha_2 = K_2 M G^{\gamma_2} \tag{5-20}$$

从而可得矿浆的粒度公式

$$G = \left(\frac{K_2}{K_1} \cdot \frac{\alpha_1}{\alpha_2}\right)^{\frac{1}{r_1 - r_2}} = K_G\left(\frac{\alpha_1}{\alpha_2}\right)^{\frac{1}{r_1 - r_2}} \tag{5-21}$$

式中：K_G，r_1，r_2 均为常数，可以用实际测量的数据通过某种非线性方法得到。

5.2.6 PSM 型超声波在线粒度仪

目前，选矿厂应用最为广泛的超声波在线粒度分析仪是 PSM(particle size measurement)超声波在线粒度仪，该检测仪是美国丹佛自动化公司研制生产的。其第一代产品为 PSM-100 粒度计，适于测量粒度分布为 20%～80% -270 目的矿浆；PSM-200 粒度计，适于-500 目粒级含量达 90%的细粒物料，应用范围很广。现已生产出 PSM-400，配有微机，处理的矿浆体积浓度可达 60%。图 5-15 为 PSM-400 型超声波粒度仪实物图。

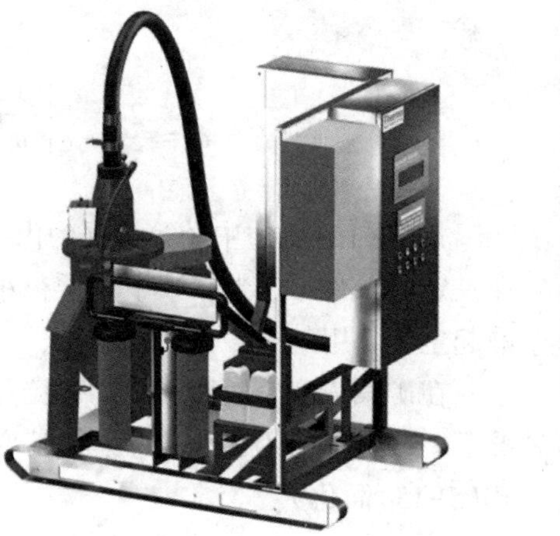

图 5-15 PSM-400 超声波粒度仪实物图

PSM 具有测量多个粒级和浓度的能力。其测量技术原理是基于超声波吸收原理而进行矿浆粒度和浓度的测量。PSM 超声波粒度仪作为在线粒度检测仪器系统，具有能提供多种粒级输出的能力，能够提供丰富的磨矿粒度分布方面的信息，产品主要应用于铁矿浆、钼矿浆、煤渣浆、铝土矿浆、金矿、铜矿、炉渣矿等矿浆粒度的检测。

基本的 PSM-400 超声波粒度仪由五部分组成，如图 5-16 所示。该产品主要由真空水单元、样品分析模块(SAM)、标准水模块(SWM)、控制与显示单元(CDM)、样品调理器(S/C)组成。测量颗粒粒度最大不大于 1 mm，P80 为 295 到 25 μm 分布；粒度检测精度为绝对误差小于 1.0%(1σ)；可对 pH 高达 12.5 的腐蚀性矿浆进行测量。

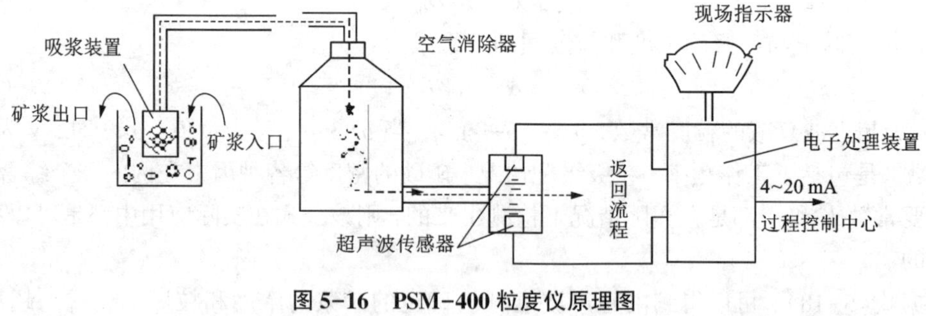

图 5-16 PSM-400 粒度仪原理图

PSM-400 超声波粒度仪工作过程为：样品调理器利用真空(负压)吸入流量相对稳定并具有代表性的矿浆流，矿浆通过入口耐磨输入管及空心的驱动轴、涡轮轴，然后进入高速旋转的涡轮内部，驱动电机带动涡轮旋转所产生的离心力，迫使进入涡轮的矿浆“摊薄”，同时在涡轮内部形成一个“真空腔”，加速矿浆中微小气泡的逸出；进入涡轮内的矿浆被除气后由涡轮四周的 D 型口甩出，样品调理器将除气后的矿浆经由旁路气动单元控制进入两对不同频率的超声波换能器(探头)为核心部件的超声衰减测量单元进行检测，然后以溢流方式通过测量槽进入矿浆集料槽，矿浆以直接或间接方式返回到工艺流程后级的工艺管路。在测量周期内，安装在矿浆测量槽上的超声波换能器以多种频率发射超声能量脉冲透过样品，从接收的超声脉冲获得多个衰减参数。这些参数直接和矿浆样品的粗、细及粒度分布密度有关。每个粒级的标定模型中这些参数用作变量以计算出所测矿浆浓度、粒度值。

DF-PSM 超声波在线粒度仪具有测量准确性高，多粒级、多流道应用，取样代表性高，可靠性、可维护性强，参与闭环控制效果好等优点。其中多粒级、多流道应用完全可以适用不同性质工艺矿浆性质，完全能够解决磨矿工艺系列中一、二、三段磨矿工艺流程所产生不同性质矿浆溢流产品的粒度检测需要。

5.2.7　超声波粒度检测的特点

超声波通过非均相体系如矿浆体系时，超声波的特性参数如声强、声速就会发生变化。对于没有稀释的浓浆体系，如体积浓度高达 40%，超声波也能够提供可靠的粒度信息，这使得超声方法非常适用于测量浓浆体系的性质，且具有其他方法包括光散射(需要特别稀释)无法比拟的特点。同时超声波也能处理低浓度的分散体系，体积浓度可低至 0.1%。超声波粒度检测仪在浓度范围的灵活性使得它同其他经典的粒度测量方法有着同样重要地位。

超声方法测量颗粒粒度并不需要用已知的样品进行校正。只是在首次建模过程中进行校正，且在一定的条件下，超声波能够提供绝对的颗粒粒度信息。它和现代光背向散射技术相比具有更大的优越性，现代光背向散射技术仅适合在合适的稀释的分散体系中测定颗粒粒度。另外，超声波理论考虑了颗粒间的相互作用相互影响，而光背向散射技术缺少这方面的理论支持。超声波比光散射方法更适合处理多分散体系。通过超声波技术获得颗粒粒度信息类似于沉降技术，能得到颗粒系各粒级的重量含量。而光散射方法得到的是颗粒的数量含量，并且它对大颗粒的存在非常敏感，有高估粗颗粒数量的倾向，这使得它不适合处理主要由细颗粒组成的多分散体系。

另外，超声波检测的操作过程比较简单，超声波脉冲穿过矿浆后，被超声波接收器接收，超声波在矿浆传播过程中会造成声能量的损失而改变声强和声速，采用超声波仪可以测量这种声能量的损失(衰减)和声速。而声衰减实际上就是由于颗粒和液体与超声波间的相互作用而引起的，因此测量超声波的衰减就可以获得矿浆体系的颗粒粒度或浓度信息。

5.2.8　多流道矿浆粒度检测系统

在选矿生产过程中，磨矿产品的粒度是影响选矿技术经济指标的重要参数之一。磨矿粒度过大时，有用矿物颗粒就不能达到充分的单体解离，后续选别作业中就难以保证回收率，既浪费了磨矿和浮选时的能量，又浪费了矿产资源；磨矿粒度过细时，已经充分单体解离的有用矿物颗粒又被破坏成了更小的颗粒，大大地浪费了电能，并形成了影响浮选的矿泥。矿浆浓度也是影响浮选指标的一个重要参数，它既影响浮选效率，又影响水源和药剂的消耗，提高选矿成本。

为了保证磨矿作业的产品达到规定的技术经济指标，避免欠磨和过磨，使选矿过程优质高产、低消耗，发挥最大的经济效益，就必须对选矿过程中矿浆的浓度和粒度进行检测和控制。在许多情况下都需要尽量减少粒级分析的次数，以减小工人的劳动强度。在现代过程控制中，需要密集地测量被控量，比如在磨矿回路中，反应时间通常是 5~10 min，采用人工采样分析浓度、粒度的做法显然是不能满足控制要求的。

在线粒度分析仪是矿物加工生产过程中关键参数的自动检测设备，在选矿、有色冶金、钢铁、水泥、化工、黄金等工业领域得到了广泛应用。由于矿浆粒度分析仪价格比较昂贵，如果每一个检测点配置一套粒度分析仪，那总投资将巨大。另外，分散布置的粒度分析仪也不利于管理和维护，因此，在进行矿浆粒度检测时，往往采用多点采样、单点检测的矿浆粒度检测方式。多流道矿浆浓度粒度检测系统就是其中典型的多点采集单点分析的粒度检测方案。图 5-17 为多流道矿浆粒度检测系统的一个应用案例示意图。

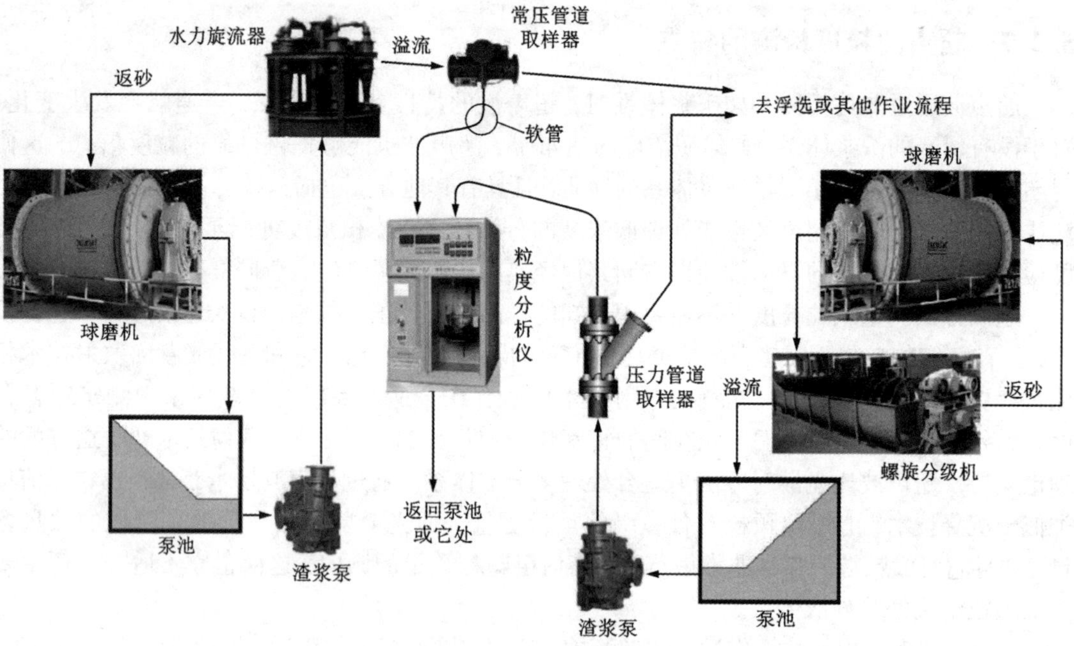

图 5-17　多流道矿浆粒度检测系统

多流道矿浆浓度粒度检测系统一般用于选矿过程中的磨矿分级作业，用来检测磨矿产品的细度和浓度，为磨矿作业和后续的浮选等作业提供必要的相关参数。在应用时，检测系统首先通过合适的取样器从作业流程当中截取一定量(70~170 L/min)具有代表性的矿浆样品，通过取样管路输送到分析仪的多流道切换箱；分析仪的多流道切换装置根据一定的顺序自动选择某一路待测矿浆进行测量，被测量通道的矿浆样品进入稳流箱，并先后流经浓度测量装置、粒度测量装置测量矿浆粒度，然后经过标定取样箱进入汇流返回箱。汇流返回箱中的矿浆经过矿浆排出管路排出，排出后的矿浆可以通过适当的方式返回到工艺流程中去。

多流道矿浆粒度检测系统具有很高的性价比，十分适合选矿作业流程多点矿浆粒度的检测，粒度检测仪可以是超声波粒度仪或激光粒度仪。

习题与思考题

5.1　试述差压式密度检测的工作原理。

5.2　简述核子密度计的组成及工作原理。

5.3　试推导矿浆密度与矿浆浓度的换算公式。

5.4　什么是粒度？常用的粒度表示方法有哪些？

5.5　常用的粒度检测方法有哪些？

5.6　什么是粒度等效粒径？等效粒径可具体分为哪几种？

5.7　什么是最频粒径？

5.8　如何计算粒度检测的准确度？

5.9　简述磨矿分级过程中分级矿浆浓度与细度的关系。

5.10　简述激光粒度检测仪的工作原理。

5.11　简述超声波粒度检测仪的工作原理。

5.12　试比较激光粒度检测仪和超声波粒度检测仪的优缺点。

第 6 章　成分检测技术

6.1　pH 测量

6.1.1　pH 测量的基本原理

pH 检测仪又称酸度计或 pH 计，是矿物加工过程常用的一种检测仪表。由于 pH 检测仪主要测量 H^+成分浓度，因此可归类为成分检测仪表。

pH 测量就是确定某种溶液的酸碱度。即使化学纯水也有微量被离解，其电离方程式为

$$H_2O + H_2O = H_3O^+ + OH^- \tag{6-1}$$

由于水只有极少量被离解，离子的量浓度一般为负幂指数，为了免于用量浓度负幂指数进行运算，生物学家泽伦森(Soernsen)在 1909 年建议将此不便使用的数值用对数代替，并定义为“pH”。数学上定义 pH 为氢离子浓度的常用对数的负值，即

$$pH = -\lg[H^+] \tag{6-2}$$

由于离子积对温度的依赖性很强，对于过程控制的 pH，必须同时知道溶液的温度特性，只有在被测介质处于相同温度的情况下才能对其 pH 进行比较。为了得到精确和可重现的 pH，就要使用电位分析法来进行 pH 测量。

电位分析法所用的电极被称为原电池。原电池的电压被称为电动势，此电动势由 2 个半电池构成。其中一个半电池称作测量电极，它的电位与特定的离子活度有关；另一个半电池为参比半电池，通常称作参比电极，它一般是与测量溶液相通，并且与测量仪表相连。标准氢电极是所有电位测量的参比点。标准氢电极是一根铂丝，用电解的方法镀(涂覆)上氯化铂，并且在四周充入氢气构成的。

最常用的 pH 指示电极是玻璃电极，它是一支管端部吹制成对 H^+浓度敏感的玻璃膜泡的管。管内充填有饱和 AgCl 的 KCl 缓冲溶液，其 pH 为 7。存在于玻璃膜内外面的反映 pH 的电位差用 Ag/AgCl 传导系统，此电位差遵循能斯特公式

$$\varphi = \varphi_0 + \frac{RT}{nF}\ln a_{H^+} \tag{6-3}$$

式中：φ 为电位；φ_0 为电极的标准电位；R 为气体常数；T 为开氏绝对温度；F 为法拉第常数；n 为被测离子的化合价；a_{H^+}为 H_3O^+离子的活度。

由上式可见，电位 φ 与 H_3O^+离子活度、温度 T 存在一定的关系，在一定温度下，测量电位 φ 即可算出 $\ln a_{H^+}$(转换为$-\lg a_{H^+}$即得 pH)，这就是 pH 检测的基本原理。

在能斯特公式中：温度 T 作为变量起很大作用。随着温度的上升，电位值将随之增大。

对于每 1℃的温度变化，将引起电位 0.2 mV/pH 变化。用 pH 来表示，则每 1℃每 1pH 变化 0.0033pH。这也就是说：对于 20～30℃和 7pH 左右的测量来讲，不需要对温度变化进行补偿；而对于温度>30℃或<20℃和 pH>8 或<6 的应用场合则必须对温度变化进行补偿。

6.1.2　pH 检测仪的结构组成

pH 最早是采用电位计测量电极电位的方法来测量的，它是一种用准确已知的标准电位来平衡未知电位的零指示仪器。受电位计灵敏度的限制，普通电位计完全不适用于带有薄膜体系的电位测量，这种 pH 测量使用很不方便。20 世纪 70 年代中后期，出现了以微处理器为核心的智能 pH 检测仪。用软件实现电极信号的计算处理和 pH 的温度补偿，对 pH 进行特征化处理以克服 pH 测量特有的非线性，仪表检测精度大大提高，功能更为丰富，可以适应较宽的温度范围。

目前几乎所有的工业 pH 仪表都是智能型的。智能型 pH 检测仪表是以单片机为核心，采用大规模集成电路芯片对电极信号和温度信号进行处理，处理后的信号送入单片机进行计算处理。pH 检测仪表是以式(6-3)为理论依据进行开发的，其结构原理如图 6-1 所示。由于以单片机为核心，可以进行复杂的计算，数据处理非常方便，检测精度大为提高，仪表的体积更小，性能更为可靠。

工业用 pH 检测仪的电极及变送器实物图如图 6-2 所示。锑电极、玻璃电极和离子敏感场效应晶体管电极的外观相似，其区别主要在于电极材料及结构，pH 检测仪的变送器的电路及外观也大致相同。

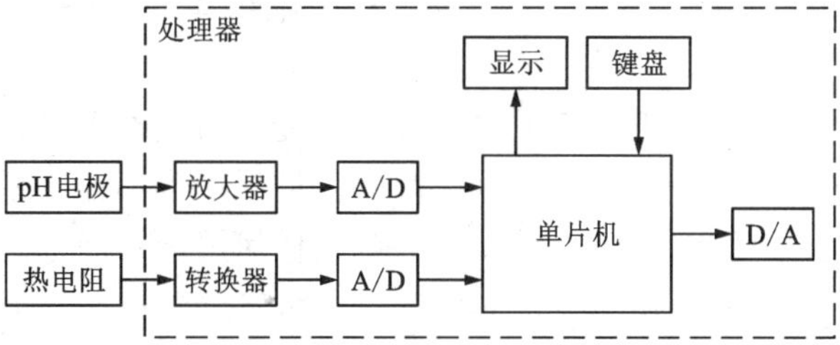

图 6-1　智能 pH 检测仪原理图

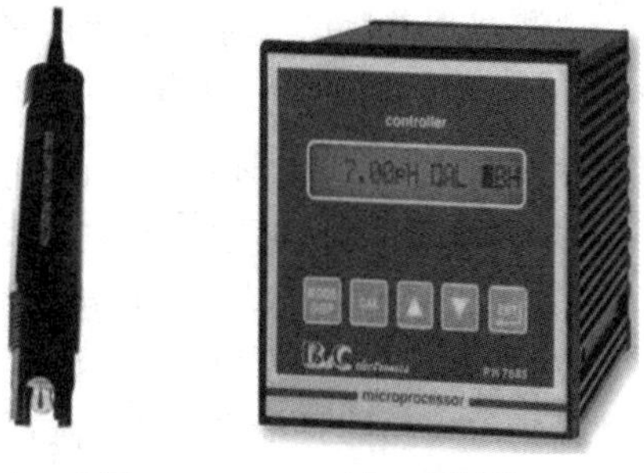

(a) pH电极　(b) pH变送器

图 6-2　pH 电极及 pH 变送器实物图

6.1.3　pH 常用测量电极及其选择

1. 锑电极

锑电极的材质是一种纯锑活性表面的半金属。电极的锑触点发生化学反应产生氢氧化层。锑电极之所以能像其他电极一样可响应 pH，是因为这个氧化层。但是锑电极不如玻璃电极或离子敏感场效应晶体管(ISFET)电极测量精确，因为它对 pH 和温度响应是非线性的。它的标准温度限制在 0～80℃，标准 pH 范围在 2～11。氧化或变形反应会打断锑电极测量。例如因氯或亚硫酸盐存在引起的氧化或变形。因为锑触点会对可能的氧化或变形响应。

现在锑电极已经很少被用于 pH 测量了，只有在含氢氟酸溶液的工艺过程中才用到。因为 pH≤4 的氢氟酸溶液会迅速损坏玻璃或离子敏感场效应晶体管(ISFET)电极。但是锑电极在氢氟酸溶液中使用也是有限的，因为 pH≤2 时测量结果很难精确。

2. 玻璃电极

玻璃电极包含一个特殊机理玻璃，它可发出随 pH 变化的电压(mV)信号。玻璃电极通常 pH 在 1~12 时能够做出线性 mV 响应。玻璃电极的生产厂商一般会提供不同玻璃膜厚度的电极以适合各种温度条件。例如温度在 0~80℃，或 20~110℃ 适用的玻璃电极。即便如此，厚玻璃电极也依然易碎，很容易破裂或断掉。

在 pH≥11 的溶液中使用玻璃电极会产生钠误差，这是因为相比氢浓度低的溶液，通常玻璃电极更易响应钠浓度高的溶液。其他溶液，如钾溶液，也容易造成这种反应。pH 测量读数低于真实值一般出现在 pH 为 0.1~0.3 时。高 pH 溶液还会腐蚀电极，高温且高 pH 的溶液会影响玻璃电极对 pH 的响应和缩短玻璃电极的使用寿命。较厚的玻璃电极用于高 pH 和高温溶液中。

相反，在低 pH 溶液中，如 pH≤1 时，玻璃电极会产生酸误差。因为溶液中，酸和水的比值高，玻璃膜和电极响应都会受到影响。除此之外，酸浓度高的溶液有可能影响精度，还要注意氢氟酸会腐蚀并最终损坏玻璃电极。一个普遍的规律是氢氟酸或 pH<4 的溶液会缩短玻璃电极的寿命。更确切的说法是玻璃电极在 10^{-6} mol/L 氢氟酸中测量不稳定，且会被腐蚀。相比玻璃电极，锑电极的抗氢氟酸腐蚀性要强很多。

3. 离子敏感场效应晶体管电极

从 20 世纪 70 年代开始，离子敏感场效应晶体管(ISFET)电极就被用作传感器，但是到最近才被应用于工业测量中，主要原因是之前离子敏感场效应晶体管(ISFET)电极的设计经常产生测量误差，并且需要每天频繁标定。用于传感 pH 的离子敏感场效应晶体管同传统场效应晶体管(FET)类似，只是在金属闸门位置多装一个氢敏绝缘体，这个绝缘体对 pH 的响应与玻璃电极响应原理相同。

离子敏感场效应晶体管 pH 测量电极具有许多优于玻璃或锑电极的性能。与玻璃电极相比，它无钠误差，而且在低 pH 溶液中酸误差也远小于玻璃电极，氧化/变形反应也不会打断离子敏感场效应晶体管对 pH 响应。事实上，到目前为止没有发现它会被任何情况打断。离子敏感场效应晶体管电极可以在 pH 0~14 时做出正确的线性 mV 响应。而玻璃电极却只能在 pH 1~12，锑电极也只能在 pH 2~11 做出响应。此外，它非常坚固，而玻璃电极却很易碎。

在许多测量环境中，离子敏感场效应晶体管 pH 电极没有锑电极或玻璃电极易受化学腐蚀，或探头易被污染，以及一般性损坏。然而，目前的设计仍然存在缺陷：它比玻璃电极更易受到高温腐蚀性溶液损坏，尽管它比玻璃或锑电极更能够保持测量精度；氢氟酸也会很快损坏它。此外，一些化学腐蚀液事实上对离子敏感场效应晶体管电极的腐蚀要比对玻璃或锑电极更严重。

6.1.4 pH 检测仪的正确使用与维护

pH 检测仪主要由 pH 电极和变送器两部分组成，应用时，电极直接与被测介质接触，而变送器则安装在 pH 电极的附近。因此，在使用过程中 pH 电极是主要的维护对象，pH 检测仪的检测精度主要取决于 pH 电极的测量精度。由于选矿过程测量 pH 的介质主要是矿浆、含杂质液体等，应用条件尤为恶劣，因此对pH电极的日常维护尤为重要。pH检测仪使用中若能够合理维护电极，则可大大减小pH检测误差。使用pH检测仪时应注意以下几点。

1. 正确使用与保养电极

目前选矿过程使用的电极多为复合电极，其优点是使用方便，不受氧化性或还原性物质的影响，且平衡速度较快。使用时，将电极加液口上所套的橡胶套和下端的橡皮套全取下，以保持电极内氯化钾溶液的液压差。使用pH电极时应注意以下几点：

(1)复合电极不用时，应充分浸泡在氯化钾溶液中。切忌用洗涤液或其他吸水性试剂浸洗。

(2)使用前，检查玻璃电极前端的球泡。正常情况下，电极应该透明而无裂纹；球泡内要充满溶液，不能有气泡存在。

(3)测量浓度较大的溶液时，应尽量缩短测量时间，用后仔细清洗，防止被测液黏附在电极上而污染电极。

(4)清洗电极后，不要用滤纸擦拭玻璃膜，而应用滤纸吸干水分，避免损坏玻璃薄膜，防止交叉污染，影响测量精度。

(5)测量中注意电极的银-氯化银内参比电极应浸入球泡内氯化物缓冲溶液中，避免变送器显示部分出现数字乱跳现象。使用时，注意将电极轻轻甩几下。

(6)电极不能用于强酸、强碱或其他腐蚀性溶液。

(7)严禁在脱水性介质如无水乙醇、重铬酸钾等溶液中使用。

2. 标准缓冲液的配制及其保存

pH检测仪使用一段时间后就会出现较大误差，需要使用标准缓冲液进行校准，因此需要正确配制标准缓冲液及正确保存试剂。在进行标准缓冲液配制及药剂保存时，须注意以下几点：

(1)pH标准物质应保存在干燥的地方，如混合磷酸盐pH标准物质在空气湿度较大时会发生潮解，一旦出现潮解，pH标准物质即不可使用。

(2)配制pH标准溶液应使用二次蒸馏水或者去离子水。如果是用于0.1级pH计测量，则可以用普通蒸馏水。

(3)配制pH标准溶液应使用较小的烧杯来稀释，以减少沾在烧杯壁上的pH标准液。存放pH标准物质的塑料袋或其他容器，除了应倒干净以外，还应用蒸馏水多次冲洗，然后将其倒入配制的pH标准溶液中，以保证配制的pH标准溶液准确无误。

(4)配制好的标准缓冲溶液一般可保存2~3个月，如发现有浑浊、发霉或沉淀等现象，不能再继续使用。

(5)碱性标准溶液应装在聚乙烯瓶中密闭保存，防止二氧化碳进入标准溶液后形成碳酸，降低其pH。

3. pH检测仪的正确校准

pH检测仪因设计不同而类型很多，其操作步骤各有不同，因此pH检测仪的操作应严格按照使用说明书。在具体操作中，校准是pH检测仪使用操作中的一个重要步骤。

尽管pH检测仪种类很多，但其校准方法均采用两点校准法，即选择两种标准缓冲液：第一种是pH=7的标准缓冲液，第二种是pH=9的标准缓冲液或pH=4的标准缓冲液，操作步骤如下：

先用 pH=7 的标准缓冲液对检测仪进行定位，再根据待测溶液的酸碱性选择第二种标准缓冲液。如果待测溶液呈酸性，则选用 pH=4 的标准缓冲液；如果待测溶液呈碱性，则选用 pH=9 的标准缓冲液。若是手动调节的 pH 检测仪，应在两种标准缓冲液之间反复操作几次，直至不需再调节其零点和定位(斜率)旋钮，pH 检测仪即可准确显示两种标准缓冲液 pH，校准过程结束。此后，在测量过程中零点和定位旋钮就不应再动。若是智能型 pH 检测仪，则不需反复调节，因为其内部已贮存几种标准缓冲液的 pH 可供选择，而且可以自动识别并自动校准，但要注意标准缓冲液选择及其配制的准确性。智能型 0.01 级 pH 检测仪一般内存有三至五种标准缓冲液 pH。

另外，在校准前应特别注意待测溶液的温度，以便正确选择标准缓冲液，并调节电极面板上的温度补偿旋钮，使其与待测溶液的温度一致。不同的温度，标准缓冲溶液的 pH 是不一样的。

校准工作结束后，对使用频繁的 pH 检测仪一般在 48 h 内仪器不需再次标定。如遇到下列情况之一，仪器则需要重新标定。

(1)溶液温度与定标温度有较大的差异时；

(2)电极在空气中暴露过久，如半小时以上时；

(3)定位或斜率调节器被误动；

(4)测量过酸(pH<2)或过碱(pH>12)的溶液后；

(5)更换电极后；

(6)当所测溶液的 pH 不在两点定标时所选溶液的 pH 中间，且距 pH=7 又较远时。

6.2 X 射线荧光品位仪

6.2.1 X 射线与 X 射线荧光

X 射线的产生有两种基本方法，即带电粒子轰击法和电磁辐射照射法。首先来介绍带电粒子轰击法。

如图 6-3 所示，在高度真空的 X 射线管里，用高速电子流轰击某金属，就会产生 X 射线。这种金属称为靶，它本身是阳极。当电子的能量足够大时，辐射出的 X 射线包括两类谱线，即连续 X 射线谱与特征 X 射线谱。

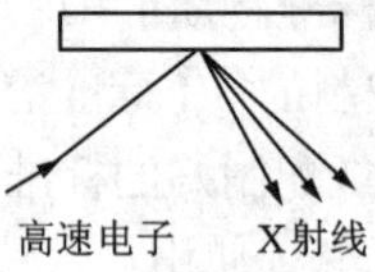

图 6-3　用带电粒子轰击激发 X 射线

1. 连续 X 射线谱

图 6-4 所示为钨靶 X 射线管辐射的连续 X 射线谱。当高速电子与靶面碰撞时，有的电子在一次碰撞中就释放出全部能量，也有的在几次碰撞中才释放出全部能量。这些被释放的能量除了使靶面温度升高外，还有一部分以电磁波的形式向四周辐射出去，这种辐射称为韧致辐射。

由于辐射出的光子能量不同，根据光子的能量公式

$$E = h\nu = h\frac{c}{\lambda} \tag{6-4}$$

很容易看出，这种辐射具有各种波长，是一个连续谱。但在短波侧有一个极限波长，称为短

波限。这个短波限是和那些在一次碰撞中就释放了全部能量的电子有关。设X射线管的电压为U，则高速电子的动能为eU，这个动能全部转换为光子的能量，即

$$E = h\nu = h\frac{c}{\lambda} = eU \tag{6-5}$$

这里的波长λ就是短波限，上式还可表示为

$$\lambda_{短波限} = \frac{hc}{eU} \tag{6-6}$$

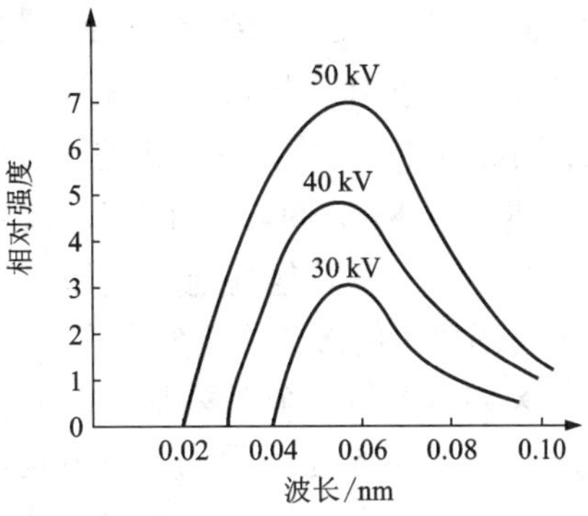

图6-4 钨靶X射线管辐射的连续X射线谱

普朗克常数$h=6.624\times10^{-34}$ J·s，光速$c=3\times10^{8}$ m/s，电子的电荷$e=1.6\times10^{-19}$ C，把它们代入上式，得

$$\lambda_{短波限} = \frac{6.624\times10^{-34}\times3\times10^{8}}{1.6\times10^{-19}}\cdot\frac{1}{U} = \frac{12400\times10^{-10}}{U}$$

或

$$\lambda_{短波限} = \frac{1240}{U} \tag{6-7}$$

式(6-7)中电压U的单位为V，波长的单位为nm。从上述分析可看出，连续光谱的短波限与靶材料无关，仅取决于射线管的电压。当$U=50$ kV时，$\lambda_{短波限}=0.0248$ nm。

2. 特征X射线谱

当X射线管的电压高到一定程度，高速电子的动能传给靶原子内壳层里低能级的电子，使它脱离原来壳层，跃迁到高能级。于是，在原来的低能级上出现空位。这样，其他高能级上的电子就会跃迁到这个空位上，而释放出两个能级差的能量。这部分能量一般以两种方式释放，一种是直接传给更外壳层的电子，使它能量增加，脱离原子壳层向外发射，称这种电子叫俄歇电子。另一种是以电磁辐射方式向外释放能量，也就是向外辐射光子。显然，这些光子的能量是一定的，等于两个能级的能量差，即

$$\Delta E = E_1 - E_2 = \frac{hc}{\lambda} \tag{6-8}$$

由此可得电磁辐射的波长为

$$\lambda = \frac{hc}{\Delta E} \tag{6-9}$$

容易看出，同一种靶原子，由于电子可能在不同能级间跃迁，因此可能辐射出几种不同波长的电磁波。不同种靶原子，由于能级的能量差不同，辐射出电磁波的波长不同。这种电磁辐射谱可以区别不同的靶原子，因此称为特征X射线谱。由原子物理学知，原子核外的电子分别处在不同的壳层中，最里层为K壳层，其次为L、M、N、O等壳层。K壳层以外的壳层又分为一些支层，比如L壳层分为3个支层，M壳层分为5个支层等。每个壳层和支层都对应一个能级，越靠近原子核能级越低。图6-5所示为部分元素的原子能级图和主要的K系与L系特征X射线产生的示意图。由于K壳层电子出现空位，其他高能电子跃迁到空位上，而辐射出的X射线，称为K系X射线。如果电子是由L壳层跃迁到K壳层，而辐射出的X

射线，则称为 K_α 射线。其中由电子来自 L 层的不同支层，又进一步细分为 K_{α_1} 与 K_{α_2} 射线。如果是由 M 壳层或 N 壳层跃迁到 K 壳层，则称为 K_β 射线，并且还进一步细分为 K_{β_1}、K_{β_2} 与 K_{β_3}。同时，由于 L、M 等壳层电子出现空位，其他高能级电子跃迁到空位上而辐射出的 X 射线，分别称为 L 系、M 系等 X 射线。每一个系又细分为 α、β、γ 等射线。从图 6-5 还可看出，并不是所有能级间都可发生电子跃迁。由原子物理的研究知道，这种跃迁还受选择定则的限制，只有那些符合选择定则的能级间才能跃迁。关于选择定则可参考有关原子物理方面的书籍，这里不再说明。

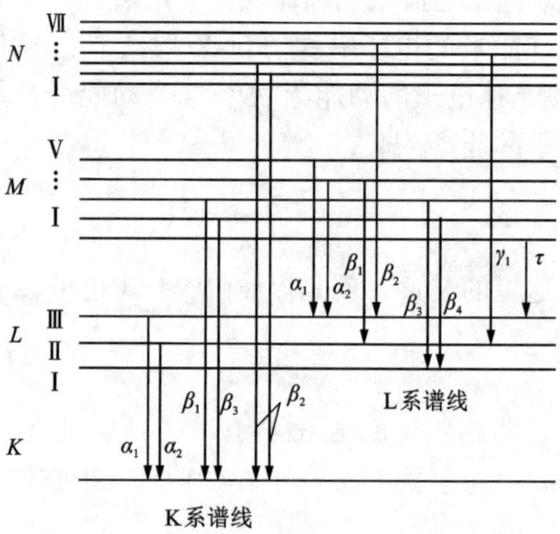

图 6-5 部分原子能级图和主要 K 系与 L 系特征 X 射线产生示意图

3. X 射线荧光

前面介绍过的由高速电子轰击某种金属靶而产生的 X 射线，称为初级 X 射线，它包括连续谱和特征谱。利用初级 X 射线照射某种元素，也可以激发原子内壳层电子，使它脱离原来壳层，而出现电子空位。这样，其他高能级电子跃迁到内壳层电子空位时，也会辐射出特征 X 射线。这种 X 射线称为次级 X 射线，也叫 X 射线荧光。X 射线荧光中仅有特征谱线，而没有连续谱线。这种激发 X 射线的方法就是电磁辐射照射法。

用电磁辐射激发某种元素产生 X 射线荧光，也就是特征 X 射线，通常采用两种方法，一种是利用 X 射线管发出的 X 射线照射，另一种是采用放射性核素 γ 射线源发出的 γ 射线照射。目前大量采用的是 X 射线管，而且是利用它的连续 X 射线谱照射元素。显然，这个连续 X 射线谱中必须有相当数量谱线的能量大于使被激发元素的内壳层电子脱离原来壳层所需的能量。

特征 X 射线的波长与元素之间的关系用莫塞莱定律来描述。莫塞莱定律指出：随着元素的原子序数的增加，特征 X 射线的波长有规律地变短。用式子表示为

$$\lambda = K(Z - \sigma)^{-2} \tag{6-10}$$

式中：λ 为特征 X 射线的波长，cm；Z 为原子序数；σ 为核屏蔽常数，$(Z-\sigma)$ 为有效核电荷数，同系谱线 σ 相同，例如，K 系谱线 $\sigma=1$，L 系谱线 $\sigma=7.4$；K 为常数，同一谱线 K 相同，例如 $K_{\alpha_1} \approx 0.121\times10^{-4}$。

6.2.2 X 射线的被吸附规律

X 射线射入后与物质发生相互作用，这种作用主要表现在两个方面：一方面产生光电效应，另一方面产生散射。对于射入物质中的窄束 X 射线，就其前进方向来讲都可以看成是 X 射线被物质吸收。产生光电效应的 X 光子真正被物质吸收；而被物质散射的 X 光子脱离射线束向四周散失。当然，也有一部分散射后的光子又被物质真正吸收。这样 X 射线束在物质中沿直线传播方向的光子数越来越少。X 射线被物质吸收的规律符合下式

$$J = J_0 e^{-\mu_m \rho \chi} \tag{6-11}$$

式中：J_0 为入射 X 射线的粒子流密度，单位为 $1/(s \cdot cm^2)$；J 为 X 射线在物质中辐射 x 距离后辐射的粒子流密度，单位为 $1/(s \cdot cm^2)$；μ_m 为质量衰减系数，单位为 cm^2/g，μ_m 的意义为光子被 1 g 物质吸收的概率；χ 为 X 射线在物质中辐射的距离，单位为 cm；ρ 为元素的密度，单位为 g/cm^3。

有时还把式(6-11)表示为

$$J = J_0 e^{-\mu_1 \chi} \tag{6-12}$$

式中：$\mu_1 = \mu_m \rho (cm^{-2})$，称为线衰减系数，其意义为光子在物质中辐射单位距离被吸收的概率。式(6-12)就是朗伯定律。因此，朗伯定律不仅适合光学光谱区，也适合 X 射线。

在成分分析中使用质量衰减系数 μ_m 比较方便。μ_m 仅与 X 光子能量及组成物质各元素的原子序数有关，而与物质是化合物还是混合物无关。多元素组成的质量衰减系数等于各元素质量衰减系数的计权平均值，即

$$\mu_m = W_1 \mu_{m1} + W_2 \mu_{m2} + W_3 \mu_{m3} + L \tag{6-13}$$

式中：W_1，W_2，W_3，…为各元素的质量分数；μ_{m1}，μ_{m2}，μ_{m3}，…为各元素的质量衰减系数。

6.2.3　X 射线荧光光谱检测系统

由莫塞莱定律可看出，特征 X 射线的波长与元素的原子序数间有单值关系。根据这个定理，只要测出某元素发出的一组特征 X 射线波长，就可通过查表确定它是什么元素。这就是 X 射线荧光的定性分析方法。

在定性分析的基础上，如果还能测出特征谱线的强度，然后把它和标准含量样品的特征谱线强度相比较，就可确定被分析元素的含量。这就是 X 射线荧光的定量分析方法。当然，这仅是分析方法中的一种，即所谓外标法。此外，还有内标法、增量法、数学方法等，关于分析方法可参阅有关书籍。

现代 X 射线荧光光谱仪分两种类型：波长色散型与能量色散型。图 6-6 所示为波长色散型 X 射线荧光光谱检测系统示意图。X 射线管发出的初级 X 射线照射到样品上激发出 X 射线荧光，然后由衍射晶体进行分光，使不同的特征谱线分开。由测角器测出衍射晶体的转角，然后计算出特征谱线的波长，再由探测器测出各特征谱线的强度。把这些信息经过电子线路进行处理，可得到类似色谱图那样的 X 射线荧光光谱图。根据这个光谱图就可决定样品的组成元素及各元素的含量。图 6-6 中虚线方框表示真空室，一般真空度要达到 1 Pa。抽真空的目的主要是防止空气对 X 射线吸收造成干扰。根据被分析样品的种类不同，在检测前要进行不同的预处理。例如，炼钢的炉前分析，需要有专门的熔融金属取样、样品制备与加料装置，如果是液体样品，例如矿浆，这时需要有专门的矿浆取样系统。

图 6-7 所示为能量色散型 X 射线荧光光谱检测系统示意图。这种类型的检测系统不需要分光，由半导体探测器直接对样品发出的特征 X 射线光子的数量及每个光子的能量进行检测，然后由信息处理系统把不同能量的光子分开，并给出各种能量的光子数目。显然，光子的能量与特征谱线的波长相对应，而光子的数量与特征谱线的强度相对应，半导体探测器的灵敏度很高，可检测出每个光子的能量，但它的工作温度很低，为 77～85 K，需要靠液氮来冷却。这样，就需要有专门的低恒温器，正是这一点限制了能量色散型 X 射线荧光光谱检测

系统在过程分析仪器上的应用。目前在过程分析仪器上应用的主要是波长色散型 X 射线荧光光谱检测系统。

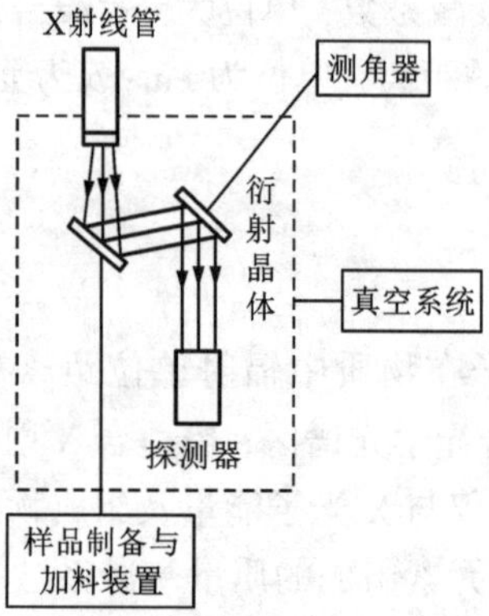

图 6-6 波长色散型 X 射线荧光光谱检测系统

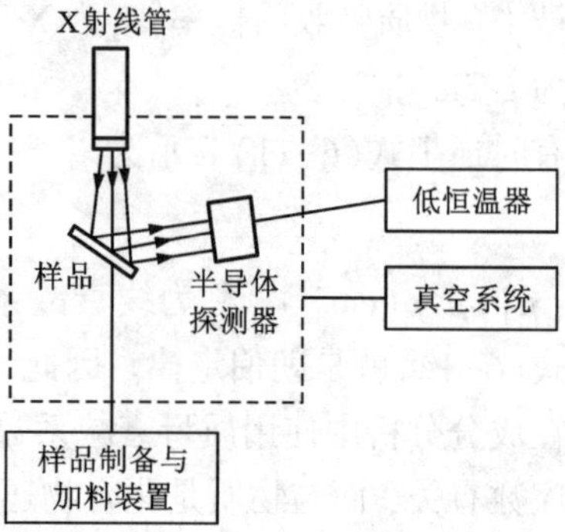

图 6-7 能量色散型 X 射线荧光光谱检测系统

1. 衍射晶体

X 射线由于波长短，不能用普通的光栅进行分光。一般对 X 射线分光都采用晶体，并称它为衍射晶体。

图 6-8 所示为晶体分光的光路示意图。图中的点为晶体点阵的原子，它们排列成许多平行的原子层(或称原子面)，第一层为最表面的一个原子层。各原子层间的距离为 d，称为晶体的面间距。设有两条平行的 X 射线 1 与 2 由晶体外分别入射到相邻的两个原子上，它们与原子层平面的夹角为 φ，称为掠射角。这两条 X 射线分别与原子产生相干散射(确切地说是和原子中的电子)，即有相同波长的 X 射线由原子向四周发出。但向四周散射的射线中最强的是反射方向的射线，即图中的射线 1′与 2′，它们与原子层平面的夹角也为 φ。分析 11′与 22′两条 X 射线的光程差，容易看出

$$\Delta = AB + BC = d\sin\varphi + d\sin\varphi \tag{6-14}$$

即

$$\Delta = 2d\sin\varphi$$

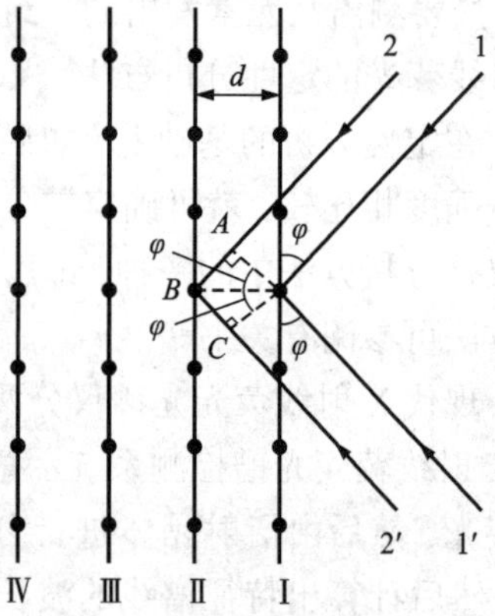

图 6-8 晶体分光的光路示意图

11′与 22′两条 X 射线相干得最大值的条件为

$$2d\sin\varphi = k\lambda \tag{6-15}$$

式中：$k=1, 2, 3, \cdots$为衍射的级次。此式称为布拉格公式，是晶体分光的基本公式。从此式可看出，当取定 k 值后(一般取为 1)为了使 X 射线经衍射得到最大值，根据不同的波长 λ，应采用不同的掠射角 φ。这样，当入射 X 射线方向固定时，如果晶体平面可以转动，那么就可以由不同的掠射角 φ 把不同波长的 X 射线分开。这样，利用衍射晶体可实现对 X 射线的分光。

常用的衍射晶体有氟化锂、石英、云母、氯化钠及一些有机物的晶体。

2. 旋转衍射晶体进行波长扫描

图 6-9(a)所示为旋转衍射晶体对 X 射线荧光进行波长扫描的示意图。从图中可看出，如果随衍射晶体平面由水平方向顺时针旋转 φ 角的同时，探测器也由水平方向顺时针旋转 2φ 角，那么探测器就可以接收到衍射 X 射线的波长为

$$\lambda=\frac{2d\sin\varphi}{k} \tag{6-16}$$

这样，衍射晶体从水平方向开始顺时针旋转 90°。就可以对入射的 X 射线荧光进行一次波长扫描。探测器响应与探测器转角 2φ 之间的关系曲线如图 6-9(b)所示，这个曲线称为 X 射线荧光光谱图。图中每个波峰对应一条 X 射线荧光的特征谱线，峰高表示谱线强度。对一定的衍射晶体，晶体的面间距 d 是已知的，k 一般取为 1。这样，连同掠射角 φ 一起代入式(6-16)就可求出特征谱线的波长。有了各条特征谱线的波长及其强度，就可以确定分析样品所含的元素及其含量。

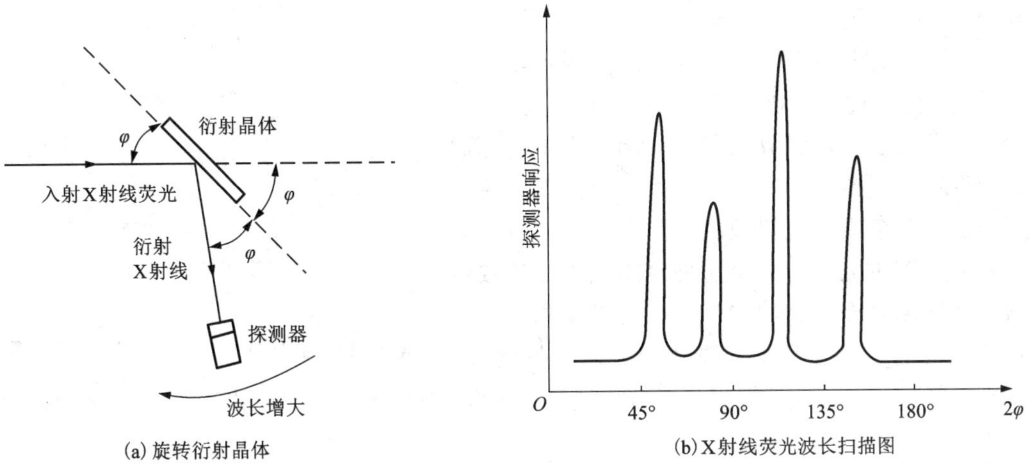

图 6-9　旋转衍射晶体与 X 射线荧光波长扫描图

过程 X 射线荧光光谱仪仅分析样品中某些特定元素的含量，因此，不需要波长扫描。也就是说，仅在某些特定的掠射角下测量 X 射线荧光的强度。为了加快分析速度，一般采用多个衍射晶体和多个探测器同时进行分析，即所谓多道 X 射线荧光光谱仪。这时入射的 X 射线相对每个衍射晶体的掠射角都是固定的，也就是每个探测器仅测量某个特定元素的特征谱线的强度，根据这个强度就可以确定该元素的含量。

3. X 射线探测器

常用的 X 射线探测器有正比计数器、闪烁计数器和半导体探测器。前两者主要用于波长色散型 X 射线荧光光谱仪，而后者主要用于能量色散型 X 射线荧光光谱仪。

1) 气体电离现象

正比计数器是基于气体电离现象制成的，为此先来研究气体电离现象。

图 6-10 所示为气体电离室的结构示意图。在金属圆柱形壳体的轴线上经过绝缘物固定一根金属丝作为阳极。壳体为阴极，两极间施以直流电压 U。壳体留一个窗口供射线射入。壳体内为气室，充以电离用的气体。一般常用氩，然后密封。

X 射线以及 α、β、γ 等射线射入电离室后都会引起气体原子电离，即分离为正离子 Ar^+ 和电子 e。正离子和电子在电离室空间电场作用下发生下列现象：电子将飞向阳极，被阳极收集；而正离子将飞向阴极，取得电子而还原。电子和正离子在空间飞行过程中，将引起气体继续电离，电子和离子又复合为原子。电离和复合这两种作用都与空间电场或两极间电压有关。显然，一个原始电子，由于它继续电离气体会引起电子倍增，使阳极得到多个电子。设这个电子倍增的倍数为 *A*，称为气体放大倍数。

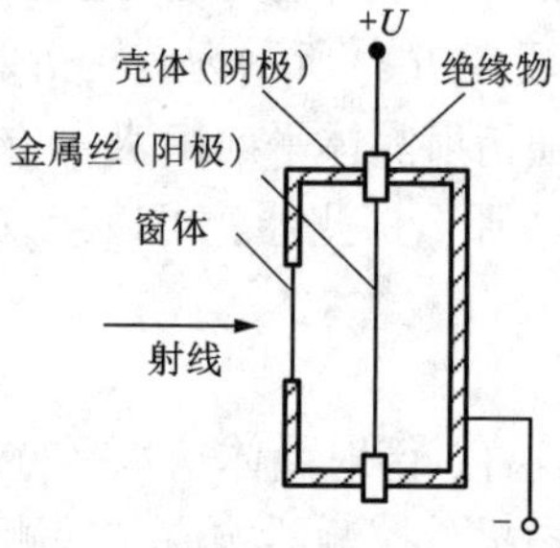

图 6-10　气体电离室的结构示意图

2）正比计数器

图 6-11 为封闭式正比计数器结构示意图。壳体为圆筒形，一般用不锈钢或铜制成；中心悬挂一根金属丝，一般用钨丝，它与壳体绝缘。金属丝为阳极，壳体为阴极，两极间施以直流高压。阴极接地，阳极一路经过一个电阻 *R* 接直流高压，另一路经过隔直电容 *C* 接前置放大器。在圆筒壳体的侧面上对应设置两个窗口，其中一个为入射窗口。窗口材料一般用铍箔或蒸镀铝膜的云母箔，厚度与探测的 X 射线荧光的波长有关。这种封闭式正比计数器一般用来探测波长为 10^{-2}~10^{-1} nm 的 X 射线，窗口的铍箔厚度为零点几毫米。壳体内充以惰性气体，例如充氩气（Ar），一般还混以少量有机气体，例如甲烷（CH_4），最常用的比例为 90%Ar+10% CH_4。

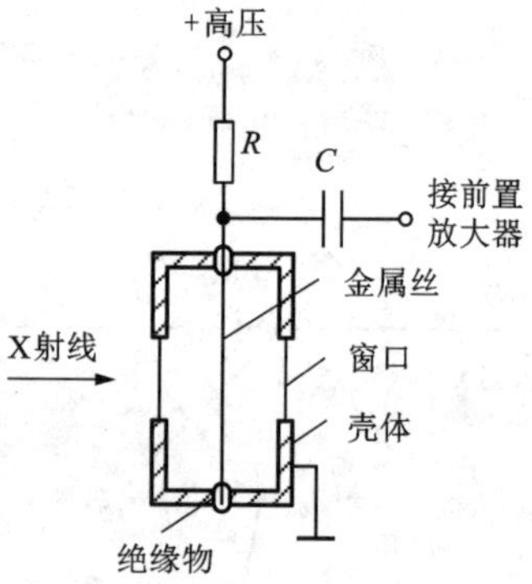

图 6-11　封闭式正比计数器结构示意图

适当地选择正比计数器的结构尺寸和工作电压，比如气室直径为 20~30 mm，工作电压为 400~800 V，使它工作在气体电离的正比区，这时对每个原始电子的气体放大倍数 *A* 都一样。因此，阳极收集到的电子数与原始电子数成正比。当 X 射线经由入射窗口射入 Ar 后，每个 X 光子都会引起一些 Ar 原子电离，并且被电离产生的原始电子数与 X 光子的能量成正比。这样，阳极收集到的电子数与射入 X 光子的能量成正比。从图 6-11 可看出，阳极收集电子瞬间，探测器就有个脉冲电压信号输出。显然，脉冲的幅度与阳极收集的电子数成正比，也就是和入射 X 光子的能量成正比。这样，有一个 X 射线光子射入正比计数器，就有一个脉冲输出，并且它的输出幅度与光子的能量成正比，称这样的脉冲为主脉冲或全能脉冲。

充入正比计数器中的甲烷 CH_4 的作用如下：正离子 Ar^+ 在电场作用下飞向阴极，在飞行过程中因与 CH_4 分子相碰撞而降低能量。这样，能量降低后的正离子 Ar^+ 碰到阴极壳体壁上，就不至于再击出电子。因此，称甲烷为猝灭气体，它的作用是阻止阴极壳体的二次电子发射。显然，这种二次电子发射也将会造成计数，称这种计数为本底计数，它会降低正比计数器的性能。安置出射窗口的目的是减少本底计数，使得那些能量没有完全被气体吸收的 X 光子从出射窗口射出，而不至于射到阴极壳体壁上引起二次电子发射。

一个 X 光子引起气体电离产生的电子，可很快被阳极收集起来。但正离子由于质量比电子大很多，在电场的作用下它的飞行速度也比电子慢很多，这样它们由阴极获得电子而还原就需要一段时间。在这段时间内由于正离子对阳极的屏蔽作用，正比计数器对再入射的光子是不敏感的，称这段时间为死时间，一般约为 10^{-6} s。因此，正比计数器的最大计数率为 10^{-5}/s 左右。

如果入射的 X 射线光子能量 E_0 高于激发气体产生特征 X 射线的能量，则会激发气体产生特征 X 射线，例如击出原子的 K 壳层电子，产生 K_α 射线。这时 K 壳层电子由光子获得能量为 E_0。设它脱离原子需要付出的 K 壳层电子结合能为 E_K，那么脱离原子的光电子还有能量 (E_0-E_K)。这个光电子还将进一步电离其他原子，它使其他原子电离的效果相当于具有能量 (E_0-E_K) 的光子。一般 K_α 射线不会再被同种气体的原子吸收，因此它将向四处散失，逸出计数器或射到壳壁上。这时计数器实际测得的能量为 (E_0-E_K)，计数器输出相应脉冲的幅度正比于这个能量差，称这个脉冲为逸出脉冲。显然，这是我们所不希望的。为了避免逸出脉冲，要适当选择所充气体，使被探测的 X 射线光子能量不会激发它产生特征 X 射线。

当被探测的 X 射线的能量较小，也就是波长较长，例如零点几纳米以上到几纳米，这时要求入射窗口很薄才行，否则 X 射线的大部分能量将被窗口吸收。这时窗口可采用几微米厚的蒸镀上铝膜的聚酯薄膜、聚丙烯薄膜等材料。由于膜过薄，很易漏气，因此，正比计数器的结构要采用图 6-12 所示的气流式结构。在探测器工作时要不断向壳体内补充新鲜气体，要保证气体纯度和混合气体的比例，比如 90%Ar+10%CH_4。气体的流速要小，以免引起阳极金属丝颤动。同时为避免壳体内沾污灰尘，应定期清洗。

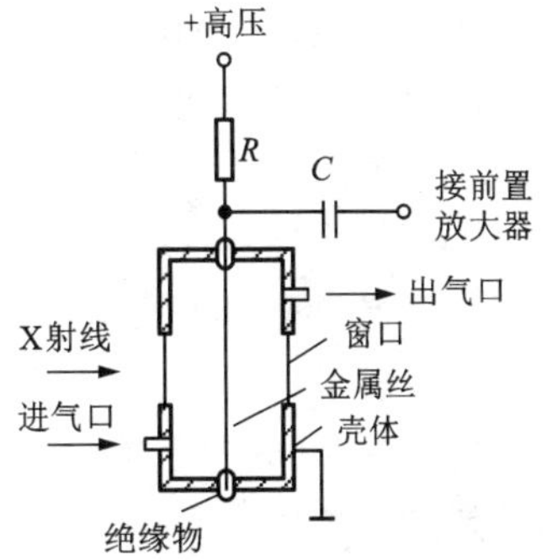

图 6-12　气流式正比计数器结构示意图

3) 闪烁计数器

图 6-13 所示为闪烁计数器的结构示意图，它包括闪烁体和光电倍增管两部分。最常用的闪烁体是掺杂 0. 1% 左右铊 (TI) 的碘化钠 (NaI) 晶体。它的厚度与被测的 X 射线能量有关，一般从零点几毫米到几毫米；它的直径为 40 mm 左右。NaI(TI) 晶体容易潮解，因此，要装在密封容器里。入射窗口一般用铍 (Be) 箔，厚度为零点几毫米。铍窗的内侧和容器的内侧面都镀上铝膜，用以反射可见光。出射窗口用玻璃，紧靠光电倍增管的入射窗口。为了改善它们之间的光学接触条件，在接触面上涂一薄层硅油。

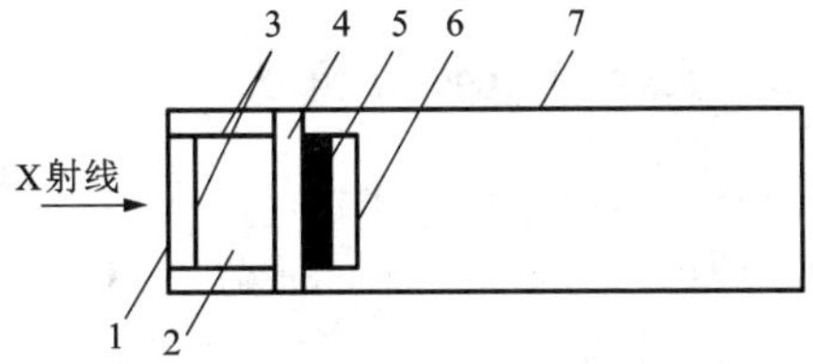

1—铍窗；2—闪烁体；3—铝膜；4—玻璃；5—硅油；6—光电倍增管窗口；7—光电倍增管。

图 6-13　闪烁计数器的结构示意图

NaI(Tl) 晶体是一种无机闪烁晶体，它的质量衰减系数很大，几乎可吸收整个波段的 X 射线。当 NaI(TI) 晶体吸收 X 射线光子后，相应地发出可见光光子，后者的数量与前者的能量成正比。Nal(TI) 晶体发出的可见光波长为 410 nm，为紫光。晶体发出的可见光射入光电倍增管后在阳极引起光电流，光电流通过电阻就形成电压信号输出。NaI(TI) 晶体发光时间很短，它按指数规律衰减，衰减的时间常数约为0.25 μs。射入一个X射线光子，闪烁计数器相应地就有一个脉冲电压信号输出，并且脉冲的幅度与X射线光子的能量成正比。闪烁计数器的最大计数率在10^6/s左右，比正比计数器略高。

4)半导体探测器

最常用的半导体探测器是锂漂移型。它的结构是P型硅单晶(Si)或锗单晶(Ge)上扩散高浓度的施主杂质锂(Li)，形成P-N结，然后在适当温度下加上几百伏反向偏压，使Li^+从N区漂移到P区。如果P型半导体中的受主杂质为硼(B)，这时锂与硼在电场作用下形成稳定的锂-硼(Li^+-B^-)对，于是两种杂质互相补偿，使P型半导体变成准本征半导体，即形成所谓I区。这样，就形成了具有N-I-P三个区的器件，称为NIP型半导体探测器，如图6-14所示。其中P区富有空穴载流子；N区富有电子载流子；而I区为放空区，既没有空穴载流子，也没有电子载流子，称为探测器的敏感区。

当X射线穿过很薄的N区射入I区时，X射线光子的能量被半导体吸收，产生许多电子-空穴对，其对数与光子能量成正比。NIP型半导体探测器工作时，需加上几百伏反向偏压。这时在强电场作用下电子流向正极，空穴流向负极，从而形成电流，因此在探测器输出端有电压信号输出，显然，射入一个X射线光子，探测器就有一个脉冲电压信号输出，并且脉冲的幅度与X射线光子的能量成正比。由于半导体探测器两极收集电荷所需要的时间很短，约为10^{-8}~10^{-7} s，这样，可以得到较高的计数率。

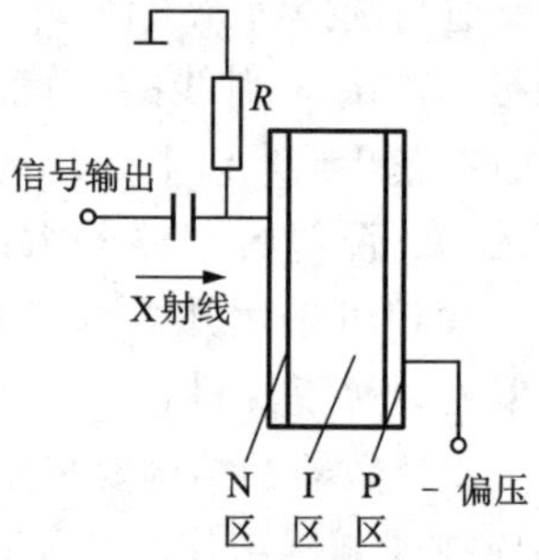

图6-14　半导体探测器结构示意图

上面这种锂漂移型半导体探测器的主要缺点为：无论工作或储存都需要在77 K的液氮低温下；而温度高时，比如在室温下，由于锂在半导体内迁移，将使探测器的性能变坏。

6.3　常用气体分析仪

6.3.1　热导式气体分析仪

热导式气体分析仪是使用最早的一种物理式气体分析器，它是利用不同气体导热特性不同的原理进行分析的，常用于分析混合气体中H_2、CO_2、NH_3、SO_2等组分的百分含量。这类仪表具有结构简单、工作稳定、体积小等优点，是生产过程中使用较多的仪表之一。

各种气体都具有一定的导热能力，但是程度有所不同，即各有不同的导热系数。经实验测定，气体中氢和氦的导热能力最强，而二氧化碳和二氧化硫的导热能力较弱。气体的热导率还与气体的温度有关，表6-1列出了在0℃时以空气热导率为基准的几种气体的相对热导率。

表 6-1　气体在 0℃时的热导率和相对热导率

气体名称	相对热导率 $\lambda/\lambda_{空气}$	气体名称	相对热导率 $\lambda/\lambda_{空气}$
空气	1.000	一氧化碳	0.964
氢	7.130	二氧化碳	0.614
氧	1.015	二氧化硫	0.344
氮	0.998	氨	0.897
氦	5.91	甲烷	1.318
硫化氢	0.538	乙烷	0.807

混合气体的热导率可以近似地认为是各组分热导率的算术平均值，即

$$\lambda = \lambda_1 C_1 + \lambda_2 C_2 + \cdots + \lambda_n C_n = \sum_{i=1}^{n} \lambda_i C_i \tag{6-17}$$

式中：λ 为混合气体的总热导率；λ_1，λ_2，…，λ_n 为混合气体中各组分的热导率；λ_i 为混合气体中第 i 组分的热导率；C_1，C_2，…，C_n 为混合气体中各组分的体积分数；C_i 为混合气体中第 i 组分的体积分数。

如果被测组分的热导率为 λ_1，其余组分为背景组分，并假定它们的热导率近似等于 λ_2。又由于 $C_1+C_2+\cdots+C_n=1$，将它们代入式(6-17)后可得

$$\lambda \approx \lambda_1 C_1 + \lambda_2 C_2 + \lambda_3 C_3 + \cdots + \lambda_n C_n = \lambda_1 C_1 + \lambda_2(1 - C_1) = \lambda_2 + (\lambda_1 - \lambda_2) C_1 \tag{6-18}$$

即有

$$C_1 = \frac{\lambda - \lambda_2}{\lambda_1 - \lambda_2} \tag{6-19}$$

在 λ_1、λ_2 已知的情况下，测定混合气体的总热导率 λ，就可以确定被测组分的体积分数。

在实际测量中，要求混合气体中背景组分的热导率必须近似相等，并与被测组分的热导率有明显差别。对于不能满足这个条件的多组分组合气体，可以采取预处理的方法。如分析烟道气体中的 CO_2 含量，已知烟道气体的组分有 CO_2、N_2、CO、SO_2、H_2、O_2 及水蒸气等。其中 SO_2、H_2 热导率相差太大，应在预处理时除去。剩余的背景气体热导率相近，并与被测气体 CO_2 的热导率有显著差别，所以可用热导法进行测量。

热导式气体分析仪的核心是测量室，称为热导池，如图 6-15 所示。热导池是用导热良好的金属制成的长圆柱形小室，室内装有一根细的铂或钨电阻丝，电阻丝与腔体有良好的绝缘。电源供给热丝恒定电流，使之维持一定的温度 t_n，t_n 高于室壁温度 t_c，被测气体由小室下部引入，从小室上部排出，热丝的热量通过混合气体向室壁传递。热导池一般放在恒温装置中，故室壁温度恒定，热丝的热平衡温度将随被测气体的热导率变化而改变。热丝温度的变化使其电阻值亦发生变化，通过电阻变化可得气体组分的变化。

热导池有不同的结构形式，图 6-15 所示为目前常用的对流扩散式结构型热导池。气样由主气路扩散到气室中，然后由支气路排出，这种结构可以使气流具有一定速度，并且气体

不会产生倒流。

热导式分析仪表通常采用桥式测量电路，如图 6-16 所示。桥路四臂接入四个气室的热丝电阻，测量室桥臂为 R_m，参比室桥臂为 R_α。四个气室的结构参数相同，并安装在同一块金属体上，以保证各气室的壁温一致，参比室封有被测气体下限浓度的气样。当从测量室通过的被测气体组分百分含量与参比室中的气样浓度相等时，电桥处于平衡状态。当被测组分发生变化时，R_m 将发生变化，使电桥失去平衡，其输出信号的变化值就代表了被测组分含量的变化。

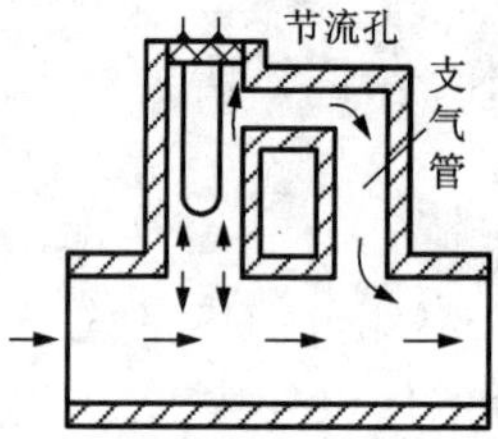

图 6-15　对流扩散式结构型热导池

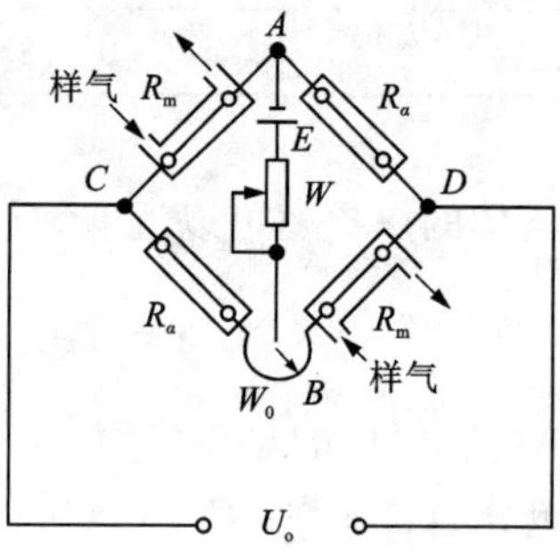

图 6-16　桥式测量电路

6.3.2　红外线气体分析仪

红外线气体分析仪属于光学分析仪表中的一种，它是利用不同气体对不同波长的红外线具有选择性吸收的特性来进行分析的。这类仪表的特点是测量范围宽，灵敏度高，能分析的气体体积分数可到 10^{-6}(百万分之一级)；反应速度快，选择性好。红外线气体分析仪常用于连续分析混合气体中 CO、CO_2、CH_4、NH_3 等气体的浓度。

大部分有机和无机气体在红外波段内有其特征的吸收峰。图 6-17 所示为一些气体的吸收光谱，红外线气体分析器主要利用 2~25 μm 之间的一段红外光谱。

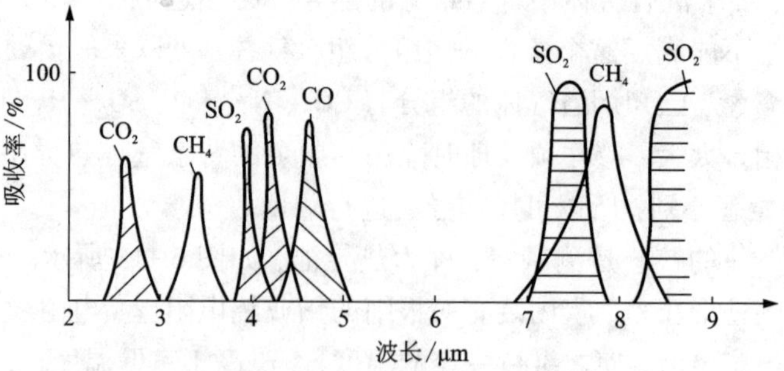

图 6-17　几种气体的吸收光谱

红外线气体分析仪一般由红外辐射源、测量气样室、红外探测装置等组成。从红外光源发出强度为 I_0 的平行红外线，被测组分选择吸收其特征波长的辐射能，红外线强度将减弱为 I。红外线通过吸收物质前后强度的变化与被测组分浓度的关系服从朗伯-比尔定律

$$I = I_0 e^{-KCL} \tag{6-20}$$

式中：K 为被测组分吸收系数；C 为被测组分浓度；L 为光线通过被测组分的吸收层厚度。

当入射红外线强度和气室结构等参数确定后，测量红外线的透过强度就可以确定被测组分浓度的大小。

工业用红外线气体分析仪有非色散(非分光)型和色散(分光)型两种型式。

非色散型仪表中，由红外辐射源发出连续红外线光谱，包括被测气体特征吸收峰波长的红外线在内。被分析气体连续通过测量气样室，被测组分将选择性地吸收其特征波长红外线的辐射能，使从气样室透过的红外线强度减弱。

色散型仪表则采用单色光的测量方式，其测量原理是利用两个固定波长的红外线通过气样室，被测组分选择性地吸收其中一个波长的辐射，而不吸收另一波长的辐射。对两个波长辐射能的透过比进行连续测量，就可以得知被测组分的浓度。这类仪表使用的波长可在规定的范围内选择，可以定量测量具有红外吸收作用的各种气体。

6.3.3　气相色谱仪

色谱分析仪器是一种高效、快速、灵敏的物理式分析仪表，它包括分离和分析两个技术环节。在测试时，使被分析的试样通过色谱柱，由色谱柱将混合试样中的各个组分分离，再由检测器对分离后的各组分进行检测，以确定各组分的成分和含量。这种仪表可以一次完成对混合试样中几十种组分的定性和定量分析，在工业流程中使用的一般多为气相色谱仪。

色谱分析的基本原理是根据不同物质在固定相和流动相所构成的体系即色谱柱中具有不同的分配系数而进行分离。色谱柱有两大类，一类是填充色谱柱，是将固体吸附剂或带有固定液的固体柱体，装在玻璃管或金属管内构成。另一类是空心色谱柱或空心毛细管色谱柱，都是将固定液附着在管壁上形成。毛细管色谱柱的内径只有 0.1~0.5 mm。被分析的试样由载气带入色谱柱，载气在固定相上的吸附或溶解能力要比样品组分弱得多，由于样品中各组分在固定相上吸附或溶解能力的不同，被载气带出的先后次序也就不同，从而实现了各组分的分离。图 6-18 所示为混合物在色谱柱中的分离过程。

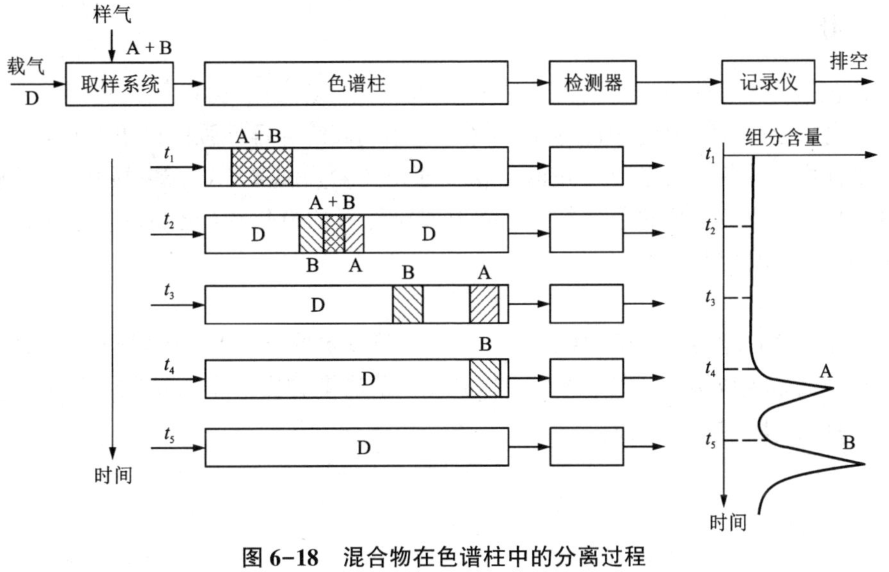

图 6-18　混合物在色谱柱中的分离过程

两个组分A和B的混合物经过一定长度的色谱柱后，将逐渐分离，A、B组分在不同的时间流出色谱柱，并先后进入检测器，检测器输出测量结果，由记录仪绘出色谱图，在色谱图中两组分各对应一个色谱峰。图中随时间变化的曲线表示各个组分及其浓度，称为色谱流出曲线。

各组分从色谱柱流出的顺序与色谱柱固定相成分有关。从进样到某组分流出的时间与色谱柱长度、温度、载气流速等有关。在保持相同条件的情况下，对各组分流出时间标定以后，可以根据色谱峰出现的不同时间进行定性分析。色谱峰的高度或面积代表相应组分在样品中的含量，用已知浓度试样进行标定后，可以做定量分析。

色谱仪分析的基本流程如图6-19所示，样气和载气分别经过预处理系统进入取样装置，再流入色谱柱，分离后的组分经检测器检测，相关信号经处理后输出。

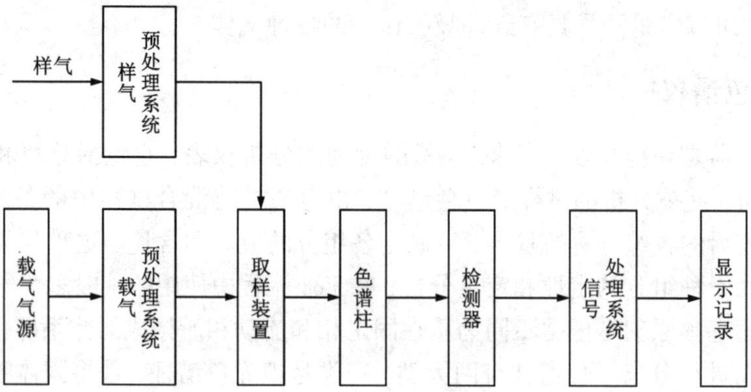

图6-19　色谱仪的基本流程

6.4　水质检测

6.4.1　氰化物检测

氰化物包括简单氰化物、络合氰化物和有机氰化物(腈)。简单氰化物易溶于水，毒性大；络合氰化物会在水体中受pH、水温和光照等影响离解为毒性强的简单氰化物。

测定水体中氰化物的方法有容量滴定法、分光光度法和离子选择电极法。在测定之前，通常先将水样在酸性介质中进行蒸馏，把能形成氰化氢的氰化物(全部简单氰化物和部分络合氰化物)蒸出，使之与干扰组分分离。

1. 硝酸银滴定法

取一定量预蒸馏溶液，调至pH为11以上，以试银灵作指示剂，用硝酸银标准溶液滴定，则氰离子与银离子生成银氰络合物$[Ag(CN)_2]^-$，稍过量的银离子与试银灵反应，使溶液由黄色变为橙红色，即为滴定终点。

2. 分光光度法

1)异烟酸-吡唑啉酮分光光度法

取一定量预蒸馏溶液，调节 pH 至中性，加入氯胺 T 溶液，则氰离子被氯胺 T 氧化成氯化氰(CNCl)。再加入异烟酸-吡唑啉酮溶液，氯化氰与异烟酸作用，经水解生成戊烯二醛，与吡唑啉进行缩合反应，生成蓝色染料。在 638 nm 波长下，进行吸光度测定，用标准曲线定量。

2)吡啶-巴比妥酸分光光度法

取一定量蒸馏馏出液，调节 pH 至中性，氰离子与氯胺 T 反应生成氯化氰，氯化氰与吡啶反应生成戊烯二醛，戊烯二醛再与巴比妥酸发生缩合反应，生成红紫色染料，于 580 nm 波长处比色定量。

3. 氰离子浓度检测仪

比色式氰离子浓度检测仪的工作原理如图 6-20 所示。用定量泵将被测水样和试剂 A(氯胺 T 溶液)、B(吡唑啉酮溶液)、C(异烟酸溶液)各以一定流量连续输入蛇形反应管中，水样中的氰离子在反应管内与上述三种试剂发生反应，生成红紫色化合物，送至流通式比色槽进行比色测定。从光源发射出一定强度的光，经透镜系统获得平行光束，照射在比色槽上，其透过光分别通过 700 nm 和 540 nm 滤光片，得到两束不同波长的光，其中，700 nm 光强度不随氰离子浓度变化，以此作参比光束；540 nm 光为有色氰化物的特征吸收光，强度随水样中氰离子浓度变化。两束光分别照射在配对的两个光电池上，产生的两个光电流送入信号放大器进行放大后，由变送器进行信号处理和计算，最后得到氰离子浓度，并进行显示和记录。

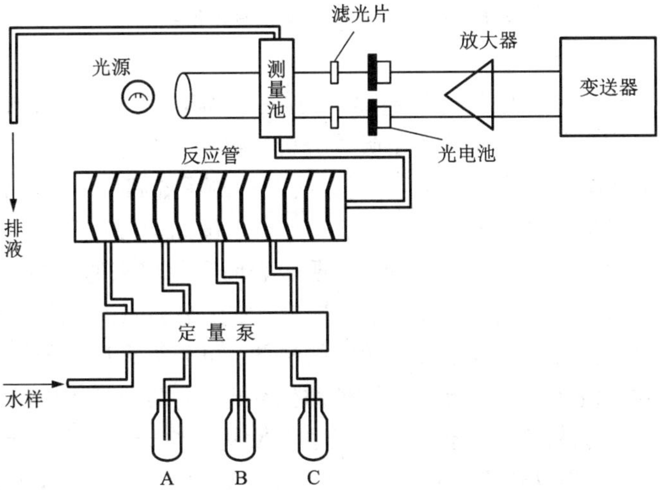

图 6-20　比色式氰离子浓度检测仪工作原理图

6.4.2　镉成分检测

镉的毒性很强，可在人体的肝、肾等组织中蓄积，造成各脏器组织的损坏，尤以对肾脏损害最为明显，还会导致骨质疏松和软化。镉主要来自电镀、采矿、冶炼、染料、电池和化学工业等排放的废水。测量镉的方法有原子吸收分光光度法、双硫腙分光光度法、阳极溶出伏安法和示波极谱法等。限于篇幅，本书主要介绍原子吸收分光光度法。

1. 原子吸收分析的工作原理

图 6-21 为火焰原子吸收分析法的测定过程示意图。将含待测元素的溶液通过原子化系统喷成细雾，随载气进入火焰中解离成基态原子。当空心阴极灯辐射出待测元素的特征波长光通过火焰时，被火焰中待测元素的基态原子因吸收而减弱，在一定实验条件下，特征波长光强的变化与火焰中待测原子的浓度有定量关系，从而与试样中待测元素的浓度(c)有定量关系，即

$$A = k'c \tag{6-21}$$

式中：k'为常数；A 为待测元素的吸光度。

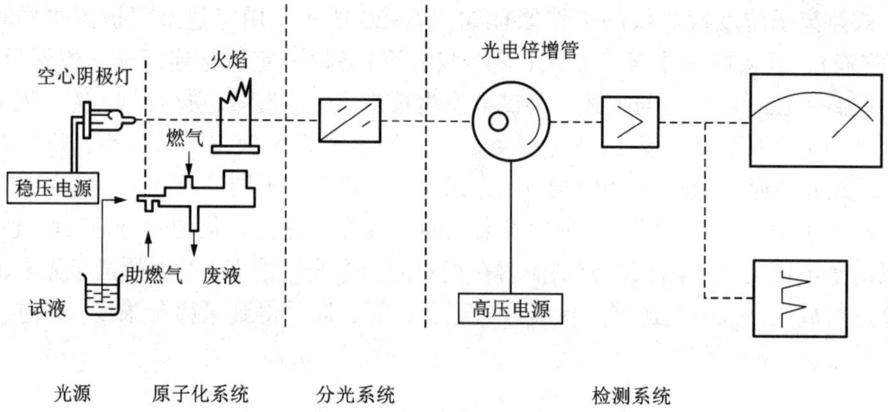

图 6-21　原子吸收分析法测定示意图

由上式可知吸光度与浓度服从比尔定律。因此，测定吸光度可以求出待测元素的浓度，这是原子吸收分析的定量依据。用作原子吸收分析的仪器称为原子吸收分光光度计或原子吸收光谱仪，它主要由光源、原子化系统、分光系统及检测系统四个主要部分组成。

空心阴极灯是一种低压辉光放电管，包括一个空心圆筒形阴极和一个阳极，阴极由待测元素材料制成。当两极间加上一定电压时，因阴极表面溅射出来的待测金属原子被激发，便发射出特征光谱。这种特征光谱线宽度窄，干扰少，故称空心阴极灯为锐线光源。

原子化系统是将待测元素转变成原子蒸汽的装置，可分为火焰原子化系统和无火焰原子化系统。火焰原子化系统包括喷雾器、雾化室、燃烧器和火焰及气体供给部分。火焰是将试样雾滴蒸发、干燥并经过热解离或还原作用产生大量基态原子，常用的火焰是空气-乙炔火焰。对用空气-乙炔火焰难以解离的元素，如 Al，Be，V，Ti 等，可用氧化亚氮-乙炔火焰(最高温度可达 3300 K)。常用的无火焰原子化系统是电热高温石墨管原子化器，其原子化效率比火焰原子化器高得多，因此可大大提高测定灵敏度。此外，还有氢化物原子化器等。无火焰原子化法的测定精度比火焰原子化法差。

分光系统又称单色器，主要由色激元件、四面镜、狭缝等组成。在原子吸收分光光度计中，单色器放在原子化系统之后，将待测元素的特征谱线与邻近谱线分开。检测系统由光电倍增管、放大器、对数转换器、变送器和自动调节、自动校准等部分组成，是将光信号转变成

电信号并进行测量的装置。

2. 定量分析法

定量分析法又分为标准曲线法和标准加入法。

标准曲线法：同分光光度法一样，先配制相同基体的含有不同浓度待测元素的系列标准溶液，分别测其吸光度，以扣除空白值之后的吸光度为纵坐标，对应的标准溶液浓度为横坐标绘制标准曲线。在同样操作条件下测定试样溶液的吸光度，根据标准曲线查得试样溶液的浓度。

标准加入法：如果试样的基体组成复杂且对测定有明显干扰时，则在标准曲线呈线性关系的浓度范围内，可使用这种方法测定。具体操作为：将一定量已知浓度的标准溶液加入待测样品中，测定加入前后样品的浓度。加入标准溶液后的浓度将比加入前的高，其增加的量应等于加入的标准溶液中所含的待测物质的量。如果样品中存在干扰物质，则浓度的增加值将小于或大于理论值。

3. 直接吸入火焰原子吸收法测定镉

清洁水样可不经预处理直接测定。污染的地面水和废水需用硝酸或硝酸-高氯酸消解，并进行过滤、定容。将试样溶液直接吸入喷雾火焰中原子化，测量各元素对其特征光产生的吸收，用标准曲线法或标准加入法定量。

4. 萃取火焰原子吸收法测定微量镉

本方法适用于含量较低，需进行富集后测定的水样。清洁水样或经消解的水样中的待测金属离子在酸性介质中与吡咯烷二硫代氨基甲酸铵(APDC)生成络合物，用甲基异丁基甲酮(MIBK)萃取后吸入火焰进行原子吸收分光光度测定。当水样中的铁含量较高时，采用碘化钾-甲基异丁基甲酮(KI-MIBK)萃取体系的效果更好。其操作条件同直接吸入原子吸收法。

5. 离子交换火焰原子吸收法测定微量镉

用强酸型阳离子交换树脂吸附富集水样中的镉，再用酸洗脱后吸入火焰进行原子吸收测定。

6. 石墨炉原子吸收分光光度法测定微量镉

将清洁水样和标准溶液直接注入石墨炉内进行测定。每次进样量10~20 μL(视元素含量而定)。测定时，石墨炉分三阶段加热升温。首先以低温(小电流)干燥试剂，使溶剂完全挥发，但以不发生剧烈沸腾为宜，称为干燥阶段；然后用中等电流加热，使试样灰化或碳化(灰化阶段)，在此阶段应有足够长的灰化时间和足够高的灰化温度，使试样基本完全蒸发，但又不使被测元素损失；最后用大电流加热，使待测元素迅速原子化(原子化阶段)，通常选择最低原子化温度。测定结束后，将温度升至最大允许值并维持一定时间，以除去残留物，消除记忆效应，做好下一次进样的准备。

6.4.3　铅成分检测

铅是在人体和动植物组织中可蓄积的有毒金属，其主要毒性效应是导致贫血、神经机能失调和肾损伤等。铅对水生生物的安全浓度为0.16 mg/L。

铅的主要污染源是蓄电池、冶炼、五金、机械、涂料和电镀工业等部门的排放废水。测定水体中铅的方法与测定镉的方法相同，可采用原子吸收分光光度法和双硫腙分光光度法，也可以用阳极溶出伏安法和示波极谱法。

双硫腙分光光度法基于 pH 为 8.5~9.5 的氨性柠檬酸盐-氰化物的还原介质中，铅与双硫腙反应生成红色螯合物，用三氯甲烷(或四氯化碳)萃取后于 510 nm 波长处比色测定。其显色反应式为

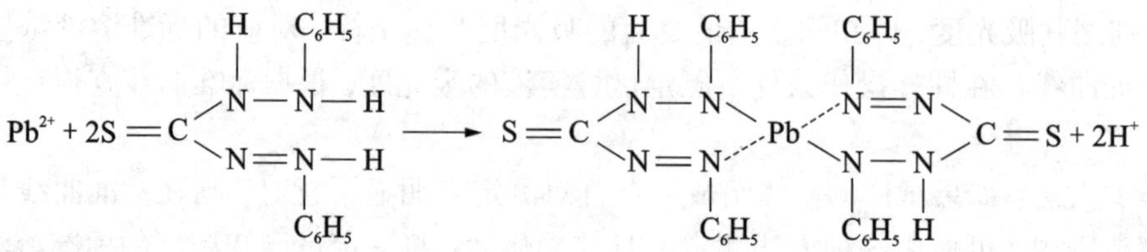

测定时，要特别注意器皿、试剂及去离子水是否含痕量铅，这是能否获得准确结果的关键。Bi^{3+}、Sn^{2+}等干扰测定，可预先在 pH 为 2~3 时用双硫腙三氯甲烷溶液萃取分离。为防止双硫腙被一些氧化物质如 Fe^{3+} 等氧化，可在氨性介质中加入盐酸羟胺。

该方法适用于地面水和废水中痕量铅的测定。例如，使用 10 mm 比色皿，取水样 100 mL，用 10 mL 双硫腙三氯甲烷溶液萃取，最低检测浓度可达 0.01 mg/L，测定上限为 0.3 mg/L。原子吸收分光光度等测定铅的方法见镉的测定。

6.4.4 矿物油检测

水中的矿物油来自工业废水和生活污水。工业废水中石油类(各种烃类的混合物)污染物主要来自原油开采、加工及各种炼制油的使用部门。矿物油漂浮在水体表面，影响空气与水体界面间的氧交换；分散于水中的油可被微生物氧化分解，消耗水中的溶解氧，使水质恶化。矿物油中还含有毒性大的芳烃类。测定矿物油的方法有重量法、非色散红外法、紫外分光光度法、荧光法、比浊法等。

1. 重量法

重量法是常用的方法，它不受油品种的限制，但操作烦琐，灵敏度低，只适用于测定 10 mg/L 以上的含油水样。其测定原理是以硫酸酸化水样，用石油醚萃取矿物油，然后蒸发除去石油醚，称量残渣重，计算矿物油含量。

该法的测定结果是指水中可被石油醚萃取的物质总量，可能含有较重的石油成分不能被萃取。蒸发除去溶剂时，也会造成轻质油的损失。

2. 非色散红外法

非色散红外法系利用石油类物质的甲基(—CH)、亚甲基(—CH)在近红外区(3.4 μm)有特征吸收，作为测定水样中油含量的基础。标准油可采用受污染地点水中石油醚萃取物。根据我国原油组分特点，也可采用混合石油烃作为标准油，其组成为：十六烷：异辛烷：苯(体积比)=65：25：10。

测定时，先用硫酸将水样酸化，加氯化钠破乳化，再用三氯三氟乙烷萃取，萃取液经无水硫酸钠层过滤、定容，注入红外分析仪测其含量。

所有含甲基、亚甲基的有机物质都将产生干扰。如水样中有动、植物性油脂以及脂肪酸物质应预先将其分离。此外，石油中有些较重的组分不溶于三氯三氟乙烷，致使测定结果偏低。

3. 紫外分光光度法

石油及其产品在紫外光区有特征吸收。带有苯环的芳香族化合物的主要吸收波长为 250~260 nm；带有共轭双键的化合物主要吸收波长为 215~230 nm。一般原油的两个吸收峰波长为 225 nm 和 254 nm；轻质油及炼油厂的油品可选 225 nm。

水样用硫酸酸化，加氯化钠破乳化，然后用石油醚萃取，脱水，定容后测定。标准油用受污染地点水样石油醚萃取物。

不同油品特征吸收峰不同，如难以确定测定波长时，可用标准油样在波长 215~300 nm 的吸收光谱，采用其最大吸收峰的位置，一般在 220~225 nm。

习题与思考题

6.1　简述 pH 检测仪的结构组成及基本工作原理。

6.2　简述常用 pH 测量电极及其应用选择方法。

6.3　什么是连续 X 射线谱和特征 X 射线谱？

6.4　简述特征 X 射线谱在矿石品位检测中的作用。

6.5　简述 X 荧光品位仪的组成及工作原理。

6.6　常用气体分析仪主要有哪几种？简述其工作原理。

6.7　检测水中氰化物主要有哪几种方法？

6.8　简述原子吸收分析的工作原理。

第7章　温度检测技术

温度是国际单位制给出的基本物理量之一，它是工农业生产和科学实验中需要经常测量和控制的主要参数，也是与人们日常生活紧密相关的一个重要物理量。通常把长度、时间、质量等基准物理量称作“外延量”。它们可以叠加，例如把长度相同的两个物体连接起来，其总长度为原来的单个物体长度的两倍。温度是一种“内涵量”，叠加原理不再适用，例如把两瓶90℃的水倒在一起，其温度绝不可能增加，更不可能成为180℃。

从热平衡的观点看，温度是物体内部分子无规则热运动剧烈程度的标志，温度高的物体，其内部分子平均动能大；温度低的物体，其内部分子的平均动能小。热力学定律指出：具有相同温度的两个物体，它们必然处于热平衡状态；当两个物体分别与第三个物体处于热平衡状态时，这两个物体也处于热平衡状态，即这三个物体处于同一温度。因此，如果我们能用可复现的手段建立一系列基准温度值，就可将其他待测物体的温度和这些基准温度进行比较，从而得到待测物体的温度。

7.1　温度的基本概念

7.1.1　温标

现代统计力学虽然建立了温度和分子动能之间的函数关系，但由于目前还难以直接测量物体内部的分子动能，因此只能利用一些物质的某些物性(诸如尺寸、密度、硬度、弹性模量、辐射强度等)随温度变化的规律，通过这些量来对温度进行间接测量。为了保证温度量值的准确并利于传递，需要建立一个衡量温度的统一尺度，即温标。

随着温度测量技术的发展，温标也经历了一个逐渐发展、不断修改和完善的渐进过程。从早期建立的一些经验温标发展为后来的理想热力学温标和绝对气体温标，到现今使用的具有较高精度的国际实用温标，其间经历了几百年时间。

1. 经验温标

根据某些物质的体积膨胀与温度的关系，用实验方法或经验公式所确定的温标称为经验温标。

1)华氏温标

1714年德国人华伦海特(Fahrenheit)以水银为测温介质，制成玻璃水银温度计，选取氯化铵和冰水混合物的温度为温度计的零摄氏度，人体温度为温度计的100度，把水银温度计从0度到100度按水银的体积膨胀距离分成100份，每一份为1华氏度，记作“1°F”。按照华氏温标，水的冰点为32°F，沸点为212°F。

2)摄氏温标

1740年瑞典人摄氏(Celsius)提出在标准大气压下，把水的冰点规定为0度，水的沸点规定为100度。根据水这两个固定温度点来对玻璃水银温度计进行分度，平均分成100等份，每一份称为1摄氏度，记作1℃。

摄氏温度和华氏温度的关系为

$$T = \frac{9}{5}t + 32 \tag{7-1}$$

式中：T为华氏温度值；t为摄氏温度值。

除华氏温标和摄氏温标外，还有一些类似经验温标，如列氏温标、兰氏温标等，这里不再一一列举。

经验温标均依赖于其规定的测量物质，测温范围也不能超过其上、下限(如摄氏温标为0℃、100℃)，超过了这个温区，摄氏温标将不能进行温度标定。总之，经验温标有很大的局限性，不能适应工业和科技等领域的测温需要。

2. 热力学温标

1848年由开尔文(Kelvin)提出的以卡诺循环(Carnot cycle)为基础建立的热力学温标，是一种理想而不能真正实现的理论温标，它是国际单位制中七个基本物理量单位之一。该温标为了在分度上和摄氏温标相一致，把理想气体压力为零时对应的温度——绝对零度(在实验中无法达到的理论温度，低于0 K的温度不可能存在)与水的三相点温度分成273.16份，每份为1 K(Kelvin)。热力学温度的单位为“K”。

3. 绝对气体温标

从理想气体状态方程入手，复现的热力学温标叫绝对气体温标。由玻意耳-马里奥利定律，有

$$PV = RT \tag{7-2}$$

式中：P为一定质量的气体的压强；V为该气体的体积；R为普适气体常数；T为热力学温度。

当气体的体积为恒定(定容)时，其压强就是温度的单值函数，即有

$$T_2/T_1 = P_2/P_1 \tag{7-3}$$

这种比值关系与开尔文给出的热力学温标的比值关系完全类似。因此若选用同一固定点(水的三相点)来作参考点，两种温标在数值上就完全相同。

理想气体仅是一种数学模型，实际上并不存在，故只能用真实气体来制作气体温度计。由于在用气体温度计测量温度时，要对其读数进行多项修正(诸如真实气体与理想气体之偏差修正，容器的膨胀系数修正，毛细管等有害容积修正，气体分子被容器壁吸附修正等)，而进行这些修正又需依据许多高精度、高难度的精确测量，因此，直接用气体温度计来统一国际温标，不仅技术上难度很大，很复杂，而且操作非常繁杂，困难。在各国科技工作者的不懈努力和推动下，协议性的国际实用温标产生和建立。

4. 国际实用温标和国际温标

经国际协议产生的国际实用温标的指导思想是要尽可能地接近热力学温标，复现精度要高，且用于复现温标的标准温度计，制作较容易，性能稳定，使用方便，从而使各国均能以很高的精度复现该温标，保证国际上温度量值的统一。

第一个国际温标是1927年第七届国际计量大会上决定采用的国际实用温标。此后在1948

年、1960 年、1968 年多次修订，形成了近 20 多年来各国普遍采用的国际实用温标(IPTS-68)。

1989 年 7 月第 77 届国际计量委员会批准建立了新的国际温标，简称 ITS-90。为区别 IPTS-68 温标，用 T_{90} 表示 ITS-90 温标。ITS-90 基本内容为：

(1)重申国际实用温标单位仍为 K，1 K 等于水的三相点时温度值的 1/273.16；

(2)把水的三相点时温度值定义为 0.01℃(摄氏度)，同时相应地把绝对零度修订为 -273.15℃，这样国际摄氏温度 t_{90}(℃)和国际实用温度 T_{90}(K)关系为

$$t_{90} = T_{90} - 273.15 \tag{7-4}$$

7.1.2 温度测量方式

温度检测方法按测温元件和被测介质接触与否，可分成接触式和非接触式两大类(表 7-1)。

接触式测温时，测温元件与被测对象接触，依靠传热和对流进行热交换。接触式温度计结构简单、可靠，测量精度较高，但是由于测温元件与被测对象必须经过充分的热交换且达到平衡后才能准确测量，这样容易破坏被测对象的温度场，同时带来测温过程的延迟现象，不适于测量热容量小、极高温和处于运动中的对象，不适于直接对腐蚀性介质测量。

非接触式测温时，测温元件不与被测对象接触，而是通过热辐射进行热交换，或测温元件接收被测对象的部分热辐射能，由热辐射能大小推出被测对象的温度。从原理上讲测量范围从超低温到极高温，不破坏被测对象温度场。非接触式测温响应快，对被测对象扰动小，可用于测量运动的被测对象和有强电磁干扰、强腐蚀的场合。其缺点是容易受到外界因素的扰动，测量误差较大，且测量仪结构复杂，价格比较昂贵。

表 7-1 主要温度测量方式及性能

测温方式	类别和仪表		测温范围/℃	作用原理	使用场合
接触式	膨胀类	玻璃液体	-100~600	液体受热时产生热膨胀	轴承、定子等处的温度作现场指示
		双金属	-80~600	两种金属的热膨胀差	
	压力类	气　体	-20~350	封闭在固定体积中的气体、液体或某种液体的饱和蒸汽受热后产生体积膨胀或压力变化	用于测量易爆、易燃、振动处的温度，传送距离不是很远
		蒸　汽	0~250		
		液　体	-30~600		
	热电类	热电偶	0~1600	热电效应	液体、气体、蒸汽的中、高温，能远距离传送
	热电阻类	铂电阻	-200~850	导体或半导体材料受热后电阻值变化	液体、气体、蒸汽的中、低温，能远距离传送
		铜电阻	-50~150		
		热敏电阻	-50~300		
	其他电学类	集成温度传感器	-50~150	半导体器件的温度效应	—
		石英晶体温度计	-50~120	晶体的固有频率随温度变化	—
	光纤类	光纤温度传感器	-50~400	光纤的温度特性或作为传光介质	强烈电磁干扰，强辐射的恶劣环境

续表7-1

测温方式	类别和仪表		测温范围/℃	作用原理	使用场合
非接触式	辐射类	光线辐射温度计	200～2000	物体辐射能随温度变化	用于测量火焰、钢水等不能接触测量的高温场合
		辐射式	400～2000		
		光学式	800～3200		
		比色式	500～3200		

7.2　热电阻与热电偶测温

7.2.1　热电阻测温

1. 热电阻的测温原理

热电阻是基于电阻的热效应进行温度测量的，即应用电阻体的阻值随温度的变化而变化的特性测量。因此，只要测量出感温热电阻的阻值变化，就可以测量出温度。金属热电阻是工业上常用的温度测量传感器。金属热电阻的电阻值和温度可以用以下近似关系式表示，即

$$R_t = R_0[1 + \alpha(t - t_0)] \tag{7-5}$$

式中：R_t 为温度 t 时的电阻；R_0 为温度 t_0（通常 $t_0 = 0℃$）时的电阻；α 为温度系数。

相比较而言，热敏电阻的温度系数更大，常温下的电阻值更高（通常在数千欧以上），但互换性较差，非线性严重，测温范围只有-50～300℃，大量用于家电和汽车的温度检测和控制。金属热电阻一般适用于-200～500℃温度测量，其特点是测量准确，稳定性好，性能可靠，在程控制中应用极其广泛。

纯金属是制造热电阻的主要材料，铂、铜、镍等已得到广泛应用。

2. 工业热电阻的结构

工业用热电阻的结构形式有普通型、铠装型和专用型等。普通型热电阻结构如图7-1所示。

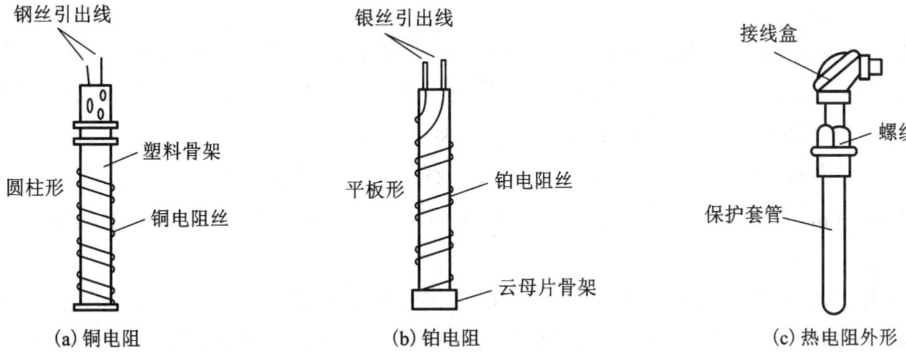

图7-1　工业用普通型热电阻结构图

铠装热电阻将电阻体预先拉制成型并与绝缘材料和保护套管连成一体，直径小，易弯曲，抗震性能好。

专用热电阻用于一些特殊的测温场合。如端面热电阻由特殊处理的线材绕制而成，与一般热电阻相比，能更紧密地贴在被测物体的表面。

3. 工业上常用热电阻的类型

目前，热电阻主要有金属热电阻和半导体热敏电阻两大类。但工业上，以金属热电阻为主，最常用的几种金属热电阻如表 7-2 所示。

表 7-2　工业常用的金属热电阻

热电阻名称	代号	0℃时电阻值 R_0/Ω	分度号	温度测量范围/℃
铂热电阻	IEC（WZP）	10	Pt10	0~850
		100	Pt100	-200~850
铜热电阻	WZC	50	Cu50	-50~150
		100	Cu100	
镍热电阻	WZN	100	Ni100	-60~180
		300	Ni300	
		500	Ni500	

4. 热电阻的接线方式

目前热电阻的引线主要有以下三种连接方式(图 7-2)。

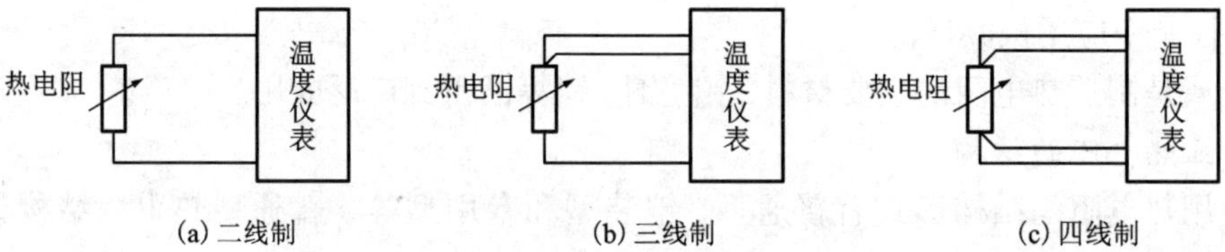

图 7-2　热电阻的三种接线方式

二线制：在热电阻的两端各连接一根导线来引出电阻信号的方式叫二线制。这种引线方法很简单，但由于连接导线必然存在引线电阻，引线电阻大小与导线的材质和长度有关，因此这种引线方式只适用于测量精度要求较低、距离很短的场合。

三线制：在热电阻的根部的一端连接一根引线，另一端连接两根引线的方式称为三线制。这种方式通常与电桥配套使用，可以较好地消除引线电阻的影响，是工业过程控制中最常用的接线方式。

工业应用中热电阻多采用三线制接法。采用三线制是为了消除连接导线电阻引起的测量误差，这是因为测量热电阻的电路一般是不平衡电桥。热电阻作为电桥的一个桥臂电阻，其连接导线(从热电阻到中控室)也成为桥臂电阻的一部分，这一部分电阻是未知的且随环境温度变化，容易造成测量误差。采用三线制，将导线一根接到电桥的电源端，其余两根分别接到热电阻所在的桥臂及与其相邻的桥臂上，这样即可消除导线线路电阻带来的测量误差。

四线制：在热电阻的根部两端各连接两根导线的方式称为四线制。其中两根引线为热电阻提供恒定电流，把电阻转换成电压信号，再通过另两根引线把电压信号引至二次仪表。可见这种引线方式可完全消除引线的电阻影响，主要用于高精度的温度检测。

7.2.2　热电偶测温

1. 热电偶测温原理

热电偶是利用热电效应来进行温度测量的。热电效应是指两种不同成分的导体两端接合成回路，当两个接合点温度不同时，就会在回路中产生电动势，产生的电动势称之为热电势。热电偶产生的热动势由两部分组成，一部分是两种导体的接触电动势，另一部分是单一导体的温差电动势。因此，热电势的大小仅与组成热电偶的导体材料和两接合点的温度有关，而与热电偶的形状尺寸等参数无关。当热电偶两电极材料固定后，热电动势便是两接合点温度的函数差。

热电偶是两种不同材料的导体(或半导体)结合在一起的，如图 7-3 所示，导体 A、B 称为热电极，接点 T 通常焊接在一起，测量时置于被测温度场中，故称为工作端，或称为测量端、热端，接点 T_0 一般要求恒定在某一温度，称自由端，或称参考端、冷端。

热电偶的图形符号有两种形式，图 7-4(a)所示的形式，需要符号“+”示出热电偶电极；图 7-4(b)所示的形式中，粗线表示热电偶的负极。

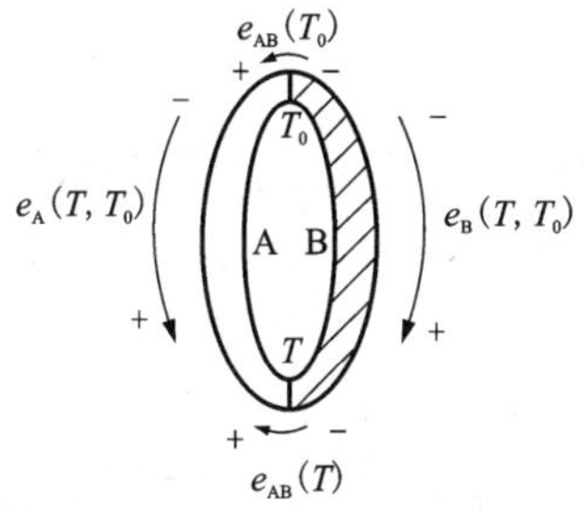

图 7-3　热电效应

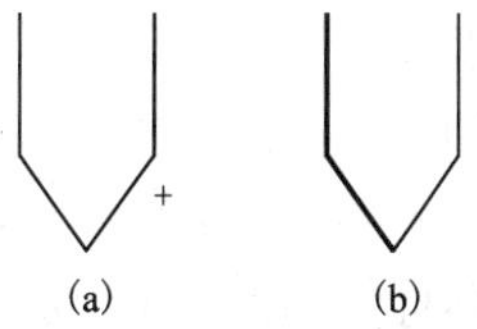

图 7-4　热电偶的符号

热电偶的接触电势是基于帕尔帖效应产生的，即由于两种不同的导体接触时，自由电子由密度大的导体向密度小的扩散，直至达到动态平衡为止而形成的热电势。电子扩散的速率与自由电子的密度和所处的温度成正比。

设导体 A 与 B 的电子密度分别为 N_A、N_B，并且 $N_A>N_B$，则在单位时间内，由导体 A 扩散到导体 B 的电子数比从 B 扩散到 A 的电子数多，导体 A 因失去电子而带正电，导体 B 因获得电子而带负电，因此，在 A 和 B 间形成了电势差。这个电势在 A、B 接触处形成一个静电场，阻碍扩散作用的继续进行。在某一温度下，电子扩散能力与静电场的阻力达到动态平衡，此时在接点处形成接触电势，可表示为

$$e_{AB}(T)=\frac{kT}{e}\ln\frac{N_{AT}}{N_{BT}} \tag{7-6}$$

$$e_{AB}(T_0)=\frac{kT_0}{e}\ln\frac{N_{AT_0}}{N_{BT_0}} \tag{7-7}$$

式中：e 为单位电荷，$e=1.60\times10^{-19}$ C；k 为玻尔兹曼常数，$k=1.38\times10^{-23}$ J/K；$e_{AB}(T)$、$e_{AB}(T_0)$分别为导体 A 和 B 的两个接点在温度 T 和 T_0 时的电位差。其中脚码 AB 的顺序代表电位差的方向，如果改变脚码的顺序，电势"e"前面的符号也应随之改变，即在热电势符号"e"前加"-"号；N_{AT}、N_{AT_0} 即导体 A 在温度分别为 T 和 T_0 时的电子密度；N_{BT}、N_{BT_0} 即导体 B 在温度分别为 T 和 T_0 时的电子密度。

普通热电偶的结构如图 7-5 所示，主要由热电极、绝缘套管、保护管、接线盒等四部分组成。

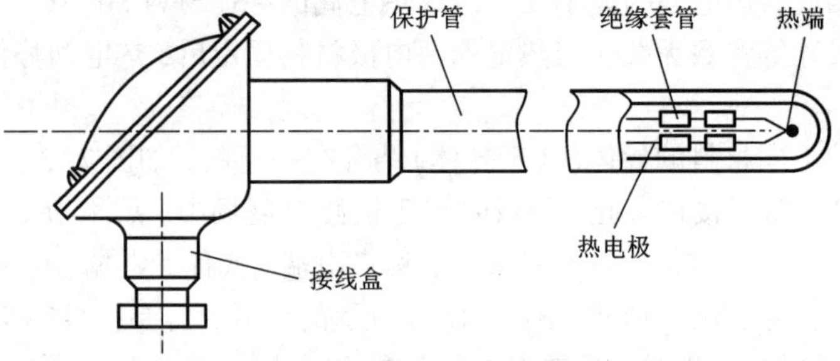

图 7-5　普通热电偶的结构图

2. 常用热电偶类型

常用热电偶可分为标准热电偶和非标准热电偶两大类。标准热电偶是指国家标准规定了其热电势与温度的关系、允许误差、并有统一的标准分度表的热电偶，它有与其配套的显示仪表可供选用。非标准化热电偶在使用范围或数量级上均不及标准化热电偶，一般也没有统一的分度表，主要用于某些特殊场合的测量。中国从 1988 年 1 月 1 日起，热电偶和热电阻全部按 IEC 国际标准生产，并指定 S、B、E、K、R、J、T 七种标准化热电偶为我国统一设计型热电偶。常用热电偶如表 7-3 所示。

表 7-3　工业常用热电偶性能表

热电偶名称	IEC 分度号	分度号		热电极性		测温上限/℃		适用范围
		新	旧	极性	识别	长期	短期	
铂铑$_{10}$-铂	S	S	LB-3	正	柔软	1300	1600	适用于氧化性气体中测量，不推荐在还原性气体中使用，但短期内可用于真空中测量
				负	较硬			
铂铑$_{30}$-铂铑$_6$	B	B	LL-2	正	稍软	1600	1800	适用于氧化性气体中测温，稳定性好，测温高，自由端在 0~100℃ 内可以不用补偿导线，不推荐在还原性气体中使用，但短期内可用于真空中测温
				负	较硬			

续表7-3

热电偶名称	IEC分度号	分度号		热电极性		测温上限/℃		适用范围
		新	旧	极性	识别	长期	短期	
镍铬-镍硅（镍铬-镍铝）	K	K	EV-2	正	不亲磁	1100	1300	适用于氧化和中性气体中测温，不推荐在还原性气体中使用，可短期在还原性气体中使用，但必须加密封保护管
				负	稍亲磁			
铜-康铜	T	T	CK	正	红色	300	450	适用于在-200～400℃测温，测温精度高，稳定性好，低温时灵敏度高，价格低廉
				负	银白色			
铂铑$_{13}$-铂铑$_{6}$	T	T	—	正	—	1300	1600	适用于氧化性气体中测温，不推荐在还原性气体中使用，但短期内可用于真空中测温
				负	—			

3. 热电偶的信号远传方法

由热电偶测温的原理可知：热电偶只有在冷端温度恒定时，其热电势才与热端温度呈单值函数关系。热电偶的分度表是在热电偶冷端温度为零度时做出的，所以用热电偶测温时必须满足这一条件。然而在实际测量中，由于热电偶的工作端（热端）与冷端相距很远，冷端又暴露于空间，容易受到周围环境温度波动的影响，因此冷端温度难以保持恒定。为此采用下述几种方法处理。

1）补偿导线法

补偿导线的作用是延伸热电偶的冷端与显示仪表连接构成测温系统。一般来说，热电偶离测温表可能几十米，热电偶冷端（出线端）温度与测温表环境温度不同（甚至可达几十度）。如果用普通铜导线，根据热电偶原理，接线处又会产生温差电势，就会产生测量误差。如果采用补偿导线（必须和热电偶分度号匹配），其选用的金属材料可以在接线处产生尽可能小的温差电势，尽可能减小测温误差。

2）变送器法

在热电偶的接线盒或很小距离内安装袖珍温度变送器，将热电偶的mV级电压信号转换成4～20 mA电流信号，然后通过导线远传至计算机或仪表。该法由于无须补偿导线，信号传输距离远，抗干扰能力强，因此得到了广泛应用。

7.2.3　温度变送器

1. 概述

工业过程应用热电阻和热电偶进行测温时，热电阻和热电偶通常安装在现场，距离控制计算机（PLC或DCS等）或控制显示仪表的布线长度通常有数十米，传统的做法是利用普通导线或补偿导线连接热电阻或热电偶的测量信号。对于热电阻而言，虽然采用三线制或四线制的接线方式可以消除导线电阻的影响，但需要导线较多，成本加大；对于热电偶而言，采用补偿导线虽然可以减小测温误差，但由于热电偶的测量信号比较微弱（毫伏级），容易受到干扰或出现衰减，并且补偿导线价格较高，使用成本较大。此外，对于PLC、DCS或控制仪表而言，接收热电阻和热电偶的信号需要具备相应的接口电路，有时接口电路无法满足使用要求。

为了克服热电阻和热电偶的测量信号直接传送存在的不足，出现了温度变送器。温度变送器可以将热电阻和热电偶的测量信号转换成4~20 mA的电流信号，供PLC、DCS或控制仪表利用。温度变送器输出信号与温度变量之间有一给定的连续函数关系(通常为线性函数)，对于热电阻变送器，其输出信号与温度传感器的电阻值(或电压值)之间呈线性函数关系；对于热电偶变送器，测量信号经过线性校正后，输出信号和测量温度呈线性关系。

2. 温度变送器的主要类型

温度变送器是一种将温度变量转换为可传送的标准化输出信号的仪表。温度变送器根据安装方式不同，可分为袖珍式和卡装式，袖珍式温度变送器通常安装在热电阻或热电偶的接线盒内，卡装式温度变送器一般安装在仪表箱或控制柜内；按显示功能不同，可分为带显示和不带显示两种；按是否带温度传感器，可分为一体式和分体式，一体式温度变送器将温度传感器(热电阻或热电偶)和温度变送器做成一个整体，应用时作为一个整体安装在检测点。图7-6为几种常用类型的温度变送器实物图。

(a) 袖珍式温度变送器　(b) 卡座式温度变送器　(c) 一体式温度变送器

图7-6　常用温度变送器实物图

3. 温度变送器的接线

为了便于测量信号的远距离传输和提高测量信号的抗干扰能力，通常将热电阻和热电偶产生的微弱电信号转换成4~20 mA的电流信号，然后再进行传输，传输线路可达数百米，可供PLC、DCS、智能仪表等利用，图7-7为温度变送器的原理图。图7-8(a)为热电阻温度变送器接线图，图示为三线制连接方式，如果温度变送器为二线制或四线制连接，则采用相应的连接方式；图7-8(b)为热电偶的温度变送器接线图，热电偶与变送器之间采用普通导线连接。图7-9为袖珍式温度变送器安装图。

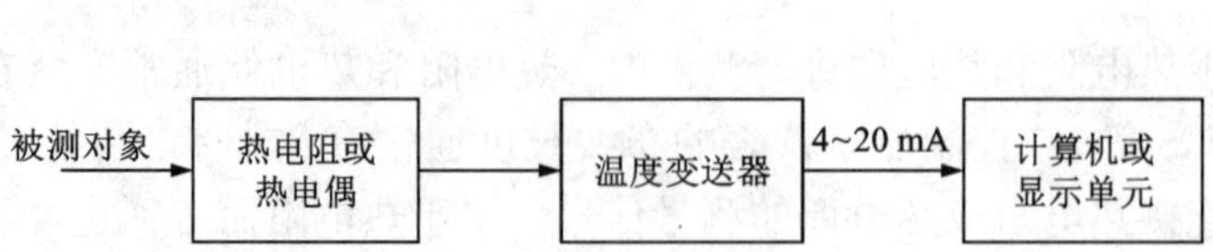

图7-7　温度变送器原理图

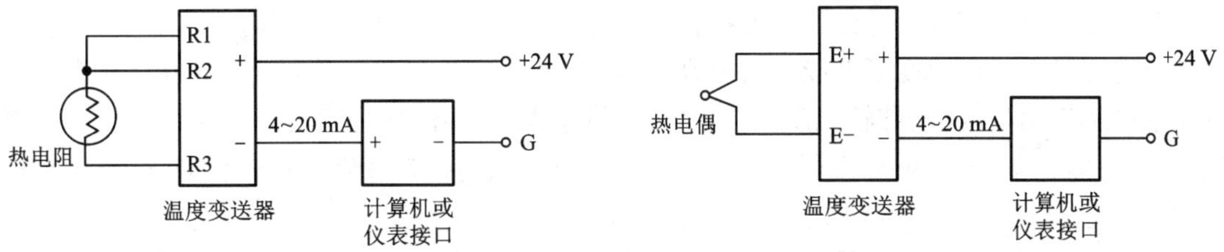

(a) 热电阻温度变送器接线图　　(b) 热电偶温度变送器接线图

图 7−8　热电偶与热电阻温度变送器接线图

(a) 温度变送器安装前　　(b) 温度变送器安装后

图 7−9　袖珍式温度变送器安装图

7.3　辐射法测温技术

任何物体，若其温度超过绝对零度，就会以电磁波的形式向周围辐射能量。这种电磁波是由物体内部带电粒子在分子和原子内振动产生的，其中与物体本身温度有关的传播热能的那部分辐射，称为热辐射。而把能对被测物体热辐射能量进行检测，进而确定被测物体温度的仪表，通称为辐射式温度计。辐射式温度计的感温元件不需和被测物体或被测介质直接接触，所以其感温元件无须达到被测物体的温度，从而不会受被测物体的高温及介质腐蚀等的影响；它可以测量高达几千摄氏度的高温，而感温元件不会破坏被测物体原来的温度场。可以方便地用于测量运动物体的温度是此类仪表的突出优点。

7.3.1　辐射测温的基本原理

辐射式温度计的感温元件通常工作在属于可见光和红外光的波长区域。可见光的光谱很窄，其波长仅为 0.3~0.72 μm；红外光谱分布相对较广，其波长范围为 0.72~1000 μm。辐射式温度计的感温元件使用的波长范围为 0.3~40 μm。

自然界中所有物体对辐射都有吸收、透射或反射的能力，如果某一物体在任何温度下，均能全部吸收辐射到它上面的任何辐射能量，则称此物体为绝对黑体。

根据基尔霍夫定律得知，具有最大吸收本领的物体，在其受热后，也将具有最大的辐射本领。人们称那些对辐射能的吸收(或辐射)除与温度有关外，还与波长有关的物体为选择吸收体；称那些吸收(或辐射)本领与波长无关的物体为灰体。

绝对黑体的吸收系数 $L_0=1$，反射系数 $\beta_0=0$，理想的绝对黑体在自然界中是不存在的，人们为科学研究和实验所需已研制出吸收系数为(0.99±0.01)的近似黑体。

绝对黑体在任何温度下都能全部吸收辐射到其表面的全部辐射能；同时它在任意温度向外辐射的辐射出射度(简称辐出度)亦最大；其他物体的辐出度总小于绝对黑体。在同一温度 T，某一物体在全波长范围的积分辐出度 $M(T)$ 与绝对黑体在全波长范围的积分辐出度 $M_0(T)$ 之比，称该物体的全辐射率(或称全辐射系数) $\varepsilon(T)$，其值在 0~1。

在任一温度 T 和某个波长 λ 下，物体在此波长的光谱辐出度 $M(\lambda, T)$ 与黑体在此波长的光谱辐出度 $M_0(\lambda, T)$ 之比称为光谱(单色)发射率或称光谱发射系数，用 $\varepsilon(\lambda, T)$ 表示，简写成 ε_λ。

物体光谱发射率的大小，不仅与温度、波长有关，而且取决于物体的材料、尺寸、形状、表面粗糙度等，一个真实物体的辐射系数可表示成

$$\varepsilon = 1 - \beta - \gamma \tag{7-8}$$

式中：β 为物体的反射系数；γ 为物体的透射系数。凡 β、γ 不全为零的物体统称为非黑体。

辐射测温的物理基础是普朗克(Planck)热辐射定律和斯特藩-玻尔兹曼(Stefan-Boltzman)定律。绝对黑体的光谱辐射亮度 $L(\lambda, T)$ 与其波长 λ、热力学温度 T 的关系由普朗克定律确定

$$L(\lambda, T) = \frac{c_1}{\lambda^5 \pi [e^{c_2/(\lambda T)} - 1]} \tag{7-9}$$

式中：λ 为物体发出的辐射波长；T 为热力学温度；$c_1 = 2\pi c^2 h$ 为普朗克第一辐射常量，$c_1 = 3.7418 \times 10^{-16}\ \mathrm{W \cdot m^2}$；$c_2 = hc/k$ 为普朗克第二辐射常量，$c_2 = 1.438\ 786 \times 10^{-2}\ \mathrm{m \cdot K}$。其中，$h$ 为普朗克常数，k 为玻耳兹曼常数，c 为电磁波在真空中的速度。如果波长 λ 与温度 T 满足 $c_2/(\lambda T) \geqslant 1$，则可把普朗克公式简化为维恩(Wien)公式。在温度低于 3000 K，对于波长较短的可见光，用维恩公式替代普朗克公式产生的误差小于1%。

$$L_0(\lambda, T) = \frac{c_1}{\lambda^5 \pi e^{c_2/(\lambda T)}} \tag{7-10}$$

实验和理论分析表明，黑体的总辐射能力与温度的关系如下式所示

$$M_0(T) = \sigma T^4 \tag{7-11}$$

即在单位时间内，由绝对黑体单位面积上辐射出的总能量 $M_0(T)$ 与绝对温度 T 的四次方成正比。式(7-11)被称作斯特藩-玻尔兹曼定律。

式中 σ 为斯特藩-玻尔兹曼常数

$$\sigma = \frac{2\pi^5 k^4}{15 h^3 c^2} = 5.67032 \times 10^{-8} [\mathrm{W/(m^2 \cdot K^4)}] \tag{7-12}$$

式中：k 为玻尔兹曼常数；h 为普朗克常数；c 为电磁波在真空中的速度。

如果将式(7-11)用辐射亮度表示，则成为

$$L_0 = \frac{\sigma}{\pi} T^4 \tag{7-13}$$

斯特藩-玻尔兹曼定律表明：绝对黑体总的辐出度或亮度与其热力学温度的四次方成正比。此定律不仅适用于绝对黑体，而且适用于所有非黑体的实际物体。由于实际物体的发射

率低于绝对黑体，所以实际物体的辐射亮度公式为

$$L = \varepsilon(T)\ \frac{\sigma}{\pi}T^4 \tag{7-14}$$

式中：$\varepsilon(T)$为实际物体的全发射率。

综上所述，任何实际物体的总辐射亮度与温度的四次方成正比；通过测量物体的辐射亮度就可得到该物体的温度，这就是辐射测量的基本原理。

7.3.2　光谱辐射测温

1. 光学高温计

光学高温计是发展最早、应用最广的非接触式温度计。它结构简单，使用方便，适用于1000~3500 K 的温度测量，其精度通常为 1.0 级和 1.5 级，可满足一般工业测量的精度要求。它被广泛用于高温熔体、高温窑炉的温度测量。

值得指出的是，由于各物体的光谱发射率 ε_λ 不同，即使它们的光谱辐射亮度相同，其实际温度也不会相等；光谱发射率大的物体的温度比光谱发射率小的物体的温度低。因此物体的光谱发射率和光谱辐射亮度是确定物体温度的两个决定因素，如果同时考虑这两个因素将给光学高温计的温度刻画带来很大困难。因此，现在光学高温计均是统一按绝对黑体来进行温度刻画。用光学高温计测量被测物体的温度时，读出的数值将不是该物体的实际温度，而是这个物体此时相当于绝对黑体的温度，即所谓的"亮度温度"。

亮度温度的定义为：在波长为 λ、温度为 T 时，某物体的辐射亮度 L 与温度为 T_L 的绝对黑体的亮度 $L_{0\lambda}$ 相等，则称 T_L 为这个物体在波长为 λ 时的亮度温度。其数学表达式为

$$L(\lambda,\ T) = \varepsilon(\lambda,\ T)L_0(\lambda,\ T) = L_0(\lambda,\ T_L) \tag{7-15}$$

式中：$\varepsilon(\lambda,\ T)$为实际物体在温度为 T、波长为 λ 时的光谱发射率；T 为实际物体的真实温度，单位为 K；T_L 为黑体温度，也即为实际物体的亮度温度，单位为 K。

在常用温度和波长范围内，通常用维恩公式来近似表示光谱辐射亮度，这时上式成为

$$\varepsilon(\lambda,\ T)\ \frac{C_1}{\lambda^5 \pi e^{c_2/(\lambda T)}} = \frac{C_1}{\lambda^5 \pi e^{c_2/(\lambda T_L)}} \tag{7-16}$$

两边取对数，整理后得

$$\frac{1}{T_L} - \frac{1}{T} = \frac{\lambda}{C_2}\ln\frac{1}{\varepsilon_\lambda} \tag{7-17}$$

亮度温度的定义，光学高温计是在波长为 λ 的单色波长下获得的亮度。这样，物体的真实温度为

$$T = \frac{C_2 T_L}{\lambda + T_L \ln \varepsilon_\lambda + C_2} \tag{7-18}$$

对于真实物体总有 $\varepsilon_\lambda<1$，故测得的亮度温度总比物体的实际温度为低，即 $T_L<T$。

2. 光电高温计

光学高温计虽然有结构相对较简单、灵敏度高、测量范围广、使用方便等优点，但是光学高温计在测量物体的温度时，由于要靠手动调节灯丝的亮度，由眼睛判别灯丝的"隐灭"，故观察误差较大，也无法实现自动检测和记录。由于科技不断发展进步，依据光学高温计原理制造出来的光电高温计正在迅速替代光学高温计而广泛用于工业高温测量中。

光电高温计克服了光学高温计的主要缺点，它采用硅光电池作为仪表的光敏元件，代替人眼睛感受被测物体辐射亮度的变化，并将此亮度信号按比例转换成电信号，经滤波放大后送检测系统进行后续转换处理，最后显示出被测物体的亮度温度。

光电高温计与光学高温计相比，主要优点有：

(1)灵敏度高。光学高温计经典的灵敏度最佳值为 0.5℃，而光电高温计却能达到 0.005℃，较光学高温计提高两个数量级。

(2)精确度高。采用干涉滤光片或单色仪后，使仪器的单色性能更好，因此，延伸点的不确定度明显降低，在 2000 K 为 0.25℃，至少比光学高温计提高一个数量级。

(3)使用波长范围不受限制。使用波长范围不受人眼睛光谱敏感度的限制，可见光与红外光范围均可应用，其测温下限可向低温扩展。

(4)光电探测器的响应时间短。光电倍增管可在 10~6 s 内响应，响应时间很短。

(5)便于自动测量与控制。可自动记录或远距离传送。

3. 辐射温度计

辐射温度计是根据全辐射定律，基于被测物体的辐射热效应进行工作的。它通常由辐射敏感元件、光学系统、显示仪表及辅助装置等几大部分组成。辐射温度计是最古老、最简单、较常用的非接触式高温检测仪表，过去习惯称之为全辐射温度计。虽然此种仪器能聚集被测物体辐射能于敏感元件的光学系统，但实际上任何实际的光学系统都不可能全部透过或全部反射所有波长范围的全部辐射能，所以把它直接称之为辐射温度计，似乎更合理一些。

辐射温度计与光学高温计一样是按绝对黑体进行温度分度的，因此用它测量非绝对黑体的具体物体温度时，仪表上的温度指示值将不是该物体的真实温度，我们称该温度为此被测物体的辐射温度。由此，我们可以给辐射温度定义为：黑体的总辐射能量等于被测非黑体的总辐射温度。其数学表达式为

$$T = T_F \sqrt[4]{\frac{1}{\varepsilon_T}} \tag{7-19}$$

式中：T 为被测物体的真实温度；T_F 为被测物体的辐射温度；ε_T 为被测物体的全发射率。

辐射温度计的敏感元件，有光电型与热敏型两大类。

(1)光电型：常用的有光电倍增管、硅光电池、锗光电二极管等。这类敏感元件的特点是响应速度极快，但同类元件光电特性曲线一致性不是很好，故互换性较差。

(2)热敏型：常用的有热敏电阻、热电堆(由热电偶串联组成)等。这类敏感元件的特点是对响应波长无选择性，灵敏度高，同类元件的热电特性曲线一致性好，响应时间常数较大，通常为 0.01~1 s。

辐射温度计光学系统的作用是聚集被测物体的辐射能，有透射型和反射型两大类。光学系统中的物镜通常为平凸形透镜。透镜的材料选用取决于温度计测温范围。当测温范围为 400~1200℃时，应选石英玻璃材料(它可透过 0.3~0.4 μm 的光谱段)；当测温范围为 700~2000℃时，透镜材料应选用 K-9 型光学玻璃(透过光谱段为 0.3~2.7 μm)。所以测量范围不同的辐射温度计的物透镜材料是不同的。

4. 比色高温计

维恩位移定律指出：当温度升高时，绝对黑体辐射能量的光谱分布要发生变化。一方面，辐射峰值向波长短的方向移动；另一方面，光谱分布曲线的斜率将明显增加，斜率的增

加致使两个波长对应的光谱能量比发生明显的变化。把根据测量两个光谱能量比(两波长下的亮度比)来测量物体温度的方法称比色测温法，把实现此种测量的仪器称为比色高温计。用此种方法测量非黑体时所得的温度称之为“比色温度”或“颜色温度”。所以，可把比色温度定义为：绝对黑体辐射的两个波长 λ_1 和 λ_2 的亮度比等于被测辐射体在相应波长下的亮度比时，绝对黑体的温度就称为这个被测辐射体的比色温度。

绝对黑体，对应于波长 λ_1 与 λ_2 的光谱辐射亮度之比 R，可用下式表示

$$R = \frac{L_{0\lambda_1}}{L_{0\lambda_2}} = \left(\frac{\lambda_2}{\lambda_1}\right)^5 e^{\frac{C_2}{T_B}\left(\frac{1}{\lambda_2}-\frac{1}{\lambda_1}\right)} \tag{7-20}$$

两边取自然对数，得

$$\ln R = 5\ln\frac{\lambda_2}{\lambda_1} + \frac{C_2}{T_B}\left(\frac{1}{\lambda_2} - \frac{1}{\lambda_1}\right) \tag{7-21}$$

整理得

$$T_B = C_2 \frac{\dfrac{1}{\lambda_2} - \dfrac{1}{\lambda_1}}{\ln\dfrac{L_{0\lambda_1}}{L_{0\lambda_2}} - 5\ln\dfrac{\lambda_2}{\lambda_1}} \tag{7-22}$$

根据比色温度的定义，应用维恩公式，可导出物体的真实温度和其比色温度的关系

$$\frac{1}{T} - \frac{1}{T_B} = \frac{\ln\dfrac{\varepsilon(\lambda_1, T)}{\varepsilon(\lambda_2, T)}}{C_2\left(\dfrac{1}{\lambda_2} - \dfrac{1}{\lambda_1}\right)} \tag{7-23}$$

式中：T_B 为绝对黑体温度，也即物体的比色温度；T 为物体的真实温度；$\varepsilon(\lambda_1, T)$、$\varepsilon(\lambda_2, T)$ 为物体在 λ_1 和 λ_2 时的光谱发射率。

通常 λ_1 和 λ_2 为比色温度计出厂时统一标定的定值，由制造厂家选定。例如选 0.8 μm 的红光和 1 μm 的红外光。

对于灰体，由于 $\varepsilon_1\lambda_1 = \varepsilon_2\lambda_2$，所以灰体的真实温度与其比色温度相一致。由于很多金属或合金随波长的增大，其单色光谱发射率是逐渐减小的，故这类物体的比色温度是高于真实温度的。而相当多的金属其 $\varepsilon_1\lambda_1$ 近似等于 $\varepsilon_2\lambda_2$，故用比色高温计测量此类金属时所得的比色温度近似等于它们的真实温度。以上这些是比色温度计的一个主要优点。其次，在测量物体的光谱发射率时，比色温度计测量它们相对比值的精度总高于测量它们绝对值的精度；另外，由于采用两个波长亮度比的测量，故对环境气氛方面的要求可大大降低，中间介质的影响相对前述光谱辐射温度计要小得多。

综上所述，与光谱辐射温度计相比，比色温度计的准确度通常较高，更适合在烟雾、粉尘大等较恶劣环境下工作。

7.3.3　红外辐射测温

1. 红外辐射

红外辐射俗称红外线，它是一种人眼看不见的光线。但实际上它和其他任何光线一样，

也是一种客观存在的物质。任何物体，只要它的温度高于绝对零度，就有红外线向周围空间辐射。红外线是位于可见光中红光以外的光线，故称为红外线。它的波长范围大致在 0.75~1000 μm。

红外辐射的物理本质是热辐射。物体的温度越高，辐射出来的红外线越多，红外辐射的能量就越强。研究发现，太阳光谱各种单色光的热效应从紫色光到红色光是逐渐增大的，而且最大的热效应出现在红外辐射的频率范围内，因此人们又将红外辐射称为热辐射或热射线。

2. 红外辐射测温特点

红外辐射测温是比较先进的测温方法，其特点如下：

(1)红外辐射测温是非接触测温，特别适用于较远距离的高速运动物体，带电体、高温及高压物体的温度测量。

(2)红外辐射测温反应速度快，它不需要与物体达到热平衡的过程，只要接收到目标的红外辐射即可测定温度，反应时间一般都在毫秒级甚至微秒级。

(3)红外辐射测温灵敏度高，由于物体的辐射能量与温度的四次方成正比，因此物体温度微小的变化就会引起辐射能量较大的变化，红外传感器即可迅速地检测出来。

(4)红外辐射测温准确度较高，由于是非接触测量，不会破坏物体原来温度分布状况，因此测出的温度比较真实，其测量精度较高。

(5)红外辐射测温范围广泛，可测零下几十摄氏度到零上几千摄氏度的温度范围。

(6)红外辐射测温方法几乎可在所有温度测量场合使用。

3. 红外辐射测温系统

红外辐射测温有几种方法，这里只介绍全辐射测温。全辐射测温通过测量物体所辐射出来的全波段辐射能量来决定物体的温度。它是斯特藩-玻尔兹曼定律的应用，表达式为

$$W = \varepsilon\sigma T^4 \tag{7-24}$$

式中：W 为物体单位面积所发射的辐射功率，数值上等于物体的全波辐出度；ε 为物体表面的法向比发射率；σ 为斯特藩-玻尔兹曼常数；T 为物体的热力学温度，K。

红外辐射测温系统结构如图 7-10 所示。它由光学系统、调制盘、红外传感器、放大器和指示器等部分组成。光学系统可以是透射式的，也可以是反射式的。透射式光学系统的部件是用红外光学材料制成的，根据红外波长选择光学材料。一般测量高温(700℃以上)的仪器，所用波段主要在 0.76~3 μm 的近红外区，可选用一般光学玻璃或石英等材料。测量中温(100~700℃)的仪器，所用波段主要在 3~5 μm 的中红外区，通常选用氟化镁、氧化镁等热压光学材料。测量低温(100℃以下)的仪器，所有用波段主要在 5~14 μm 的中远红外波段，一般选用锗、硅、热压硫化锌等材料。通常还在镜片表面蒸镀红外增透层，一方面滤掉不需要的波段，另一方面增大有用波段的透射率。反射式光学系统多用凹面玻璃反射镜，表面镀金、铝或镍、铬等在红外波段反射率很高的材料。

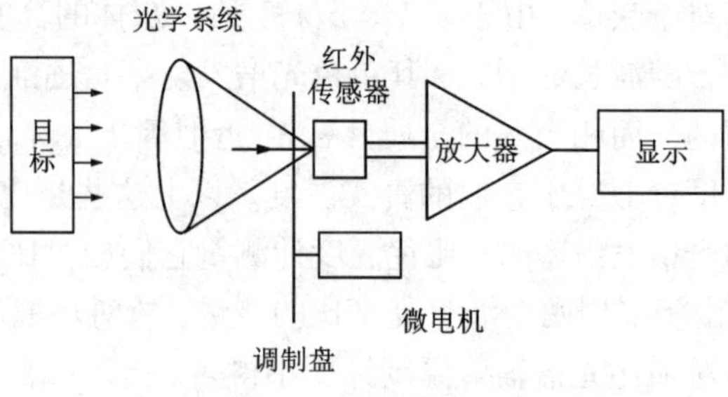

图 7-10　红外测温系统结构

调制器就是把红外辐射调制成交变辐射的装置。一般是用微电机带动一个齿轮盘或等距离孔盘，通过齿轮盘或带孔盘旋转，切割入射辐射而使投射到红外传感器上的辐射信号成交变的。因为系统对交变信号处理比较容易，并能取得较高的信噪比。

红外传感器是接收目标辐射并转换为电信号的器件，选用哪种传感器要根据目标辐射的波段与能量等实际情况确定。

7.3.4　红外热像测温

1. 红外热像工作原理

红外热像仪是利用红外探测器和光学成像物镜接受被测目标的红外辐射能量分布图形反映到红外探测器的光敏元件上，从而获得红外热像图，这种热像图与物体表面的热分布场相对应。通俗地讲，红外热像仪就是将物体发出的不可见红外能量转变为可见的热图像。热图像上面的不同颜色代表被测物体的不同温度。红外热图像的成像原理如图 7-11 所示。

红外热像仪的工作原理是使用光电设备来检测和测量辐射，并在辐射与表面温度之间建立相互联系。所有高于绝对零度（-273℃）的物体都会发出红外辐射。

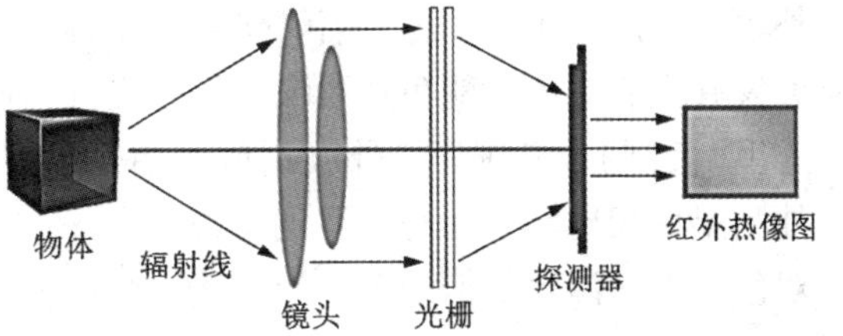

图 7-11　红外热图像的成像原理

热图像的上面的不同颜色代表被测物体的不同温度。通过查看热图像，可以观察到被测目标的整体温度分布状况，研究目标的发热情况，如眼睛无法观察的局部电炉壁变薄、球磨机轴承润滑情况不良、局部机械磨损严重、局部发热不正常等都可以通过红外热像仪“看”出来。

2. 热像测温仪的种类与性能

目前，热像测温仪主要有单色和双色两种类型。单色红外测温仪由一个红外波段的传感器和数据处理电路组成，测量目标时要求目标物充满视场，测温仪和目标之间不能有烟雾、水汽等。双色红外测温仪由两个不同波段的传感器和数据处理电路组成，该测温仪对烟雾、水汽有一定的抗干扰能力。双色红外测温仪只能测量高温物体，测量起始温度一般在 600℃以上。图 7-12 为热像测温仪的实物图。

图 7-12　红外热像测温仪实物图

1）单色测温仪

色模式是一种标准温度测量，是用一个波段的红外能量确定目标温度。用单色模式测量温度时，目标与传感器之间不应有阻碍物，单色模式包括固体、灰尘和水蒸气。单色模式要求目标充满视场。在此情况下，背景的温度可高于目标温度。单色红外测温仪可广泛应用于矿物加工、冶金、铸造、轧钢、化工、中频感应加热、焊接等行业。光纤单色红外测温仪具有以下特点：

（1）通过光纤传输红外能量，使光学探头与电子模块电隔离，使信号处理单元受环境影响降至最小，有效地提高了产品抗电磁干扰能力，可在恶劣环境下使用，特别适合在中高频感应加热设备等强电磁场环境下使用，性能稳定可靠；光学探头耐温高达200℃，可以安装在环境温度较高的场合。

(2)光学探头尺寸小，可安装在其他红外测温仪无法安装的场合；具有多种光学探头和探测器，适用于不同的应用现场，为用户提供多种组合方式；多种线性输出，可与各类控制仪表、记录仪、计算机测控系统连接。

(3)非接触测温极大地提高了检测仪器的使用寿命，一般为高温热电偶的上百倍；响应速度快，可达毫秒量级，可测量快速移动物体的表面温度。

用单色热像测温仪时，目标与传感头之间不应有阻碍物，包括烟气、灰尘和水蒸气等。单色热像测温仪要求目标充满视场。在此情况下，背景的温度可高于目标温度。

2)双色红外测温仪

单色红外测温仪在应用时，容易受烟气、灰尘和水蒸气等因素的影响，因此出现了双色红外测温仪。双色红外测温仪是红外测温仪的一种，即测量物体在两个不同光谱范围内发出的红外辐射亮度，并由这两个辐射亮度之比推断物体的温度，称为双色测温仪。实际上，双色测温仪并没有亮度和颜色的含义，和亮度测温仪(光学高温计)相比，二者在原理上是不同的。这里“色”的含义应为红外波长或光谱，即“双红外光谱测温仪”。双色红外测温仪与单色红外测温仪相比具有无与伦比的优点。

双色红外测温仪依据的工作原理为：在选定的两个红外波长和一定带宽下，它们的辐射能量之比随着温度的变化而变化。利用两组带宽很窄的不同单色滤光片，收集两个相近波段内的辐射能量，将它们转化成电信号后再进行比较，最终由此比值确定被测目标的温度。因此它可以基本消除目标材料发射率调节的不便，采用双色红外测温仪测温灵敏度较高，与目标的真实温度偏差较小，受测试距离和其间吸收物的影响也较小，在中、高温范围内使用效果比较好。与单色红外测温仪比较，双色红外测温仪具有以下特点：

(1)双色红外测温仪不会随物体表面的状态而变化，表面粗糙度不一样或表面的化学状态不一样不会影响测温的准确性，而单色红外测温仪就会有影响。

(2)测温仪的光学部分如玻璃，在使用一段时间后会留下一些灰尘，空气中有水、汽、油等，都会使发射率系数降低，所以单色红外测温仪往往在此时测量温度会降低。双色红外测温仪是通过测量物体在特定的两个波段范围内的比值，当出现灰尘、水汽等，所测得的两个波段范围内的信号同时下降，相除以后，比值不变。但这并不是指使用双色红外测温仪就不需要进行维护，灰尘、水汽等太脏时，仍需擦拭玻璃。

(3)单色红外测温仪不能测量比视场范围小的物体，当目标不能充满视场时，会使测量温度低。双色红外测温仪能测量比视场范围小的物体。

7.4 石英温度传感器与光纤温度传感器

7.4.1 石英温度传感器

随着生产和科技的发展，许多地方对温度的测量与控制要求愈来愈高，普通常规温度传感器难以满足要求，需要高精度、高分辨力的温度传感器和测温仪器。而石英温度传感器及温度计就是具有高分辨力(0.0001℃)、高线性度(0.002%)和高稳定性，适合中低温测量的新型温度传感器和测温仪器。

1. 工作原理

利用石英晶体的固有频率随温度变化而变化的特性来测温的仪器，称为石英温度计。

石英的固有振动频率可用下式表示

$$f = \frac{n}{2b} \cdot \sqrt{\frac{C}{\rho}} \tag{7-25}$$

式中：f 为固有振动频率；n 为谐波次数；b 为振子的厚度；ρ 为密度；C 为弹性常数。

石英振子的频率还与温度具有下列近似关系

$$f_t = f_0[1 + \alpha(t - t_0) + \beta(t - t_0)^2 + \gamma(t - t_0)^3] \tag{7-26}$$

式中：f_0 为在温度为 t_0 时的频率；f_t 为温度 t 时的频率；t_0 为基准参考温度；α、β、γ 分别为一次、二次、三次幂的温度系数。

式(7-26)中系数 α、β、γ 随石英晶体的切割角度的改变而变化。当切割角度不同时，温度系数也明显不同，说明石英的频率温度系数既是切割角度的函数，又是温度的函数。所谓频率温度系数，是指温度增加 1℃时，其频率变化的相对偏移量。大量研究和实验表明，采用 Y 切割的石英晶体片的振荡频率与温度呈线性关系，其斜率(即频率温度系数)约为 1000 Hz/℃。

2. 石英晶体传感器结构

石英温度计通常采用石英振荡器构成一个决定频率的谐振回路，而石英振子部分通常采用易接受温度变化的结构。石英传感器的结构如图 7-13 所示，石英振子置于不锈钢保护管的上部，使其对外界温度变化敏感。由支柱支撑，振子的两面粘贴有用金等性能稳定的金属或合金制成的电极，并用引线与外部连通。石英振子虽由支柱支撑，但是它将阻碍振子振动，并且，外界振动及冲击等又要改变其支撑位置，都对精确测温不利。然而，若使石英片自由振荡，且支撑位置不受冲击是相当困难的。

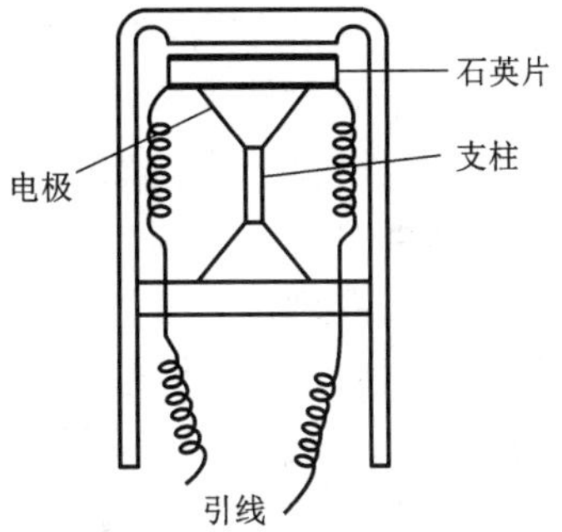

图 7-13　石英温度传感器

3. 石英温度计主要特性

(1)高分辨力。分辨力为 0.001~0.0001℃。

(2)高精度。在-50~120℃，其误差为±0.05℃。

(3)高稳定度。年变化在 0.02℃以内。

(4)热滞后误差小，可以忽略。

(5)因是频率输出型传感器，后续测量与处理电路设计方便、简单，且不受放大器漂移及电源波动的影响，可方便远距离(如 1500 m)传送温度测量信号。

(6)其精度和稳定性可以作为温度量值传递的标准及次级标准使用。

(7)石英传感器的抗强冲击性能较差，故在安装、运输和使用时需特别注意。

7.4.2 光纤温度传感器

1. 概述

光导纤维是一种利用光完全内反射原理而传输光的器件。一般光导纤维用石英玻璃制成，通常有三层：最里面直径仅有几十微米的细芯称芯子，其折射率为 n_1；外面有一层外径为 100~200 μm 的包层，其折射率为 n_2，通常 n_2 略小于 n_1，芯子和包层一起称为芯线，芯线外面为保护层，其折射率为 n_3，$n_3 \geqslant n_2$。

这种结构可保证按一定角度入射的光线在芯子和包层的界面发生全反射，使光线只集中在芯子内向前传输。与温度测量有关的光导纤维的特征参数主要是数值孔径 NA，其表达式为

$$\mathrm{NA} = n_0 \sin\theta_0 = \sqrt{n_1^2 - n_2^2} \tag{7-27}$$

式中：n_0 为空气折射率，其值为 1；n_1 为芯子材料的折射率；n_2 为包层材料的折射率；θ_0 为临界入射角（指保证入射光在芯子和包层界面间发生全反射，从而集中在芯子内部向前传输的最大入射角）。

NA 大，表示可以在较大入射角范围内输入并获得全反射光；它与芯线直径无关，仅与其材料的折射率有关。一般光学玻璃制成的光纤，其 NA 约为 0.4；而石英玻璃制成的光纤，其 NA 约为 0.25。

2. 光纤温度传感器

光纤温度传感器是采用光纤作为敏感元件或能量传输介质而构成的新型测温传感器，它有接触式和非接触式等多种型式。

光纤温度传感器由光源激励、光源、光纤（含敏感元件）、光检测器、光电转换及处理系统和各种连接件等部分构成。光纤温度传感器可分为功能型和非功能型两种型式。功能型光纤温度传感器是利用光纤的各种特性，由光纤本身感受被测量的变化，光纤既是传输介质，又是敏感元件；非功能型光纤温度传感器又称传光型光纤温度传感器，由其他敏感元件感受被测量的变化，光纤仅作为光信号的传输介质。

1）功能型光纤温度传感器

功能型光纤温度传感器由光纤本身感受被测目标物体的温度变化，并引起传输光的相应变化，然后据此确定被测目标物体的温度高低与发生变化的位置。这类传感器目前仍处于研究阶段，下面介绍其中两种功能型光纤温度传感器。

（1）黑体辐射型。

这种温度传感器与辐射光纤传感器很相似，其工作原理是基于光纤芯线受热产生黑体辐射现象来测量被测物体内热点的温度。此时，光纤本身成为一个待测温度的黑体腔，它与辐射温度计的区别在于辐射不是固定在头部，而是光纤整体。在光纤长度方向上的任何一段，因受热而产生的辐射都在端部收集起来，并用来确定高温段的位置与温度。因此，它属于接触式温度传感器范畴。这种传感器是靠被测物体加热光纤，使其热点产生热辐射，所以，它不需要任何外加敏感元件，可以测量物体内部任何位置的温度。而且，传感器对光纤要求较低，只要能承受被测温度就可以。

光纤温度传感器的热辐射能量取决于光纤温度、发射率与光谱范围。当一定长度的光纤受热时，光纤的所有部分都将产生热辐射，但光纤各部分的温度可能相差很大，所辐射的光

谱成分也不同。由于热辐射随物体温度增加而显著增加，所以，在光纤终端探测到的光谱成分将主要取决于光纤上最高温度，即光纤中的热点，而与其长度无关。

经理论推导，热物体在 $\lambda_1 \sim \lambda_2$ 波长范围内，传到光纤端部的辐射通量密度为

$$P = \left(\frac{\pi D^2}{4}\right)\left(1 - \frac{n_2}{n_1}\right)(1 - e^{-al})e^{-2L} \times \int_{\lambda_1}^{\lambda_2} \frac{C_1}{\lambda^5}\left[\exp\left(\frac{C_2}{\lambda T}\right) - 1\right]^{-1} d\lambda \tag{7-28}$$

式中：D 为光纤芯线直径；l 为热区长；L 为光纤长，m；a 为光纤的吸收系数；n_1、n_2 分别为芯线与包层的折射率。

(2)喇曼效应型。

这种光纤温度计基于光纤内部产生喇曼散射现象，喇曼(Raman)效应是一种利用光纤材料内分子相互作用调制光线的非线性散射效应。这种散射光的波长会在两个方向上变化，即长波方向(称为 Stockes 线)和短波方向(称为反 Stockes 线)。通过理论证明，Stockes 辐射强度与反 Stockes 辐射强度之比为热力学温度的函数，可用来测定热点的温度；再测量光波传输的时间，就能确定其位置。

测量时，由光纤首端射入光脉冲，通常采用功率较大的激光器，以便得到较强的散射光，可增加检测的灵敏度。用氖离子激光器激发时，产生的 Stockes 和反 Stockes 的反射信号。由于它们的波长不同，可用滤光片分离，然后分别测量其强度，再由比值确定其温度；由回波时间间隔确定其位置。据报道在长度约 1 km 光纤上实验时，该系统的温度分辨率为 5 K，位置分辨率为 5 m。现在已有商品出售，但只使用反 Stockes 线来确定温度，目前已获得 1℃ 以上的分辨力。

2)非功能型光纤温度传感器

非功能型光纤温度传感器在研究、生产和实际应用中更为成功，现有多种类型，已实用化的有液晶光纤温度传感器、荧光光纤温度传感器、半导体光纤温度传感器和光纤辐射型温度传感装置等。

(1)液晶光纤温度传感器。

液晶光纤温度传感器利用液晶的“热色”效应工作。例如在光纤端面上安装液晶片，在液晶片中按比例混入三种液晶，温度在 10~45℃ 变化，液晶颜色由绿变成深红，光的反射率也随之变化，测量光强变化可知相应温度，其精度约为 0.1℃。不同型式的液晶光纤温度传感器的测温范围可在−50~250℃。

(2)荧光光纤温度传感器。

荧光光纤温度传感器的工作原理：利用荧光材料的荧光强度随温度而变化，或荧光强度的衰变速度随温度而变化的特性，前者称荧光强度型，后者称荧光余辉型。其结构是在光纤头部黏接荧光材料，用紫外光进行激励，荧光材料将会发出荧光，检测荧光强度就可以检测温度。荧光强度型传感器的测温范围为−50~200℃；荧光余辉型温度传感器的测温范围为−50~250℃。

(3)半导体光纤温度传感器。

半导体光纤温度传感器利用半导体的光吸收响应随温度高低而变化的特性，根据透过半导体的光强变化检测温度。温度变化时，半导体的透光率亦随之变化。当温度升高时，其透过光强将减弱，测出光强变化就可知对应的温度变化。这类温度计的测温范围为−30~300℃。

（4）光纤辐射型温度传感装置。

光纤辐射型温度传感装置的工作原理和普通的辐射测温仪表类似，它可以接近或接触目标进行测温。目前，因受光纤传输能力的限制，其工作波长一般为短波，采用亮度法或比色法测量。

7.4.3 光纤测温技术的应用

光纤测温技术是在近十多年才发展起来的新技术，目前，这一技术仍处于研究发展和逐步推广实用的阶段。在某些传统方法难以解决的测温场合，已逐渐显露出它的某些优异特性。但是，像其他许多新技术一样，光纤测温技术并不能用来全面代替传统方法，它仅是对传统测温方法的补充。应充分发挥它的特长，有选择地用于下列常规测温方法和普通测温仪表难以胜任的场合。

（1）对采用普通测温仪表可能造成较大测量误差，甚至无法正常工作的强电磁场范围内的目标物体进行温度测量。如金属的高频熔炼与橡胶的硫化、木材与织物、食品、药品等的微波加热烘烤过程的炉内温度测量。光纤测温技术在这些领域中有着绝对优势，因为它既无导电部分引起的附加升温，又不受电磁场的干扰，所以能保证测量温度的准确性。

（2）高压电器的温度测量。最典型的应用是高压变压器绕组热点的温度测量。英国电能研究中心从 20 世纪 70 年代中期就开始潜心研究这一课题，起初是为了故障诊断与预报，现在由于计算机电能管理的应用，便转入了安全过载运行，使系统处于最佳功率分配状态。另一类可能应用的场合是各种高压装置，如发电机、高压开关、过载保护装置等。

（3）易燃易爆物的生产过程与设备的温度测量。光纤传感器在本质上是防火防爆器件，它不需要采用隔爆措施，十分安全可靠。

（4）高温介质的温度测量。在冶金工业中，当温度高于 1300℃或 1700℃时，或者温度虽不高但使用条件恶劣时，尚存在许多测温难题。充分发挥光纤测温技术的优势，其中有些难题可望得到解决。例如，钢件和铁液在连轧和连铸过程中的连续测温问题。

当然，作为一项新技术，如何降低生产制造成本，使其产业化、标准化直至广泛应用于实际还有许多关键技术与工艺需要人们继续努力，去攻克、研究与开发。

习题与思考题

7.1 温度的主要测量方式有哪些？

7.2 简述热电阻与热电偶的测温原理。

7.3 热电阻的接线方式有哪些？

7.4 简述温度变送器的作用及其主要类型。

7.5 试述辐射测温的基本原理。

7.6 与光学高温计比较，光电高温计有何优点？

7.7 简述红外辐射测温的检测原理。

7.8 简述红外热像仪的工作原理。热象测温仪主要有哪几种类型？

7.9 简述石英温度传感器的工作原理。

7.10 光纤温度传感器主要包括哪几种类型？

第 8 章　软测量技术

8.1　软测量基本原理

一切工业生产的目的都是获得合格的产品，于是质量控制成了所有控制的核心。为实现良好的质量控制，就必须对产品质量或与产品质量密切相关的重要过程变量进行严格控制。然而，由于在线分析仪表(传感器)不仅价格昂贵，维护保养复杂，而且由于分析仪表滞后大，最终将导致控制质量的性能下降，难以满足生产要求。还有部分影响产品质量的变量目前无法测量，这在工业生产中有很多实例，例如球磨机的衬板磨损程度、球磨机的充填率、浮选机矿浆的离子浓度等。近年来，为了解决这类变量的测量问题，许多人在深入研究，目前应用较广的是软测量方法。

软测量的基本思想是把自动控制理论与生产过程知识有机地结合起来，应用计算机技术，对于难于测量或暂时不能测量的重要变量(或称之为主导变量)，通过选择另外一些容易测量的变量(或称之为辅助变量)与之构成某种数学关系来推断和估计，以软件代替硬件(传感器)。这类方法具有响应迅速、连续给出主导变量信息的特点，且投资低，维护保养简单。

图 8-1 所示为软测量结构，用以表明软测量中各模块之间的关系。软测量技术的核心是建立工业对象的可靠模型。初始软测量模型是通过对过程变量的历史数据进行辨识而来的。在现场测量数据中可能含有随机误差甚至显著误差，必须经过数据变换和数据校正等预处理，将真实信号从含噪声的混合信号中分离出来，才能用于软测量建模或作为软测量模型的输入。软测量模型的输出就是软测量对象的实时估计值。在应用过程中，软测量模型的参数和结构并不是一成不变的，随着时间的迁移，工况和操作点可能发生改变，需要对它进行在线或离线修正，以便得到更适合当前状况的软测量模型，提高模型的适应性。

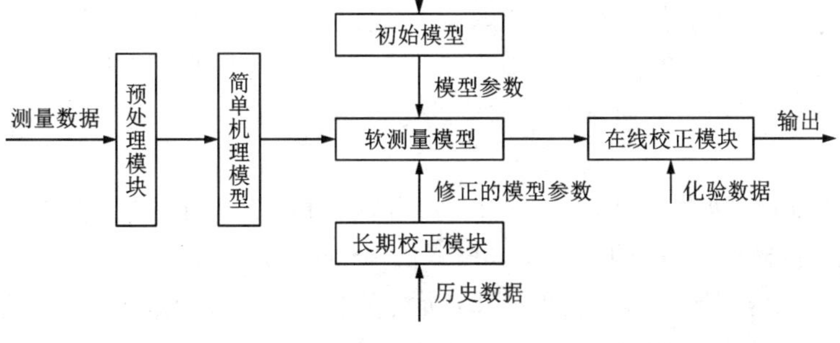

图 8-1　软测量系统结构图

近年来，国内外对软测量技术进行了大量研究。软测量技术被著名国际过程控制专家McaVoy教授列为未来控制领域需要研究的几大方向之一，具有广阔的应用前景。

8.2 软测量的基本步骤

8.2.1 机理分析与辅助变量的选择

首先明确软测量的任务，确定主导变量。在此基础上深入了解和熟悉软测量对象及有关装置的工艺流程，通过机理分析可以初步确定影响主导变量的相关变量——辅助变量。

辅助变量的选择包括变量类型、变量数目和检测点位置的选择。这三个方面互相关联、互相影响，由过程特性所决定。在实际应用中，还受经济条件、维护的难易程度等外部因素制约。

辅助变量的选择应符合关联性、特异性、过程适用性、精确性和鲁棒性原则。辅助变量数目的下限是被估计的主导变量数，然而最优数量的确定目前尚无统一的结论。可以从系统的自由度出发，确定辅助变量的最小数量，再结合具体生产过程的特点适当增加，以便更好地处理动态性质问题。

8.2.2 数据采集和处理

从理论上讲，过程数据包含了工业对象的大量相关信息。因此数据采集量多多益善，不仅可以用来建模，还可以用来检验模型。实际需要采集的数据是与软测量主导变量对应时间的辅助变量的过程数据。另外，数据覆盖面在可能条件下应宽一些，以便软测量具有较宽的适用范围。

为了保证软测量精度，数据正确性和可靠性十分重要。采集的数据必须进行处理。数据处理包含两个方面，即换算(scaling)和数据误差处理。换算包括标度、转换和权函数三个方面。换算不仅直接影响过程的精度和非线性影射能力，而且影响着数值优化算法的运行效果。数据误差分为随机误差和过失误差两类。前者受随机因素的影响，如操作过程微小的波动或测量信号的噪声等，常用滤波的方法来解决。过失误差包括仪表的系统误差(如堵塞、校正不准等)以及不完全或不正确的过程模型(受泄漏、热损失等不确定因素影响)导致的误差。过失误差出现的概率较小，但它的存在会严重损坏数据的品质，可能会导致软测量甚至整个过程优化的失效。因此及时侦破、剔除和校正这类误差是误差处理的首要任务，其常用的方法有统计假设校验法(如残差分析法、校正量分析法等)、广义似然法和贝叶斯法等。这些方法在理论上是可行的，但要在实际工程中应用还有相当大的距离，这些方法原来是为离线计算而提出的，它们的计算工作量都比较大，在线实时运行并不合适。近年来，出现了神经网络的方法，很有吸引力。对于特别重要的参数可以采用硬件冗余的方法，以提高系统的安全性。

如果辅助变量个数太多，为了实时运行方便需要对系统进行降维，降低测量噪声的干扰和软测量模型的复杂性。降维的方法可以根据机理模型，用几个辅助变量计算得到不可测的辅助变量，如分压、内回流比等；亦可采用主元分析(PCA)、部分最小二乘法(PLS)等统计方法进行数据相关分析，剔除冗余的变量，降低系统的维数。

8.2.3　软测量模型的建立与校正

1. 软测量模型的建立

软测量模型是软测量技术的核心，建立的方法有机理建模、经验建模以及两者相结合。

1) 机理建模

从机理出发，也就是从过程内在的物理和化学规律出发，通过物料平衡、能量平衡和动量平衡建立数学模型。为了获得软测量模型，只要把主导变量和辅助变量作相应调整就可以了。对于简单过程可以采用解析法，而对于复杂过程，特别是需要考虑输入变量大范围变化的场合，则采用仿真方法。典型化工过程的仿真程序已编制成各种现成软件包。

机理建模的优点是可以充分利用已知的过程知识，从事物的本质上认识外部特征；有较大的适用范围，操作条件变化可以类推。但亦有弱点，就是对于某些复杂的过程难于建模，必须通过输入输出数据验证。

2) 经验建模

通过实测或依据积累的操作数据，用数学回归、神经网络等方法得到经验模型。进行测试时，理论上有很多实验设计方法，如常用的正交设计等，但在工程实施上可能会遇到困难。因为工艺上可能不允许操作条件做大幅度变化。如果变化区域选择过窄，不仅所得模型的适用范围不宽，而且测量误差亦会相对上升。解决模型精度的问题，有一种办法是吸取调优操作的经验，即逐步向更好的操作点移动。这样可以一举两得，既扩大了测试范围，又改进了操作工艺。测试中另一个问题是稳态是否真正建立，如果没有真正建立则会带来较大的误差。另外，数据采样与产品质量分析必须同步进行。

最后是模型检验，分自身检验与交叉检验。我们建议和提倡采用交叉检验。经验建模的优点与缺点与机理建模正好相反，特别是现场测试，实施中有一定难度。

3) 机理建模与经验建模相结合

把机理建模与经验建模结合起来，可兼两者之长，补各自之短。结合方法有：①主体上按照机理建模，但其中部分参数通过实测得到；②通过机理分析，把变量适当结合，得出数学模型函数形式，这样使模型结构有了着落，估计参数就比较容易，并且可使自变量数目减少；③由机理出发，通过计算或仿真，得到大量输入数据，再用回归方法或神经网络方法得到模型。

机理与经验相结合建模是一个较实用的方法，目前被广泛采用。

2. 软测量模型的在线校正

由于软测量对象的时变性、非线性以及模型的不完整性等因素，必须考虑模型的在线校正，才能适应新工况。软测量模型的在线校正可表示为模型结构和模型参数的优化过程，具体方法有自适应法、增量法和多时标法。对模型结构的修正往往需要大量的样本数据和较长的计算时间，难以在线进行。为解决模型结构修正耗时长和在线校正的矛盾，提出了短期学习和长期学习的校正方法。短期学习由于算法简单、学习速度快便于实时应用。长期学习是当软测量仪表在线运行一段时间，积累了足够的新样本模型后，重新建立软测量模型。

软测量在线校正必须注意的问题是过程测量数据与质量分析数据在时序上的匹配。对于配备在线成分分析仪的装置，系统主导变量的真值可以连续得到(滞后一段时间)，在校正时只要相应地顺延相同的时间即可。对于主导变量真值依靠人工检验的情况，从过程数据反映的产品质量状态到取样位置需要一定的流动时间，而从取样后到产品质量数据返回现场又要耗费很长的时间，因此利用分析值和过程数据进行软测量模型校正时，应特别注意保持两者在时间上的对应关系。否则在线校正不但达不到目的，反而可能引起软测量精度的下降，甚至导致软测量完全失败。

8.3 基于回归分析的软测量建模方法

回归分析是一种最常用的经验建模方法，为我们寻找多个变量之间的函数关系或相关关系提供了有效手段。经典回归分析方法是最小二乘法，为了避免矩阵求逆运算可以采用递推最小二乘法，为了防止数据饱和还可采用带遗忘因子的最小二乘法。在最小二乘法的基础上又提出了许多改进算法，如逐步回归法等。近年来比较流行的方法是主元分析和主元回归（principal componet analysis and regression，PCA、PCR）以及部分最小二乘法（partial least square，PLS）。PCR 可以解决共线性问题，PLS 同时考虑了输入输出数据集。本节将简单介绍这几种方法的基本原理。

8.3.1 多元线性回归和多元逐步回归

1. 多元线性回归（MLR）

多元线性回归法基于最小二乘法。假设有因变量 y 和 m 个自变量 x_1，x_2，…，x_m，MLR 的目标是建立一个从 m 个不相关变量 x_i 到估计量 $\bar{y}$ 的线性映射

$$\bar{y} = b_1x_1 + b_2x_2 + \cdots + b_mx_m + b_0 \tag{8-1}$$

式中：$\bar{y}$ 为估计量；x_i 为互不相关变量（$i=1, 2, 3, \cdots, m$）；b_i 为回归系数；b_0 为偏置常数。

用矩阵表示可写为

$$\boldsymbol{Y} = \boldsymbol{XB} + b_0 \tag{8-2}$$

$\boldsymbol{X}=[x_1, x_2, \cdots, x_m]$：$n\times m$ 维过程输入数据矩阵（n 为测量次数；m 为自变量数）；

$\boldsymbol{Y}=[Y_1, Y_2, \cdots, Y_m]^{\mathrm{T}}$：$n\times 1$ 维的过程输出数据矩阵；

$\boldsymbol{B}=[b_1, b_2, \cdots, b_m]^{\mathrm{T}}$：$m\times 1$ 维系数矩阵。

如果 $n>m$，则式（8-2）的解为

$$\boldsymbol{B} = (\boldsymbol{X}^{\mathrm{T}}\boldsymbol{X})^{-1}\boldsymbol{X}^{\mathrm{T}}\boldsymbol{Y} \tag{8-3}$$

显然 MLR 问题是否有解取决于 $(\boldsymbol{X}^{\mathrm{T}}\boldsymbol{X})^{-1}$ 是否存在。当 $\boldsymbol{X}$ 中存在线性相关的变量时，$\boldsymbol{X}$ 为病态矩阵，此时不能采用 LS，只能采用 PCR 或 PLS。多元非线性回归问题可以转化为多元线性问题来解决，也可采用正交多项式等方法来解决。

为了衡量回归方程的拟合品质定义复相关系数 $\boldsymbol{R}$（$0\leqslant R\leqslant 1$），$\boldsymbol{R}$ 越接近于 1，表明方程拟合得越好。令 $q_i = b_0 + b_1x_{1,i} + \cdots + b_mx_{m,i}$，$\bar{y} = \dfrac{1}{n}\sum_{i=1}^{n} y^i$

$$\boldsymbol{R} = \sqrt{\frac{1 - \sum_{i=1}^{n}(y_i - q_i)^2}{\sum_{i=1}^{n}(y_i - \bar{y})^2}} \tag{8-4}$$

定义偏相关系数 $\boldsymbol{V}_{\mathrm{j}}$ 来评价 x_{j}；对于 y 的作用，$\boldsymbol{V}_{\mathrm{j}}$ 越大，说明 x_{j} 对于 y 的作用越显著，该

变量不能剔除，故

$$V_j = \sqrt{\frac{1 - \sum_{i=1}^{n}(y_i - q_i)^2}{\sum_{i=1}^{n}\left[y_i - \left(b_0 + \sum_{k=1, k\neq j}^{m} b_k x_{k,i}\right)\right]^2}} \tag{8-5}$$

为了评价经验模型的拟合和预测效果，定义了以下误差形式：

误差平方和

$$\mathbf{SSE} = (\boldsymbol{Y} - \widetilde{\boldsymbol{Y}})^{\mathrm{T}}(\boldsymbol{Y} - \widetilde{\boldsymbol{Y}}) \tag{8-6}$$

均方误差

$$\mathbf{MSE} = \mathbf{SSE}/n \tag{8-7}$$

2. 多元逐步回归(MSR)

多元逐步回归的基本思想是将变量逐一引入回归方程。在引入新变量后用偏回归平方和检验其显著性，若显著才能将该变量加到方程中；方程加入了新变量后，要对原有的变量重新用偏回归平方和进行检验，若某个变量变得不显著时，要将它从方程中剔除。重复以上步骤，直到所有的老变量均不能剔除，新变量也不能加入时回归过程才结束。该算法综合了对各输入变量的贡献程度进行检测的过程，可以剔除输入信息中的不重要部分。

算法步骤如下：

令 $\boldsymbol{X}' = [x_1, x_2, \cdots, x_m, y]$

步骤1　将 $\boldsymbol{X}'$按列标准化

步骤2　求初始相关系数矩阵 $\boldsymbol{R}$。

$$r_{ij} = \frac{\sum_{t=1}^{N}(x_{ti} - \bar{x}_i)(x_{tj} - \bar{x}_j)}{\sqrt{\sum_{t=1}^{N}(x_{ti} - \bar{x}_i)^2}\sqrt{\sum_{t=1}^{N}(x_{tj} - \bar{x}_j)^2}},\ (i, j = 1, 2, \cdots, m+1) \tag{8-8}$$

式中：$\bar{x}_i = \frac{1}{n}\sum_{t=1}^{N} x_{ti}$，$(i = 1, 2, \cdots, m+1)$

步骤3　逐步考察引入的自变量的偏回归平方和 $\boldsymbol{V}_i = \frac{r_{i,m+1} - r_{m+1,i}}{r_{i+i}}$，$(i=1, 2, \cdots, m)$

若 $\boldsymbol{V}_i<0$，则对应的 x_i 是选入回归方程的因子。从所有 $\boldsymbol{V}_i<0$ 的 $\boldsymbol{V}_i$ 中选出 $\boldsymbol{V}_{\min} = \min|\boldsymbol{V}_i|$，其对应的因子为 $x_{\min}$。检验 $x_{\min}$ 的显著性，若 $\frac{\varphi \boldsymbol{V}_{\min}}{r_{m+1,m+1}} < F_2$，则剔除因子 $x_{\min}$，并对系数相关矩阵 R 进行该因子的消元变换。

若 $\boldsymbol{V}_i>0$，则对应的 x_i 是待选入回归方程的因子。从所有 $\boldsymbol{V}_i<0$ 的 $\boldsymbol{V}_i$ 中选出 $\boldsymbol{V}_{\max} = \max|\boldsymbol{V}_i|$，其对应的因子为 $x_{\max}$，检验 $x_{\max}$ 的显著性，若 $\frac{(\varphi-1)\boldsymbol{V}_{\max}}{r_{m+1,m+1} - \boldsymbol{V}_{\max}} \geq F_1$，则说明因子 $x_{\max}$ 应被选入，并对系数相关矩阵 R 进行该因子的消元变换。

步骤4　重复步骤3，直到无因子可剔除或选入为止。

8.3.2 主元分析和主元回归(PCA、PCR)

在研究工业过程时，为了全面了解和分析问题，通常记录了许多与之有关的变量。这些变量虽然不同程度地反映了过程的部分信息，但某些变量之间可能存在相关性，当 X 中存在线性相关的变量时，$(X^{T}X)^{-1}$ 不存在，不能采用 MLR 方法；若 X 的变量接近线性关系，则 MLR 方法计算不稳定。为了解决线性回归时由于数据共线性而导致病态协方差矩阵不可逆的问题以及在尽可能保持原有信息的基础上减少变量个数、简化建模，可以采用数据压缩和信息提取方法，PCA 和 PCR 都是统计学中较为成熟的方法，在软测量方面得到了广泛应用。

考虑由过程测量值组成的数据输入集 X，由于 X 中包含的信息常常是冗余的，可以利用 X 的一个子集来反映全部信息。

假设过程输入数据矩阵 $\boldsymbol{X}$($m\times n$ 维)已按列零均值化或标准化。

定义 $\boldsymbol{X}$ 的协方差矩阵为

$$\mathrm{cov}(X)=\frac{\boldsymbol{X}^{T}\boldsymbol{X}}{m-1} \tag{8-9}$$

对 $\mathrm{cov}(X)$ 进行正交分解

$$\mathrm{cov}(X)=\boldsymbol{P}_{m}^{T}\boldsymbol{D}\boldsymbol{P}_{m} \tag{8-10}$$

式中：$\boldsymbol{D}=\mathrm{diag}(\lambda_1,\lambda_2,\cdots,\lambda_m)(\lambda_1\geqslant\lambda_2\geqslant\cdots\geqslant\lambda_m)$ 是 $\mathrm{cov}(X)$ 的 m 个特征值按降序排列构成的对角矩阵；$\boldsymbol{P}_m=[p_1, p_2, \cdots, p_m]$ 是特征矩阵，由与特征值相对应的特征向量组成。

定义 $\lambda_k(\sum_{i=1}^{n}\lambda_i)^{-1}$ 为第 k 个主元的方差贡献率，$(\sum_{i=1}^{k}\lambda_i)(\sum_{j=1}^{n}\lambda_i)^{-1}$ 为前 k 个主元的累积方差贡献率。根据累积方差贡献率(一般选取大于 85%)或通过交叉校验决定主元个数。如选择前 k 个主元，对 X 进行正交分解

$$\boldsymbol{T}=\boldsymbol{X}\boldsymbol{P}_k \tag{8-11}$$

$$\boldsymbol{X}'=\boldsymbol{T}\boldsymbol{P}_k^{T}+E=[t_1\quad t_2\quad \cdots t_k]\begin{Bmatrix}p_1\\p_2\\\vdots\\p_k\end{Bmatrix}+E\quad(1\leqslant k\leqslant m) \tag{8-12}$$

式中：$\boldsymbol{T}$ 是主元矩阵(或称为评分矩阵、投影矩阵 score matrix 或 latent matrix)；$\boldsymbol{P}_k$ 是载荷矩阵(loading matrix)。

如果 $k<\mathrm{rank}[\mathrm{cov}(X)]$，则残差矩阵 $E\neq 0$。

PCA 实际上是 $R^{m}\to R^{k}$ 的线性变换。由于实际问题具有不同程度的非线性，采用非线性主元分析法更有普遍意义。寻找非线性函数 $G(*)$ 和 $H(*)$，使式(8-12)成立：

$$\boldsymbol{T}=\begin{pmatrix}t_1\\t_2\\\vdots\\t_n\end{pmatrix}_{n\times k}=\begin{pmatrix}G_{(X_1)}\\G_{(X_2)}\\\vdots\\G_{(X_n)}\end{pmatrix}=\overline{G}(X),\ \boldsymbol{X}=\begin{pmatrix}x_1\\x_2\\\vdots\\x_n\end{pmatrix}_{n\times m}=\begin{pmatrix}H_{(t_1)}\\H_{(t_2)}\\\vdots\\H_{(t_n)}\end{pmatrix}+\begin{pmatrix}e_1\\e_2\\\vdots\\e_n\end{pmatrix}=\overline{H}(T)+E \tag{8-13}$$

8.4　最小二乘法软测量技术

18 世纪末，卡尔·高斯在行星轨迹的计算中提出了最小二乘法。从此，最小二乘法成为一种根据实验数据进行参数估计的主要方法。在现有的参数辨识方法中，大多数都与之有关。最小二乘法容易被理解，而且由于存在唯一解，所以也比较容易实现。它还被称为线性回归法（在统计学文献中）和方程误差法（在辨识文献中）。

最小二乘法是根据测试实验数据求最佳值并估计误差的重要方法。

8.4.1　最小二乘法原理

最小二乘法是一个这样的数学过程：通过它来选择（估计）某数学模型的未知参数，使得估计误差的平方和最小。假定有一个如下的数学模型

$$y(t)=x_1(t)\theta_1+x_2(t)\theta_2+\cdots+x_n(t)\theta_n \tag{8-14}$$

式中：$y(t)$ 为观测变量，$\{\theta_1, \theta_2, \cdots, \theta_n\}$ 为一组常参数，$x_1(t)$，$x_2(t)$，$\cdots$，$x_n(t)$ 为 n 个已知的函数，它们可能依赖于其他已知变量；变量 t 通常表示时间。

假定在 $t=1, 2, \cdots, N$ 处对 $y(t)$ 和 $x_1(t)$，$x_2(t)$，$\cdots$，$x_n(t)$ 进行 N 次采样，获取 N 组观测样本。若将样本数据分别代入式(8-14)中，则可得到一组线性方程

$$y(t)=x_1(t)\theta_1+x_2(t)\theta_2+\cdots+x_n(t)\theta_n \qquad t=1, 2, \cdots, N \tag{8-15}$$

将其写成简单的矩阵形式为

$$\boldsymbol{y}=\boldsymbol{\Phi\theta} \tag{8-16}$$

式中

$$\boldsymbol{y}=\begin{bmatrix} y(1) \\ y(2) \\ \vdots \\ y(N) \end{bmatrix}, \boldsymbol{\Phi}=\begin{bmatrix} x_1(1) & x_2(1) & \cdots & x_n(1) \\ x_1(2) & x_2(2) & \cdots & x_n(2) \\ \vdots & \vdots & & \vdots \\ x_1(N) & x_2(N) & \cdots & x_n(N) \end{bmatrix}, \boldsymbol{\theta}=\begin{bmatrix} \theta_1 \\ \theta_2 \\ \vdots \\ \theta_n \end{bmatrix}$$

该方程组有解的必要条件是 $N \geqslant n$。当 $N=n$，且 $\boldsymbol{\Phi}$ 的逆矩阵 $\boldsymbol{\Phi}^{-1}$ 存在时有唯一解

$$\widehat{\theta}=\boldsymbol{\Phi}^{-1}\boldsymbol{y} \tag{8-17}$$

式中：$\widehat{\theta}$ 是 θ 的估计值。

以上结论是众所周知的。但是，由于数据可能会被干扰和测量噪声污染，当 $N>n$ 时，一般很难找到正好和采样数据相匹配的参数估计向量 $\boldsymbol{\theta}$。此外，模型阶次过低或模型结构错误也可能是造成“不匹配”的原因。一种确定参数的方法就是基于最小二乘误差对参数进行估计。

引入残差（误差）$\varepsilon(t)$，令

$$\varepsilon(t)=y(t)-\widehat{y}(t)=y(t)-\varphi(t)\boldsymbol{\theta} \tag{8-18}$$

选择 $\widehat{\theta}$，使最小二乘准则（损失函数或代价函数）

$$V_{\mathrm{LS}}=\frac{1}{N}\sum_{t=1}^{N}\varepsilon(t)^2=\frac{1}{N}\sum_{t=1}^{N}[y(t)-\varphi(t)\boldsymbol{\theta}]^2=\frac{1}{N}\boldsymbol{\varepsilon}^{\mathrm{T}}\boldsymbol{\varepsilon} \tag{8-19}$$

最小，其中

$$\boldsymbol{\varepsilon}=\begin{bmatrix}\varepsilon(1)\\ \varepsilon(2)\\ \vdots\\ \varepsilon(N)\end{bmatrix}$$

为了使损失函数最小化，将式(8-15)表示为

$$V_{\mathrm{LS}}(\theta)=\frac{1}{N}(\boldsymbol{y}-\boldsymbol{\Phi\theta})^{\mathrm{T}}(\boldsymbol{y}-\boldsymbol{\Phi\theta})=\frac{1}{N}[\boldsymbol{y}^{\mathrm{T}}\boldsymbol{y}-\boldsymbol{\theta}^{\mathrm{T}}\boldsymbol{\Phi}^{\mathrm{T}}y-\boldsymbol{y}^{\mathrm{T}}\boldsymbol{\Phi\theta}-\boldsymbol{\theta}^{\mathrm{T}}\boldsymbol{\Phi}^{\mathrm{T}}\boldsymbol{\Phi\theta}] \tag{8-20}$$

对 $V_{\mathrm{LS}}(\theta)$ 求关于 θ 的一次导数，且令其等于 0，则有

$$\left.\frac{\partial V_{\mathrm{LS}}(\theta)}{\partial\theta}\right|_{\theta=\hat{\theta}}=\frac{1}{N}[-2\boldsymbol{\Phi}^{\mathrm{T}}\boldsymbol{y}+2\boldsymbol{\Phi}^{\mathrm{T}}\boldsymbol{\Phi}\hat{\theta}]=0 \tag{8-21}$$

求解此方程可得

$$\boldsymbol{\Phi}^{\mathrm{T}}\boldsymbol{\Phi}\hat{\theta}=\boldsymbol{\Phi}^{\mathrm{T}}\boldsymbol{y} \tag{8-22}$$

或

$$\hat{\theta}=[\boldsymbol{\Phi}^{\mathrm{T}}\boldsymbol{\Phi}]^{-1}\boldsymbol{\Phi}^{\mathrm{T}}\boldsymbol{y} \tag{8-23}$$

这就是著名的最小二乘法参数 θ 的估计值。

由线性代数知识可得，当且仅当矩阵

$$\boldsymbol{\Phi}^{\mathrm{T}}\boldsymbol{\Phi}=\frac{1}{N}\sum_{t=1}^{N}\varphi^{\mathrm{T}}(t)\varphi(t) \tag{8-24}$$

为非奇异时，式(8-24)有唯一解，这称为参数可辨识条件。

另外，通过引入一个加权阵，对每个误差项进行单独加权，还可对式(8-24)加以推广。若令 W 为所需的对称正定加权矩阵，则加权误差准则为

$$V_{\mathrm{sc}}(\theta)=\frac{1}{N}\boldsymbol{\varepsilon}^{\mathrm{T}}w\boldsymbol{\varepsilon}=\frac{1}{N}(\boldsymbol{y}-\boldsymbol{\Phi\theta})^{\mathrm{T}}W(\boldsymbol{y}-\boldsymbol{\Phi\theta}) \tag{8-25}$$

同以上的步骤一样，使 $V_{\mathrm{sc}}(\theta)$ 最小化，则可得参数 θ 的估计值

$$\theta_{\omega}=[\varphi^{\mathrm{T}}W\varphi]^{-1}\varphi^{\mathrm{T}}W_{y} \tag{8-26}$$

称之为加权最小二乘估计。若 $W=I$，则退化为通常的最小二乘估计。

8.4.2 线性过程模型的估计

最小二乘法可以用来估计线性动态过程的模型，具体做法取决于模型的特点和模型的参数化。

1. 有限脉冲响应(FIR)模型

线性不变动态过程的特性由其脉冲响应来唯一确定。对于稳定过程，脉冲响应将随时间的增加而趋向于零，可对该过程进行时间截尾，这样就引出了所谓有限脉冲响应(FIR)模型或 Markov 参数模型。对于单输入单输出 SISO 过程，可以用如下模型来表示

$$Y(t)=g_1u(t-1)+g_2u(t-2)+\cdots+g_nu(t-n)=\sum_{k=1}^{N}g_ku(t-k)=\varphi(t)\boldsymbol{\theta} \tag{8-27}$$

式中

$$\boldsymbol{\theta}=\begin{Bmatrix}g_1\\g_2\\\vdots\\g_n\end{Bmatrix},\ \varphi(t)=[u(t-1)+u(t-2)+\cdots+u(t-n)]$$

设可测的输入-输出数据序列为

$$y(1),\ u(1),\ \cdots,\ y(N),\ u(N) \tag{8-28}$$

若引入残差，则有

$$Y(t)=g_1u(t-1)+g_2u(t-2)+\cdots+g_nu(t-n)+\varepsilon(t)=\varphi(t)\theta+\varepsilon(t) \tag{8-29}$$

上式的矩阵形式为

$$\boldsymbol{y}=\boldsymbol{\Phi\theta}+\boldsymbol{\varepsilon} \tag{8-30}$$

式中

$$\boldsymbol{y}=\begin{Bmatrix}y(n+1)\\y(n+2)\\\vdots\\y(N)\end{Bmatrix},\ \boldsymbol{\varepsilon}=\begin{Bmatrix}\varepsilon(n+1)\\\varepsilon(n+2)\\\vdots\\\varepsilon(N)\end{Bmatrix}$$

$$\boldsymbol{\Phi}=\begin{bmatrix}u(n) & u(n-1) & \cdots & u(1)\\u(n+1) & u(n) & \cdots & u(2)\\\vdots & \vdots & \vdots & \vdots\\u(N-1) & u(N-2) & \cdots & u(N-n)\end{bmatrix}$$

于是，依据最小二乘法可得

$$\widehat{\theta}=[\boldsymbol{\Phi}^{\mathrm{T}}\boldsymbol{\Phi}]^{-1}\boldsymbol{\Phi}^{\mathrm{T}}\boldsymbol{y} \tag{8-31}$$

FIR 模型估计的框图如图 8-2 所示。

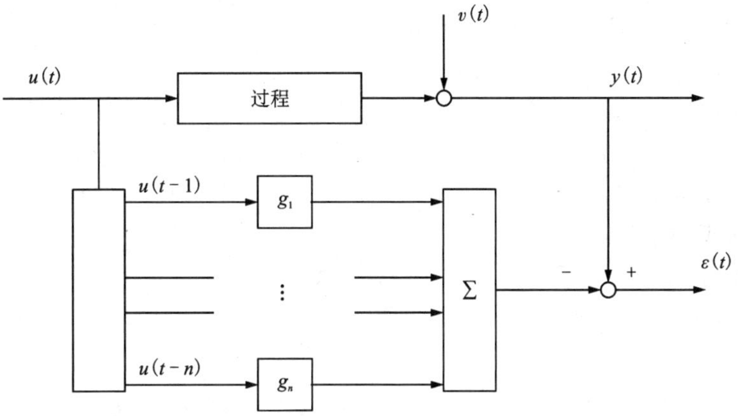

图 8-2　FIR 模型估计中的误差

FIR 模型具有以下优点：

(1)估计一个 FIR 模型所需要的有关过程的先验知识较少，不会出现采用其他模型进行辨识时所存在的过程阶次或结构问题。

(2)FIR 模型估计具有统计无偏性(估计的期望等于真值)和一致性(当数据个数趋于无穷时，估计值趋于真值)。

FIR 模型也存在以下不足之处：

(1)FIR 模型结构通常需要许多参数。由于这种估计的方差与 FIR 模型参数的个数成正比，因此在有限数据容量的情况下，有关过程的传递函数估计是不准确的。

(2)FIR 模型不适合线性控制设计方法。通常，为了得到一个紧凑的参数模型，需要进行模型降价。

FIR 模型估计的推广可以直接应用到多变量过程。

2. 有理传递函数模型或 ARX 模型

最小二乘法可用来估计传递函数模型或差分方程模型的参数。下式是一个用 n 阶差分方程描述的过程

$$y(t)+a_1y(t-1)+\cdots+a_ny(t-n)=b_1u(t-1)+\cdots+b_nu(t-n) \tag{8-32}$$

该过程的传递函数为

$$G(q)=\frac{B(q)}{A(q)} \tag{8-33}$$

式中

$$A(q)=1+a_1q^{-1}+\cdots+a_nq^{-n}$$
$$B(q)=b_1q^{-1}+\cdots+b_nq^{-n}$$

若输入输出数据序列为 $y(1)$，$u(1)$，…，$y(N+n)$，$u(N+n)$，且假定阶次 n 已知，为估计模型参数 a_i 和 b_i，这里需要引入误差项 $\varepsilon(t)$，即有

$$y(t)+a_1y(t-1)+\cdots+a_ny(t-n)=b_1u(t-1)+\cdots+b_nu(t-n)+\varepsilon(t) \tag{8-34}$$

或

$$A(q)y(t)=B(q)u(t)+\varepsilon(t) \tag{8-35}$$

习惯上称 $\varepsilon(t)$ 为拟合误差。在一些文献中，亦称 $\varepsilon(t)$ 为残差或方程误差，称式(8-35)为 ARX 模型。

将式(8-34)重写为如下形式

$$\begin{aligned}Y(t)&=-a_1y(t-1)-\cdots-a_ny(t-n)+b_1u(t-1)+\cdots+b_nu(t-n)+\varepsilon(t)\\&=\varphi(t)\theta+\varepsilon(t)\end{aligned} \tag{8-36}$$

式中：$\varphi(t)$ 为数据向量

$$\Phi(t)=[-y(t-1),\cdots,-y(t-n),u(t-1),\cdots,u(t-n)]$$

$\boldsymbol{\theta}$ 为参数向量：

$$\boldsymbol{\theta}=\begin{bmatrix}a_1\\\vdots\\a_n\\b_1\\\vdots\\b_n\end{bmatrix}$$

利用数据序列可得到一个由 N 个方程组成的系统($N\gg 2n$)

$$\boldsymbol{y} = \boldsymbol{\Phi\theta} + \boldsymbol{\varepsilon} \tag{8-37}$$

式中

$$\boldsymbol{y} = \begin{bmatrix} y(n+1) \\ y(n+2) \\ \vdots \\ y(N) \end{bmatrix}, \boldsymbol{\varepsilon} = \begin{bmatrix} \varepsilon(n+1) \\ \varepsilon(n+2) \\ \vdots \\ \varepsilon(N) \end{bmatrix}$$

$$\boldsymbol{\Phi} = \begin{bmatrix} \varphi(n+1) \\ \varphi(n+2) \\ \vdots \\ \varphi(N) \end{bmatrix} = \left[\begin{array}{ccc|ccc} -y(n) & \cdots & -y(1) & u(n) & \cdots & u(1) \\ -y(n+1) & \cdots & -y(2) & u(n+1) & \cdots & u(2) \\ \vdots & \cdots & \vdots & \vdots & \cdots & \vdots \\ -y(N-1) & \cdots & -y(N-n) & u(N-1) & \cdots & u(N-n) \end{array}\right]$$

根据最小二乘法原理，使损失函数

$$V_{\mathrm{LS}} = \sum_{t=n+1}^{N} \varepsilon(t)^2 = \sum_{t=n+1}^{N} [y(t) - \varphi(t)\theta]^2 \tag{8-38}$$

最小化可得 θ 的估计值，为

$$\hat{\theta} = [\boldsymbol{\Phi}^{\mathrm{T}}\boldsymbol{\Phi}]^{-1}\boldsymbol{\Phi}^{\mathrm{T}}y = [\sum_{t=n+1}^{N} \varphi^{\mathrm{T}}(t)\varphi(t)]^{-1}[\sum_{t=n+1}^{N} \varphi^{\mathrm{T}}(t)\varphi(t)] \tag{8-39}$$

若矩阵

$$\boldsymbol{\Phi}^{\mathrm{T}}\boldsymbol{\Phi} = \sum_{t=n+1}^{N} \varphi^{\mathrm{T}}(t)\varphi(t)$$

非奇异（过程阶次为 n 且输入 $u(t)$ 为 $2n$ 阶的持续激励信号时，这种非奇异条件是可以满足的），则式(8-39)存在。采用最小二乘法估计传递算子过程中所产生的误差如图 8-3 所示。

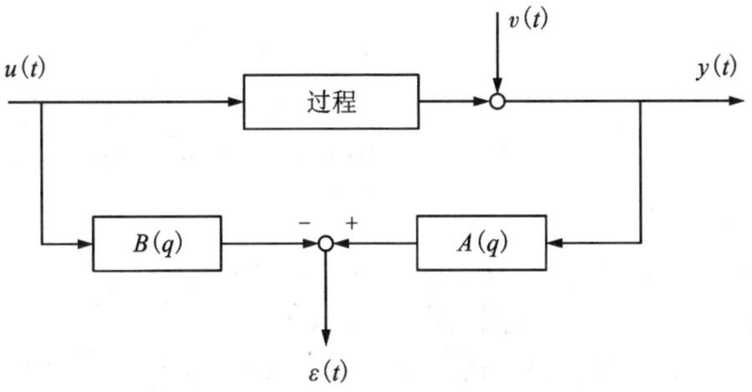

图 8-3　估计传递算子过程中所产生的误差

采用最小二乘法（或方程误差法）进行参数辨识的优点是数学上易于理解的。由于误差（残差）与参数 a_i 和 b_i 之间保持线性关系且二次损失函数式(8-38)被最小化，所以该方法存在闭合解。在低噪声水平和模型阶次正确的情况下，它的估计结果具有优良性。但在实际条件下，如果模型阶次不足够高，那么传递函数模型的最小二乘估计是有偏的。若噪声水平提高，则将会产生精确度问题。而且，就频率响应估计来说，在低中频率段，最小二乘法的估计结果与过程传递函数的匹配情况较差。

3. 阶次选择

迄今为止，已讨论过的辨识方法都是假设模型阶次已知，且只对模型参数进行估计。实

际上，这只是问题的一个方面，因为过程的阶次一般是很难准确知道的。模型阶次或结构的确定是过程辨识中一个重要话题。关于阶次或结构选择方面的文献很多，本节仅介绍一种简单实用的方法。FIR 模型阶次与过程到达稳态的时间或调节时间有关，这通常可以利用过程的先验知识来确定。这里只讨论有理传递函数模型或 ARX 模型的阶次选择。

阶次选择不应该混同于模型确认。阶次选择是在给定的模型结构(类)中选择一个合适的模型阶次，使它能够对给出的数据有很好的解释。模型确认是检验一个模型是否能够充分满足应用要求。一个具有一定阶次的模型能够和数据匹配得很好，并不意味着该模型就一定适合实际应用。

关于模型的应用，比如控制和仿真，一种简单有效的模型确认方法是利用一些测试输入来对估计的模型进行仿真，并对模型输出和测量输出进行比较，如图 8-4 所示。

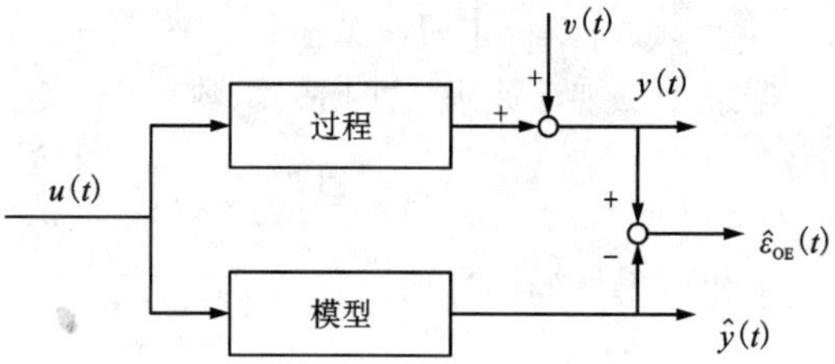

图 8-4　利用仿真进行阶次选择

拟合优度由仿真误差或输出误差的均方和来确定。

$$V_{OE}=\frac{1}{N}\sum_{t=1}^{N}\hat{\varepsilon}_{OE}(t)^2 \tag{8-40}$$

式中

$$\hat{\varepsilon}_{OE}(t)=y(t)-\frac{\hat{B}(q^{-1})}{\hat{A}(q^{-1})}u(t)=y(t)-\hat{y}(t) \tag{8-41}$$

值得注意的是，这个误差与最小二乘法中所引入的方程误差是不同的。这两种误差的关系为

$$\hat{\varepsilon}(t)=\hat{A}(q)\hat{\varepsilon}_{OE}(t) \tag{8-42}$$

若采用有限脉冲响应(FIR)模型，则 $A(q)=1$，此时方程误差与输出误差相等。

在阶次选择中，我们采用输出误差而不采用方程误差的原因是输出误差能够与传递函数误差之间的关系更直接，可得

$$\hat{\varepsilon}_{OE}(t)=[G^0(q)-\hat{G}(q)]u(t)+v(t) \tag{8-43}$$

可见该误差是由模型拟合误差和输出扰动误差组成的。

一般来说，损失函数 V_{OE} 将随着阶次 n 的增大而减小。但是，若用于仿真的模型阶次过高，那么 V_{OE} 的减少就不明显了。基于此原理，一种简单的阶次选择方法是对阶次序列 $n=1$, 2, 3, …依次进行最小二乘估计，并且相继计算与之对应的输出误差的损失函数值 V_{OE}，直至 V_{OE} 不再显著减少时才停止运算，则此时对应的 n 值就是所求的合适的模型阶次。

非常重要的一点就是应该采用模型估计过程中没有使用过的数据集来进行阶次选择，这种做法有时被称为交叉验证。这是因为如果采用参数估计中所使用的数据进行阶次选择，即使拟合得很好，也不能充分证实模型的品质。在极限情况下，若模型阶次等于方程的个数(即 $n=N$)，则拟合误差为零，但模型的品质却可能由于方差过大而变得很差。

8.4.3　最小二乘法应用案例

采用核子密度计检测矿浆时，密度计的计算机采样值与矿浆密度有式(8-44)的关系

$$d = std + k\ln(N) \tag{8-44}$$

式中：d 为矿浆密度；N 为计算机采样值；std 为参考点矿浆密度；k 为密度系数。

现做实验，得到矿浆密度与对应的采样值，如表 8-1 所示。采用最小二乘法估计式(8-44)中的 std 和 k 的值。

表 8-1　矿浆密度 d 与采样值 N 的对应关系

密度 d /(g·cm^{-3})	采样值 N	密度 d /(g·cm^{-3})	采样值 N	密度 d /(g·cm^{-3})	采样值 N	密度 d /(g·cm^{-3})	采样值 N
1.01	39558	1.16	32948	1.31	27322	1.46	22755
1.03	38615	1.18	32155	1.33	26715	1.48	22221
1.07	36790	1.22	30604	1.37	25408	1.52	21175
1.09	35846	1.24	29849	1.39	24847	1.54	20626
1.11	34976	1.26	29060	1.41	24168	1.56	20091
1.12	34592	1.27	28746	1.42	23943	1.57	19885
1.14	33702	1.29	28015	1.44	23288	1.59	19369
1.15	33296	1.30	27668	1.45	23022	1.60	19113

令 $x=\ln(N)$，则式(8-44)变为

$$d = std + kx \tag{8-45}$$

则表 8-1 变为表 8-2。

表 8-2　矿浆密度 d 与采样值 x 的关系

密度 d /(g·cm^{-3})	采样值 x	密度 d /(g·cm^{-3})	采样值 x	密度 d /(g·cm^{-3})	采样值 x	密度 d /(g·cm^{-3})	采样值 x
1.01	10.59	1.16	10.40	1.31	10.22	1.46	10.03
1.03	10.56	1.18	10.38	1.33	10.19	1.48	10.01
1.07	10.51	1.22	10.33	1.37	10.14	1.52	9.96
1.09	10.49	1.24	10.30	1.39	10.12	1.54	9.93
1.11	10.46	1.26	10.28	1.41	10.09	1.56	9.91
1.12	10.45	1.27	10.27	1.42	10.08	1.57	9.90
1.14	10.43	1.29	10.24	1.44	10.06	1.59	9.87
1.15	10.41	1.30	10.23	1.45	10.04	1.60	9.86

根据最小二乘法方程 $\hat{\theta}=[\boldsymbol{\Phi}^{\mathrm{T}}\boldsymbol{\Phi}]^{-1}\boldsymbol{\Phi}^{\mathrm{T}}\boldsymbol{y}$ 计算 std 和 k。

设

$\hat{\theta}=[std\quad k]^{\mathrm{T}}$

$$\boldsymbol{\Phi}=\begin{bmatrix} 10.59 & 10.56 & 10.51 & 10.49 & 10.46 & 10.45 & 10.43 & 10.41 \\ 1 & 1 & 1 & 1 & 1 & 1 & 1 & 1 \\ 10.40 & 10.38 & 10.33 & 10.30 & 10.28 & 10.27 & 10.24 & 10.23 \\ 1 & 1 & 1 & 1 & 1 & 1 & 1 & 1 \\ 10.22 & 10.19 & 10.14 & 10.12 & 10.09 & 10.08 & 10.06 & 10.04 \\ 1 & 1 & 1 & 1 & 1 & 1 & 1 & 1 \\ 10.03 & 10.01 & 9.96 & 9.93 & 9.91 & 9.90 & 9.87 & 9.86 \\ 1 & 1 & 1 & 1 & 1 & 1 & 1 & 1 \end{bmatrix}$$

$$\boldsymbol{y}=[1.01 \quad 1.03 \quad 1.07 \quad 1.09 \quad 1.11 \quad 1.12 \quad 1.14 \quad 1.15 \quad 1.16 \quad 1.18 \quad 1.22 \quad 1.24 \quad 1.26 \quad 1.27 \quad 1.29 \quad 1.30 \quad 1.31 \quad 1.33 \quad 1.37 \quad 1.39 \quad 1.41 \quad 1.42 \quad 1.44 \quad 1.45 \quad 1.46 \quad 1.48 \quad 1.52 \quad 1.54 \quad 1.56 \quad 1.57 \quad 1.59 \quad 1.60]^{\mathrm{T}}$$

将计算矩阵 $\boldsymbol{\Phi}$ 和 $\boldsymbol{y}$ 代入最小二乘法方程 $\widehat{\theta}=[\boldsymbol{\Phi}^{\mathrm{T}}\boldsymbol{\Phi}]^{-1}\boldsymbol{\Phi}^{\mathrm{T}}\boldsymbol{y}$，计算得 $std=3.4$，$k=-0.25$。

8.5 神经元网络软测量技术

人工神经网络是无须事先确定输入输出之间映射关系的数学方程，仅通过自身的训练，学习某种规则，在给定输入值时得到最接近期望输出值的结果。作为一种智能信息处理系统，人工神经网络实现其功能的核心是算法。

BP 神经网络是应用于软测量最为常用的方法。BP 神经网络是一种按误差反向传播(简称误差反传)训练的多层前馈网络，其算法称为 BP 算法，它的基本思想是梯度下降法，利用梯度搜索技术，以期使网络的实际输出值和期望输出值的误差均方差为最小。BP 神经网络无论在网络理论还是在性能方面已比较成熟。其突出优点是具有很强的非线性映射能力和柔性的网络结构。网络的中间层数、各层的神经元个数可根据具体情况任意设定，并且随着结构的差异其性能也有所不同。

8.5.1 BP 神经网络模型结构

BP 神经网络是对非线性可微分函数进行权值训练的多层前向网络。在人工神经网络的实际应用中，80%~90%的人工神经网络模型是采用 BP 神经网络或其变化形式，其主要用于以下几个方面：(1)函数逼近。用输入矢量和相应的输出矢量训练一个网络逼近一个函数。(2)模式识别。用一个特定的输出矢量将它与输入矢量联系起来。(3)分类。把输入矢量以所定义的合适方式进行分类。(4)数据压缩。减少输出矢量维数以便于传输或存储。可以说，BP 神经网络是人工神经网络中前向网络的核心内容，体现了人工神经网络最精华的部分。在人们掌握 BP 神经网络的设计之前，感知器和自适应线性元件都只能适用于对单层网络模型的训练，只是在 BP 神经网络出现后才得到了进一步拓展。

一个具有 r 个输入和 l 个隐含层的神经网络模型结构如图 8-5 所示。

感知器和自适应线性元件的主要差别在激活函数上：前者是二值型的，后者是线性的。BP 神经网络具有一层或多层隐含层，除了在多层网络结构上与前面已介绍过的模型有不同外，其主要差别还表现在激活函数上。BP 神经网络的激活函数必须是处处可微的，所以，它

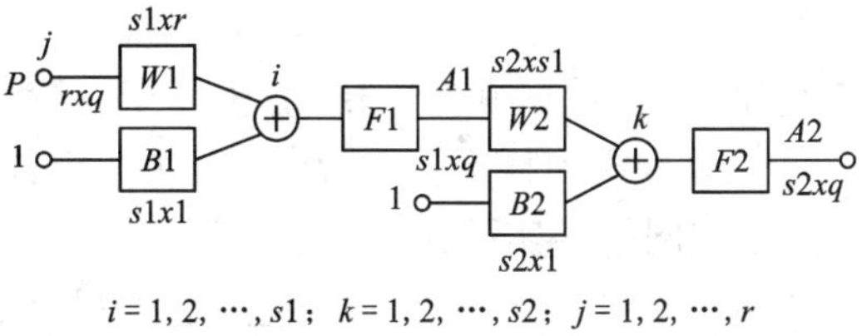

图 8-5　具有一个隐含层的神经网络模型结构图

不能采用二值型的阈值函数[0，1]或符号函数[-1，1]，而经常使用 S 形激活函数，此种激活函数常用对数或双曲正切等一类 S 形状的曲线来表示，如对数 S 形激活函数关系为

$$f = \frac{1}{1 + \exp[-(n + b)]} \tag{8-46}$$

而双曲正切 S 形曲线的输入/输出函数关系为

$$f = \frac{1 - \exp[-(n + b)]}{1 + \exp[-(n + b)]} \tag{8-47}$$

图 8-6 所示的是对数 S 形激活函数的图形。可以看到，$f(*)$是一个连续可微的函数，它的一阶导数存在。对于多层网络，这种激活函数所划分的区域不再是线性划分，而是由一个非线性的超平面组成的区域，它是比较柔和、光滑的任意界面，因而分类比线性划分精确、合理，网络的容错性较好。另外一个重要的特点是由于激活函数是连续可微的，它可以严格利用梯度法进行推算，其权值修正的解析式十分明确，算法被称为误差 BP 法，也简称 BP 算法，这种网络也称为 BP 神经网络。

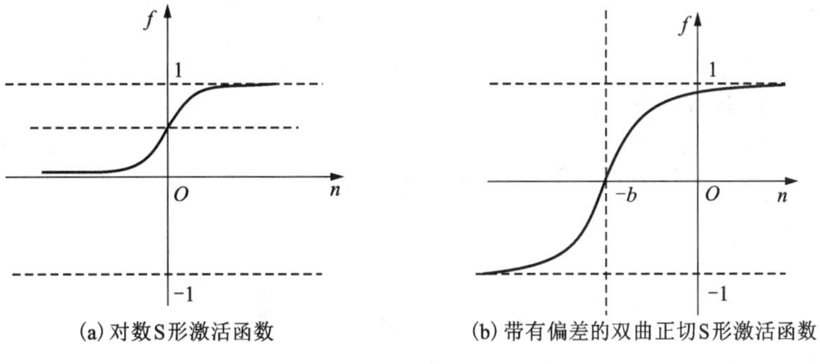

图 8-6　BP 神经网络 S 形激活函数

因为 S 形函数具有非线性放大系数功能，它可以把输入从负无穷大到正无穷大的信号变换成-1 到 1 之间输出，对较大的输入信号，放大系数较小；而对较小的输入信号，放大系数则较大，所以，采用 S 形激活函数可以处理和逼近非线性的输入/输出关系。

不过，如果在输出层采用 S 形函数，输出则被限制到一个很小的范围，若采用线性激活函数，则可使网络输出任何值。所以，只有当希望对网络的输出进行限制，如限制在 0 和 1 之间，则在输出层应当包含 S 形激活函数，在一般情况下，均是在隐含层采用 S 形激活函数，而输出层采用线性激活函数。

8.5.2 BP 神经网络算法

BP 神经网络的产生归功于 BP 算法的获得。BP 算法属于 δ 算法，是一种监督式的学习算法，其主要思想为：对于 q 个输入学习样本：$P^1, P^2, \cdots, P^q$，已知与其对应的输出样本为：$T^1, T^2, \cdots, T^q$。学习的目的是用网络的实际输出 $A^1, A^2, \cdots, A^q$ 与目标矢量 $T^1, T^2, \cdots, T^q$ 之间的误差来修改其权值，使 $A^n(n=1, 2, \cdots, q)$ 与期望的 T^n 尽可能接近，即使网络输出层的误差平方和达到最小。也就是说，它是通过连续不断地在相对于误差函数斜率下降的方向上计算网络权值和偏差的变化而逐渐逼近目标的。每一次权值和偏差的变化都与网络误差的影响成正比，并以反向传播的方式传递到每一层。

BP 算法由两部分组成：信息的正向传递与误差的反向传播。在正向传播过程中，输入信息从输入经隐含层逐层计算传向输出层，每一层神经元的输出作用于下一层神经元的输入。如果在输出层没有得到期望的输出，则计算输出层的误差变化值，然后转向反向传播，通过网络将误差信号沿原来的连接通路反传回来修改各层神经元的权值直至达到期望目标。

为了明确起见，现以图 8-7 所示两层网络为例进行 BP 算法推导。

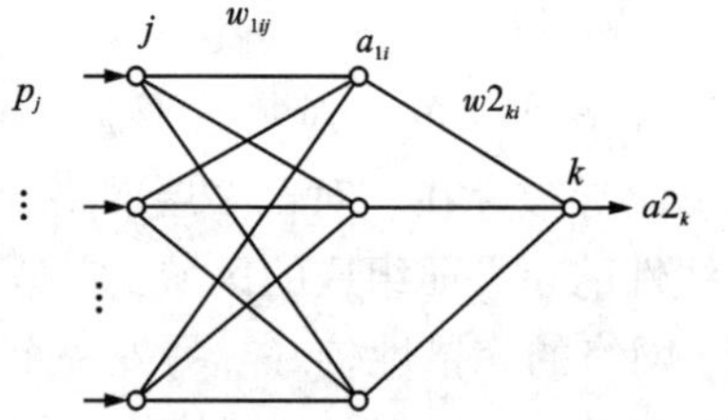

图 8-7 具有一个隐含层的简化网络图

设输入为 P，输入神经元有 r 个，隐含层内有 $s1$ 个神经元，激活函数为 $F1$，输出层内有 $s2$ 个神经元，对应的激活函数为 $F2$，输出为 A，目标矢量为 T。

1) 信息的正向传递

(1) 隐含层中第 i 个神经元的输出为

$$a1_i = f1\left(\sum_{j=1}^{r} w1_{ij}p_j + b1_i\right),\ i = 1, 2, \cdots, s1 \tag{8-48}$$

(2) 输出层第 k 个神经元的输出为

$$a2_k = f2\left(\sum_{i=1}^{s1} w2_{ki}a1_i + b2_k\right),\ k = 1, 2, \cdots, s2 \tag{8-49}$$

(3) 定义误差函数为

$$E(W, B) = \frac{1}{2}\sum_{k=1}^{S2}(t_k - a2_k)^2 \tag{8-50}$$

2) 利用梯度下降法求权值变化及误差的反向传播

(1) 输出层的权值变化。从第 i 个输入到第 k 个输出的权值有

$$\Delta w2_{ki} = -\eta\frac{\partial E}{\partial_W 2_{ki}} = -\eta\frac{\partial E}{\partial_a 2_k}\frac{\partial_a 2_k}{\partial w2_{ki}} = \eta(t_k - a2_k)\cdot f2'\cdot a1_i = \eta\cdot\delta_{ki}\cdot a1_i \tag{8-51}$$

式中：

$$\delta_{ki} = (t_k - a2_k)\cdot f2' = e_k\cdot f2',\ e_k = t_k - a2_k \tag{8-52}$$

同理可得

$$\Delta b2_{ki} = -\eta\frac{\partial E}{\partial b2_{ki}} = -\eta\frac{\partial E}{\partial_a 2_k}\frac{\partial_a 2_k}{\partial_b 2_{ki}} = \eta(t_k - a2_k)\cdot f2' = \eta\cdot\delta_{ki} \tag{8-53}$$

(2)隐含层权值变化。从第 j 个输入到第 i 个输出的权值，有

$$\Delta w1_{ij} = -\eta \frac{\partial E}{\partial w1_{ki}} = -\eta \frac{\partial E}{\partial a2_k}\frac{\partial_a 2_k}{\partial_a 1_i}\frac{\partial_a 1_i}{\partial w1_{ij}} = \eta \sum_{k=1}^{s1}(t_k - a2_k)\cdot f2' \cdot w2_{ki} \cdot f1' \cdot p_j = \eta \cdot \delta_{ij} \cdot p_j \tag{8-54}$$

式中：

$$\delta_{ij} = e_i \cdot f1',\ e_i = \sum_{k=1}^{s2}\delta_{ki}\cdot w2_{ki} \tag{8-55}$$

同理可得

$$\Delta b1_i = \eta \cdot \delta_{ij} \tag{8-56}$$

3)误差反向传播的流程图与图形解释

误差反向传播过程实际上是通过计算输出层的误差 e_k，然后将其与输出层激活函数的一阶导数 $f2'$ 相乘来求得 δ_{ki}。由于隐含层中没有直接给出目标矢量，所以，利用输出层的 δ_{ki} 进行误差反向传递来求隐含层权值的变化量 $\Delta w2_{ki}$。然后计算

$$e_i = \sum_{k=1}^{s2}\delta_{ki}\cdot w2_{ki}$$

同样通过将 e_i 与该层激活函数的一阶导数 $f1'$ 相乘而求得 δ_{ij}，以此求出前层权值的变化量 $\Delta w1_{ki}$。如果前面还有隐含层，沿用上述同样方法依此类推，一直将输出误差 e_k 一层一层地反推算到第一层为止。图 8-8 给出了形象的解释。

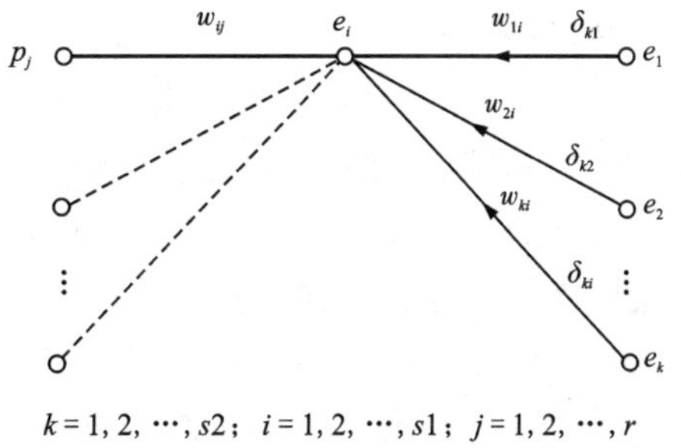

图 8-8　误差 BP 法的图形解释

8.5.3　BP 神经网络的设计

1. BP 神经网络设计概述

在进行 BP 神经网络设计时，一般应从网络的层数、每层中的神经元个数和激活函数、初始值及学习速率等几个方面来进行考虑。下面讨论一下各自选取的原则。

(1)网络的层数。理论上已经证明，具有偏差和至少一个 S 形隐含层加上一个线性输出层的网络，能够逼近任何有理函数。这实际上已经给了我们一个基本的设计 BP 神经网络的原则。增加层数主要可以更进一步地降低误差，提高精度，但同时也使网络复杂化，从而增加了网络权值的训练时间。而误差精度的提高实际上也可以通过增加隐含层中的神经元数目来获得，其训练效果也比增加层数更容易观察和调整。所以一般情况下，应优先考虑增加隐含层中的神经元数。

另外还有一个问题：能不能仅用具有非线性激活函数的单层网络来解决问题呢？结论是没有必要或效果不好。因为能用单层非线性网络完美解决的问题，用自适应线性网络一定也能解决，而且自适应线性网络的运算速度还更快。而对于只能用非线性函数解决的问题，单层精度又不够高，也只有增加层数才能达到期望的结果。这主要还是因为一层网络的神经元数被所要解决的问题本身限制造成的。对于一般可用一层解决的问题，应当首先考虑用感知器，或自适应线性网络来解决，而不采用非线性网络，因为单层不能发挥出非线性激活函数的特长。

输入神经元数可以根据需要求解的问题和数据所表示的方式来确定。如果输入的是电压波形，则可根据电压波形的采样点数来决定输入神经元的个数，也可以用一个神经元使输入样本为采样的时间序列。如果输入为图像，则输入可以用图像的像素，也可以为经过处理后的图像特征来确定其神经元个数。总之问题确定后，输入与输出层的神经元数就随之定了。在设计中应当注意尽可能地减少网络模型的规模，以便减少网络的训练时间。

(2)隐含层的神经元数。网络训练精度的提高可以通过采用一个隐含层增加其神经元数的方法来获得，这在结构实现上要比增加更多的隐含层简单得多。那么，究竟选取多少个隐含层节点才合适？这在理论上并没有一个明确的规定。在具体设计时，比较实际的做法是通过对不同神经元数进行训练对比，然后适当地加上一点余量。

(3)初始权值的选取。由于系统是非线性的，初始值对于学习是否达到局部最小、是否能够收敛及训练时间的长短的关系很大。如果初始权值太大，使得加权后的输入 n 和落在了S形激活函数的饱和区，从而导致其导数 $f'(s)$ 非常小，而在计算权值修正公式中，因为 $\delta \propto f'(n)$，当 $f'(n) \to 0$ 时，则有 $\delta \to 0$，这使得 $w_{ij} \to 0$，从而使得调节过程几乎停顿下来。所以，一般总是希望经过初始加权后的每个神经元的输出值都接近于零，这样可以保证每个神经元的权值都能够在它们的S形激活函数变化最大之处进行调节。所以，一般取初始权值在(-1，1)之间的随机数。另外，为了防止上述现象的发生，Widrow 等在分析了两层网络是如何对一个函数进行训练后，提出一种选定初始权值的策略：选择权值的量级为 $\sqrt[r]{s1}$，其中，$s1$ 为第一层神经元数目。利用他们的方法可以在较少的训练次数下得到满意的训练结果，其方法仅需要使用在第一隐含层的初始值的选取上，后面层的初始值仍然采用随机取数。

(4)学习速率。学习速率决定每一次循环训练中所产生的权值变化量。大的学习速率可能导致系统的不稳定，但小的学习速率导致较长的训练时间，可能收敛很慢，不过能保证网络的误差值不跳出误差表面的低谷而最终趋于最小误差值。所以在一般情况下，倾向于选取较小的学习速率以保证系统的稳定性。学习速率的选取范围在0.01~0.8。

和初始权值的选取过程一样，在一个神经网络的设计过程中，网络要经过几个不同的学习速率的训练，通过观察每一次训练后的误差平方和 $\sum e^2$ 的下降速率来判断所选定的学习速率是否合适。如果 $\sum e^2$ 下降很快，则说明学习速率合适；若 $\sum e^2$ 出现振荡现象，则说明学习速率过大。对于每一个具体网络都存在一个合适的学习速率。但对于较复杂网络，在误差曲面的不同部位可能需要不同的学习速率。为了减少寻找学习速率的训练次数及训练时间，比较合适的方法是采用变化的自适应学习速率，使网络的训练在不同的阶段自动设置不同学习速率的大小。

(5)期望误差的选取。在设计网络的训练过程中，期望误差值也应当通过对比训练后确定一个合适的值，这个所谓的“合适”，是相对于所需要的隐含层的节点数来确定，因为较小的期望误差值是要靠增加隐含层的节点，以及训练时间来获得的。一般情况下，作为对比，可以同时对两个不同期望误差值的网络进行训练，最后通过综合因素的考虑来确定采用其中一个网络。

2. BP 神经网络的不足

虽然 BP 法得到广泛的应用，但它也存在自身的限制与不足，主要表现在训练过程的不确定上。具体说明如下：

(1)需要较长的训练时间。对于一些复杂的问题，BP 算法可能要进行几小时甚至更长的时间训练，这主要是由学习速率太小所造成的，可采用变化的学习速率或自适应学习速率来加以改进。

(2) 完全不能训练。这主要表现在网络出现麻痹现象上。在网络训练过程中，当其权值调得过大，可能使得所有的或大部分神经元的加权总和偏大，这使得激活函数的输入工作在 S 形转移函数的饱和区，导致其导数 $f'(s)$ 非常小，从而使得对网络权值的调节过程几乎停顿下来。通常，为了避免这种现象的发生，一是选取较小的初始权值，另外，也可采用较小的学习速率，但这又增加了训练时间。

(3) 局部极小值。BP 算法可以使网络权值收敛到一个解，但它并不能保证所求的误差为全局最小解，很可能是一个局部极小解。这是因为 BP 算法采用的是梯度下降法，训练是从某一起始点沿误差函数的斜面逐渐达到误差的最小值。对于复杂的网络，其误差函数为多维空间的曲面，就像一个碗，其碗底是最小值点，但这个碗的表面是凹凸不平的，因而在对其训练过程中，可能陷入某一小谷区，而这一小谷区产生的是一个局部极小值。由此点向各方向变化均使误差增加，从而使训练无法逃出这一局部极小值。解决 BP 网络的训练问题还需要从训练算法上下功夫。常用的训练 BP 网络的快速算法有基于标准梯度下降的方法、基于数值优化方法的网络训练算法等。

8.6　软测量的工程设计

8.6.1　软测量的设计流程及步骤

1. 软测量的设计流程

著名过程控制专家 McAvoy 指出软测量有着广阔的应用前景，但尚缺乏系统的开发思路。因此我们在其他工程师提出的设计方法的基础上，根据自己的实践提出如下设计步骤以系统地实现软测量。软测量开发流程如图 8-9 所示。

2. 软测量的设计步骤

软测量的基本设计步骤如下：

(1) 针对软测量对象进行机理分析，选择辅助变量。在此阶段首先要了解和熟悉软测量对象以及整个系统的工艺流程，明确软测量的任务。大多数软测量对象属于灰箱系统，通过机理分析可以确定影响软测量目标的相关变量，并通过分析各变量的可观、可控性初步选择辅助变量。这种采用机理分析指导辅助变量选择的方法，可以使软测量的设计更合理。

(2) 数据采集和预处理。从理论上讲，过程数据包含了工业对象的大量信息，因此数据采集多多益善，不仅可以用来建模，还可以校验模型。实际需要采集的数据是与软测量对象实测值对应时间的辅助变量的过程数据。数据的预处理包括数据变换和数据校正。最简单也是最常用的数据预处理是用统计假设检验别处含有显著误差的数据后，再采用平均滤波的方法去除随机误差。如果辅助变量个数太多，需要对系统进行降维，降低测量噪声的干扰和软测量模型的复杂性。降维的方法可以根据机理模型，用几个辅助变量计算得到不可测的辅助变量，如分压、内回流比等；也可以采用主元分析(PCA)、部分最小二乘法(PLS)等统计方法进行数据相关性分析，剔除冗余的变量。

(3) 建立软测量模型：将经过预处理后的比较可靠的过程数据分为建模数据和校验数据

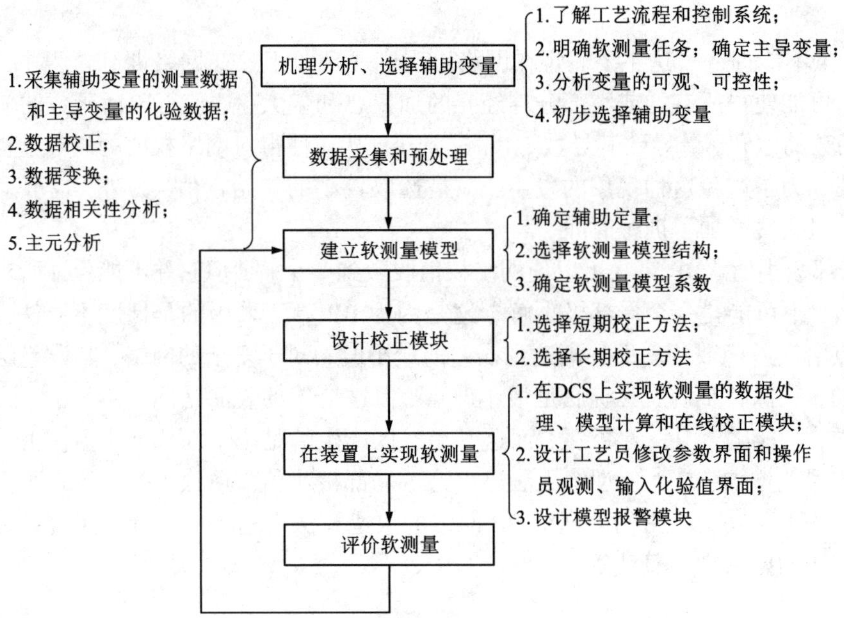

图 8-9　软测量开发流程

两部分。对于建模数据，可以采用回归分析和人工神经网络分别进行拟合，再用校验数据检验模型，根据交叉检验结果以及装置的计算能力确定模型结构和模型参数。当然也可以根据机理分析直接确定建模方法。

(4)设计模型校正模块。实践证明，如果不具有模型校正模块，软测量的适用范围可能很窄。校正又分为短期校正和长期校正，以适应不同的需求。为了避免突变数据对模型校正的不利影响，短期校正时还将附加一些限制条件。

(5)在实际工业系统上实现软测量。将离线得到的软测量模型和数据采集及预处理模块、模型校正模块以软件的形式嵌入到工业系统的 DCS 上。设计安全报警模块，当软测量输出值与分析仪测量值的偏差超过限幅值时报警，提示操作员密切注视生产过程。此外还需设计工艺员修改参数界面，使工艺员可以根据生产需要很方便地修改诸如理想干点等参数；设计操作员界面，将软测量输出值等直观地展现在操作员面前，并能及时输入软测量目标的化验值。

(6)软测量的评价。在软测量运行期间，采集软测量对象的实测值和模型估计值，根据比较结果评价该软测量模型是否满足工艺要求。如果不满足，要利用过程数据分析原因，判断是模型选择不当、参数选择不当还是该时间段内的工况远离模型的预测范围，找到失败原因后再重复以上步骤，重新设计软测量。

8.6.2　过程数据预处理

1. 异常数据的剔除

在实际测量中，测量者读数和记录的严重失误，或仪器仪表的突然波动，都会造成异常的观测结果，我们称这类数据为异常数据。判断样本数据是否异常数据，可用两类方法进行鉴别。一类是技术判别法，即根据物理或化学性质进行技术分析，以判别偏差较大的数据是否确系异常数据。另一类称为统计判别法，单纯地应用数学的方法做出鉴别。在技术方法无法确定异常时，统计判别法就显得较为有效了。常用的统计判别法有拉依达准则、格拉布斯准则、罗曼诺夫斯基准则、方差比准则和狄克逊准则。

拉依达准则又称 3σ 准则，是一种最常用、也是最简单的准则，它以实验次数充分多为前提。一般情况下，对于一组样本数据，如果样本中只存在随机误差，则根据随机误差的正态分布规律，其偏差落在 $\pm3\sigma$ 以外的概率约为 0.3%。所以在有限次数的样本中，如果发现有偏差大于 3σ 的数值，则可以认为它是异常数据而予以剔除。

异常数据剔除的数学方法表示如下：

设样本数据为 y_1，y_2，…，y_n。平均值为 $\bar{y}$，偏差为 $v_i=y_i-\bar{y}(i=1, 2, \cdots, n)$，按照 Bessel 公式算出标准偏差

$$S=\sigma=\left[\sum V_1^2/(n-1)\right]^{1/2}=\left\{\left[\sum_{i=1}^{n} y_i^2-\left(\sum_{i=1}^{n} y_i\right)^2/n\right]/(n-1)\right\}^{1/2} \tag{8-57}$$

如果某一样本数据 y_k 的偏差 $V_k(1\leqslant k\leqslant n)$ 满足

$$|y_k|>3\sigma$$

则认为 y 是异常数据，应予剔除。

这种算法的优点是不必先计算样本平均值，可以避免舍入误差。在计算程序中只需保留两个累加单元就够了，这样可以节省内存。

2. 数据的平滑

在建模前采集的样本数据中，往往需要的是被测样本的真实信号，所以要从采样数据中尽可能地排除噪声成分，保留真实信号，一般采用数字滤波方法。而在数字滤波中，用于消除或滤除频率较高的噪声，保留或突出频率较低的信号，这类方法称为数据的平滑。在数据的平滑中，又以线性滑动平滑法最为常用。

线性滑动平滑法是用线性函数进行滑动平滑的，其工作原理是取第 i 点及附近若干点的数据，根据最小二乘法的原则确定一条拟合的直线方程，然后由该直线方程计算出第 i 点的因变量作为平滑后的数据值。

下面介绍三点线性滑动平滑。

对任何第 i 点样本，取其本身及前后共三个数据点为

$$(x_{i-1}, y_{i-1}), (x_i, y_i), (x_{i+1}, y_{i+1}) \tag{8-58}$$

现根据最小二乘法的原则用一直线拟合这三点数据，设该拟合线性方程为

$$u=a_0+a_1x \tag{8-59}$$

由式(8-59)求出 $x=x_i$ 时的 u 值

$$u=a_0+a_1x_i$$

此值即为 y_i 的平滑值。

对自变量做线性变换

$$z=\frac{x-x_i}{\Delta x} \tag{8-60}$$

于是分别与 x_i，x_{i-1}，x_{i+1} 对应的 $z_i=0$，$z_{i-1}=-1$，$z_{i+1}=1$，而 z 的间距 $\Delta z=z_i-z_{i-1}=1$。

现可对三点 (z_{i-1}, y_{i-1})，(z_i, y_i)，(z_{i+1}, y_{i+1})，用一直线 $u=b_0+b_1x$ 来拟合。根据最小二

乘法的原则，应使偏差平方和

$$Q=\sum_{k=-1}^{+1}(y_{i+k}-b_0-b_1z_{i+k})^2 \tag{8-61}$$

为最小。为此，按极值原理，应对 Q 分别求 b_0 和 b_1 的偏导数。

最后得到三点线性滑动平滑的算式为

$$u_i=\frac{1}{3}(y_{i-1}+y_i+y_{i+1}) \tag{8-62}$$

其中 u_i 是 y_i 的平滑值。

其可用一个方阵表示

$$\frac{1}{6}\begin{bmatrix}5 & 2 & -1\\ 2 & 2 & 2\\ -1 & 2 & 5\end{bmatrix}\begin{matrix}i=1\\ i=2,\ \cdots,\ n-1\\ i=n\end{matrix}$$

8.6.3 数据校正

1. 概述

在基于软测量的先进控制与优化系统中，融合了大量的现场数据，任一数据的失效都可能导致系统整体性能下降，甚至完全失败。由于实际测量数据不可避免地会带有误差，而且是不完整的，因此对测量数据进行校正是不可缺的。误差分为随机误差和显著误差。随机误差受随机因素的影响，如操作过程的微小波动或检测信号的噪声等，通常假设为零均值正态分布的噪声，是测量仪表的测量不重复性造成的，包括仪表的系统偏差(如堵塞、校正不准、基准漂移等)、测量设备失灵(如热电偶结碳而产生绝热等)以及不完全或不正确的过程模型(泄露、热损失和非定态等)。所以对测量数据进行去伪存真处理可以提高准确性和平衡性，对未测参数进行估计可以增加有用信息量。浮选过程数据校正受浮选过程环境、工艺、设备等一系列因素的影响，各种数据处理技术有一定的使用范围，是一门与实际工艺紧密联系的学科。

在数据校正前通常要对过程变量进行分类，以确定哪些信息有用，哪些信息是冗余的。从其他已测数据中根据平衡方程计算出来的称为冗余型数据；未测数据中可以根据平衡方程由已测数据唯一确定的称为可观测型数据。冗余数据又可分为空间冗余型数据和时间冗余型数据。空间冗余型数据是根据物质或能量平衡方程或系统的传递函数模型由其他已测数据计算而来的。时间冗余型数据由历史数据计算得来。利用冗余数据对测量数据进行随机误差去除来使其满足约束关系的过程称为数据协调(data reconciliation)。对未测量的数据中可观测型数据进行估计的过程称为参数估计(parameter estimation)。显著误差的存在会污染(smear)数据协调所获得的数据估计值，及时准确地检测显著误差的存在，进而剔除或补偿，非常有助于数据协调的正确完成。这个过程称为显著误差的检测(gross error detection)。将数据协调和显著误差检测统一地称为数据校正(data rectification)。

2. 数据校正步骤

数据校正技术可分三步进行：

(1)变量分类：确定变量的可观/不可观、冗余性等。

(2)过失误差的检测：辨识过失误差的位置，并进行剔除或补偿。

(3)参数估计和数据协调：对可观但没有测量仪表的变量进行参数估计，利用数据协调改善对过程的认识，两者可以同时进行。

事实上，第二、第三步之间并不存在绝对的顺序关系。因为数据协调有一个关键性的假设，即误差是正态分布的，而显著误差的存在会破坏这个假设，因此一般先进行显著误差检测。可以采用迭代的方式，交替进行第二、第三步。

3. 过程测量模型

过程测量的基本模型可以表示为

$$y = x + e \tag{8-63}$$

式中：$y \in R^{n\times1}$ 为被测变量的测量值；$x \in R^{n\times1}$ 为被测变量的真实值；$e \in R^{n\times1}$ 为测量误差。引入一维向量 $u \in R^{m\times1}$ 表示未测变量或从已测变量中删去的变量，约束条件表示为

$$F(x,\ u) = 0 \tag{8-64}$$

建立上述模型时假设过程操作处于稳态；测量数据线性无关；线性约束。

4. 数据协调技术

数据协调是 Kuehn 等利用 Lagrange 乘子法寻求数据的最佳调整时提出的，主要目的是消除测量数据中的随机干扰因素，补偿随机误差的影响，使调整后的测量值接近于 $\tilde{x}$ 真值并满足约束方程。针对过程测量模型式(8-65)和等式约束条件式(8-66)，数据协调在测量值基础上寻求最优估计值的 $\tilde{x}$ 和 $\tilde{u}$，使得在满足约束条件的基础上，估计值与测量值的偏差的平方和最小。在数学上可以表示为如下最小二乘法目标函数的最优解

Pl：
$$\min\left[\sum_{i=1}^{n}\frac{(\tilde{x}_i - y_i)^2}{\sigma_i^2}\right] \tag{8-65}$$
$$\text{s.t.}\ F(\tilde{x},\ \tilde{u}) = 0$$

式中：$\tilde{x}_i$ 是测量数据 y_i 的估计值；σ_i^2 是测量误差方差；$\tilde{u}$ 是未测向量 $\boldsymbol{u}$ 的估计值。

在线性等式约束下，将 P1 用矩阵形式表示

P2：
$$\min\left[\sum_{i=1}^{n}(\tilde{x} - y)^{\mathrm{T}}\boldsymbol{Q}^{-1}(\tilde{x} - y)\right] \tag{8-66}$$
$$\text{s.t.}\ \boldsymbol{A}\tilde{x} + \boldsymbol{B}\tilde{u} + c = 0$$

式中：$\boldsymbol{A} \in R^{q\times n}$ 和 $\boldsymbol{B} \in R^{q\times m}$ 是已知常数矩阵，分别称为已测变量和未测变量的平衡矩阵(balance matrix)；$\boldsymbol{c} \in R^{q\times1}$ 是已知约束向量；$\boldsymbol{Q}$ 是以 σ_i^2 为对角元素的对角矩阵。

采用投影矩阵法得到数据校正和参数估计问题的解分别是

$$\tilde{x} = [I - QA^{\mathrm{T}}(AQA^{\mathrm{T}})^{-1}A]y \tag{8-67}$$
$$\tilde{u} = (B^{\mathrm{T}}Q^{-1}B)B^{\mathrm{T}}Q^{-1}(y - c) \tag{8-68}$$

在线性等式约束下，上述估计是最小方差的无偏估计。

实际生产过程中数据大多带有一定的限制，如非负性、上下限约束等。因此在进行数据协调处理时加入不等式约束更具有实用意义。带边界的不等式约束问题可以表示为

P3：
$$\min\left[\sum_{i=1}^{n}(\tilde{x} - y)^{\mathrm{T}}Q^{-1}(\tilde{x} - y)\right] \tag{8-69}$$
$$\text{s.t.}\quad A = 0$$
$$x_i \leqslant u_i \qquad i = 1,\ 2.3,\ \cdots,\ n$$
$$x_i \geqslant l_i \qquad i = 1,\ 2,\ 3,\ \cdots,\ n$$

式中：u_i、l_i 分别为过程变量 x_i 的上、下限值。

将非负松散(Slack)因子引入式(8-69)，可以将不等式约束问题转化为等式约束问题，进而采用二次规划的方法来求解。

以上方法均基于线性约束的假设，在实际过程中存在大量的非线性因素，因此对非线性约束下的数据协调的研究更具有工业应用价值。

5. 显著误差的检测

当存在显著误差时，过程的测量模型可以表示为

$$y = x + \boldsymbol{w} + \boldsymbol{g} \tag{8-70}$$

式中：$\boldsymbol{w}$ 代表随机误差向量；$\boldsymbol{g}$ 代表显著误差向量。

在检测显著误差的主要方法中统计检验法由于只针对数据本身，对现有的硬件不作过多的要求，便于在线计算而得到广泛的重视和发展。其基本原理是利用误差的显著性进行统计假设检验。两种假设为：

零假设 $H0$：不存在显著误差，即 $E(r)=0$。

备择假设 $H1$：存在一个或多个显著误差，即 $E(r)\neq 0$。

统计检验的步骤：选择合适的残差表达式并确定相应的统计量，在一定的显著性水平下，根据统计量的值针对零假设 $H0$ 做出肯定或否定的判断。对于检验出含有显著误差的数据，一般采用顺序消去法和顺序补偿法两种方法进行处理。消去过程可能在系统降维的同时带来冗余度的下降，在检测到多个显著误差时更是如此。顺序补偿法可以有效避免这一问题，其补偿量的正确性必须予以考虑。

1）基于测量残差的方法(measurement residual)

定义测量残差

$$a = y - \tilde{x} \tag{8-71}$$

基于测量残差的方法包括测量检验法(MT)、迭代测量检验法(IMT)、修正的迭代测量检验法(MIMT)、扩展的测量检验法(EMT)和动态测量检验法(DMT)等。

MT 通过选取适当的显著性水平，确定检验的临界值。若统计量大于临界值，则表明含有误差。用这种方法计算测量值的一组估计值时采用 LS 方法，假设误差是满足正态分布的随机噪声，因此某测量数据中所含显著误差会扩散到各个测量值中，可能对正确的测量数据产生含有显著误差的错误判断(第一类错误)，而且除了等式约束外对估计值没有做其他限定，不能保证所求的估计值的合理性。

针对第一个问题 Serth 和 Heenan 提出 IMT，在每一次运算中，只剔除偏离临界值最大的测量数据。针对第二个问题提出 MIMT，在 IMT 基础上引入了测量值的上、下限，但不能保证在所有情况下得到的估计值都能满足上、下限的约束。EMT 和 DMT 的提出也是为了解决第二类问题。

2）基于约束残差的方法(constraint residual)

该法定义约束残差为

$$r = Ay \tag{8-72}$$

基于约束残差的方法主要有整体检验法(GT)、节点检验法(NT)、组合识别法、筛选组合法(SC)、广义似然比法(GLR)等。

GT 将所有的约束作为整体处理，能识别显著误差的存在，但不能判别其具体位置，不适

合含有较多测量数据和约束方程较多而只有少量测量数据中含有显著误差的情况。

NT 又称约束检验法(CT)，对每一个节点进行约束残差统计量的假设检验，根据节点平衡状态判断显著误差的存在。这种方法同样不能确定误差的具体来源。在应用中可能发生误差的正负抵消，而遗漏对该节点的显著误差检测。

组合识别法也是通过对节点平衡状态进行考察，进而找出不平衡点，残差的选择和统计量生成与 NT 法一致，当判断出某节点为不平衡节点时，通过对与该节点相连的变量进行组合匹配来确定显著误差的分布情况。不难看出这种方法仅适合规模非常小的系统，否则会有大量的组合方式。

SC 将 NT 法和组合识别法结合起来，利用 NT 法确定可能含有显著误差的变量(不是所有变量)来进行匹配，减少了组合的规模，但其组合过程和整个检测过程仍相当缓慢，不适于在线使用。

3) ANN 方法

ANN 的发展极大地丰富了数据校正的方法。1992 年 Kramer 采用自相关 ANN 降低传感器噪声。自相关 ANN 由两个前馈网络用瓶颈层连接形成。第一个 ANN 对输入变量进行非线性主元分类，第二个 ANN 使输出变量恢复到与输入变量相同维数。Du 在自相关 ANN 的目标函数中增加了物料和组分的平衡项。Terry 等提出迭代训练 ANN 的方法，用测量值中各变量的平均值作为输出目标值进行首次训练，以后将前次 ANN 输出校正值的平均值作为输出目标值进行迭代训练，直到满足目标函数及约束方程的要求。Guptal 等以约束方程的残差作为 ANN 的输入，可以减少 ANN 处理的输入变量数。Thomas 等采用 ANN 对含 Gaussian 噪声的过程测量值进行数据校正，并与传统的 EKF 和 NLP 进行比较，实验证明传统方法的实现需要精确的过程模型，而 RNN 则不需要。将 BPN 与 RNN 结合起来的混合 ANN 也可用于数据校正。

6. 动态过程数据校正

实际过程都具有动态性，因此研究动态过程数据校正更具有实际应用意义。与稳态过程不同，在动态过程中物料平衡、能量平衡等守恒方程在过程操作处于动态的情况下不能提供任何冗余信息，必须引入过程动态模型作为约束条件的补充，而且模型中引入的未知参数的数目要小于模型的方程数。

目前动态数据校正的主要方法是滤波方法和以模型为基础的非线性规划技术。滤波方法的目的是获得满足动态模型方程的最小方差估计，并提供过程的输入输出变量的估计值，使性能指标或所有变量的估计方差最小化。在已知测量和过程噪声协方差矩阵的情况下进行参数整定，计算非常有效，并能在线实现。用于矿物加工过程的滤波方法大多数是平滑滤波算法，如 KF、EKF 等。由于滤波方法基于线性模型或局部线性化的模型，模型的误差会导致明显的偏差。此外还需要进行参数调整和掌握有关测量值的协方差阵及过程噪声等先验知识。

非线性规划技术在参数变化时的响应、模型存在误差时的鲁棒性及系统存在严重非线性时，相对于前者具有明显的优越性，但计算时间长，不适于在线计算。

8.6.4　基于神经网络的数据校正技术

1. 神经网络的数据校正步骤

传统的统计测试法加上运用各种非线性优化技巧已成功地用于数据协调和过失误差检

测、校正，但这种方法需要进行多步迭代，计算量大，耗时多，不适合在线运行，而且它还要求过程的精确模型，要求过程为线性的，而对非线性过程得到的结果不理想。如果模型不准确，则数据校正将由于模型失配可能失败。神经网络模型被证明在过程分析、控制和故障诊断等许多领域中应用很成功，因此很自然地想到用神经网络进行数据校正。

应用神经网络进行数据校正，包括随机误差和过失误差的校正。网络结构采用一般的前向网络，网络学习采用监督式学习法，因此需要目标值。如果是仿真数据，过程变量的真实值已知，可作为网络的目标值用于网络训练，以求得估计值；但对于实际过程，过程变量的真实值是未知的，为求得训练用的目标值，可采用迭代方法。具体步骤如下：

(1)计算所有样本中各变量的平均值作为目标值；

(2)以此目标值与样本中的变量测量值构成样本组进行训练；

(3)将样本输入训练好的网络，得到各变量的校正值；

(4)求得校正值的平均值作为网络目标值；

(5)重复(2)~(4)，直到校正变量的均方差不再改变。

已有的一些研究表明，神经网络不仅能校正只含随机误差的变量，而且也能对含一个或几个过失误差的数据和自相关数据进行校正，由于神经网络能很好地表示模型和滤波噪声，因此它与非线性规划等传统方法相比，有明显的优越性。但要将神经网络法用于实际过程还有待于进一步提高其可靠性和更好地利用过程的先验知识。

2. 神经网络结构与学习算法

由于神经网络能很好地映射和滤波噪声，而数据校正就是为了消除随机误差(数据协调)和剔除过失误差，因此两者可同时进行也可分开进行，本书研究方法采用分开进行的方式。根据前人的研究和应用经验，不管是数据协调还是过失误差检测，所要求的神经网络映射都不是一个非常精确的映射，而用于数据校正的网络结构往往比较庞大(各层节点数多)，如果采用模糊神经网络，由于模糊化过程使得中间层节点数将呈指数增长，反而影响了训练速度和效果，因此，这里采用三层前向网络结构。网络学习算法用反向回传 BP 算法，并在实际应用中结合遗传算法(genetic algorithm)作了一些改进，仿真表明效果较好。

神经网络结构与学习算法采用三层前向网络，如图 8-10 所示，方法如下：

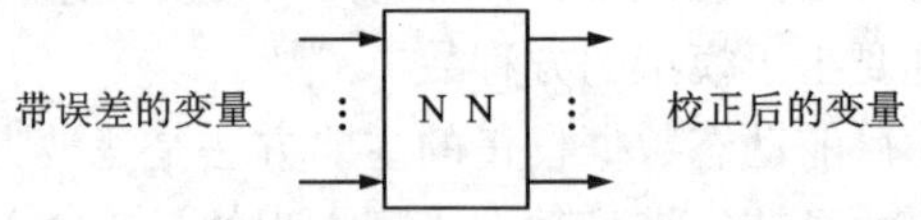

图 8-10　用于数据校正的神经网络结构

(1)输入层节点数的选择输入为测量值，其节点数为测量值的个数。

(2)输出层节点数的选择，输出层节点数等于输入层节点数。对数据协调过程，其输出即为校正后的测量值；对过失误差检测过程，每个输出用于判定测量值是否含有过失误差，即每个测量值只有两种可能——含有或不含有过失误差。理论上可用一个布尔逻辑值表示这两种可能，即输出值为 1 表示测量值含有过失误差；输出值为 0 表示测量值不含有过失误差。在实际应用中，由于神经网络的节点输出不可能正好为 0 或 1，一般根据具体实例，设定一个下限 l 和上限 h。当输出大于上限 h 时，认为存在过失误差(等价输出为 1 的情况)；当输出小于下限 1 时，认为不存在过失误差(等价输出为 0 的情况)。

(3)隐含层节点数的选择，根据以往应用的经验，在建立多层神经网络模型时，首先应考虑只选一个隐含层的情况。如果选用了一个隐含层而增加节点数还不能得到满意的结果，可试着增加隐含层节点数，但一般应减少总的节点数。另外采用合适的隐含层节点数非常重要，要确定一个最优节点数，首先可从一个较少的数开始，选择一个合适的网络性能评价准则，训练并检验网络的性能，然后稍增加隐含层节点数，再重复训练和检验，直到网络性能下降时，不再增加隐含层节点数训练，选定一个具有最优性能的网络。

目前各种神经网络的学习算法层出不穷，但用得最多的还是反向回传(BP)算法。由于 BP 算法运行速度慢，且易陷于局部最小点，因此在实际应用中要对其做某些改进。遗传算法是一种全局最优法，但计算量大。因此在训练开始时遗传算法可用于提供权值向量的初值，因为它可以为寻求结果而查看权向量空间的所有区域，BP 算法则用于收敛那些由其他算法产生的权向量空间。即先用遗传算法初始化网络，再用 BP 算法进行训练。

8.7　多传感器信息融合技术

所谓多传感器信息融合(multi-sensor information fusion，MSIF)，就是利用计算机技术将来自多传感器或多源的信息和数据，在一定的准则下加以自动分析和综合，以完成所需要的决策和估计而进行的信息处理过程。多传感器信息融合是用于包含处于不同位置的多个或者多种传感器的信息处理技术。随着传感器应用技术、数据处理技术、计算机软硬件技术和工业化控制技术的发展成熟，多传感器信息融合技术已形成一门热门新兴学科和新的软测量技术。

8.7.1　多传感器信息融合概述

1. 多传感器信息融合的概念

传感器通常都存在交叉灵敏度，表现在传感器的输出值不只决定于一个参量，当其他参量发生变化时输出值也要发生变化。如一个压力差传感器，当压力差参数恒定而温度或静压参量发生变化时，其输出值也要发生变化，那么这个压力差传感器就存在对温度或对静压参量的交叉灵敏度。存在交叉灵敏度的传感器，其性能不稳定，测量精度低。多传感器信息融合技术就是通过对多个参数的检测并采用一定的信息处理方法达到提高每一个参量测量精度的目的。在只要求测量一个目标参量的场合其他参量都是干扰量，其影响应被消除，为达到提高被测目标参量测量精度的目的，需要检测多个参量，使每一个参量测量精度都获得提高。这种多传感器信息融合技术也为开发多功能传感器系统开辟了途径。

众所周知的压阻式压力传感器存在对静压、温度的交叉灵敏度，尤其是它对温度的敏感成为它的最大缺点。人们为了消除温度对它的影响付出了长期的努力和高昂的代价。为了获得高精度、高稳定性的传感器，一些人从对压阻式压力传感器的研究转为研究谐振式、电容式传感器。1979 年美国霍尼威尔公司研制出将差压电桥、静压电桥和感温电阻集为一体的硅压阻式多功能传感器，并于 1983 年推出了 ST3000 智能压力/压差变送器，其测量精度达 0.075%~0.1%FS，温度附加误差小于±0.25%FS/55℃，如此优异性能的实现就是得益于它具有多种智能功能，其中尤其是采用了多传感器信息融合处理技术。

在涉及气体传感器应用的大量实际问题中，所要分析的对象不是仅有单一成分的物质，而是包含多种气体成分的混合物。问题的复杂性及困难性在于气体传感器的非选择性，即一个传感器对多种气体成分都具有一定的交叉灵敏度，而采用多传感器信息融合技术，以尽可能小的误差为代价提高非选择性传感器阵列对单一气体识别的准确性和实现混合气体组分的数量分析。

2. 多信息融合系统的方法

人类在认识外界事物和做出决策时，经常采用多信息融合的手段，将触觉、味觉、听觉、嗅觉、视觉等感官感知到的信息在大脑中进行组合，并根据知识、经验和习惯的思路进行信息处理，以形成认知结论和解决方案。在人脑信息融合过程中，感官就是系统的多个传感器，经验相当于统计学中的先验知识，思路则对应于模型、算法。将多个传感器采集到的信息进行综合、分析、判断，就是信息融合。

信息融合的基本目的是通过多传感器组网来获得比单一传感器更多、更准确的信息，而且当部分传感器失效时，仍能获得足够的目标信息。采用多传感器组网进行观测是一种必然的发展趋势。

多源信息融合的基本原理就像人脑综合处理信息的过程一样，它充分利用多个信息资源，通过对各种信息资源在空间、时间上的互补和冗余信息依据某种优化准则进行组合，产生对观测环境的一致性解释和描述。信息融合的目标是基于各信源分离观测信息，通过对信息的优化组合来导出更多有效信息。这是最佳协同作用的结果，它的最终目的是利用多个信源协同工作的优势来提高整个系统的有效性。

单传感器(或单源)信号处理或低层次的多源数据处理都是对人脑处理信息的一种低水平模仿，多源信息融合则通过有效利用多源信息获取资源来最大限度地获取被探测环境和目标的信息。

信息融合实际上是许多传统学科和新技术相结合的一个边缘新兴学科，以下简单介绍这些技术手段：

(1)信号处理与估计理论。信号处理与估计理论包括：卡尔曼滤波等线性滤波技术；扩展卡尔曼滤波(EKF)和高斯滤波(GSF)等非线性滤波技术；UKF 滤波；基于随机采样技术的粒子滤波，马尔可夫链等非线性估计技术；期望极大化 EM 算法；设计优化指标；实现最优估计(最小化风险法和最小化能量法等)。

(2)统计推断方法。统计推断方法包括经典推理、贝叶斯推理、证据推理、随机集理论、支持向量机等。

(3)信息论的方法。这是指运用优化信息度量的手段融合多源数据，从而获得问题的有效解决，典型算法有熵法、最小描述长度方法(MDL)等。

(4)人工智能方法。人工智能方法包括模糊逻辑、神经网络、遗传算法、不确定性推理、专家系统、逻辑模板法、品质因数法(FOM)等。

(5)其他。例如：决策论的方法，用于高级别的决策融合；几何方法，充分探讨环境与传感器模型的几何属性，以达到融合目的；数据结构与数据库管理等。

多传感器信息融合方法的分类方法多种多样，其中最主要的一种分类方法便是依据结构进行分类，主要有集中式融合结构、层次化分布式融合结构、完全分布式融合结构。多传感器信息融合结构如图 8-11 所示。

多传感器信息融合充分地利用多个传感器资源，通过对各种传感器及其观测信息的合理支配与使用，将各种传感器在空间和时间上的互补与冗余信息依据某种优化准则组合起来，产生对观测环境的一致性解释和描述。信息融合的目标是基于各传感器分离观测信息，通过

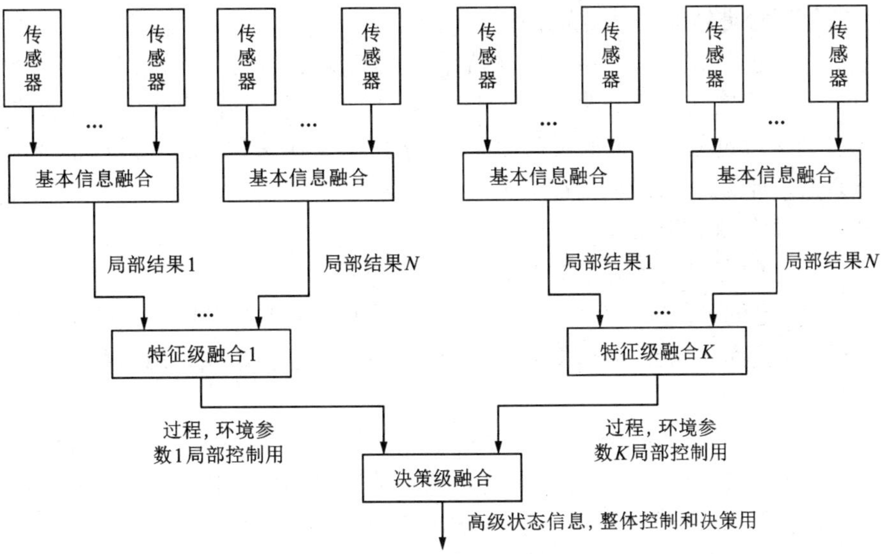

图 8-11　多传感器信息融合结构示意图

对信息群的优化组合导出更多的有效信息，这是最佳协同作用的结果，它的最终目的就是利用各个传感器共同或联合操作的优势，来提高整个传感器系统的有效性。

多传感器信息融合与经典信号处理方法之间也存在着本质差别，关键在于信息融合所处理的多传感器信息具有更复杂的形式，而且通常在不同的信息层次上出现。这些信息抽象层次包括检测层、位置层、属性层、态势层和威胁层，按照信息抽象的五个层次，融合可分成五级，即检测级融合、位置级融合、属性(目标识别)级融合、态势评估与威胁评估。

用于多传感器信息融合的方法有许多，其中最简洁的方法是让每个传感器的信息单独输入到系统控制器中，如果每个传感器所提供的信息反映的是环境中完全不同的方面，那么这种方法最适合。该方法的主要优点是增大所传感的环境范围，如果传感器所能够传感到的环境内容出现重叠，以及可能出现信息的冗余、矛盾与相关，甚至出现其中的某个传感器影响其他传感器的工作，则来自不同传感器的信息就必须在多种表达层次上实现融合，在这种情况下，传感器融合能使系统获得更高质量的信息，这是任何单独工作的单个传感器所无法直接得到的。

3. 信息融合方法的分类

各种信息融合方法，根据信息源对融合结果的贡献，可大致分成如下几类：结合法、平均法、指导法、决策法。

(1)结合法。是指不同的物理传感器在对环境的感受过程中，彼此相互独立，信息互补，无冲突和交叉，将各种信息进行叠加，得到环境或目标多特征的一致描述。

(2)平均法。是指多个传感器对目标的同一特征进行测量，得到相同属性的信息，然后根据先验知识将多个相同属性的信息加权平均。

以上两种融合方法比较简单、直观，都是在数据层上进行测量，获取多种精确的、局部的信息。

(3)指导法。在机器人多传感器系统中有着广泛的应用，比如用视觉粗略获取目标的位置和轮廓，然后用触觉精确测量局部细节。

(4)决策法。是一类研究最为广泛、内容最为丰富的信息融合方法，因为每个信源提供的信息都具有一定程度的不确定性，因此对这些具有不确定性的信息融合过程实质上是一个非确定性推理与决策过程。决策法包括统计决策法、模拟决策法、D-S证据推理法、基于产生式规则推理法、神经元网络决策法等。

4. 多传感器信息融合的技术优势

多传感器信息融合的主要优点体现在以下几个方面：

(1)提高了信息的可信度。利用多传感器能够更加准确地获得环境与目标的某一特征或一组相关特征，整个系统所获得的综合信息与任何单一传感器所获得的信息相比，具有更高的精度和可靠性。

(2)增加了目标特征矢量的维数。各个传感器性能相互补充，收集到的信息中不相关的特征增加了，整个系统获得了任何单个传感器所不能获得的独立特征信息，可显著提高系统的性能，使多传感器系统不易受到自然现象的破坏或外界的干扰。

(3)降低了获得信息的费用。与传统的单个传感器系统相比，在相同的时间内，多传感器系统能够获得更多的信息，从而降低了获得信息的费用，这在测量运动速度快的目标时尤为重要。

(4)减少了信息获取的时间。多传感器系统的信息处理是并行的，减少了系统信息处理的总时间。

(5)提高了系统的容错能力。由于多个传感器所采集的信息具有冗余性，当系统中有一个甚至几个传感器出现故障时，尽管某些信息减少了，但仍可由其他传感器获得有关信息，使系统继续运行，具有很好的容错能力。

(6)提高了整个系统的性能。国外已从理论上证明了，通过多传感器信息的融合而获得的对环境或目标状态的最优估计，不会使整个系统的性能下降，即多传感器信息融合系统的性能不会低于单传感器系统的性能，并且证明了使用多传感器一般总能提高系统的性能。

8.7.2 多传感器模型

传感器既可看作复杂的系统，也可以看作简单的子系统。一个实际系统的数学模型就是借助数学方法近似地描述、再现实际系统的特性。人们既可以基于实验来获取数据，也可以基于对系统组成的数学分析(例如电路中的回路方程和节点方程分析)来获取系统的主要特性。在实际工作过程中，技术人员的一个主要任务是利用系统描述和建模来研究传感器或系统的特性。

为了分析实际系统的特性，可以通过实验、计算机仿真和直接询问获取数据。这些数据可以具备完全不同的特性。如各种大小和形式的数据集合，密集型(准连续)、离散型(抽样)或连续结果的采样值、模糊论断(询问)、较好或很好的估计，甚至可以只是推测的时间函数。

所有类型的数据都可以用来对所研究的系统建模，如何借助函数法规则将所获取的数据和信息以合适的方法联系起来往往是建模过程中最困难的问题之一，这方面没有普遍适用的方法，常常依赖于技术人员较强的创造性和丰富的基础知识。

1. 传递函数模型

传递函数模型描述输入变量(激励)和输出变量(响应)之间的关系。人们称其为系统端口特性。另外人们还经常使用多输入/多输出概念，其模型方程如下

$$y(t)=f[x(t)]=F_x(t) \tag{8-73}$$

式中：输入矢量 $x(t)=[x_s(t)]$，$s=1, 2, \cdots, n$

输出矢量 $y(t)=[y_r(t)]$，$r=1, 2, \cdots, m$

传递矩阵 $\boldsymbol{F}=(F_{rs})$，$s=1, \cdots, n$；$r=1, 2, \cdots, m$

2. 状态模型

状态模型在控制技术中有非常广泛的应用。在状态模型中，除了有输入、输出变量外，还包括一些系统内部变量和状态变量，其模型方程

$$\frac{d}{dt}z(t)=\boldsymbol{A}z(t)+\boldsymbol{B}x(t) \tag{8-74}$$

$$y(t)=\boldsymbol{C}z(t)+\boldsymbol{D}x(t)$$

式中：输入矢量 $x(t)=[x_s(t)]$，$s=1, 2, \cdots, n$

输出矢量 $y(t)=[y_r(t)]$，$r=1, 2, \cdots, m$

状态矢量 $z(t)=[z_u(t)]$，$u=1, 2, \cdots, n$

系统矩阵 $\boldsymbol{A}=(A_{pq})$，$p=1, 2, \cdots, v$

(状态矩阵) $q=1, 2, \cdots, v$

控制矩阵 $\boldsymbol{B}=(B_{us})$，$u=1, 2, \cdots, v$；$s=1, 2, \cdots, n$

观测矩阵 $\boldsymbol{C}=(C_{ru})$，$r=1, 2, \cdots, m$

(测量矩阵) $u=1, 2, \cdots, v$

输入输出矩阵 $\boldsymbol{D}=(D_{sr})$，$r=1, 2, \cdots, m$；$s=1, 2, \cdots, n$

3. 性能模型

该模型形式的主要特点是通用性和概括性。它适用于描述所有类型的系统。

其可以将一个系统分解为结构型子系统，每个子系统本身可作为一个子系统处理，每个系统或子系统都可以通过其输入、输出度量进行描述。对于子系统性能的拟合可以通过实验获取的数据对用幂函数、指数函数、三角函数等组成多项式或傅里叶级数以及切比雪夫多项式、贝塞尔函数、勒让德多项式等进行拟合，还可以通过计算实验数据对均值、方差、相关函数等进行统计、计算及评价分析。

8.7.3　多传感器多元素优化技术

1. 加权和

$$Q=\sum_j g_j Q^{(j)} \tag{8-75}$$

式中：$Q^{(j)}$ 为单个目标参量；g_j 为权重函数。

2. 加权积

$$Q=\prod_j g_j Q^{(j)} \tag{8-76}$$

3. 一般化参数

$$Q=\sum_j g_j Q*^{(j)} \tag{8-77}$$

$$Q* = \frac{Q(j)_{zul} - Q(j)}{Q(j)_{zul} - Q(j)_{opt}} \tag{8-78}$$

式中：Q_{zul} 为由用户和厂家要求的允许参数；Q_{opt} 为由用户和厂家要求的优化参数。

目标量与参数和干扰因素 X_i 有关，尽管其中许多因素已为人们所知，但未知因素能引起不可靠性，在优化过程后这种不可靠性依然存在。但可以尽量削弱其影响，有时可以将优化问题限制到几个干扰因素。干扰因素的数量概念就是标题中所述的“多元素”概念。

多传感器技术中，干扰因素是指传感器的技术、结构、材料和使用环境中对目标参数的测量有影响的所有干扰量。它们对指标的影响是可测的。因此模型 $Q=f(X_i)$ 由其结构确定。人们不必知道具体的函数关系，重要的是通过实验找出 Q 的极值。

4. 实验优化方法

1）高斯-塞德实验优化方法

除一个干扰因素外将其他所有干扰因素都取常值。让 $i=1$ 的干扰因素逐步或连续变化，测量其品质因素 Q。当该值达到某一特殊极值后，将该品质因数所对应的值保持，然后让第二个干扰因素 $i=2$ 变化。直至品质因数达到一个极限值时，固定该干扰因素值。依此类推，对所有干扰因素重复上述过程。当所有的变化进行完后，重新开始。让这一过程不断重复，直到品质因素变化不大或设计人员对其值满意为止。

干扰因素的标准形式如图 8-12 所示。

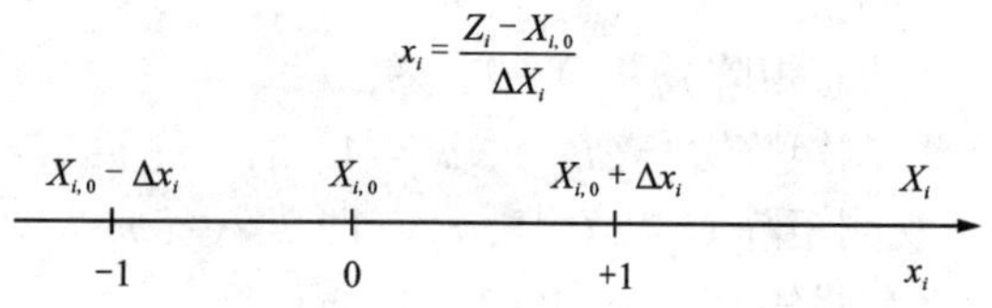

（零点设计）

$X_{i,0}$—原始尺度；x_i—标准化尺度。

图 8-12　干扰因素的标准形式

在搜寻范围大时，步长可取大点。在搜寻范围小时，步长可以取小点。在寻找过程中，建议使用变步长方式。当步长太大和“强”优化时，存在跳过最优点的问题。

如果只存在一个优化点，则用该方法就可以找出该优化点。若存在多个局部优化点，则必须选择多个起始点，以便识别其结构。当极点存在时，可以从不同起始点开始。采用合适的步长，人们总可以找到优化点，从而可以确定该方法是否可按步骤进行。

2）Box-Wilson 实验优化方法

Box-Wilson 实验优化方法寻优路线是沿着梯度方向寻找，该梯度方向可以通过线性查找方法得到。

若在梯度方向上品质因素 Q 得到改善，则在该点上利用线性查找计划获得新的梯度方向，然后再按照新的梯度方向查找。梯度为

$$\mathrm{grad}Q = \left(\frac{\partial Q}{\partial x_1}, \cdots, \frac{\partial Q}{\partial x_k}\right) = (b_1, \cdots, b_k) \tag{8-79}$$

利用乘法算子可以根据需要改变和寻找步长（粗略寻找和详细寻找），寻找步长为

$$\varepsilon \cdot b_i \cdot \Delta X_i \tag{8-80}$$

式中：b_i 为线性拟合函数系数。

5. 建模方法

选用回归方法作为目标函数，即品质因数 $Q^{(j)}$ 和干扰因素 x_i 之间关系的描述函数，该函

数在平方项后截断。

$$
\begin{aligned}
&Q^{(j)} = && \text{品质因素}\\
&bo^{(j)} + && \text{零点设计}\\
&\sum_{i=1}^{k} b_i^{(j)} x_i + && \text{线性项}\\
&\sum_{i=1}^{k-1} \sum_{\lambda=i+1}^{k} b_{ij}^{(j)} x_i x_\lambda + && \text{交叉项}\\
&\sum_{i=1} \sum_{j=1,\cdots,l}^{k} b_{ij}^{(j)} x_i^2 + && \text{平方项}
\end{aligned}
$$

在零点设置时，必须将干扰因素 x_i 调整到尽可能接近最优点的数值。由于最优点是被求量，所以这只能是最优点的估计值 x_{i0}。这种估计可以基于理论分析或由经验、实验或者试凑而获得模型。但基于试凑的方法计算过程较长。

该模型包括拓展点和工作点，或者像这里使用的零点设置、一阶项和二阶项。附加的是干扰因素的交叉项。用该模型可以描述大部分实际情况。它可以在任何领域里应用。在多元素优化意义上，最优点周围应用多维方法描述，当基于大量先验知识的零点设置离最优点很近时，上述结论是正确的。

通过对结构的了解，加上在最佳点和最佳面上的寻找，在描述方程有效范围内可以获得最优条件。如果这样还不够，则可首先确定梯度，并沿着梯度方向继续做些实验。原则上应尽可能努力地靠近最优点，可使模型建立更加准确。

习题与思考题

8.1　什么是软测量？软测量有何用途？

8.2　解释多元线性回归和多元逐步回归。

8.3　什么是主元分析和主元回归？

8.4　简述最小二乘法软测量原理。

8.5　简述有限脉冲响应(FIR)模型及其算法。

8.6　试述 BP 神经网络模型的结构。

8.7　进行 BP 神经网络设计时，主要从哪几个方面来考虑？

8.8　软测量的设计有哪些步骤？

8.9　什么是多传感器信息融合？多传感器融合有哪些技术优势？

8.10　信息融合主要有哪些方法？

8.11　多传感器多元素优化方法主要有哪些？

第9章 检测系统抗干扰与数字滤波技术

在现代化工业生产中，干扰已成为影响检测精度的重要因素之一。因此找出干扰源并采取相应的抗干扰措施是检测技术中必不可少的环节。工业生产的现场测量参数往往被转换成为微弱的低电平电压信号，并通过长距离传输至二次仪表或者计算机系统。因此除了有用的信号外，经常会出现一些与被测信号无关的电压或电流存在，这种无关的电压或电流信号被称之为“干扰”。

干扰的来源有很多种，通常所说的干扰是电气干扰，但是在广义上，热噪声、温度效应、化学效应、振动等都可能给测量带来影响。在测量过程中，如果不排除这些干扰的影响，检测精度会降低，甚至检测仪表不能正常工作。另外，在检测数据混入干扰成分后，如何去除干扰成分，确保数据的真实性也是需要解决的问题。这就需要检测系统设置抗干扰措施和进行检测数据的数字滤波处理。

9.1 噪声的基本知识

噪声是相对于信号而言的，一般来说，对检测无用的部分就可以认为是噪声。噪声是无处不在的，它贯穿于信号的获取、传输及处理等各个环节。噪声的存在使信号中信息的获取难度增加，严重时噪声可以完全淹没信号。绝大多数的噪声是随机分布的，对信号的影响有加性、乘性、加性与乘性混合及其他形式。对于非随机类噪声，比如市电产生的噪声等，相对容易抑制；对于随机噪声，分析其产生原因和统计规律是进行噪声抑制的前提。为此，充分了解和掌握噪声的特性是滤波的首要环节。

9.1.1 随机噪声及其统计规律

1. 随机噪声的概率分布

绝大多数噪声是随机的，即噪声的量值在某一时刻可取任意值，因此一般用概率分布密度函数 $p(n)$ 来表示，简称概率密度(PDF)，它反映了噪声量值 $n(t)$ 在时刻 t 取值为 n 的概率大小，即取该值的可能性大小。

同样，可以得到噪声量值在某一区间取值的可能性，即概率分布函数

$$p(n_1 \leqslant n \leqslant n_2) = \int_{n_1}^{n_2} p(n)\,\mathrm{d}n \tag{9-1}$$

不同种类的噪声具有不同的概率密度函数，在工程实践中经常采用高斯正态分布来分析噪声。

2. 噪声的统计特征

噪声属于随机过程，根据随机过程理论，具有代表性的统计特征有数学期望、方差和矩。

1) 数学期望 $E[n]$

$$E[n] = \int_{-\infty}^{\infty} np(n)\,\mathrm{d}n \tag{9-2}$$

在工程中，数学期望一般又称为均值，以在随机变量 n 的上方加一杠表示，如

$$\bar{n} = E[n] = \int_{-\infty}^{\infty} np(n)\,\mathrm{d}n \tag{9-3}$$

对于离散随机变量 n，均值定义为

$$\bar{n} = E[n] = \sum_{i=-\infty}^{\infty} n_i p(n_i) \tag{9-4}$$

上述计算公式只有理论研究意义，在实际中无法应用，故在工程实践中一般采用近似方法，即取有限时间段进行计算。

对于连续随机变量，t_1，t_2 为分析连续随机变量起止时刻，如果每个随机值等概率出现，则

$$\bar{n} = \frac{1}{t_2 - t_1}\int_{t_1}^{t_2} n(t)\,\mathrm{d}t \tag{9-5}$$

可供数字滤波器设计及工程中应用。

对于离散随机变量，N_1，N_2 为离散变量起止点序号数，则

$$\bar{n} = \frac{1}{N_2 - N_1 + 1}\sum_{i=N_1}^{N_2} n(i) \tag{9-6}$$

注：由于上述算法是近似算法，实际上可以看作是一种均值估计量，所以有的参考资料上记为 $\hat{n}$。

2) 方差 $D[n]$[或记为 $\mathrm{Var}(n)$]

方差反映随机变量与均值的偏离程度。方差愈大，则随机变量偏离均值就愈大，幅值振荡幅度也愈大。方差可用下式计算

$$D[n] = \int_{-\infty}^{\infty} (n - E[n])^2 p(n)\,\mathrm{d}n \tag{9-7}$$

方差与数学期望存在以下关系

$$D[n] = E[n^2] - E^2[n] \tag{9-8}$$

用计算数学期望同样的方法，可以得到方差的工程计算公式，这里不再赘述。与方差相联系的统计量 $\sqrt{D[n]}$，称为均方差或标准差。

3) 矩

在对随机过程进行分析时，有时会用到高阶统计量。为了与低阶统计量统一分析，简化分析与书写过程，使其具有更高的概括性，提出了“矩”的概念。

m 阶原点矩，

$$E[n^m] = \int_{-\infty}^{\infty} n^m p(n)\,\mathrm{d}n \tag{9-9}$$

m 阶中心矩，

$$E[(n-E[n])^m]=\int_{-\infty}^{\infty}(n-E[n])^m p(n)\mathrm{d}n \tag{9-10}$$

从上面的公式可以看出，数学期望实际上是一阶原点矩，方差是二阶中心矩。

9.1.2 噪声的相关函数

1. 噪声的自相关函数

噪声自相关函数就是研究同一噪声信号在不同时刻 t_1、t_2 的相关性，也可以近似认为是相似性。它是时域描述噪声信号特征的一种方法，定义为

$$R_n(t_1, t_2)=E[n(t_1)n(t_2)] \tag{9-11}$$

对于各态历经的平衡随机噪声，由于统计特征量与时间起点无关，故可以将两个不同时刻表示为 $t_1=t$, $t_2=t+\tau$，则 $R_n(t_1, t_2)=R_n(t, t+\tau)$，简记为 $R_n(\tau)$。于是，各态历经平衡随机过程的自相关函数为

$$R_n(\tau)=E[n(t)n(t+\tau)]=\lim_{T\to\infty}\frac{1}{2T}\int_{-T}^{T}n(t)n(t+\tau)\mathrm{d}t \tag{9-12}$$

由于各态历经平衡随机过程具有统计平均等于时间平均的性质，故式(9-12)比较简便，易于计算。

有时，将 $t+\tau$ 用 $t-\tau$ 来替代，即将式(9-12)中的对应项替换即可，不影响计算结果。噪声自相关函数同样具有普通自相关函数的性质，特别是当 $\tau=0$ 时，自相关函数具有最大值，且 $R_n(0)=E[n^2]$，如果 $E[n]=0$，则 $R_n(0)=D[n]=\sigma_n^2$。

工程中，大多数的噪声信号被近似认为是各态历经的、平稳的。

2. 噪声的互相关函数

与自相关函数类似，两个不同的随机噪声信号 $n_1(t)$ 和 $n_2(t)$ 在不同时刻也可能存在相关性，即某种相似性。为此，用互相关函数来描述这种相关性，定义为

$$R_{n_1n_2}(t_1, t_2)=E[n_1(t_1)n_2(t_2)] \tag{9-13}$$

对于各态历经的平稳随机噪声信号，其互相关函数可表示为

$$R_{n_1n_2}(\tau)=\lim_{T\to\infty}\frac{1}{2T}\int_{-T}^{T}n_1(t)n_2(t+\tau)\mathrm{d}t \tag{9-14}$$

关于自相关函数和互相关函数，应注意以下几点：

(1) 这两个函数都是时延 τ 的函数，即反映噪声在不同时刻的相关性。其值越大，说明这一时刻噪声间的相关性越大，反之越小。当函数值为 0 时，说明它们是不相关的。相关函数在实际使用时，有时采用归一化处理，即除以最大值，使其取值在[0, 1]上，便于分析。

(2) 自相关函数是偶函数，即 $R_n(\tau)=R_n(-\tau)$。互相关函数不是偶函数，但 $R_{n_1n_2}(\tau)=R_{n_2n_1}(-\tau)$。注意：$R_{n_1n_2}(\tau)\neq R_{n_2n_1}(\tau)$。

(3) 两噪声信号互不相关，即互相关函数值为 0。统计独立的两个噪声信号必然是不相关的，但不相关的两个噪声信号不一定是统计独立的。

(4) 在工程中，对于不同的噪声源，其间可能不存在相关性，即互相关函数值为 0，因此采用互相关方法能抑制噪声。

9.1.3　噪声功率频谱密度

噪声功率是实际中人们主要关心的一个问题。因为噪声中包含多种频率成分，所以噪声功率频谱密度也是一个重要的统计特征量。

设噪声 $n(t)$ 的功率为 P_n，在某一频率区间 ω 与 $\omega+\Delta\omega$ 之间的功率为 ΔP_n，则噪声的功率频谱密度定义为

$$S_n(\omega)=\lim_{\Delta\omega\to 0}\frac{\Delta P_n}{\Delta\omega} \tag{9-15}$$

反之，由噪声功率频谱密度可求得噪声功率

$$P_n=\int_{-\infty}^{\infty}S_n(\omega)\,\mathrm{d}\omega \tag{9-16}$$

在实际中，由于面临的系统都不可能是无带限的，积分上下限一般为一个有限区间(ω_1,ω_2)。功率频谱密度常常用相关函数的傅里叶变换来计算，即

$$S_n(\omega)=\int_{-\infty}^{\infty}R_n\mathrm{e}^{-\mathrm{j}\omega\tau}\mathrm{d}\tau \tag{9-17}$$

在数字滤波器设计及工程中应用

$$S_{n_1n_2}(\omega)=\int_{-\infty}^{\infty}R_{n_1n_2}(\tau)\mathrm{e}^{-\mathrm{j}\omega\tau}\mathrm{d}\tau \tag{9-18}$$

功率密度实际上反映的是噪声信号在单位频率上能量的大小，它与噪声信号的频谱有一定的区别(噪声的频谱可由其时间里程直接进行傅里叶变换求得)，噪声的频谱反映的是单位频率上噪声强度(或幅值)的大小。

9.1.4　工程中常见的噪声

1. 白噪声

白噪声(white noise)是一种常见的噪声。比如，电阻的热噪声、半导体器件通过 PN 结的电流散弹噪声等。白色包含了所有的颜色，因此白噪声的特点就是包含各种噪声。白噪声定义为在无限频率范围内($-\infty<\omega<\infty$)功率频谱密度为常数的噪声信号，相应地也有其他色噪声的存在。白噪声功率谱密度为

$$S_n(\omega)=\frac{n_0}{2}(-\infty<\omega<\infty) \tag{9-19}$$

式中：n_0 为白噪声的单边功率频谱密度，为一常数。若采用单边频谱，即频率在($0<\omega<\infty$)范围内，则白噪声功率频谱密度

$$S_n(\omega)=n_0(-\infty<\omega<\infty) \tag{9-20}$$

严格来说，白噪声是随机的，它的概念是从其功率频谱密度的角度定义的，而与其分布无关，即在白噪声概念中不考虑其幅值的概率密度函数。

由信号相关理论可知，功率信号的功率谱与其自相关函数 $R_n(\tau)$ 是一对傅里叶变换对，即

$$S_n(\omega)\Leftrightarrow R_n(\tau) \tag{9-21}$$

白噪声的自相关函数为

$$R_n(\tau)=\frac{1}{2\pi}\int_{-\infty}^{\infty}S_n(\omega)e^{j\omega\tau}d\omega=\frac{1}{2\pi}\int_{-\infty}^{\infty}\frac{n_0}{2}e^{j\omega\tau}d\omega=\frac{n_0}{4\pi}\int_{-\infty}^{\infty}e^{j\omega\tau}d\omega=\frac{n_0}{2}\delta(\tau) \tag{9-22}$$

由此可见，白噪声有一个显著的特征，即白噪声的自相关函数为冲击函数。它表明，白噪声在不同时刻是互不相关的，点与点之间没有任何关联。换言之，当 $\tau\neq0$ 时，$R_n(\tau)=0$，如图 9-1(a)所示。

实际上完全理想的白噪声是不存在的，通常只要噪声功率频谱密度函数均匀分布的频率范围远远超过系统工作频率范围时，该噪声就可近似认为是白噪声。

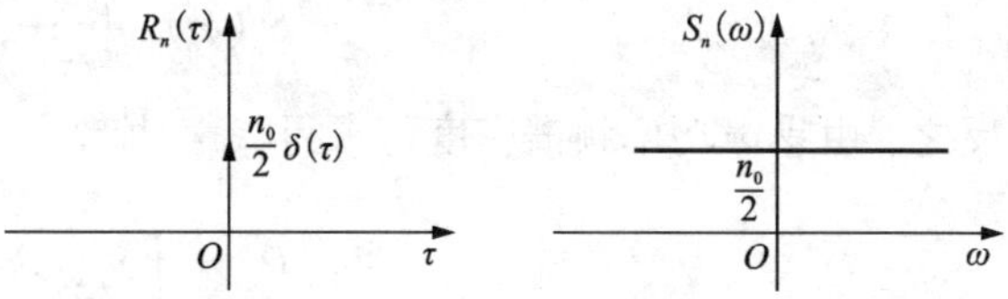

(a) 白噪声自相关函数　　(b) 白噪声功率频谱密度

图 9-1　白噪声的特征

利用白噪声的这一特性可以在工程中去除噪声或从噪声中检测出微弱信号。过程如下：设检测信号 $x(t)$ 中含有加性白噪声 $n(t)$，$s(t)$ 为有用信号，即 $x(t)=s(t)+n(t)$，则检测信号的自相关函数为

$$\begin{aligned}R(\tau)&=\lim_{T\to\infty}\frac{1}{2T}\int_{-T}^{T}\chi(t)\chi(t-\tau)dt\\&=\lim_{T\to\infty}\frac{1}{2T}\int_{-T}^{T}[s(t)+n(t)][s(t-\tau)+n(t-\tau)]dt\\&=R_s(\tau)+R_{sn}(\tau)+R_{ns}(\tau)+R_n(\tau)\end{aligned} \tag{9-23}$$

因信号与噪声互不相关，故 $R_{sn}(\tau)=R_{ns}(\tau)=0$。又因 $n(t)$ 为白噪声，所以，在 $\tau\neq0$ 时，$R_n(\tau)=0$，故

$$R(\tau)=R_s(\tau) \tag{9-24}$$

由此可以看出，检测信号 $x(t)$ 的自相关函数只与有用信号 $s(t)$ 有关，而与噪声 $n(t)$ 无关，其自相关函数中包含了有用信号 $s(t)$ 的信息。这一方法可用于弱信号的检测与参数估计。

2. 高斯噪声

在实际中，另一种常见噪声是高斯噪声。所谓高斯噪声是指它的概率密度函数服从高斯分布(即正态分布)的一类噪声。其一维概率密度函数数学表达式如式(9-25)。

关于高斯噪声，有一个重要的结论：当噪声均值为 0 时，其平均功率等于噪声方差。证明如下：

噪声平均功率为

$$P_n=\frac{1}{2\pi}\int_{-\infty}^{+\infty}S_n(\omega)d\omega \tag{9-25}$$

可知，$P_n=R(0)$。

噪声方差为

$$\sigma^2=D[n(t)]=E\{n(t)-E[n(t)]\}^2=E[n^2(t)]-\{E[n(t)]\}^2=R(0)-a^2=R(0) \tag{9-26}$$

故有

$$P_n = \sigma^2 = R(0) \tag{9-27}$$

在信号分析中，常常通过求自相关函数或方差的方法来计算噪声的功率。

关于高斯噪声，其概率密度函数有以下特性：

(1) $p(x)$ 对称于直线 $x=a$，即 $p(a-x)=p(a+x)$。

(2) $p(x)$ 在 $(-\infty,a)$ 内单调上升，在 $(a,+\infty)$ 内单调下降，且在 a 点处达到最大值 $\dfrac{1}{\sqrt{2\pi}\sigma}$，当 $x\to\pm\infty$ 时，$p(x)\to 0$。

(3) $\displaystyle\int_{-\infty}^{+\infty} p(x)\mathrm{d}x = 1$，且有 $\displaystyle\int_{-\infty}^{a} p(x)\mathrm{d}x = \int_{a}^{+\infty} p(x)\mathrm{d}x = \frac{1}{2}$。

(4) a 表示分布中心，σ 表示集中的程度。对不同的 a，表现为 $p(x)$ 的图形左右平移；对不同的 σ，$p(x)$ 的图形将随 σ 的变化而变高或变低。

(5) 当 $a=0$，$\sigma=1$ 时，相应的正态分布称为标准化正态分布，这时有

$$p(x) = \frac{1}{\sqrt{2\pi}}\exp\left(-\frac{x^2}{2}\right) \tag{9-28}$$

3. 限带白噪声

限带白噪声是指白噪声经滤波器输出的噪声，其噪声功率频谱密度占据一定的带宽。设带宽为 B，根据维纳-辛钦定理，其自相关函数为

$$R_n(\tau) = \frac{n_0}{4\pi}\int_{-2\pi B}^{2\pi B} \mathrm{e}^{\mathrm{j}\omega\tau}\mathrm{d}\omega = n_0 B\frac{\sin(2\pi B\tau)}{2\pi B\tau} = n_0 B\sin c(2\pi B\tau) \tag{9-29}$$

式中：$\sin c(2\pi B\tau) = \dfrac{\sin(2\pi B\tau)}{2\pi B\tau}$。当 $\tau=0$ 时，$R_n(0)=n_0 B$。

带宽 B 愈大，噪声就愈接近理想白噪声，当 $B\to\infty$ 时，即为白噪声。

例如，白噪声通过一理想低通滤波器，则功率谱和自相关函数分别如图 9-2 所示。

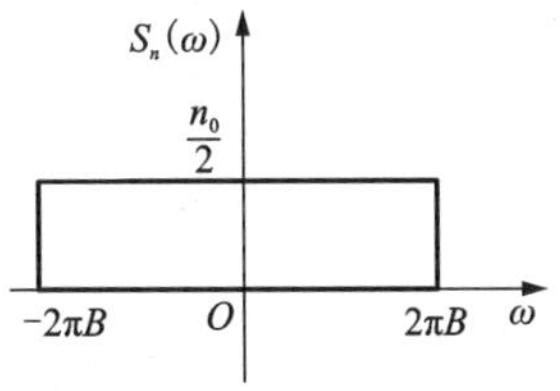

(a) 功率谱密度

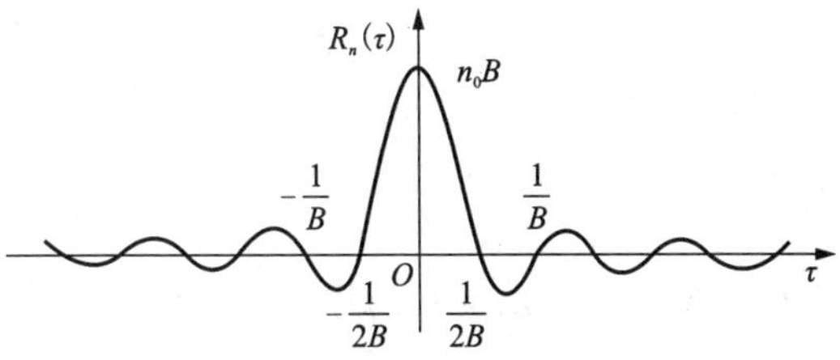

(b) 自相关函数

图 9-2　限带白噪声

4. 窄带噪声

窄带噪声是指通过带通滤波器输出的噪声。它在通信系统中比较常见。因为，通信系统中信号传输一般有一定的带宽，在通带内要最大限度地让信号通过，并尽量抑制通带外噪声。与此同时，与通带一致的噪声也会通过系统，形成窄带噪声。一般情况下，其中心频率 ω_0 远大于通带宽度 $\Delta\omega$，即 $\omega_0 \gg \Delta\omega$。以高斯分布为例，窄带高斯噪声的功率谱与其自相关函数是一对傅里叶变换对。

窄带高斯噪声是在中心频率 ω_0 附近的频带很窄的随机信号，可近似表示为

$$n(t)=A(t)\cos[\omega_0 t+\varphi(t)] \tag{9-30}$$

式中：$A(t)$为噪声 $n(t)$的随机包络，与频率 ω_0 相比，一般较低，是一个变化缓慢的包络；$\varphi(t)$为噪声 $n(t)$的随机相位。

5. 色噪声

白色包含了所有的颜色，因此白噪声就是包含所有频率成分的噪声。白噪声定义为在无限频率范围内功率密度为常数的信号，这就意味着还存在其他"颜色"的噪声。下面是常见的色噪声(color noise)及其定义。

1)粉红噪声

粉红噪声(pink noise)在给定的频率范围内(不含直流成分)，幅值从低频向高频不断衰减，其幅度与频率成反比($1/f$)。在对数坐标中其幅度每倍频程下降 3 dB。噪声功率在每倍频程内是相等的，如 100~200 Hz 与 1000~2000 Hz 范围内的噪声能量是相同的。但要产生每倍频程 3 dB 的衰减非常困难，因此，没有纹波的粉红噪声在现实中很难找到。粉红噪声的频率覆盖范围很宽。粉红噪声有时也称 $1/f$ 噪声。

2)红噪声

红噪声(red noise)的称谓较多，有时称为布朗噪声(brown noise)，有的资料也称为褐色噪声、棕色噪声等，但其实质与布朗运动类似。这种噪声也不含直流分量，其幅值随频率的增加而减小，功率谱密度与频率的关系是 $1/f^2$，在对数坐标中每倍频程衰减 6 dB。

3)蓝噪声

蓝噪声(blue noise)在有限频率范围内，功率谱密度随频率的增加每倍频程增长 3 dB(功率谱密度正比于频率)。

4)紫噪声

紫噪声(violet or purple noise)在有限频率范围内，功率谱密度随频率的增加每倍频程增长 6 dB(功率谱密度正比于频率的平方值)。

5)灰色噪声

灰色噪声(gray noise)在给定频率范围内，形成类似于心理声学上的等响度曲线。这种噪声使人耳感觉到在各个频率上都是等响度的。

6)黑噪声

黑噪声(black noise)也被称为静止噪声，包括以下几个特性：

(1)是有源噪声控制系统在消除了一个现有噪声后的输出信号。

(2)在 20 kHz 以上的有限频率范围内，功率谱密度为常数的噪声，一定程度上类似于超声波白噪声。这种黑噪声就像"黑光"一样，由于频率太高而使人们无法感知，但它对人们周围的环境仍然有影响。

(3)具有 f^{β}谱，其中 $\beta>2$。根据经验可知，该噪声的危害性很大。

9.2 检测系统抗干扰技术

9.2.1 干扰现象

干扰是一种无所不在、随时可能产生的客观的物理现象，是妨碍某一事件(事物)正常运

行(发展)的各种因素的总称。在仪表中，除了有用信号外，其他信号均可认为是干扰信号，譬如绝缘泄漏电流，导致绝缘性能下降；分布电容电流，影响有用信号；受磁力线感应产生的感应电流，耦合在有效信号中；强电器件之间的放电电流，损坏仪表器件等。所以，干扰是影响仪表平稳运行的破坏因素。

干扰可能来自空间(如电磁辐射)，也可能是其他信号的耦合(如静电耦合、电磁耦合、公共阻抗耦合等)，或是设备之间产生了“互感”。在某些场合也将干扰称为“噪声”。

对于有用信号，也存在着彼此干扰的现象，特别是“强电”信号对“弱电”信号的影响。通常认为电力电子与电力传动装置是“强电”装置，而大多数仪表，由于只须低电压供电(如几伏电源电压)，工作电流也只有毫安级，所以是“弱电”装置。当强电设备对弱电仪表干扰时，会使仪表无法稳定工作，甚至损坏。

干扰形成有 3 个充要条件：①干扰源；②受干扰体，如仪表；③干扰传播的途径。图 9-3 所示为干扰的形成示意图。

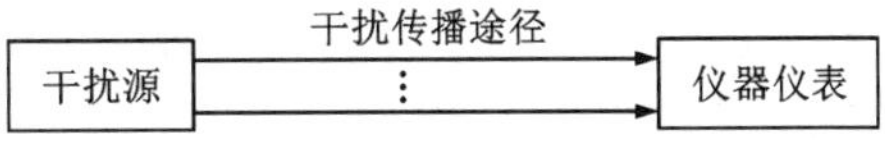

图 9-3　干扰形成示意图

9.2.2　产生干扰的原因

1. 外部干扰

检测仪表能否可靠运行和准确检测，受到使用环境的限制。环境条件是指仪表在储存、运输和使用场所的物理、化学和生物等条件。表 9-1 是环境条件分类，也表明了可能产生干扰的环境因素。

表 9-1　环境条件分类表

环境条件	具体内容
气候环境条件	温度、湿度、气压、风、雨、雪、露、霜、沙尘、烟雾、盐雾、油雾和游离气体等
机械环境条件	振动、冲击、离心、碰撞、跌落、摇摆、静力负荷、失重、声振、爆炸和冲击波等
辐射条件	太阳辐射、核辐射、紫外线辐射和宇宙线辐射等
生物条件	昆虫、霉菌和啮齿动物等
电条件	电场、磁场、闪电、雷击、电晕和放电等
人物条件	使用、维护、包装和保管等

1)电磁干扰

各种电气设备、电子仪器及其自动化装置，运行时伴随着电、磁、机、光等能量的转换，其中大多数是电与磁之间的能量转换，这对周边环境产生电磁干扰，成为一个干扰源。电磁干扰(electromagnetic interference，EMI)是使电器设备或电子装置性能下降，工作不正常或发生故障的电磁扰动。

形成电磁干扰的原因较多，例如输配电站及线路、强电性动作器件(如交流接触器、继电器、接触开关等)和强电性执行设备(如电动机、功率器件等)。电源和信号传输线等也产生电磁干扰。此外，还有各种放电现象如日光灯之类的辉光放电等。

2)振动干扰

振动所产生的噪声达到一定程度会对仪表造成伤害，尤其是对精密仪表、标准计量仪表和器具。对仪表造成干扰的“振动”包括冲击、撞击、振动和加速度等。在振动条件下仪表结构(如仪表的固定件、接插件、电路焊接点等)容易松动或疲劳破坏。若产生共振，则加速了仪表的损坏，导致仪表彻底“瘫痪”；冲击或撞击或突发性敲击、跌落等会使电接触点(如焊接点)位移或变形，造成电气故障。

3)温度干扰

低温时仪表内部的材料收缩、变硬或发脆，引起仪表的电性能和机械性能变坏。高温时仪表内部的材料极易氧化、干裂或软化，仪表的绝缘老化、元器件老化，电性能下降。另外，温度突变，会导致仪表的结构材料变形和开裂等，特别是绝缘材料的破裂；而高温突变，会在仪表内部电路上形成凝露，造成更大的电性能干扰。

4)湿度干扰

在一定温度下，空气中水蒸气含量增加时，潮气会渗透和扩散进入材料内部，引起仪表电路理化性能的变化。绝缘材料受潮后，电性能下降，绝缘电阻和电击穿强度降低，介质损失角增大。当空气中相对湿度达到90%时，若遇到环境温度波动(突变)，将使电路表面水蒸气凝露形成水膜，引起材料的表面电阻下降，金属表面腐蚀，会导致电路表面放电、闪烁或金属结构件锈蚀失灵以及电触点接触不良等。常用金属在被腐蚀的临界温度时的湿度：铁为70%~75%，锌为65%，铝为60%~65%。当环境温度超过临界温度时，其腐蚀速度成倍增加。

2. 内部干扰

1)元器件干扰

电阻器、电容器、电感器、晶体管、变压器和集成电路等是仪表电路的元器件。若元器件选择不当，材质不对，型号有误，焊接虚脱和接触不良时，就可能成为电路中最易被忽视的干扰源。

2)信号回路干扰

电信号传递时，混入干扰的主要原因有：敏感元件绝缘不良，产生漏电噪声电压；外部电源的静电耦合(在信号线附近的大电机可能通过耦合电容影响到信号线)；周围空间的电磁场引起信号间产生感应电压。

3)负载回路干扰

有些负载对仪表的干扰很大，它们是动作性器件和电力电子器件，如继电器、电磁阀和可控硅等。

4)电源电路干扰

目前，智能仪表的主要供电方式还是市电电网。仪表中的电源变压器，其初级线圈接市电电网，然后根据仪表所需要的工作电压以及所耗功率设计次级线圈，电源服务电路对其进行滤波、整流和稳压，以直流电压方式为仪表电路供电。

电源电路是仪表引入外界干扰的内部主要环节。导致电源电路产生干扰的因素有：供给该仪表的供电线缆上可能有大功率电器的频繁启闭；具有容抗或感抗负载的电器运行时对电网的能量回馈；通过变压器的初级、次级线圈之间的分布电容串入的电磁干扰。

5) 数字电路的干扰

数字电路运行时有几个重要的特点：一是输入和输出信号均只有两种状态，即高电平和低电平，且两种电平的翻转速度很快，为几十纳秒；二是由于数字电路基本上以导通或截止方式运行，工作速率比较高；三是由数字电路构成的仪表电路逻辑性强，且必须遵循某一特定时序，否则会造成竞争。

由于数字电路以导通或截止方式运行，且速度较快，对供电电路会产生高频浪涌电流，导致仪表工作不正常。

数字电路的输入输出波形边沿很陡，含有极丰富的频率分量，加之工作频率较高，对于模拟电路来说，无疑是一个高频干扰源，当模拟地与数字地在线路板上短接时，干扰更为明显。

9.2.3　干扰的途径

干扰虽然是一种破坏因素，但它必须通过传播途径才能影响到仪表。干扰的传播途径只有两个：“有线”传播和“无线”传播。“有线”传播的干扰一般为耦合型，大可覆盖有效信号，小可忽略不计；在一个有效的空间内，“无线”传播的干扰种类较多，危害也较大。按照干扰产生的机理分析，影响仪表的干扰途径分为以下几大类。

1. 静电感应

各种导线之间、元件之间、线圈之间以及元件与地之间，都存在着分布电容。干扰电压经分布电容通过静电感应耦合于有效信号。

2. 电磁感应

由于干扰电流产生磁通，而此磁通是随时间变化的，它可在另一与之有互感的回路中产生电磁感应干扰电压。在仪表内部，印刷线路板中两根平行导线之间存在互感 M；在仪表外部，当两根导线在较长一段区间内平行架设时，也存在互感 M。

3. 公共阻抗

图 9-4 所示是公共阻抗 R_c 的示意图，Z_1 和 Z_2 分别表示两个仪表(电路)的等效电阻，它们的公共地线连接端 G 上产生的电压可等效为 Z_1 和 R_c 对电源 V 的分压以及 Z_2 和 R_c 对电源 V 的分压。若 $Z_1 \neq Z_2$，Z_1 与 Z_2 彼此产生干扰。若 G 端作为输出的公共点，对输出信号也有影响。

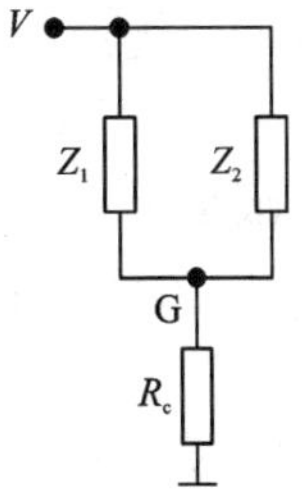

图 9-4　公共阻抗 R_c 示意图

4. 辐射电磁场

电磁场无所不在，在电能量交换频繁的地方，如电厂、变电站(所)相对更强。

在高频电能变换装置中，强烈的电压和电流变化 dU/dt，dI/dt 也产生辐射。而电源线、信号线，在传输电源电压和电信号时，在线缆附近也产生电磁场。这种通电线缆，在电磁场中，接受电磁场影响产生感应电动势，同时也对空间进行电磁辐射，同天线一般，即辐射干扰波，也接受干扰波。而线缆所产生的感应电动势对仪表、电路产生干扰。

5. 漏电流耦合

由于元器件的绝缘不佳和功率器件间距不够等而产生漏电和爬电现象，由此引入干扰。

9.2.4 抗干扰技术

1. 电磁兼容性

电磁兼容性是指装置能在规定的电磁环境中正常工作，而不对该环境或其他设备造成不允许的扰动的能力。换言之，电磁兼容性是以电为能源的电气设备及其系统在其使用的场合中运行时，自身的电磁信号不影响周边环境，也不受外界电磁干扰的影响，更不会因此发生误动作或遭到损坏，并能够完成预定功能的能力。

要满足电磁兼容性，第一步要分析电磁干扰的频谱和强度分布等物理特性。第二步要分析仪表在这些干扰下的受扰反应，估算出仪表抵抗电磁干扰的能力以及感受电磁干扰的敏感度（亦称噪声敏感度）。第三步要根据仪表的功能和应用场合，采取下列措施：

(1)仪表设计符合“电磁兼容不等式”，即干扰源能量（谱）×传播途径（距离）<噪声敏感度；

(2)屏蔽技术，包括静电屏蔽、磁屏蔽和电磁屏蔽；

(3)隔离技术；

(4)接地技术；

(5)滤波技术，包括电源滤波电路、信号滤波电路和单片机数字滤波技术；

(6)仪表电路的合理布局和制作等。

2. 屏蔽技术

屏蔽技术是利用金属材料对电磁波具有较好的吸收和反射能力来进行抗干扰的。

根据电磁干扰的特点选择良好的低电阻导电材料或导磁材料，构成合适的屏蔽体。屏蔽体所起的作用好比是在一个等效电阻（仪表）两端并联上一根短路线，当无用信号串入时直接通过短路线，对等效电阻（仪表）几乎无影响。

屏蔽一般分为三种：静电屏蔽、磁屏蔽和电磁屏蔽。

用导体做成的屏蔽外壳处于外电场时，由于壳内的场强为零，可使放置其内的电路不受外界电场的干扰；或者将带电体放入接地的导体外壳内，则壳内电场不能穿透到外部。这就是静电屏蔽。

磁屏蔽是用一定厚度的铁磁材料做成外壳，将仪表置于其内。由于磁力线很少能穿入壳内，可使仪表少受外部杂散磁场的影响。壳壁的相对磁导率越大，或壳壁越厚，壳内的磁场越弱。

电磁屏蔽是用一定厚度的导电材料做成外壳，由于进入导体内的交变电磁场产生感应电流，导致电磁场在导体中按指数规律衰减，而很难穿透导体，使壳内的仪表不受影响。

导线是信号有线传输的唯一通道，干扰将通过分布电容或导线分布电感耦合信号中，因此导线的选取要考虑到电场屏蔽和磁场屏蔽，可用同轴线缆。屏蔽层要接地，同时要求同轴线缆的中心抽出线尽可能短。有些元器件易受干扰，也可用铜、铝及其他导磁材料制成的金属网包围起来，其屏蔽体（极）必须接地。

原则上，屏蔽体单点接地，在仪表内部选择一个专用的屏蔽接地端子，所有屏蔽体都单独引线到该端子上，而用于连接屏蔽体的线缆必须具有绝缘护套。在信号波长为线缆长度的4倍时，信号会在屏蔽层产生驻波，形成噪声发射天线，因此要两端接地；对于高频而敏感的信号线缆，不仅需要两端接地，而且还必须贴近地线敷设。

仪表的机箱可以作为屏蔽体，可以采用金属材料制作箱体。采用塑料机箱时，可在塑料机箱内壁喷涂金属屏蔽层。

3. 隔离技术

隔离技术是抑制干扰的有效手段之一。仪表中采用的隔离技术分为两类：空间隔离及器件性隔离。

空间隔离技术包括以下几种。

1) 上述屏蔽技术的延伸

屏蔽技术是对仪表实施的一种“包裹性”措施，以排除静电、磁场和电磁辐射的干扰。若被屏蔽体内部的构成环节之间存在“互扰”，可采用“空间隔离”的方法把干扰体“孤立”起来，以抑制干扰。例如，负载回路中产生的热效应，可以通过机械手段与其他功能电路来实现“温度场”隔离。

2) 功能电路之间的合理布局

由于仪表由多种功能电路组成，当彼此之间相距较近时会产生“互扰”，应间隔一定的距离。例如，数字电路与模拟电路之间，智能单元与负载回路之间，微弱信号输入通道与高频电路之间等。

3) 信号之间的独立性

当多路信号同时进入仪表时，多路信号之间会产生“互扰”，可在信号之间用地线进行隔离。

器件性隔离一般有信号隔离放大器、信号隔离变压器和光电耦合器，其都是通过电—磁—电、电—光—电的转换达到有效信号与干扰信号的隔离。特别是光电耦合器，是智能仪表中常用的器件。

4. 接地技术

接地技术是抑制干扰的有效技术之一，是屏蔽技术的重要保证。正确的接地能够有效地抑制外来干扰，同时可提高仪表自身的可靠性，减少仪表自身产生的干扰因素。

接地技术是关于地线的各种连接方法。仪表中所谓的“地”，是一个公共基准电位点，可以理解为一个等电位点或等电位面。该公共基准点应用于不同的场合，就有了不同的名称，如大地、系统(基准)地、模拟(信号)地和数字(信号)地等。

接地的目的有两个：安全性和抑制干扰。因此，接地分为保护接地、屏蔽体接地和信号接地。

信号接地需要根据电路性质决定，可有以下几种接地方式。

1) 一点接地

低频电路建议采用一点接地，有放射式接地线路和母线式接地线路。放射式接地方式就是电路中各功能电路的“地”直接用接地导线与零电位基准点连接；母线式接地线路是采用具有一定截面积的优质导电体作为接地母线，直接接至零电位点，电路中的各功能块的“地”可就近接至该母线上。如果采用多点接地，在电路中形成多个接地回路，当低频信号或脉冲磁场经过这些回路时，会引发电磁感应噪声，由于每个接地回路的特性不一，在不同的回路闭合点产生电位差，形成干扰。

2) 多点接地

高频电路宜用多点接地。高频时，即使一小段地线也将有较大的阻抗压降，加之分布电容的作用，不可能实现一点接地，因此可采用平面式接地方式，利用一个良好的导电平面体(如采用多层线路板中的一层)接至零电位基准地上，各高频电路的“地”就近接至该“地平面”。由于导电平面的高频阻抗很小，基本保证了每个接地处电位的一致，同时加设旁路电容等减少接地回路的压降。

若电路中高低频均有，可将上述接地方法组合使用。

9.2.5 仪表系统接地措施

1. 保护接地

(1)用电仪表的金属外壳及自控设备正常不带电的金属部分，出于各种原因(如绝缘破坏等)而有可能带危险电压者，均应作保护接地。通常所指的自控设备如下：

①仪表盘、仪表操作台、仪表柜、仪表架和仪表箱；

②DCS、PLC、ESD 机柜和操作站；

③计算机系统机柜和操作台；

④供电盘、供电箱、用电仪表外壳、电缆桥架(托盘)、穿线管、接线盒和铠装电缆的铠装护层；

⑤其他各种自控辅助设备。

(2)安装在非爆炸危险场所的金属表盘上的按钮、信号灯、继电器等小型低压电器的金属外壳，当与已作保护接地的金属表盘框架电气接触良好时，可不作保护接地。

(3)低于 36 V 供电的现场仪表、变送器、就地开关等，若无特殊需要时可不作保护接地。

(4)凡已作了保护接地的地方即可认为已作了静电接地。

(5)在控制室内使用防静电活动地板时，应作静电接地。静电接地可与保护接地合用接地系统。

2. 工作接地

1)工作接地的一般规定

为保证自动化系统正常可靠地工作，应予工作接地。工作接地的内容为信号回路接地、屏蔽接地、本质安全仪表接地。

2)信号回路接地

(1)在自动化系统和计算机等电子设备中，非隔离的信号需要建立一个统一的信号参考点，并应进行信号回路接地(通常为直流电源负极)。

(2)隔离信号可以不接地。这里指的隔离应当是每一输入(出)信号和其他输入(出)信号的电路是绝缘的，对地是绝缘的，电源是独立的，相互隔离的。

3)屏蔽接地

(1)仪表系统中用以降低电磁干扰的部件如电缆的屏蔽层、排扰线、仪表上的屏蔽接地端子，均应作屏蔽接地。

(2)在强雷击区，室外架空敷设的不带屏蔽层的普通多芯电缆，其备用芯应按照屏蔽接地。

(3)如果是屏蔽电缆，屏蔽层已接地，则备用芯可不接地，穿管多芯电缆备用芯也可不接地。

4) 本质安全仪表接地

(1) 本质安全仪表系统在安全功能上必须接地的部件，应根据仪表制造厂的要求作本安接地。

(2) 齐纳安全栅的汇流条必须与供电的直流电源公共端相联，齐纳安全栅的汇流条(或导轨)应作本安接地。

(3) 隔离型安全栅不需要接地。

3. 接地系统的构建

(1) 接地系统的组成。接地系统由接地联结和接地装置两部分组成。接地联结包括接地连线、接地汇流排、接地分干线、接地汇总板、接地干线，接地装置包括总接地板、接地总干线、接地极，如图 9-5 所示。

(2) 仪表及控制系统的接地联结采用分类汇总，最终与总接地板联结的方式。

(3) 交流电源的中线起始端应与接地极或总接地板连接。

(4) 当电气专业已经把建筑物(或装置)的金属结构、基础钢筋、金属设备、管道、进线配电箱 PE 母排、接闪器引下线形成等电位联结时，仪表系统各类接地也应汇接到该总接地板，实现等电位联结，与电气装置合用接地装置与大地连接，如图 9-6 所示。

(5) 在各类接地联结中严禁接入开关或熔断器。

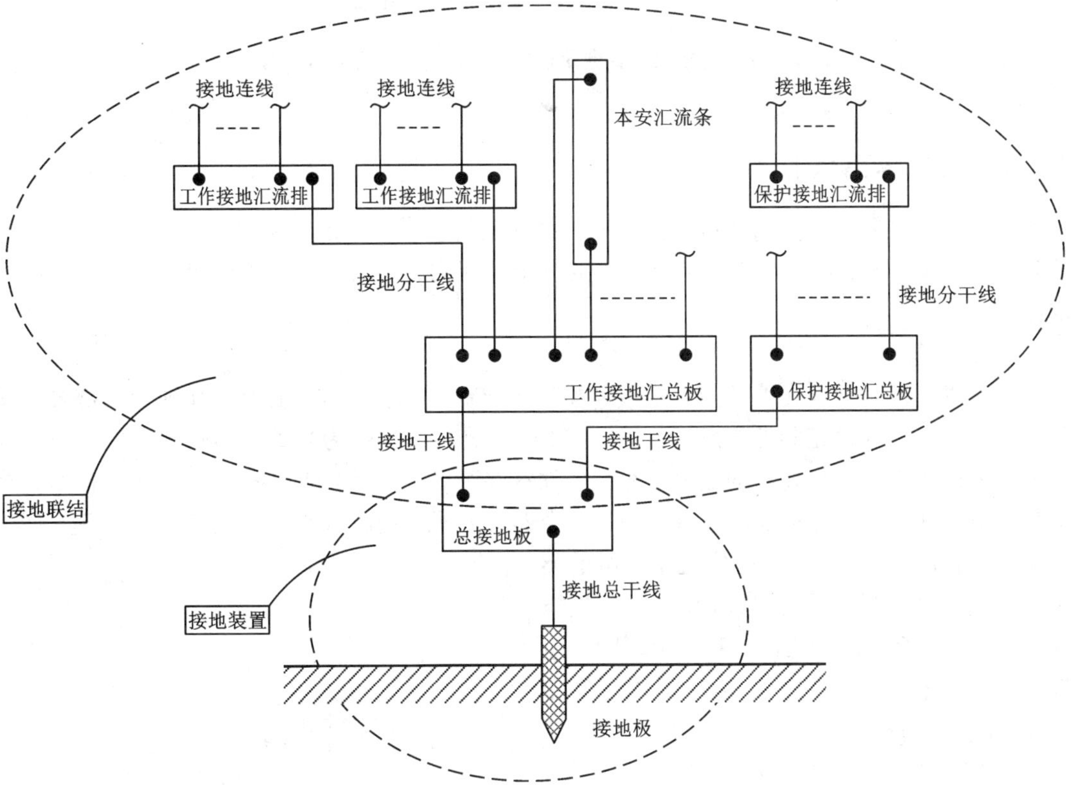

图 9-5　仪表及控制系统接地联结示意图

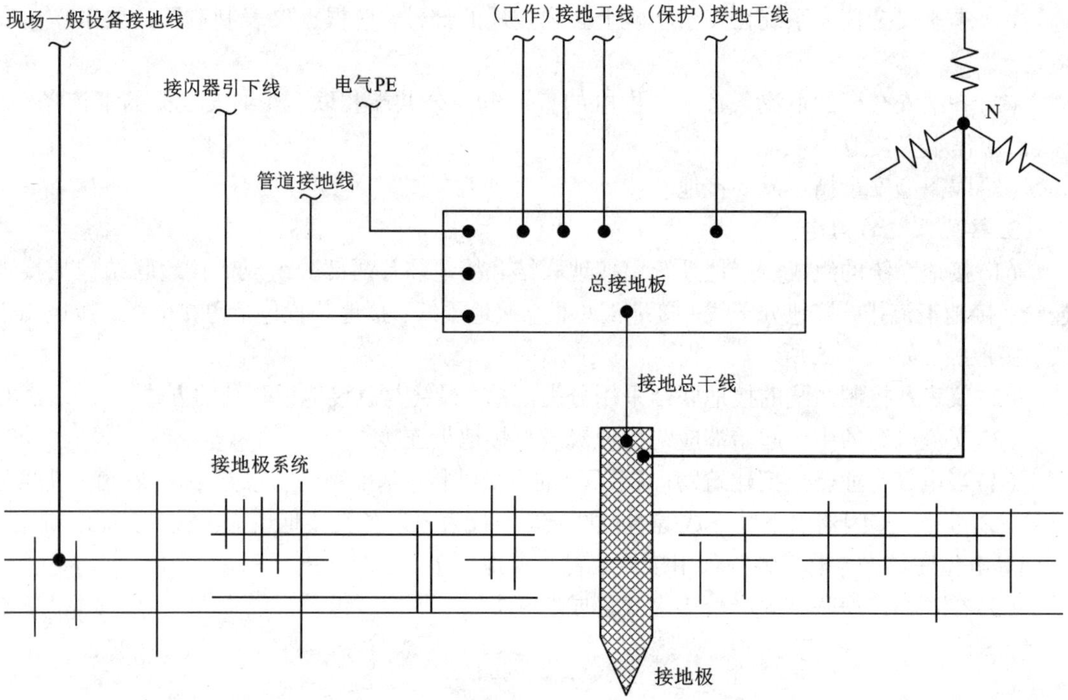

图 9-6 与电气装置合用接地装置的等电位联结示意图

9.2.6 光电隔离技术

光电隔离主要是针对信号传输而采取的技术措施。当检测系统无法通过上述抗干扰措施消除干扰，或者为了进一步提高检测系统的抗干扰能力，采用光电隔离措施是一种行之有效的办法。

1. 光电隔离原理

光电隔离器是把发光器件与光敏接收器件集成在一起，或用一根光导纤维把两部分连接起来的器件。通常发光器件为发光二极管（LED），光接收器件为光敏晶体管等。加在发光器件上的电信号为光电隔离器的输入信号，接收器件输出的信号为光电隔离器的输出信号。当有输入信号加在光电隔离器的输入端时，发光器件发光，光敏管受光照射产生光电流，使输出端产生相应的电信号，于是实现了光电的传输和转换。其主要特点是以光为媒介实现电信号的传输，而且器件的输入和输出之间在电气上完全是绝缘的。图 9-7 为一种比较简单的光电隔离器原理图。

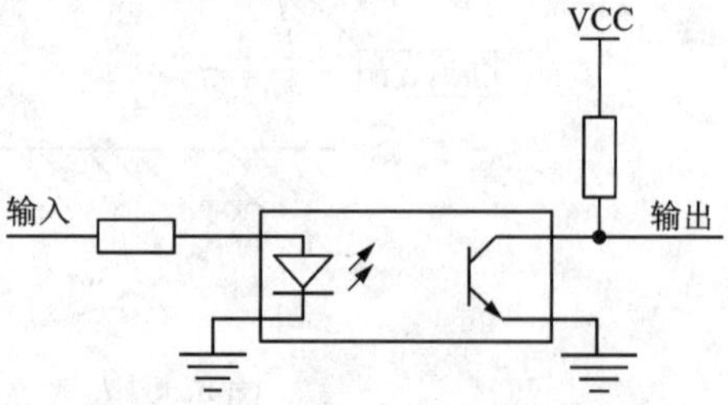

图 9-7 一种光电隔离器原理图

2. 光电隔离的作用

光电隔离是 20 世纪 70 年代发展起来的新技术，光电隔离可实现信号单向传输，输入端与输出端完全实现了电气隔离，输出信号对输入端无影响，抗干扰能力强，工作稳定，无触点，使用寿命长，传输效率高，现已广泛用于电气绝缘、电平转换、级间耦合、驱动电路、开关电路、斩波器、多谐振荡器、信号隔离、级间隔离、脉冲放大电路、数字仪表、远距离信号传输、脉冲放大、固态继电器(SSR)、仪器仪表、通信设备及微机接口中。

光电隔离主要有以下作用：

(1)信号隔离：从电路上把干扰源和易受干扰的部分隔离，使检测仪表与现场仅保持信号联系，而不直接发生电的联系。

(2)光电耦合：将发光元件和受光元件组合在一起，利用“光”这一环节完成隔离功能，使输入和输出在电气上完全隔离。

(3)隔离放大：为完成地线隔离，将放大器加上静电和电磁屏蔽浮置起来，这种放大器叫隔离放大器，或叫隔离器，其输入和输出电路与电源没有直接的电路耦合关系。

(4)线性光电隔离放大：利用发光二极管的光反向送回输入端，正向送至输出端，从而提高了放大器的精度和线性度。

3. 光电隔离器的组成

光电隔离器(optoelectronic isolator，OC)亦称光电耦合器、光耦合器，简称光耦。光耦合器以光为媒介传输电信号，它对输入、输出电信号有良好的隔离作用，所以，它在各种电路中得到广泛的应用。图 9-8 为光电隔离器的实物图。

(a) 电流信号隔离器　　(b) 电流与电压信号隔离器　　(c) 无源信号隔离器

图 9-8　光电隔离器实物图

光电隔离器一般由三部分组成：光的发射、光的接收及信号放大。输入的电信号驱动发光二极管(LED)，使之发出一定波长的光，被光探测器接收而产生光电流，再经过进一步放大后输出。这就完成了电—光—电的转换，从而起到输入、输出、隔离的作用。由于光电隔离器输入输出间互相隔离，电信号传输具有单向性等特点，因此具有良好的电绝缘能力和抗干扰能力。又由于光电隔离器的输入端属于电流型工作的低阻元件，因此具有很强的共模抑制能力。所以，它在长线传输信息中作为终端隔离元件可以大大提高信噪比。在计算机数字通信及实时控制中作为信号隔离的接口器件，可以大大增加计算机工作的可靠性。

4. 光电隔离器的类型

信号隔离器是在自动化控制系统中对各种工业信号进行变送、转换、隔离、传输、运算的仪表，可与各种自动化仪表配合，取回参数信号，隔离变送传输，满足用户本地监视远程数据采集的需求。广泛应用于矿业、机械、电气、电信、电力、石油、化工、钢铁、污水处理、楼宇建筑等领域的数据采集、信号传输转换以及计算机测控系统。信号隔离器又分为有源隔离器和无源回路供电隔离器，介绍如下。

1)有源隔离器

(1)三隔离型。这种隔离方式使得输入、输出和电源三部分之间均采用电隔离，所以保证与输入、输出和电源连接的设备之间不会产生干扰。它在输入端接受有源信号，然后将信号通过放大、滤波等处理后在输出端输出隔离信号。

(2)输入隔离型。这种隔离方式主要是为了消除连接到输出端的设备(例如调节器、PLC输入卡)与现场设备之间的干扰。它的输入与输出、电源之间隔离，输出与电源是共地的。它在输入端接受有源信号(例如变送器、变换器)然后将信号通过放大、滤波等处理后在输出端输出隔离信号。

(3)输出隔离型。这种隔离方式主要为了消除连接到输入端的设备(例如 PLC 输出卡)与现场设备之间的干扰。它的输入、电源与输出之间隔离，输入与电源是共地的。它在输入端接受有源信号(例如 PLC 输出卡)然后将信号通过放大、滤波等处理后在输出端输出隔离信号。

(4)输入隔离与配电型。该隔离器在输入端不仅要接受被测信号而且还要提供辅助电源，作为向变送器供电的电源使用。在输入端接受有源信号(例如变送器)，然后将信号通过放大、滤波等处理后在输出端输出隔离信号。

2)无源回路供电隔离器

(1)输入端回路供电隔离型。对于这种隔离技术，输入输出组件线路所需的电能均来自输入端，输入端是以回路供电的方式提供电能，回路电流通常是 4~20 mA 标准信号，在此作为输入信号(例如 PLC 输出卡)，输入信号经隔离后通过输出端提供给执行器或调节器。回路供电隔离器无须附加辅助电源，使用方便。

(2)输出端回路供电隔离型。对于这种隔离技术，输入输出组件线路所需的电能均来自输出端，输出端是以回路供电的方式获得电能(例如 PLC 输入卡)，回路电流通常是 4~20 mA 标准信号，在此作为输出信号。输入端可以是各种传感器的信号，也可以是 4~20 mA 标准信号。这种技术的重要特点是流向输出端的信号电流不仅要向隔离单元供电，而且它还要供给隔离器的负载(例如 PLC 输入卡的输入电阻)。

(3)输出回路供电隔离。对于输入配电型，这种隔离技术输入输出组件线路所需的电能均来自输出端，输出端是以回路供电的方式获得电能(例如 PLC 输入卡)，回路电流通常是 4~20 mA 标准信号，在此作为输出信号。

5.光电隔离器的应用接线

在检测仪表使用过程中经常遇到这种情况：当检测仪表独立运行时，运行正常，当检测的检测信号(4~20 mA DC 或 1~5 V DC 等)输出端与控制系统连接后，检测仪表显示数据就出现波动甚至无法正常运行。或者将检测信号输送到计算机控制系统后，计算机采集的数据受到干扰，甚至不能正常使用。

当干扰仅对检测仪表产生干扰时，可采用如图 9-9(a)所示的光电隔离器连接；当干扰仅对连接的计算机产生干扰时，可采用如图 9-9(b)所示的光电隔离器连接；当干扰同时对检测仪表和连接的计算机产生干扰时，可采用如图 9-9(c)所示的光电隔离器连接。

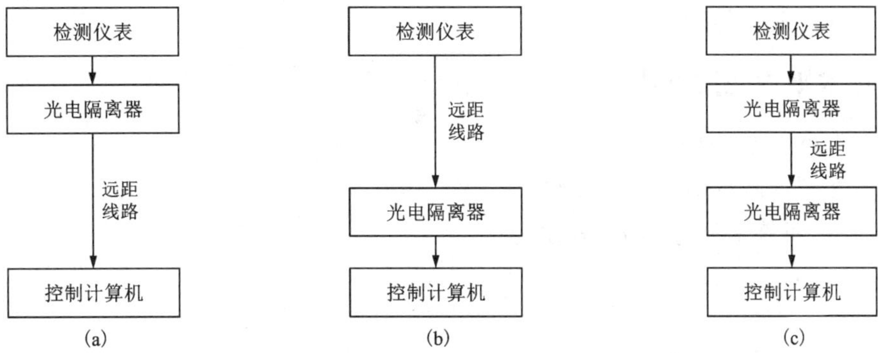

图 9-9　光电隔离器的连接方式

9.3　工程常用数字滤波方法

9.3.1　数字滤波概述

在工业生产现场和科学实验基地，总存在一些干扰源。为了提高测量的准确性和可靠性，经常采用数字滤波方法来消除信号中混入的无用成分，减小随机误差。所谓数字滤波就是通过特定的计算程序处理，降低干扰信号在有用信号中的比例，故实质上是一种程序滤波。数字滤波可以对各种干扰信号，甚至极低频率的信号滤波。数字滤波由于稳定性高，滤波器参数修改方便，因此得到广泛应用。

数字滤波器(digital filter，DF)与模拟滤波器(analog filter，AF)相似，也可以分为低通(low pass，LP)、高通(high pass，HP)、带通(band pass，BP)和带阻(band stop，BS)等滤波器形式。数字滤波器既可以用算法实现，也可以用硬件实现。由于现代计算机技术的发展，离散数字信号已成为信号处理的关键技术之一，因此数字滤波器也被广泛用以滤除信号中的无用或干扰部分。数字滤波器与传统模拟滤波器在实现上存在很大的差异。传统的模拟滤波器主要是硬件实现，它的硬件部分主要包括电容、电感和电阻等器件，而数字滤波器在硬件实现上主要涉及 A/D 转换器、D/A 转换器、寄存器、存储器及微处理器等。数字滤波器的另一特点是可以用软件实现，即通过编程用算法来实现。数字滤波器与模拟滤波器相比，有其独特的优点，比如体积小、成本低、参数调整容易、有较高的精度、工作效率高等，但它们之间也有共同之处，比如，滤波器的选频特性，即都用频率响应作为滤波器的主要技术指标。

与模拟滤波器相比，数字滤波器有以下优点：

(1)不需要增加任何硬设备，只要程序在进入数据处理和控制算法之前，附加一段数字滤波程序即可。

(2)不存在阻抗匹配问题。

(3)可以对频率很低，例如 0.01 Hz 的信号滤波，但模拟 RC 滤波器由于受电容容量的影响，频率不能太低。

(4)对于多路信号输入通道，可以共用一个滤波器，从而降低仪表的硬件成本。

(5)只要适当改变滤波器程序或参数，就可方便地改变滤波特性，这对于低频脉冲干扰和随机噪声的克服特别有效。

9.3.2 算术平均滤波方法

1. 算术平均滤波方法公式

将 N 次采样或测量得到的值取平均值，作为本次测量输出值。设每次采样值为 x_i，$i=1$，2，…，N，则经过算术平均滤波后输出为

$$\bar{x} = \frac{1}{N}\sum_{i=1}^{N} x_i \tag{9-31}$$

2. 算术平均滤波的原理

该方法以相关理论和统计理论为基础。每次采样或测量得到的值 x_i，实际上可以表示为

$$x_i = s_i + n_i \quad i = 1, 2, \cdots, N \tag{9-32}$$

式中：s_i 为实际值，n_i 为噪声。

其平均值为

$$\bar{x} = \frac{1}{N}\sum_{i=1}^{N} x_i = \frac{1}{N}\sum_{i=1}^{N} (s_i + n_i) = \frac{1}{N}\sum_{i=1}^{N} s_i + \frac{1}{N}\sum_{i=1}^{N} n_i \tag{9-33}$$

当噪声或干扰为白噪声随机量，且其均值为零时，有

$$\lim_{N\to\infty} \frac{1}{N}\sum_{i=1}^{N} n_i = 0 \tag{9-34}$$

故取平均值可以有效去除随机干扰，即有

$$\bar{x} = \frac{1}{N}\sum_{i=1}^{N} x_i = \frac{1}{N}\sum_{i=1}^{N} s_i \tag{9-35}$$

这就是采用算术平均滤波方法去除噪声或干扰的机理。

3. 算术平均滤波方法的应用条件

(1)算术平均滤波方法适用于对一般具有随机干扰的信号进行滤波。这种信号的特点是有一个平均值，信号在某一数值附近上下波动。

(2)噪声与信号相互独立且平稳。

(3)噪声附加性作用于信号。

4. 算术平均滤波方法的应用场合

(1)点值的测量与控制，如压力、温度等的测量与控制。

(2)时间历程的测量与分析。

5. 算术平均滤波方法的特点

(1)算法简单，性能可靠，方便应用于以单片机为核心的测量及控制系统上，方便编程，占用资源较少。

(2)算术平均滤波方法对信号的平滑程度完全取决于 N。当 N 较大时，平滑度高，但灵敏度低；当 N 较小时，平滑度低，但灵敏度高。

6. 算术平均滤波方法的改进

1)消除脉冲干扰的平均滤波法

在许多测量场合，现场的强电设备较多，不可避免地会产生尖脉冲干扰，这种干扰一般持续时间短，峰值大，对这样的数据进行算术平均滤波处理时，尽管对脉冲干扰进行了 $1/N$ 的处理，但其剩余值仍然较大。为此，首先应将被认为是受脉冲干扰的信号数据去掉。防脉冲干扰平均滤波法的算法为：对连续的 N 个数据进行排序，去掉其中最大和最小的 2 个数据，将剩余数据计算平均值。

2)加权平均滤波法

前面介绍的算术平均滤波方法实际上是做了等概率处理，即认为测量数据的权重都为 $1/N$。更加符合实际情况的是每一次测量值不一定是等概率的，为此给每次测量值赋予不同的权重，设权重系数为 r_i，且 $\sum_{i=1}^{N} r_i = 1$，则有

$$\bar{x} = \sum_{i=1}^{N} r_i x_i \tag{9-36}$$

但是权重系数 r_i 的选取没有完善的理论依据，有一定的主观性和经验性。

9.3.3　限幅滤波法与中值滤波法

1. 限幅滤波法

1)限幅滤波的算法

根据经验判断，确定两次采样允许的最大偏差值(设为 A)，每次检测到新值时判断：如果本次值与上次值之差小于等于 A，则本次值有效；如果本次值与上次值之差大于 A，则本次值无效，放弃本次值，用上次值代替本次值。该方法又称为程序判断滤波法，可用数学关系表述如下：

设第 k 次测量的值为 $y(k)$，前一次测量值为 $y(k-1)$，允许最大偏差值为 A，则当前测量值 y 为

$$y = \begin{cases} y(k), & |y(k) - y(k-1)| \leqslant A \\ y(k-1), & |y(k) - y(k-1)| > A \end{cases} \tag{9-37}$$

有时，当本次值与上次值之差大于最大允许偏差值时，采用折中方法，即令当前输出值为$\dfrac{y(k)+y(k-1)}{2}$。

2)限幅滤波机理

任何动力系统的状态参量变化都与其他时刻的状态参量有关，不可能发生突变，一旦发生突变，极有可能是受到了干扰。反映在工程测量中，即许多物理量的变化都需要一定的时间，相邻两次采样值之间的变化有一定的限度。

限幅滤波就是根据实践经验确定出相邻两次采样信号之间可能出现的最大偏差值，若超出此偏差值，则表明该输入信号是干扰信号，应该去掉；若小于此偏差值，可将信号作为本次采样值。这类干扰可以是随机出现的，但它不是统计意义下的随机噪声。

3)限幅滤波法的应用场合

当采样信号由于随机脉冲干扰，如大功率用电设备的启动或停止，造成电流的尖峰干扰

或误检测时，可采用限幅滤波法进行滤波。

限幅滤波法主要适用于变化比较缓慢的参数，如温度等。具体应用时，关键的问题是最大允许偏差值的选取，如果允许偏差值选得太大，各种干扰信号将“乘虚而入”，使系统误差增大；如果允许偏差值选得太小，又会使某些有用信号被“拒之门外”，使计算机采样效率变低。因此，门限值的选取是非常重要的。通常可根据经验数据获得，必要时也可由实验得出。

4）限幅滤波法的特点

这种滤波方法的优点是实现简单，能有效克服因偶然因素引起的脉冲干扰；缺点是无法抑制周期性的干扰，对随机噪声引起的干扰滤波效果有限，且平滑度差。

2. 中值滤波法

1）中值滤波法概念

中值滤波法是基于排序统计理论的一种能有效抑制噪声的非线性信号处理技术。

中值滤波的计算方法为：对某一被测参数连续采样 N 次（一般 N 取奇数），然后把 N 次采样值从小到大，或从大到小排列，再取其中间值作为本次采样值。

2）中值滤波机理

当系统受到外界干扰时，其状态参量会偏离实际值，但干扰总是在实际值的周围上下波动。实际值处于采样数据序列的中间位置。

3）中值滤波法的特点及应用场合

中值滤波法能有效克服因偶然因素引起的脉动干扰。如，对温度、液位等变化缓慢的被测参数有良好的滤波效果，但对流量、速度等快速变化的参数不宜。这种滤波方法简单实用，便于程序实现，特别适用于以单片机为核心的测量控制系统中。

9.3.4 滑动平均滤波法与加权滑动平均滤波法

1. 滑动平均滤波法

1）滑动平均滤波的计算

算术平均滤波法采样 N 次输出一个数据，而第二个输出数据就是另外采样的 N 个新数据的输出。这样占用内存大，开销也大。为此，提出滑动平均滤波法，这种方法把前面采样得到的 $N-1$ 个数据，再加上重新采样的数据求平均，作为下一次平均滤波的输出。该方法又称为递推平均滤波法。

滑动平均滤波法也可描述为：把连续取得的 N 个采样值看成一个队列，队列的长度固定为 N，每次采样到一个新数据放入队尾，并扔掉原来队首的一次数据（先进先出原则），把队列中的 N 个数据进行算术平均运算，就可获得新的滤波结果。

算术平均滤波法和滑动平均滤波法可以看作是用一个固定宽度为 N 的窗口，在时间轴上滑动，每滑动一次输出一个滤波值。只不过算术平均滤波法中窗口没有交叠，而滑动平均滤波法中有 $N-1$ 个点交叠。

2）滑动平均滤波法的特点及应用场合

滑动平均滤波法在处理数据时，会与算术平均滤波法结果不同。但由于采用空间平均，输出结果几乎一样。当采用时间平均法时，不论是算术平均法，还是滑动平均法，都能去除零均值的噪声和周期性干扰成分，这样就看不到信号中的周期正弦信号了。

滑动平均滤波法对周期性干扰有良好的抑制作用，平滑度高，也适用于高频振荡的系统，但灵敏度低，对偶然出现的脉冲性干扰的抑制作用较差。

2. 加权滑动平均滤波法

1) 加权滑动平均滤波法概念

加权滑动平均滤波法是对滑动平均滤波法的改进，即不同时刻的数据加以不同的权重。通常是越接近现时刻的数据，权重越大。但要保证权系数的和为1。

给予新采样值的权系数越大，则灵敏度越高，但信号平滑度越低。

2) 加权滑动平均滤波法的特点及应用场合

加权滑动平均滤波法适用于有较大纯滞后时间常数的对象和采样周期较短的系统；缺点是对于纯滞后时间常数较小，采样周期较长，变化缓慢的信号不能迅速反映系统当前所受干扰的严重程度，滤波效果差。

其程序实现方法只要在滑动窗中的每一个数据赋予不同的权重，且保证权系数和为1就可以了。

9.3.5　中值平均滤波法

1. 中值平均滤波法

该方法又称为防脉冲干扰平均滤波法，相当于“中值滤波法”+“算术平均滤波法”。这实际上是一种复合滤波方法。连续采样 N 个数据，去掉一个最大值和一个最小值，然后计算 $N-2$ 个数据的算术平均值。

2. 中值平均滤波法的特点

这种滤波方法融合了中值滤波法和算术平均滤波法的优点，不仅可以消除由脉冲干扰所引起的采样值偏差，同时可以消除零均值噪声干扰和周期性干扰。由于采用了平均法，同样存在时间平均与空间平均的问题。对于时间平均，可消除周期干扰和零均值干扰；对于空间平均，则可以消除零均值噪声干扰，而保留信号中的周期成分。对于空间平均，其滤波结果与前面的平均法滤波效果几乎相同，这里就不再赘述。

其适用场合与中值法和算术平均法类似。只不过在处理速度上会比单独采用其中一种方法要慢一些。由于这种滤波方法兼顾了中值滤波和算术平均值滤波的优点，所以无论对缓慢变化的信号，还是对快速变化的信号，都能获得较好的滤波效果。

9.3.6　一阶滞后滤波法

1. 一阶滞后滤波法

在[0, 1]区间上取一常数 a，则

$$\text{本次滤波结果} = (1-a) \times \text{本次采样值} + a \times \text{上次滤波结果}$$

这种滤波方法没有具体指出用哪一种方法得到上次滤波结果，即第一个上次滤波结果。在实际应用时，可以选择第一个采样值作为上次滤波结果，也可以用前面的滤波方法得到第一个滤波结果。一旦得到初始滤波结果，以后的滤波输出就可以用上面的公式进行滤波了。

2. 一阶滞后滤波法的特点及应用场合

一阶滞后滤波法实际上是将本次采样值与上次滤波结果赋予不同的权重，即当前输出为两个结果的加权和。该方法对周期性干扰具有良好的抑制作用，适用于波动频率较高的场

合。存在的不足主要有相位滞后，滞后程度取决于 a 值大小，灵敏度低，不能消除滤波频率高于采样频率1/2的干扰信号等。

9.3.7 消抖滤波法与限幅消抖滤波法

1. 消抖滤波法

1）消抖滤波的实现方法

设置一个滤波计数器，将每次采样值与当前有效值比较，如果采样值等于当前有效值，则计数器清零；如果采样值大于或小于当前有效值，则计数器+1，并判断计数器是否大于等于上限 N（溢出），如果计数器溢出，则将本次值替换为当前有效值，并将计数器清零。

2）消抖滤波法的特点及应用场合

消抖滤波法对于变化缓慢的被测参数有较好的滤波效果，可避免在临界值附近控制器的反复开/关跳动或显示器上数值的抖动。其缺点是不宜处理快速变化的参数，如果在计数器溢出的那一次采样到的值恰好是干扰值，则会将干扰值当作有效值导入系统。

2. 限幅消抖滤波法

限幅消抖滤波法相当于"限幅滤波法"+"消抖滤波法"，即先限幅，后消抖。

1）限幅消抖滤波法的特点

限幅消抖滤波法继承了"限幅"和"消抖"的优点，同时改进了"消抖滤波法"中的某些缺陷，避免将干扰值导入系统，但不宜处理快速变化的参数。

以上介绍的简易数字滤波方法，均可以看作是数字滤波器的特例，数字滤波器的输入 $x(k)$ 与输出 $y(k)$ 之间的关系为

$$y(k)=a_0x(k)+a_1x(k-1)+\cdots+a_Nx(k-N)-b_1y(k-1)-b_2y(k-2)-\cdots-b_My(k-M) \tag{9-38}$$

式中：常系数 a_0，a_1，…，a_N，b_1，b_2，…，b_M 为与滤波器性能有关的参数，选择不同的系数，就可以得到这些简易滤波器的关系方程，从而实现对数据的滤波处理。

2）限幅消抖滤波法应用场合

限幅消抖滤波法的最大优点是实现简便，特别是对于以单片机为核心的系统，其占用硬件资源较少，实时性较好，在特定的场合可以取得较好的滤波效果，达到消除干扰的目的。但用这些方法设计的滤波器在性能上不易控制，参数的选取有主观性，不太适合处理数据量较大的情况。当采用计算机、高速数据处理芯片及硬件电路实现数字滤波时，要采用正规的数字滤波方法。顺便指出，每种滤波算法都有其各自的特点，在实际应用中，究竟选取哪一种数字滤波算法，应根据具体的测量参数合理地选用。不适当地应用数字滤波，不仅达不到滤波效果，反而会降低控制品质，甚至失控，这点必须予以注意。

9.4 常用复杂滤波技术

9.4.1 卡尔曼滤波

1. 标量卡尔曼滤波

卡尔曼估算是一个参数估算过程，依赖于信号产生过程的自回归（AR）模型。这个测量

模型只有一个测量增益项 c 和附加的白噪声 $v(n)$。当信号产生模型给定后，在采样时刻 n 的被监测数据为

$$y(n)=cx(n)+v(n) \tag{9-39}$$

一阶递归估算具有下列形式

$$\hat{x}(n)=b(n)\hat{x}(n-1)+k(n)y(n) \tag{9-40}$$

式中两个增益都是时变的，为了得到最佳估算，即最小均方误差，将均方误差分别对 $b(n)$ 和 $k(n)$ 求偏导，并使其等于零。

$$p(n)=E[\hat{x}(n)-x(n)]^2=E[b(n)\hat{x}(n-1)+k(n)y(n)-x(n)]^2 \tag{9-41}$$

$$\frac{\partial p(n)}{\partial b(n)}=2E\{[b(n)\hat{x}(n-1)+k(n)y(n)-x(n)]\hat{x}(n-1)]\}=0 \tag{9-42}$$

$$\frac{\partial p(n)}{\partial k(n)}=2E\{[b(n)\hat{x}(n-1)+k(n)y(n)-x(n)]y(n)\}=0 \tag{9-43}$$

由式(9-42)可以推导出 $b(n)$ 和 $k(n)$ 之间的关系

$$2E\{[b(n)\hat{x}(n-1)+k(n)y(n)-x(n)]\hat{x}(n-1)\}=0$$

$$\rightarrow E\{[b(n)\hat{x}(n-1)]\hat{x}(n-1)\}=E\{-x(n)+k(n)y(n)]\hat{x}(n-1)\} \tag{9-44}$$

$$\begin{aligned}\rightarrow E\{[b(n)[\hat{x}(n-1)-x(n-1)]+b(n)\cdot x(n-1)]\hat{x}(n-1)\}\\=E\{[x(n)-k(n)y(n)]\hat{x}(n-1)\}\end{aligned} \tag{9-45}$$

将式(9-39)的 $y(n)$ 代入上式得到

$$\begin{aligned}b(n)E\{e(n-1)\hat{x}(n-1)+x(n-1)\hat{x}((n-1)\}\\=E\{[x(n)][1-ck(n)]-k(n)v(n)]\hat{x}(n-1)\}\end{aligned} \tag{9-46}$$

对于最佳估算必须满足正交原理，因此具有下列关系式

$$E[e(n)\hat{x}(n-1)]=0 \text{ 和 } E[v(n)\hat{x}(n-1)]=0$$

式(9-46)变成

$$b(n)E[x(n-1)\hat{x}(n-1)]=[1-ck(n)]E[x(n)\hat{x}(n-1)] \tag{9-47}$$

由信号产生模型可知

$$x(n)=ax(n-1)+g(n-1) \tag{9-48}$$

将式(9-48)代入式(9-47)得到

$$b(n)E[x(n-1)\hat{x}(n-1)]=[1-ck(n)]E[ax(n-1)\hat{x}(n-1)+g(n-1)\hat{x}(n-1)] \tag{9-49}$$

根据式(9-39)和式(9-40)有

$$\hat{x}(n)=b(n)\hat{x}(n-1)+k(n)cx(n)+k(n)v(n) \tag{9-50}$$

将式(9-48)的 $x(n)$ 代入上式得

$$\begin{aligned}\hat{x}(n)&=b(n)\hat{x}(n-1)+k(n)acx(n-1)+k(n)cg(n-1)+k(n)\hat{v}(n)x(n-1)\\&=b(n-1)\cdot\hat{x}(n-2)+ack(n-1)x(n-2)+ck(n-1)\cdot g(n-2)+k(n-1)v(n-1)\end{aligned} \tag{9-51}$$

由于在式(9-51)中所有项与 $g(n-1)$ 相乘的平均值为零，因此

$$E\{\hat{x}(n-1)g(n-1)\}=0$$

利用此关系式，式(9-49)变成

$$b(n)E[x(n-1)\hat{x}(n-1)]=a[1-ck(n)]\cdot E[x(n-1)\hat{x}(n-1)] \tag{9-52}$$

从而导出 $b(n)$ 和 $k(n)$ 之间的最后关系式

$$b(n)=a[1-ck(n)] \tag{9-53}$$

将式(9-53)代入式(9-40)得到

$$\hat{x}(n)=a\hat{x}(n-1)+k(n)[y(n)-ac\hat{x}(n-1)] \tag{9-54}$$

式(9-54)是最佳一阶递归估算器或标量卡尔曼滤波器的定义。第一项 $a\hat{x}(n-1)$ 是当前采样的预测，第二项是建立在误差估算基础上由卡尔曼增益 $k(n)$ 改变的调整值。

2. 矢量卡尔曼滤波器

前面介绍的一阶卡尔曼滤波器方程可以推广成高阶滤波器方程，只要用 N 阶矢量代替原来的标量。下面用一个简单例子来说明该过程。

一个二阶自回归过程定义为

$$x(n)=ax(n-1)+bx(n-2)+g(n-1) \tag{9-55}$$

定义两个状态变量 $x_1(n)$ 和 $x_2(n)$

$$x_1(n)=x(n),\ x_2(n)=x(n-1)$$

利用上两式可以将式(9-55)表示成一对状态方程

$$x_1(n)=ax_1(n-1)+bx_2(n-1)+g(n-1) \tag{9-56}$$

$$x_2(n)=x_1(n-1) \tag{9-57}$$

将式(9-57)写成矩阵形式

$$\begin{bmatrix} x_1(n) \\ x_2(n) \end{bmatrix}=\begin{bmatrix} a & b \\ 1 & 0 \end{bmatrix}\begin{bmatrix} x_1(n-1) \\ x_2(n-1) \end{bmatrix}+\begin{bmatrix} g(n-1) \\ 0 \end{bmatrix} \tag{9-58}$$

或 $X(n)=AX(n-1)+G(n-1)$

用于估算问题的卡尔曼滤波器现在具有矢量格式，它和标量滤波器的形式相同

$$\hat{X}(n)=A\hat{X}(n-1)+K(n)[Y(n)-CA\hat{X}\times(n-1)] \tag{9-59}$$

$$K(n)=P_1(n)C^{\mathrm{T}}[CP_1(n)C^{\mathrm{T}}+Z(n)]^{-1} \tag{9-60}$$

$$P_1(n)=AP(n-1)A^{\mathrm{T}}+Q(n-1) \tag{9-61}$$

$$P(n)=P_1(n)-K(n)CP_1(n) \tag{9-62}$$

其中标量检测点的噪声方差 σ_{v}^2 和系统噪声方差 σ_k^2 分别由矩阵 $Z(n)$ 和 $Q(n)$ 来代替

$$Z(n)=E\{V(n)V^{\mathrm{T}}(n)\} \tag{9-63}$$

$$Q(n)=E\{G(n)G^{\mathrm{T}}(n)\} \tag{9-64}$$

同样地，滤波器参数或卡尔曼增益可以用 $N\times N$ 矩阵 $K(n)$ 来代替。

9.4.2 FIR 自适应滤波器

FIR 自适应滤波器一般由两个不同部分所组成：(1)滤波器结构，它应设计成容易实现所要求的处理功能；(2)调节滤波器系数的自适应算法。这两部分不同的变化与结合，导出许多不同形式的自适应滤波器。

当滤波器结构确定后，下一步就要求设计一种自适应算法来调节它的系数，这里我们的目标是使滤波器输出的能量为最小(即输出方差或输出平方和为最小)，在自适应噪声消除、线性放大和频谱估算等实际场合是要求有这种成本函数。

下面介绍两种 FIR 自适应算法：递归最小平方(RLS)和最小均方(LMS)算法。从 1960 年初开始，LMS 算法就获得广泛应用，这主要是由于它简单，运算量小。RLS 算法虽然性能

优异，但由于运算量大，所以用于信号处理尚有困难。最近由于快速运算单元的出现，RLS 算法又重新引起人们的兴趣，已经在自适应信道均衡和阵列处理等方面得到采用。

1. 递归最小平方(RLS)算法

作为自适应滤波技术的基础，我们研究下列问题，令 $y(n)$ 为 N 阶 FIR 滤波器的输入，$e(n)$ 为滤波器的输出，则

$$e(n)=y(n)-h_1y(n-1)\cdots-h_Ny(n-N)\quad n\geqslant 0 \tag{9-65}$$

滤波器系数矢量 H 为

$$H^{\mathrm{T}}=(h_1,\ \cdots,\ h_N) \tag{9-66}$$

滤波器的输出显然取决于它的系数[即 $e(n)=e_H(n)$]。下面将研究一个算法，使输出的平方和为最小，即

$$V(n)=\sum_{i=0}^{n}e^2(s) \tag{9-67}$$

使该和式为最小的滤波器系数矢量用 $\widehat{H}(n)$ 表示。这类滤波器可以理解为对于输入序列 $y(n)$ 的最小平方预测器，输出 $e(n)$ 为预测误差。关于序列 $y(n)$ 的统计特性这里没作任何假定，所以处理的是纯全面最小问题。为了使问题更清楚起见，将式(9-65)用矩阵形式重新表示为

$$\begin{bmatrix}e(0)\\e(1)\\\vdots\\e(n)\\e(n)\end{bmatrix}=\begin{bmatrix}y(0)\\y(1)\\\vdots\\y(n)\\y(n)\end{bmatrix}-\begin{bmatrix}0&\cdots&\cdots&0\\y(0)&\cdots&\cdots&y(10)\\\vdots&&&\vdots\\y(n-1)&\cdots&\cdots&y(n-N)\\&Y(n)&&\end{bmatrix}\begin{bmatrix}h_1\\\vdots\\\vdots\\hN\\H\end{bmatrix} \tag{9-68}$$

在构成这方程时我们假定 $n<0$ 时，$y(n)=0$。换而言之，该数据已被加“窗”，即它被乘上一个窗函数 $W(n)$，当 $n<0$ 时 $W(n)=0$，$n\geqslant 0$ 时 $W(n)=1$。若选择不同的窗函数，则将导出不同的自适应算法。若数据不加窗时，得到方程形式为

$$\begin{bmatrix}e(N)\\\vdots\\e(n)\end{bmatrix}=\begin{bmatrix}y(N)\\\vdots\\y(n)\end{bmatrix}-\begin{bmatrix}y(N-1)&\cdots&y(0)\\\vdots&&\\y(n-1)&\cdots&y(n-N)\end{bmatrix}\begin{bmatrix}h_1\\\vdots\\h(N)\end{bmatrix} \tag{9-69}$$

首先研究加窗情况，因为它的结构最简单。求成本函数 $V(n)$ 的最小值，实际上是等效求式(9-68)左边部分模的平方最小值。由于

$$V(n)=\|e(n)\|^2\underline{\underline{\Delta}}e^{\mathrm{T}}(n)e(n) \tag{9-70}$$

使该模值为最小的矢量，即

$$\widehat{H}(n)=[Y^{\mathrm{T}}(n)Y(n)^{-1}Y^{\mathrm{T}}(n)y(n)] \tag{9-71}$$

上式在原理上已经提供了自适应滤波问题的一个解，对每一时间步骤，用式(9-71)可以估算出滤波器的一组系数。但是，它的运算工作量很大，因为每获得一个数据，系数都要重新计算一次，所以为了克服这缺点，产生递归最小平方(RLS)算法，它能刷新系数，同时又充分利用当前系数含有的信息，这样每一时间步骤仅进行增量运算。

2. 最小均方(LMS)算法

LMS 算法比 RLS 自适应滤波器产生得早，已经在许多信号处理领域中得到应用，由于它的简单和易于实现，所以能解决许多实际问题。

LMS 算法的主要缺点是它的收敛性差，因为该算法是建立在用梯度搜索法求最小值的基础上，而 RLS 算法是用牛顿-来比逊法。从迭代优化理论可知牛顿-来比逊法是比梯度搜索法收敛得快。

1)最优系数矢量的迭代计算

为了导出 LMS 算法，用另一种形式写出滤波器输出的方差

$$\begin{aligned} J(H) \triangleq E\{e_{\mathrm{H}}^2(n)\} &= E\{[y(n) - \varphi^{\mathrm{T}}(n)H]^2\} \\ &= E\{y^2(n)\} - 2E\{y(n)\varphi^{\mathrm{T}}(n)\}H + H^{\mathrm{T}} \cdot E\{\varphi(n)\varphi^{\mathrm{T}}(n)\}H \\ &= r(0) - 2r^{\mathrm{T}}H + H^{\mathrm{T}}RH \end{aligned} \tag{9-72}$$

$J(H)$是矢量 H 元素的平方函数，表面上某一点的梯度是由参数矢量 H 对 $J(H)$求导得到

$$\frac{\partial J(H)}{\partial H} \triangleq \begin{vmatrix} \dfrac{\partial J(H)}{\partial h(1)} \\ \vdots \\ \dfrac{\partial J(H)}{\partial h(N)} \end{vmatrix} = 2(RH - r) \tag{9-73}$$

或者

$$\frac{\partial J(H)}{\partial H} = 2R(H - H_{\mathrm{opt}}) \tag{9-74}$$

令梯度矢量为零，得到优化矢量 H_{opt}，计算该优化矢量是一个迭代过程。我们以一个任意矢量 $H(0)$开始，每一步都用正比于负的梯度矢量的值来改变当前矢量

$$H(K+1) = H(K) + \mu\left[-\frac{\partial J(H)}{\partial H}\right]_{H-H(k)} \tag{9-75}$$

式中：标量参数 μ 是一个收敛因子，它控制稳定性和自适应的速率。

2)LMS 算法

上述的迭代过程要求已知成本函数 $J(H)$的确切梯度。但是，该梯度事实上是无法预先知道的，而必须从数据中估算出来。LMS 的梯度估算是采用单误差平方样点的梯度，即

$$\frac{\partial e_{\mathrm{H}}^2(n)}{\partial H} = 2e_{\mathrm{H}}(n)\frac{\partial e_{\mathrm{H}}(n)}{\partial H} = -2e_{\mathrm{H}}(n)\varphi(n) \tag{9-76}$$

因此 LMS 算法可以写成

$$H(n) = H(n-1) + 2\mu e_{H(n-1)}(n)\varphi(n) \tag{9-77}$$

形式为 $e(n)\varphi(n)$的许多项之和使得起始的单样点梯度趋近于真正的梯度，系数矢量 $H(n)$的期望值接近优化系数矢量 H_{opt}。由于存在下列等式，因此近似梯度的期望值等于真正梯度，即

$$E\{-2e_{\mathrm{H}}(n)\varphi(n)\} = 2(E\{\varphi(n)\varphi^{\mathrm{T}}(n)\}H - E\{y(n)\cdot\varphi(n)\}) = 2(RH - r) = \frac{\partial J(H)}{\partial H} \tag{9-78}$$

LMS 刷新方程很简单，每个滤波器系数由附加的加权误差所刷新

$$h_i(n) = h_i(n-1) + 2\mu y(n-i)e(n) \tag{9-79}$$

其中误差 $e(n)$对于所有系数是共同的，而加权值[$2\mu y(n-i)$]是与第 i 个滤波器当前所贮存的数据成正比。计算[$2\mu e(n)$]需要 $N+1$ 次乘法和加法，滤波器每一步修正要求总的运

算次数为(2N+1)(RLS 算法为 2.5N^2+4N)。

习题与思考题

9.1　什么是白噪声？什么是色噪声？

9.2　工程中常见的噪声有哪些？

9.3　产生干扰的原因主要有哪些？

9.4　简述干扰的主要途径。

9.5　试述仪表系统主要的抗干扰技术措施。

9.6　仪表系统接地措施有哪些？

9.7　如何构建接地系统？

9.8　什么是光电隔离？简述光电隔离器的工作原理。

9.9　什么是数字滤波？工程中常用的数字滤波方法有哪些？

9.10　简述加权滑动平均滤波法。

9.11　试述递归最小平方(RLS)算法。

9.12　简述最小均方(LMS)算法。

第 10 章　计算机数据采集系统

在科学研究和生产过程中，经常需要进行检测数据的采集、记录和处理，有时需要长时间对多个参数的数据进行连续采集和记录，甚至多参数数据的快速数据采集，人工操作无法满足要求，必须依靠计算机进行数据自动采集。

10.1　模拟信号的数据采集

10.1.1　数据采集方式

检测仪表输出的信号主要为模拟量，模拟量是参数信号的主要形式。模拟量是指连续变化的物理量，如温度、压力、流量、物位等。由于计算机只能处理数字量，这就需要一个电路把模拟量转换成为数字量(整数)。现代检测仪表的数据输出主要通过两种方式传输：一种是模拟量信号方式，如 4~20 mA、0~20 mA、1~5 V、0~10 V 等信号；另一种是网络通信方式，如通过 RS-232、RS-422、RS-485、USB、工业以太网等。

对于模拟量信号的数据采集有三种方式：①直接由安装在计算机上的 A/D 板卡采集；②通过 A/D 模块进行 A/D(模拟量/数字量)转换，然后通过网络通信将数据传输到计算机。③有的检测仪表具有网络通信功能，可以通过通信方式将数据传给计算机，如果检测仪表的通信协议与计算机提供的通信协议相同，则可以通过网络线直接连接计算机，当检测仪表端口与计算机端口的通信协议不一致时，需要在检测仪表或计算机端设置通信协议转换模块，然后由计算机的通信驱动程序进行数据采集。

目前，已有多种型号的 A/D 模块供模拟量数据采集。A/D 模块可接收传感器信号、电流信号、电压信号等。有的 A/D 模块兼具 A/D 转换和网络通信的功能，模拟量信号首先连接到 A/D 模块，然后通过网络传输到计算机。图 10-1 为模拟量信号传输与网络数字信号传输的数据采集连接例子。

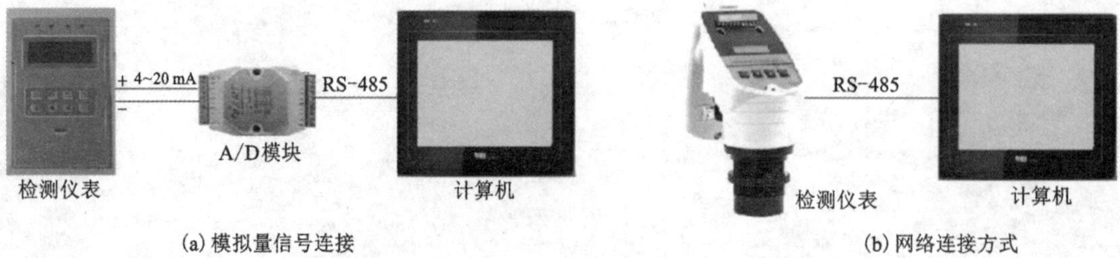

图 10-1　检测仪表与计算机的信号连接

10.1.2　A/D 转换

A/D 转换就是模/数转换，顾名思义，就是把模拟信号转换成数字信号，主要包括积分型、逐次逼近型、并行比较型/串并行型、Σ-Δ 调制型、电容阵列逐次比较型及压频变换型。

A/D 转换器是用来通过一定的电路将模拟量转变为数字量。模拟量可以是电压、电流等电信号，也可以是压力、温度、流量、物位等非电信号。但在 A/D 转换前，输入到 A/D 转换器的输入信号必须经各种传感器把各种物理量转换成电压信号。

1. 信号的范围和 A/D 转换极性

A/D 模块输入的信号主要有电流型和电压型，电流信号和电压信号有单极性和双极性之分。电流信号的范围一般为单极性，为 4~20 mA、0~20 mA 等，双极性为±20 mA 等。电压信号的范围和极性：单极性为 0~5 V、0~10 V、0~20 V 等，双极性为±5 V、±10 V、±15 V 等。

2. 模拟信号与数字量的转换关系

模拟信号经 A/D 转换后得到一个与输入信号大小成正比的整形数，又称为数字量。数字量的大小不仅与输入信号大小有关，而且与 A/D 模块的分辨率以及 A/D 模块的信号范围有关。同样信号条件下，分辨率越高则转换的数字量越大。A/D 转换时，模拟量信号与数字量的关系如图 10-2 所示，A/D 转换结果因信号的范围、A/D 分辨率和极性的不同而不同。

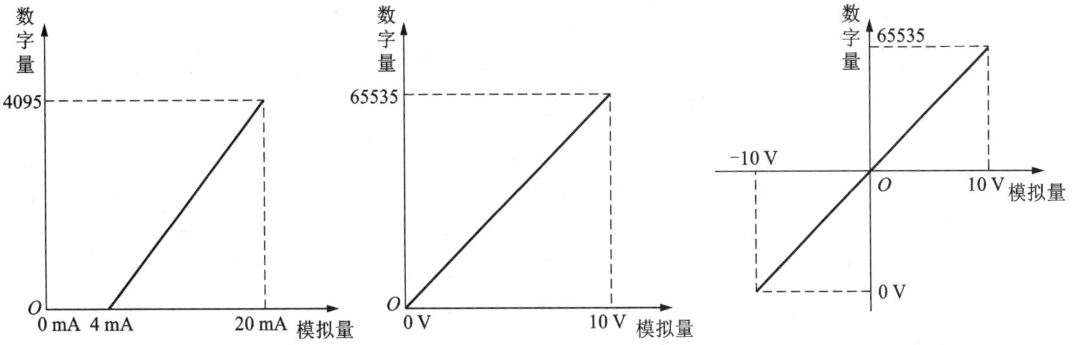

(a) 4~20 mA 的 A/D 转换（12 位）　(b) 0~10 V 的 A/D 转换（16 位）　(c) ±10 V 的 A/D 转换（16 位）

图 10-2　模拟量信号与 A/D 数字量的关系

3. A/D 模块性能指标

在进行数据采集时，需要根据实际情况选择 A/D 模块，A/D 模块的主要性能指标如下：

(1) 输入信号范围（即所能转换的电压、电流范围）：0~5 V、0~10 V、±2.5 V、±15 V、±10 V、4~20 mA、0~20 mA 等。A/D 模块的信号类型和范围必须与检测仪表一致，或者将检测仪表的信号范围包含在内。

(2) 分辨率：分辨率是对输入电压微小变化响应能力的度量，主要有 10 位、12 位、14 位、16 位和 24 位等，分辨率越高，转换时对输入模拟信号变化的反应就越灵敏，如 10 位分辨率表示可对满量程的 1/1024 的增量做出反应，16 位分辨率表示可对量程的 1/65536 的增量做出反应。

(3) 精度：指转换的结果相对于实际值的接近程度，通常用误差来表示。注意，精度是指精确度，而分辨率是指灵敏度，这是两个指标概念。例如分辨率即使很高，但温度漂移、线性不良等原因使得精度并不相应很高。

(4)转换时间和转换速率：转换时间定义为A/D转换器完成一次完整的测量所需的时间。即从启动A/D转换器开始转换到输出端输出相应的数字量所需的时间。不同的A/D芯片有不同的转换时间，有毫秒、微秒甚至纳秒等级别。转换速率为转换时间的倒数，如3000个采样点/秒、5000个采样点/秒等。但由于A/D模块是进行A/D采样后通过网络通信传给计算机，因此计算机的采样速度要比模块的A/D芯片低。目前一般为10个采样点/秒至100个采样点/秒。

(5)输入信号类型：电压或电流环，主要有单端输入或差分输入两种方式，如4~20 mA、1~5 V为单端输入，±20 mA、±10 V为差分输入。

(6)输入通道数：有4路、8路、16路等单端或差分通道，可以根据需要对A/D模块组合使用。

(7)可编程增益：由编程控制的放大器，其增益系数可以为1~10000，通过编程选择。

(8)支持软件：性能良好的模块还应配有多种应用软件、多种计算机语言的接口和驱动程序，或者提供OPC软件。著名的A/D模块还被常用的组态软件支持，可以通过组态方式使用，避免了许多烦琐的编程。

4. 电流-电压信号的转换

A/D芯片是A/D模块的核心部件，对于A/D芯片而言，无论A/D模块输入的是电流信号还是电压信号，最终都要转换成电压信号才能进行A/D转换。有的模拟量模块自身带有电流/电压转换电路，并提供电压或电流信号接入的选择功能。有的A/D模块仅提供电压信号的输入接线端子，这样对于电流信号输入的情况，必须将电流信号转换为电压信号。电流转换为电压的方法很简单，只需在A/D模块输入通道的接线端子上并联一个精密电阻即可。例如要将输入为4~20 mA的电流信号转换成1~5 V的电压信号，只需并联一个250 Ω的精密电阻。由于电压输入的A/D通道的阻抗很大，可以认为电流信号仅通过连接电阻，因此在A/D通道两端形成的电压可以用欧姆定律计算，即$V=I/R$。电流信号转换为电压信号的电路如图10-3所示。

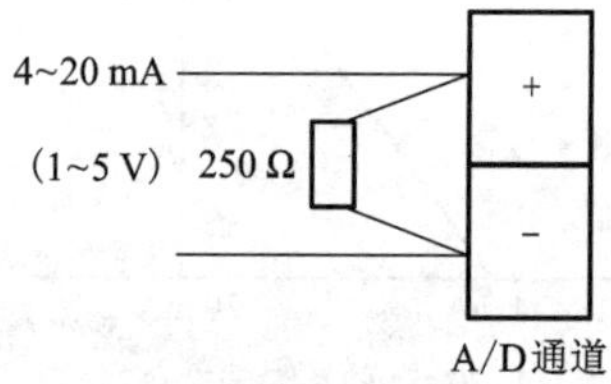

图10-3 电流/电压转换接线图

10.2 常见通信协议

网络通信系统是传递信息所需的一切技术的总和，一般由信息源和信息接收者、发送和接收设备、传输媒体几部分组成。信息源和信息接收者是信息的产生者和使用者。在数字通信系统中传输的信息是数据，是数字化的信息，这些信息可能是原始数据，也可能是经计算机处理后的结果，还可能是某些指令或标志。

计算机网络系统的通信任务是传输数据或数字化的信息，这些数据通常以离散化的二进制0或1序列的方式表示，码元是所传输数据的基本单位。在计算机网络通信中，所传输的大多为二元码，它的每一位在1和0两个状态中取一个。目前常用的通信协议主要有RS-232C、RS-422、RS-485、USB和工业以太网等。

10.2.1 RS-232C 协议

RS-232C(串行接口标准)是早期计算机之间的主要通信协议。RS-232C 是 1969 年由美国电子工业协会(electronic industries association, EIA)所公布的串行通信接口标准。“RS ”是英文“推荐标准”一词的缩写,“232”是标识号,“C”表示此标准修改的次数。它既是一种协议标准,又是一种电气标准,它规定了终端和通信设备之间信息交换的方式和功能。

RS-232C 的通信距离与传输速率有关,传输速率为 19200 bps 时,最大传送距离为 15 m,如果降低传输速率,传输距离可以延长(实际上可达约 30 m)。RS-232C 提供的传输速率主要有以下几种:1200 bps、2400 bps、4800 bps、9600 bps、19200 bps。如果需要更远距离的通信,必须通过调制解调器进行远程通信连接。

尽管 RS-232C 是以前广泛应用的串行通信协议,然而 RS-232C 还存在着不足之处,比如传送速率和传输距离有限、没有规定连接器、设备连接为一对一的方式等。目前检测仪表或计算机已很少使用 RS-232C 协议。

10.2.2 RS-422 协议

随着网络通信技术的不断发展,对通信速率的要求越来越高,通信距离要求越来越远。美国 EIA 学会于 1977 年在 RS-232C 基础上提出了改进的标准 RS-449,现在的 RS-422 和 RS-485 都是从 RS-449 派生出来的。

RS-422 协议的全称是“平衡电压数字接口电路的电气特性”,它定义了接口电路的特性。由于接收器采用高输入阻抗和发送驱动器比 RS-232 有更强的驱动能力,故允许在相同传输线上连接多个接收节点,最多可接 10 个节点。即一个为主设备(master),其余为从设备(salve),从设备之间不能通信,所以 RS-422 支持单点对多点的双向通信。RS-422 为四线接口,由于采用单独的发送和接收通道,因此不必控制数据方向,各装置之间任何必须的信号交换均可以按软件方式(XCON/XOFF 握手)或硬件方式(一对单独的双绞线)实现。

RS-422 的最大传输距离为 4000 英尺(约 1219 m),最大传输速率为 10 Mbps。其平衡双绞线的长度与传输速率成反比,在 100 kbps 速率以下,才可能达到最大传输距离。只有在很短的距离下才能获得最高传输速率。一般 100 m 长的双绞线上所能获得的最大传输速率仅为 1 Mbps。

RS-422 需要一只终端电阻,要求其阻值约等于传输电缆的特性阻抗。在短距离传输时可不接终端电阻,即一般在 300 m 以下不需终端电阻。终端电阻接在传输电缆的最远端。目前,检测仪表、智能设备或计算机已很少使用 RS-422 协议了。

10.2.3 RS-485 协议

为扩展应用范围,EIA 在 RS-422 的基础上制定了 RS-485 标准,增加了多点、双向通信能力,通常在要求通信距离为几十米至上千米时,广泛采用 RS-485 收发器。

RS-485 是一个定义平衡数字多点系统中的驱动器和接收器的电气特性的标准,该标准由电信行业协会和电子工业联盟定义。使用该标准的数字通信网络能在远距离条件下以及电子噪声大的环境下有效传输信号。RS-485 使得廉价的本地网络以及多支路通信链路的配置成为可能。

由于 RS-485 是从 RS-422 基础上发展而来的，所以 RS-485 许多电气规定与 RS-422 相仿，如都采用平衡传输方式、都需要在传输线上接终端电阻等。RS-485 可以采用二线与四线方式，二线制可实现真正的多点双向通信。在要求通信距离为几十米到上千米时，广泛采用 RS-485 串行总线标准。

RS-485 采用半双工工作方式，任何时候只能有一点处于发送状态，因此，发送电路须能使信号加以控制。RS-485 用于多点互联时非常方便，可以省掉许多信号线。应用 RS-485 可以联网构成分布式系统。目前，RS-485 的通信能力已由最初的在同一总线上最多可以挂接 32 个节点发展到 256 个节点。

RS-485 采用平衡发送和差分接收，RS-485 与 RS-422 的不同还在于其共模输出电压是不同的，RS-485 是-7 V 至+12 V 之间，而 RS-422 在-7 V 至+7 V 之间，因此具有抑制共模干扰的能力。加上总线收发器具有高灵敏度，能检测低至 200 mV 的电压，故传输信号能在千米以外得到恢复。

RS-485 满足所有 RS-422 的规范，所以 RS-485 的驱动器可以用在 RS-422 网络中。RS-485 与 RS-422 一样，其最大传输距离约为 1219 米，最大传输速率为 10 Mbps。平衡双绞线的长度与传输速率成反比，在 100 Kbps 以下，才可能使用规定最长的电缆长度。只有在很短的距离下才能获得最高速率传输。一般 100 米长双绞线最大传输速率仅为 1 Mbps。

10.2.4 USB 协议

USB 全称是 universal serial bus（通用串行总线），它是在 1994 年底由康柏、IBM、Microsoft 等多家公司联合制订的，但是直到 1999 年，USB 才真正被广泛应用。自从 1994 年 11 月 11 日发表了 USB V0.7 以后，USB 接口经历了 20 多年的发展，现在 USB 已经发展到了 3.0 版本。USB 接口有以下一些特点。

1. 数据传输速率高

USB1.0 传输速率为 12 Mbps；USB 2.0 支持最高速率达 480 Mbps；新的 USB 3.0 在保持与 USB 2.0 的兼容性的同时，最高速率达 5 Gbps。

2. 数据传输可靠

USB 总线控制协议要求在数据发送时含有描述数据类型、发送方向和终止标志、USB 设备地址的数据包。USB 设备在发送数据时支持数据帧错和纠错功能，增强了数据传输的可靠性。

3. 同时挂接多个 USB 设备

USB 总线可通过菊花链的形式同时挂接多个 USB 设备，理论上可达 127 个。

4. USB 接口能为设备供电

USB 线缆中包含有两根电源线及两根数据线。耗电比较少的设备可以通过 USB 口直接取电。可通过 USB 口取电的设备又分低电量模式和高电量模式，前者最大可提供 100 mA 的电流，而后者则是 500 mA。

5. 支持热插拔

在开机情况下，可以安全地连接或断开设备，达到真正的即插即用。

USB 还具有一些新的特性，如：实时性(可以实现和一个设备之间有效的实时通信)、动态性(可以实现接口间的动态切换)、联合性(不同的而又有相近特性的接口可以联合起来)、多能性(各个不同的接口可以使用不同的供电模式)。

USB 总线上数据传输方式有控制传输、同步传输、中断传输，块数据传输。USB HOST 根据外部 USB 设备速度及使用特点采取不同的数据传输方式。如通过控制传输来更改键盘、鼠标属性；通过中断传输要求键盘、鼠标输入数据；通过控制传输来改变显示器属性；通过块数据传输将要显示的数据传送给显示器。

10.2.5　工业以太网

近年来，网络技术的发展和工业控制领域对网络性能要求越来越高，以太网正逐步进入工业控制领域，形成新型的以太网控制网络技术。工业以太网通信有足够的高实时性、高可靠性、抗干扰、抗网络故障、抗截取、抗伪造性能，保证高质量的控制数据通信。

针对工业应用需求，德国西门子于 2001 年发布了工业以太网协议，它将原有的 Profibus 与互联网技术结合，形成了 ProfiNet 的网络方案，主要包括：

(1)基于组件对象模型(COM)的分布式自动化系统；

(2)规定了 ProfiNet 现场总线和标准以太网之间的开放、透明通信；

(3)提供了一个独立于制造商，包括设备层和系统层的系统模型。

ProfiNet 采用标准 TCP/IP 以太网作为连接介质，采用标准 TCP/IP 协议加上应用层的 RPC/DCOM 来完成节点间的通信和网络寻址。它可以同时挂接传统 Profibus 系统和新型的智能现场设备。

工业以太网是基于 IEEE 802.3(Ethernet)的强大的区域和单元网络。工业以太网提供了一个无缝集成到新的多媒体世界的途径。企业内部互联网(Intranet)、外部互联网(Extranet)，以及国际互联网(Internet)提供的广泛应用不但已经进入今天的办公室领域，而且还可以应用于生产和过程自动化。继 10 M 波特率以太网成功运行之后，具有交换功能，全双工和自适应的 100 M 波特率快速以太网(fast Ethernet，符合 IEEE 802.3u 的标准)也已成功运行多年。采用何种性能的以太网取决于用户的需要。通用的兼容性允许用户无缝升级到新技术。

传统的以太网(Ethernet)并不是为工业应用而设计的，没有考虑工业现场环境的适应性需要。工业现场的机械、气候、尘埃等条件非常恶劣，因此对设备的工业可靠性提出了更高的要求，在某些高危领域的应用甚至是极端苛刻的。工业以太网是应用于工业控制领域的以太网技术，在技术上与商用以太网(即 IEEE 802.3 标准)兼容，但是实际产品和应用却又完全不同。这主要表现在普通商用以太网的产品设计时，在材质的选用、产品的强度、适用性以及实时性、可互操作性、可靠性、抗干扰性、本质安全性等方面不能满足工业现场的需要。故在工业现场控制应用的是与商用以太网不同的工业以太网。

工业以太网具有以下优点：

(1)具有相当高的数据传输速率(目前已达到 1000 Mbps)，能提供足够的带宽。

(2)由于具有相同的通信协议，Ethernet 和 TCP/IP 很容易集成到 IT。

(3)能在同一总线上运行不同的传输协议，从而能建立企业的公共网络平台或基础构架。

(4)在整个网络中，运用了交互式和开放的数据存取技术。

(5)以太网协议沿用多年，已为众多的技术人员所熟悉，市场上能提供广泛的设置、维护和诊断工具，成为事实上的统一标准。

(6)允许使用不同的物理介质和构成不同的拓扑结构。由于智能集线器的使用、主动切换功能的实现、优先权的引入以及双工的布线等，工业以太网以其低成本、易于组网、数据传输速率相当高、易与 Internet 连接和几乎所有的编程语言都支持以太网的应用开发的优点而被广泛应用。

10.3 计算机数据采集系统的配置

10.3.1 数据采集系统的基本硬件配置

1. 检测仪表和传感器的配置

在建立数据采集系统时，尽量采用原有的检测仪表或传感器，以降低成本。对于新采购的检测仪表或传感器，尽可能考虑已有的接口模块对信号的要求，根据已有 A/D 接口模块的信号类型和信号范围、传感器种类、通信协议等进行选型，同时根据精度、成本、可靠性、方便性等因素选择检测仪表或传感器。检测仪表有普通型和智能型，普通型检测仪表价格较低，智能型检测仪表价格较高，但性能也较为优越，应根据实际需要和预算情况选择。

2. 数据采集模块的配置

常用的数据采集模块主要有信号型、传感器型或信号与传感器混合型。信号型数据采集模块一般支持 4~20 mA、0~20 mA、1~5 V、0~10 V 等的模拟信号；传感器型数据采集模块支持直接连接传感器，如热电阻、热电偶等。对于传感器比较少而又没有传感器数据采集模块的情况，可考虑通过变送器转换成电流或电压信号后，连接到信号型数据采集模块。

数据采集模块通过网络与检测系统计算机进行通信时，应尽量考虑数据采集模块通信协议与检测系统计算机通信协议的一致性，当通信协议不一致时，可通过新增通信协议转换模块加以解决。

另外，在选用数据采集模块时，还需考虑该模块的通信软件，如提供驱动程序、OPC 等，还有该模块是否被所采用的数据采集软件系统支持等。

3. 计算机的配置

目前，市场上各种品牌的计算机层出不穷，品种繁多，有工控计算机、商用计算机、办公用计算机和家用计算机等。工控计算机价格高，普通计算机价格较低。计算机发展到今天，可靠性已经非常高，事实上工控计算机与普通计算机的可靠性已经很接近。如果没有插卡、防水、防尘的要求，从价格考虑，可以选用高性价比的普通计算机。目前国内计算机测控系统采用的计算机品牌主要有 Lenovo、IBM、DELL、HP 等品牌。目前微机主要提供 USB 接口和以太网接口，而数据采集模块多为 RS-485 接口，可以在数据采集模块与 USB 接口中间设置 USB/RS-485 转换模块，从而实现不同通信协议的转换。

10.3.2 数据采集系统的软件选择

检测仪表或传感器连接到计算机后需要数据采集软件系统进行数据采集。目前，数据采集软件系统的开发主要有语言编程和组态软件两种方式。采用计算机语言开发数据采集系统不仅工作量大，而且需要具备专门的知识和具有一定的软件开发经验。采用组态软件进行数据采集系统开发是目前测控领域常用的技术方法。市场上提供大量的可供数据采集开发的软件，仅需要简单地二次开发即可以满足数据采集的要求，不仅性能可靠而且大大节约了开发时间。下面介绍几种可供数据采集系统开发的软件。

1. MATLAB 软件

目前，计算机编程语言工具很多，但需要具有专门的计算机编程知识和经验，非专业人员难以胜任。为了满足工程技术与科学研究对计算机数据处理的需要，MATLAB 应运而生。MATLAB 在数学类科技应用软件中在数值计算方面首屈一指。MATLAB 可以进行矩阵运算、编制函数、实现算法、创建用户界面、连接其他编程语言的程序等，主要应用于工程计算、控制设计、信号处理与通信、图像处理、信号检测、金融建模设计与分析等领域。

MATLAB 的基本数据单位是矩阵，它的指令表达式与数学、工程中常用的形式十分相似，故用 MATLAB 来解算问题要比用 C、FORTRAN 等语言完成相同的事情简捷得多，并且 MATLAB 也吸收了其他计算软件的优点，使 MATLAB 成为一个强大的数学软件。其在新版本中也加入了对 C、FORTRAN、C++、JAVA 的支持。

MATLAB 由一系列工具组成。这些工具方便用户使用 MATLAB 的函数和文件，其中许多工具采用的是图形用户界面，包括 MATLAB 桌面和命令窗口、历史命令窗口、编辑器和调试器、路径搜索和用于用户浏览帮助、工作空间、文件的浏览器。随着 MATLAB 的商业化以及软件本身的不断升级，MATLAB 的用户界面也越来越精致，更加接近 Windows 的标准界面，人机交互性更强，操作更简单。而且新版本的 MATLAB 提供了完整的联机查询、帮助系统，极大地方便了用户的使用。简单的编程环境提供了比较完备的调试系统，程序不必经过编译就可以直接运行，而且能够及时地报告出现的错误及进行出错原因分析。

MATLAB 是一个包含大量计算算法的集合。其拥有 600 多个工程中要用到的数学运算函数，可以方便地实现用户所需的各种计算功能。函数中所使用的算法都是科研和工程计算中的最新研究成果，而且经过了各种优化和容错处理。在通常情况下，可以用它来代替底层编程语言，如 C 和 C++。在计算要求相同的情况下，使用 MATLAB 的编程工作量会大大减少。MATLAB 的这些函数集包括从最简单最基本的函数到诸如矩阵、特征向量、快速傅里叶变换的复杂函数。函数所能解决的问题其大致包括矩阵运算和线性方程组的求解、微分方程及偏微分方程组的求解、符号运算、傅里叶变换和数据的统计分析、工程中的优化问题、稀疏矩阵运算、三角函数和其他初等数学运算、多维数组操作以及建模动态仿真等。

新版本的 MATLAB 可以利用 MATLAB 编译器和 C/C++数据库和图形库，将自己的 MATLAB 程序自动转换为独立于 MATLAB 运行的 C 和 C++代码。允许用户编写可以和 MATLAB 进行交互的 C 或 C++语言程序。另外，MATLAB 网页服务程序还容许在 Web 应用中使用自己的 MATLAB 数据和图形程序。MATLAB 的一个重要特色就是具有一套程序扩展系统和一组称之为工具箱的特殊应用子程序。工具箱是 MATLAB 函数的子程序库，每一个工具箱都是为某一类学科专业和应用而定制的，主要包括信号处理、控制系统、神经网络、模糊逻辑、小波分析和系统仿真等方面的应用。

MATLAB 语言提供了强大的科学运算能力，用它进行复杂算法的设计效率很高。但由于自身的人机界面设计不方便、没有提供与计算机硬件的接口，无法获取现场的实时数据。因此，在数据采集中，将 MATLAB 和 OPC（OLE for process control）相结合，实现 MATLAB 和 OPC 进行数据交换和通信。

在 OPC 技术出现之前，大量的数据采集均是采用 DDE 数据交换技术实现数据采集软件和智能设备的数据通信。但是 DDE 存在的缺陷有：当通信数据大时，数据刷新速度慢，容易出现“死机”现象；DDE本身的窄带宽，并不非常适用于实时交换系统，而这种实时系统却为自动化控制所必须。随着OPC技术的推出，OPC每秒能够处理上千个事物，能够更快地传输数据，成为客户与服务器之间数据交换和通信的主要方式。MATLAB提供OPC工具箱，支持OPC读取、写入和记录OPC数据，例如数据采集系统、监控系统、分布式控制系统和PLC系统。MATLAB也是一个开放的系统，允许用户从其他应用程序直接调用MATLAB。MATLAB可以通过OPC进行实时数据采样等工作。

2. OPC软件

OPC全称是object linking and embedding(OLE) for process control，它的出现为基于Windows的应用程序和现场过程控制应用建立了桥梁。在过去，为了存取现场设备的数据信息，每一个应用软件开发商都需要编写专用的接口函数。由于现场设备的种类繁多，且产品的不断升级，往往给用户和软件开发商带来了巨大的工作负担。通常这样也不能满足工作的实际需要，系统集成商和开发商急切需要一种具有高效性、可靠性、开放性、可互操作性的即插即用的设备驱动程序。在这种情况下，OPC标准应运而生。OPC标准以微软公司的OLE技术为基础，它的制定是通过提供一套标准的OLE/COM接口完成的，在OPC技术中使用的是OLE2技术，OLE标准允许多台微机之间交换文档、图形等对象。

COM是component object model的缩写，是所有OLE机制的基础。COM是一种为了实现与编程语言无关的对象而制定的标准，该标准将Windows下的对象定义为独立单元，可不受程序限制地访问这些单元。这种标准可以使两个应用程序通过对象化接口通信，而不需要知道对方是如何创建的。例如，用户可以使用C++语言创建一个Windows对象，它支持一个接口，通过该接口，用户可以访问该对象提供的各种功能，用户可以使用Visual Basic、C、Pascal、Smalltalk或其他语言编写对象访问程序。在Windows操作系统下，COM规范扩展到可访问本机以外的其他对象，一个应用程序所使用的对象可分布在网络上，COM的这个扩展被称为DCOM(distributed COM)。

通过DCOM技术和OPC标准，完全可以创建一个开放的、可互操作的控制系统软件。OPC采用客户/服务器模式，把开发访问接口的任务放在硬件生产厂家或第三方厂家，以OPC服务器的形式提供给用户，解决了软、硬件厂商的矛盾，完成了系统的集成，提高了系统的开放性和可互操作性。OPC服务器通常支持两种类型的访问接口，它们分别为不同的编程语言环境提供访问机制。这两种接口是自动化接口(automation interface)和自定义接口(custom interface)。自动化接口通常是为基于脚本编程语言而定义的标准接口，可以使用Visual Basic、Delphi、PowerBuilder等编程语言开发OPC服务器的客户应用。而自定义接口是专门为C++等高级编程语言而制定的标准接口。OPC现已成为工业界系统互联的缺省方案，为工业监控编程带来了便利，用户不用为通信协议的难题而苦恼。任何一家自动化软件解决方案的提供者，如果它不能全方位地支持OPC，则必将被历史所淘汰。

OPC基于Microsoft公司的distributed internet application(DNA)构架和component object model(COM)技术，根据易于扩展性而设计的。OPC规范定义了一个工业标准接口。OPC是以OLE/COM机制作为应用程序的通信标准。OLE/COM是一种客户/服务器模式，具有语言无关性、代码重用性、易于集成性等优点。OPC规范了接口函数，不管现场设备以何种形式存在，客户都以统一的方式访问，从而保证软件对客户的透明性，使得用户完全从低层的开发中脱离出来。OPC定义了一个开放的接口，在这个接口上，基于PC的软件组件能交换数据。它是基于 Windows 的对象链接和嵌入(OLE)、部件对象模型(component object model, COM)和分布式 COM(distributed COM)技术。因此，OPC 为自动化层的典型现场设备连接工业应用程序和办公室程序提供了一个理想的方法。

3. 组态软件

组态软件是监控管理计算机软件的一种，又称组态监控软件系统软件，译自英文 SCADA，即 supervisory control and data acquisition(数据采集与监视控制)，它是指一些数据采集与过程控制的专用软件。

组态软件在国内是一个约定俗成的概念，并没有明确的定义，它可以理解为“组态式监控软件”。组态(configure)的含义是“配置”“设定”“设置”等，是指用户通过类似“搭积木”的简单方式来完成自己所需要的软件功能，而不需要编写计算机程序，也就是所谓的“组态”。它有时候也称为“二次开发”，组态软件就称为“二次开发平台”。监控(supervisory control)即“监视和控制”，是指通过计算机信号对自动化设备或过程进行监视、控制和管理。

组态软件大都支持各种主流智能仪表、工控设备和标准通信协议，并且通常应提供分布式数据管理和网络功能。对应于原有的 HMI(人机接口界面，human machine interface)的概念，组态软件还是一个使用户能快速建立自己的 HMI 的软件工具或开发环境。组态软件的出现使用户可以利用组态软件的功能，构建一套最适合自己的应用系统。随着组态软件的快速发展，实时数据库、实时控制、SCADA、通信及联网、开放数据接口、对 I/O 设备的广泛支持已经成为它的主要内容，监控组态软件将会不断被赋予新的内容。

10.3.3　数据采集系统的结构

1. 简单数据采集系统

现代计算机自动检测技术是计算机技术、微电子技术、信息论、测量技术、传感技术等多学科发展的产物，是这些学科在解决系统、设备、部件性能检测和故障诊断的技术问题中相结合的产物。凡是需要进行参数测试、性能测试和故障诊断的系统、设备、部件，均可以采用自动检测技术。电子设备的自动检测与机械设备的自动检测在基本原理上是一样的，均采用计算机作数据采集和处理的主机，通过数据处理软件完成对被测参数数据的采集、变换、处理、显示、告警等操作程序，而达到获取参数变化规律、确定系统运行状态、测试系统性能和诊断系统故障等目的。

在控制系统或科学研究中，往往需要将检测仪表或传感器输出的检测信号传输到计算机进行利用，这样就需要建立一个计算机自动检测系统。简单计算机数据采集系统的组成如图 10-4 所示，主要由检测仪表或传感器、接口模块和计算机组成。传统的检测仪表或传感器仅提供与被测参数对应的模拟量信号，而现代的智能检测仪表则提供数字通信功能，需要根据模拟量信号或数字通信信号采用不同的连接方式。

传统检测仪表将被测参数转换成以量程对应的模拟量信号，如 4~20 mA、1~5 V 等的直流信号，模拟量信号经接口模块进行 A/D 转换后传给计算机。传感器产生的微弱电信号则经过接口模块放大处理后进行 A/D 转换，然后将数字信号传给计算机。

现代智能型检测仪表不仅具有模拟量信号输出，而且提供数字通信功能，如提供 RS-485、以太网等网络通信功能。为了避免模拟信号在传输过程中受到干扰或减少接口模块的投入，计算机通过通信接口直接与智能型检测仪表连接，检测数据通过数字通信传到计

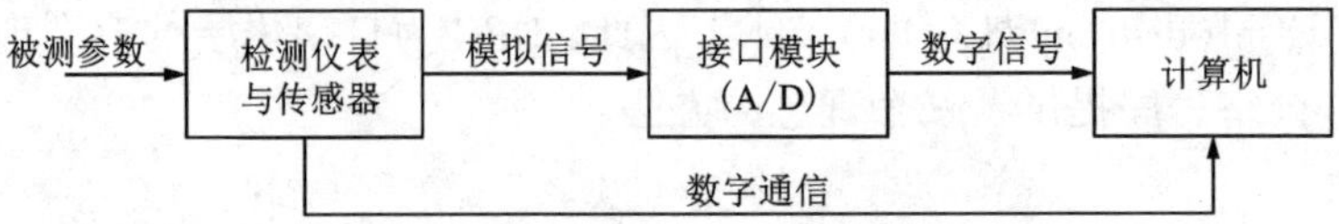

图 10-4　简单计算机数据采集系统框图

算机。

2. 复杂数据采集系统

数据采集系统规模的大小及复杂程度与被测参数的多少、被测参数的性质与具体的被测对象密切相关，不失一般性和完整性，图 10-5 给出了一个涵盖各功能模块的数据采集系统的结构框图。图中给出了检测仪表数据采集的四种检测情况示例，并根据检测仪表通信情况采取相应的连接线路。

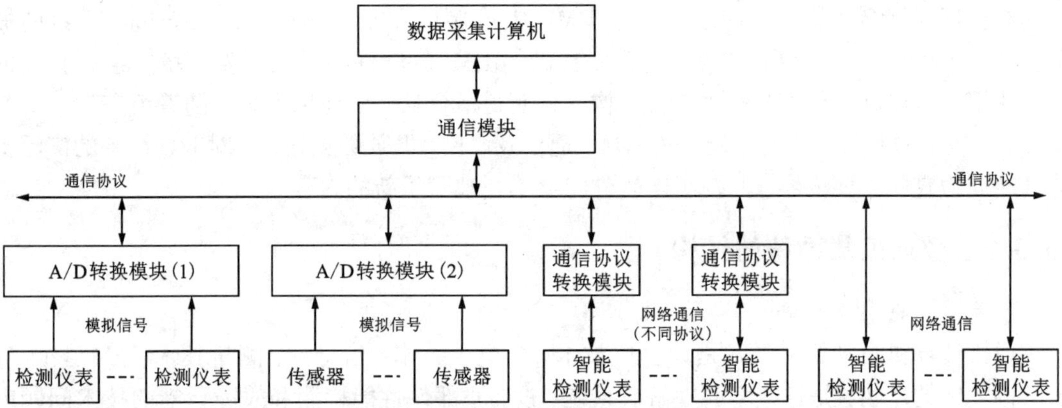

图 10-5　数据采集系统结构框图

复杂数据采集系统中，检测仪表与计算机的连接主要有以下几种方式：

(1) 常规检测仪表经 A/D 模块与计算机连接。由传感器和普通型变送器组成，如普通型电磁流量计、压力变送器等，输出信号为 4~20 mA、0~10 V 等模拟量信号，常规检测仪表需要经过电流或电压输入型的 A/D 接口模块连接计算机。

(2) 传感器直接与计算机连接。有的参数可以直接采用传感器进行检测，如热电阻传感器、热电偶传感器等，这样可以降低检测系统成本，传感器可以直接与 A/D 接口模块连接，但所用的 A/D 接口模块必须支持所连接的传感器。

(3) 传感器信号经变送器调理后连接计算机 A/D 接口模块。对于已有 A/D 接口模块不支持连接传感器的情况，需要采用传感器变送器将传感器信号转换成 mA 或 V 级的信号，然后由计算机进行数据采集。有时计算机数据采集系统中已有 A/D 接口模块通道供使用，无须另外购置传感器 A/D 接口模块，或者传感器离 A/D 接口模块较远，为了避免信号衰减和干扰，需要采用变送器转换成电流信号，然后再传给 A/D 接口模块。

(4) 智能型检测仪表经通信协议转换模块与计算机连接。智能型检测仪表以微型计算机(单片机)为核心，将计算机技术和检测技术有机结合，在测量过程自动化、测量数据处理及功能多样化方面与普通仪表的常规测量电路相比较，取得了巨大进展。智能仪表不仅能解决传统仪表不易或不能解决的问题，还能简化仪表电路，提高仪表的可靠性，更容易实现高精度、高性能、多功能的目的。智能型检测仪表的另一个显著特点是提供网络通信功能，计算机可以无须A/D接口模块，直接与智能型检测仪表连接。但是对于智能型检测仪表通信协议与计算机通信接口协议不一致的情况，必须通过通信协议转换后才能接入计算机。

(5)智能型检测仪表与计算机直接连接。对于智能型检测仪表通信协议与计算机通信接口协议相同的情况，智能型检测仪表可以通过网线直接接入计算机。

10.4 数据采集系统常用组态软件

前面介绍了MATLAB和组态软件两种软件开发工具，各有其特点。如果兼顾复杂计算，采用MATLAB比较合适，但需要有一定的编程技术和经验；如果主要是进行数据采集，采用组态软件开发比较简单。考虑到矿物加工技术人员缺乏编程技术和经验，本节推荐采用简单快捷的组态软件进行数据采集系统的开发。

10.4.1 组态软件概述

1. 组态软件的用途

组态软件是计算机软件的一种，又称为组态监控软件系统软件，它是指一些数据采集与过程控制的专用软件。它们处在自动控制系统监控层一级的软件平台和开发环境，使用灵活的组态方式，为用户提供快速构建自动控制系统监控功能的、通用层次的软件工具。组态软件的应用领域很广，可以应用于数据采集、过程监视以及过程控制等诸多领域。组态软件可以让用户通过类似“搭积木”的简单方式来完成自己所需要的软件功能，而不需要编写计算机程序，即提供用户根据具体需要进行二次开发的功能。

对于计算机数据采集系统而言，组态软件可以用于自动采集检测仪表或传感器的数据，同时提供数据显示、记录、查询等功能，也可以与其他应用软件进行对接，从而实现对采集数据的分析和处理。

2. 组态软件的功能

组态软件大都支持各种主流工控设备、智能仪表和标准通信协议，并且通常提供分布式数据管理和网络功能。在组态软件出现之前，工控领域的用户通过手工或委托第三方编写HMI应用软件，往往开发时间长、效率低、可靠性差；或者购买专用的工控系统，通常是封闭的系统，选择余地小，往往不能全面满足需求，很难与外界进行数据交互，升级和增加功能都受到严重的限制。

组态软件在自动化系统中始终处于“承上启下”的作用。用户在涉及工业信息化的项目中，如果涉及实时数据采集，首先会考虑采用组态软件。正因如此，组态软件几乎应用于所有的工业信息化项目当中。组态软件能以灵活多样的组态方式(而不是编程方式)提供良好的用户开发界面和简捷的使用方法，它解决了控制系统通用性问题。其预设置的各种软件模块可以非常容易地实现和完成监控层的各项功能，并能同时支持各种硬件厂家的计算机和I/O产品，与高可靠的工控计算机和网络系统结合，可向控制层和管理层提供软硬件的全部接口，进行系统集成。组态软件通常具有以下功能。

1)强大的界面显示组态功能

目前,工控组态软件大都运行于 Windows 环境下,充分利用 Windows 的图形功能完善界面美观的特点,可视化的风格界面、丰富的工具栏,操作人员可以直接进入开发状态,节省时间。丰富的图形控件和工况图库,既提供所需的组件,又是界面的制作向导。提供给用户丰富的作图工具,可随心所欲地绘制出各种工业界面,并可任意编辑,从而将开发人员从繁重的界面设计中解放出来,丰富的动画连接方式,如隐含、闪烁、移动等,使界面生动、直观。

2)良好的开放性

社会化的大生产,使得系统构成的全部软硬件不可能出自一家公司的产品,“异构”是当今控制系统的主要特点之一。开放性是指组态软件能与多种通信协议互联,支持多种硬件设备。开放性是衡量一个组态软件优劣的重要指标。组态软件向下应能与低层的数据采集设备通信,向上能与管理层通信,实现上位机与下位机的双向通信。

3)丰富的功能模块

提供丰富的控件功能库,满足用户的测控要求和现场需求。利用各种功能模块,完成实时监控、产生功能报表、显示历史曲线、实时曲线、提供报警等功能,使系统具有良好的人机界面,易于操作,系统既适用于单机集中式控制、DCS 分布式控制,也可以是带远程通信功能的远程测控系统。

4)强大的数据库

配有实时数据库,可存储各种数据,如模拟量、离散量、字符型等,实现与外部设备的数据交换。

5)可编程的命令语言

有可编程的命令语言,使用户可根据自己的需要编写程序,增强图形界面和系统监控功能。

10.4.2 国内外主要组态软件

目前,国内外先后出现了许多品牌的组态软件,虽然这些软件整体功能和技术性能上有所差别,但基本功能大致相同,都提供如图形界面开发、图形界面运行、实时数据库系统组态、实时数据库系统运行、I/O 驱动、网络监控等功能。如有特别的需求(如与特别的设备通信、建立 MES 或 ERP 等),则应参阅组态软件的技术说明进行选择。国内外几种著名的组态软件如表 10-1 所示。

表 10-1 几种常用的组态软件

产品名称	出品公司	国别	最新版本	价格比较
Kingview	北京亚控	中国	7.5	低
Kingview SCADA	北京亚控	中国	3.5	中
Force Control	北京三维力控	中国	7.0	低
世纪星	北京世纪长秋	中国	7.22	低
MCGS	昆仑通泰	中国	7.7	低

续表10-1

产品名称	出品公司	国别	最新版本	价格比较
InTouch	Wonderware	美国	10.7	高
WinCC	Siemens	德国	14.0	中高
iFIX	GE-Intellution	美国	6.5	高
Citech	Citect	澳大利亚	7.6	中高

从硬件支持数量、软件功能、开发便捷性、软件性能、性价比以及满足计算机数据采集要求等方面考虑，此处推荐使用由北京亚控公司研究开发的“组态王”组态软件，并对该组态软件进行基本的使用介绍。

10.4.3　组态王软件简介

1. 组态王的主要功能

组态王 7.5 是该组态软件目前的最新版本。组态王 7.5 根据当前的自动化技术的发展趋势，面向低端自动化市场及应用，以实现企业一体化为目标开发的一套产品。该产品以搭建战略性工业应用服务平台为目标，可以为企业提供一个对整个生产流程进行数据汇总、分析及管理的有效平台，使企业能够及时有效地获取信息，及时地做出反应，以获得最优化的结果。该版本保持了其早期版本功能强大、运行稳定且使用方便的特点，并根据国内众多用户的反馈意见，对一些功能进行了完善和扩充。组态王 7.5 提供了丰富的、简捷易用的配置界面，提供了大量的图形元素和图库精灵，同时也为用户创建图库精灵提供简单易用的接口；该款产品对历史曲线、报表及 Web 发布功能进行了大幅提升与改进，软件的功能性和可用性有了很大提高。组态王 7.5 具有以下主要功能：

(1) 支持 ocx 控件发布的 Web 功能，保证了浏览器客户端和发布端工程的高度一致；

(2) 向导式报表功能，实现快速建立班报、日报、周报、月报、季报和年报表；

(3) 可视化操作界面，有丰富的图库以及动画连接；

(4) 拥有全面的脚本与图形动画功能；

(5) 可以对画面中的一部分进行保存，以便以后进行分析或打印；

(6) 变量导入导出功能，变量可以导出到 Excel 表格中，方便地对变量名称等属性进行修改，然后再导入新工程中，实现了变量的二次利用，节省了开发时间；

(7) 强大的分布式报警、事件处理，支持实时、历史数据的分布式保存；

(8) 强大的脚本语言处理，能够帮助用户实现复杂的逻辑操作和决策处理；

(9) 全新的 Web Server 架构，全面支持画面发布、实时数据发布、历史数据发布以及数据库数据的发布；

(10) 方便的配方处理功能；

(11) 丰富的设备支持库，支持常见的 PLC 设备、智能仪表、智能模块；

(12) 提供硬加密及软授权两种软件授权方式。

2. 组态王的组成

组态王软件结构由工程管理器、工程浏览器及运行系统三部分构成。

(1)工程管理器：用于新工程的创建和已有工程的管理，对已有工程进行搜索、添加、备份、恢复以及实现数据词典的导入和导出等功能。

(2)工程浏览器：是一个工程开发设计工具，用于创建监控画面、监控的设备及相关变量、动画链接、命令语言以及设定运行系统配置等的系统组态工具。

(3)运行系统：从采集设备中获得通信数据，并依据工程浏览器的动画设计显示动态画面，实现人与控制设备的交互操作。

3. 组态王的版本

Kingview 组态软件又称为“组态王”软件，由北京亚控科技发展有限公司开发，是国内最为著名的组态软件之一。组态王经历了从最初的 1.0 版本发展到现在的 7.5 版本，其功能、支持的硬件设备、性能不断增强。组态王软件基于 Microsoft Windows 10/7/Vista/XP 操作系统，用户可以在企业网络的所有层次的各个位置上都可以及时获得系统的实时信息。适用于从单一设备的生产运营管理和故障诊断，到网络结构分布式大型集中监控管理系统的开发。

组态王 7.5 提供开发板和运行板两种软件版本，每种版本提供一个 USB 的授权软件锁。开发版软件锁用于支持应用软件开发，提供 64、256、512 和无限点的软件锁，点数越多价格越高，应用软件的变量数不能超过软件锁限制变量数；运行版软件锁用于支持应用软件的运行，提供 64、128、256、512、1024 和无限点的软件锁，点数越多价格越高，运用软件的变量数不能高于软件锁的点数，否则无法运行。

4. 组态王支持的 I/O 设备

组态王软件作为一个开放型的通用工业监控软件，支持与国内外常见的 PLC、智能模块、智能仪表、变频器、数据采集板卡等(如西门子 PLC、莫迪康 PLC、欧姆龙 PLC、三菱 PLC、研华模块等)通过常规通信接口(如串口方式、USB 接口方式、以太网、总线、GPRS 等)进行数据通信。组态王软件与 I/O 设备进行通信一般是通过调用 *. dll 动态库来实现的，不同的设备、协议对应不同的动态库。

组态王支持通过 OPC、DDE 等标准传输机制和其他监控软件(如 Intouch、Ifix、Wincc 等)或其他应用程序(如 VB、VC 等)进行本机或者网络上的数据交互。

北京亚控公司在不断进行新设备驱动的开发，有关支持设备的最新信息以及设备最新驱动的下载可以通过亚控公司的网站 http://www. kingview. com 获取。

10.5 基于组态王软件的计算机数据采集系统

10.5.1 数据采集系统的开发步骤

不同品牌的组态软件的功能和用途有较大差别，但其开发的基本功能和基本步骤大致相同。通常情况下，开发一个工程一般分为以下几步：

第一步：创建新工程，为工程创建一个目录用来存放与工程有关的文件。

第二步：配置硬件系统，配置工程中使用的硬件设备。

第三步：定义变量，定义全局变量，包括内存变量和 I/O 变量。

第四步：制作图形画面，按照实际工程的要求绘制监控画面。

第五步：定义动画链接，根据监控要求使静态画面随着过程对象产生动画效果。

第六步：编写事件脚本，用以完成较复杂的控制过程。

第七步：配置其他辅助功能，如网络、配方、SQL 访问、Web 浏览等。

第八步：工程运行和调试。

完成以上步骤后，一个简单的工程就建立起来了。

10.5.2　创建一个工程

1. 工程管理器

组态王工程管理器是用来建立新工程，对添加到工程管理器的工程做统一的管理。工程管理器的主要功能包括：新建、删除工程，对工程重命名，搜索组态王工程，修改工程属性，工程备份、恢复，数据词典的导入导出，切换到组态王开发或运行环境等。启动组态王后的工程管理窗口如图 10-6 所示。

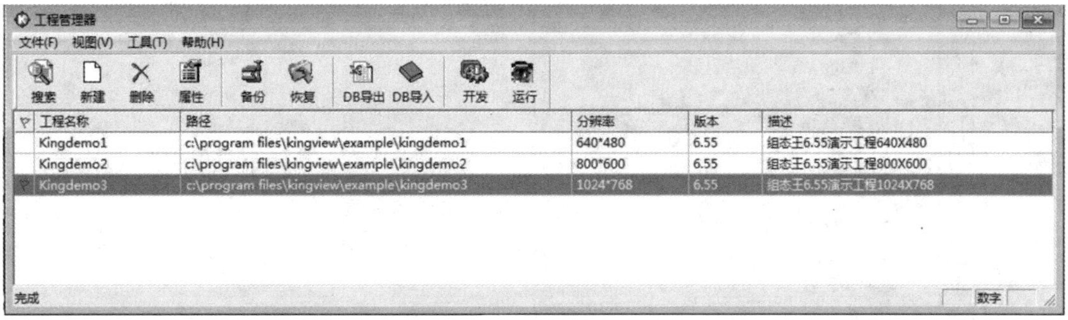

图 10-6　工程管理器界面

工程管理器提供以下操作功能：

(1)新建工程。单击“新建”快捷键或点击“文件→ 新建工程”，弹出“新建工程”对话框，可以根据对话框提示建立组态王工程。

(2)搜索工程：直接点击“搜索”图标或点击“文件→搜索工程”，用来把计算机的某个路径下的所有的工程一起添加到组态王的工程管理器，它能够自动识别所选路径下的组态王工程。

(3)备份工程：工程备份是在需要保留工程文件的时候，把组态王工程压缩成组态王自己的“.cmp”文件。点击“工程管理器”上的“备份”图标，弹出“备份工程”对话框，可根据提示进行操作。

(4)删除：在工程列表区中选择任一工程后，单击此快捷键删除选中的工程。

(5)属性：在工程列表区中选择任一工程后，单击此快捷键弹出工程属性对话框，可以在工程属性窗口中查看并修改工程属性。

(6)恢复：单击“恢复”快捷键可将备份的工程文件恢复到工程列表区中。

(7)DB 导出：利用此快捷键可将组态王工程数据词典中的变量导出到 EXCEL 表格中，用户可在 EXCEL 表格中查看或修改变量的属性。在工程列表区中选择任一工程后，单击此快捷键在弹出的“浏览文件夹”对话框中输入保存文件的名称，系统自动将选中工程的所有变量导出到 EXCEL 表格中。

(8)开发：在工程列表区中选择任一工程后，单击此快捷键进入工程的开发环境。

(9)运行：在工程列表区中选择任一工程后，单击此快捷键进入工程的运行环境。

2. 工程浏览器

工程浏览器是组态王集成开发环境。工程的各个组成部分包括 Web、文件、数据库、设备、系统配置、SQL 访问管理器，它们以树形结构显示在工程浏览器窗口的左侧。工程浏览器的使用和 Windows 的资源管理器类似。如图 10-7 所示，工程浏览器由菜单栏、工具条、工程目录显示区、目录内容显示区、状态条组成。“工程目录显示区”以树形结构图显示大纲项节点，用户可以扩展或收缩工程浏览器中所列的大纲项。

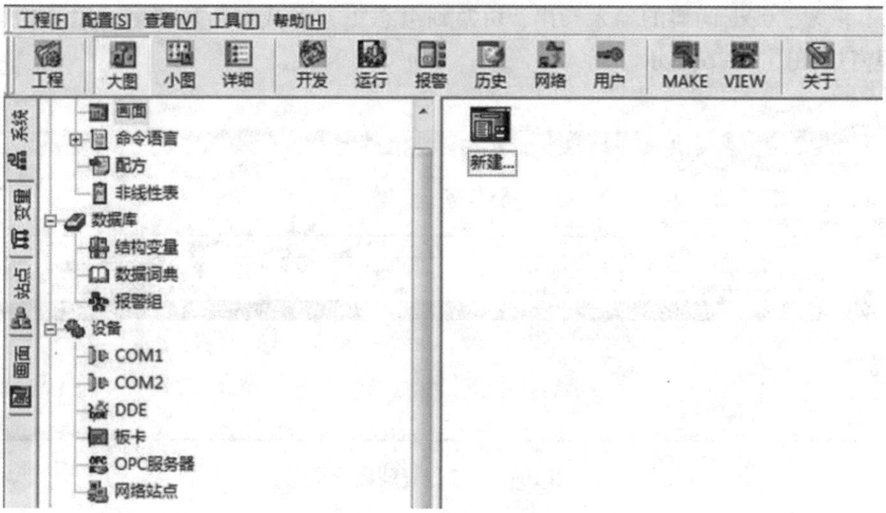

图 10-7　工程浏览器界面

3. 工程加密

工程加密是为了保护工程文件不被其他人随意修改，只有设定密码的人或知道密码的人才可以对工程做编辑或修改。点击“工具”菜单，选择“工程加密”，可进入“工程加密”对话框。密码设定成功后，如果退出开发系统，下次再进的时候就会提示要密码。

注意：如果没有密码则无法进入开发系统，工程开发人员一定要牢记密码。

10.5.3　定义外部设备和数据变量

1. 外部设备定义

组态王把那些需要与之交换数据的硬件设备或软件程序都作为外部设备使用。外部硬件设备通常包括仪表、模块、PLC、板卡等；外部软件程序通常指包括 DDE、OPC 等服务程序。按照计算机和外部设备的通信连接方式，则分为串行通信(RS-232/422/485)、以太网、专用通信卡等。在计算机和外部设备硬件连接好后，为了实现组态王和外部设备的实时数据通信，必须在组态王的开发环境中对外部设备和相关变量加以定义。为了方便定义外部设备，组态王设计了“设备配置向导”，引导用户一步步完成设备的连接。

图 10-8 为外部设备设置的示例。例子中以 Nudam-7017 模块作为数据采集部件，建立

组态王与 Nudam－7017 模块连接，操作顺序为设备→COM1→新建→牛顿 7000 系列→Nudam7017→串口→输入模块名称“Nudam_01”→COM1→输入模块的实际地址，本例设为 1，后续点击确定即可。这样就建立了地址为 1 的 Nudam－7017 模块与组态王的连接。其他模块的组态方法与此例子基本相同。

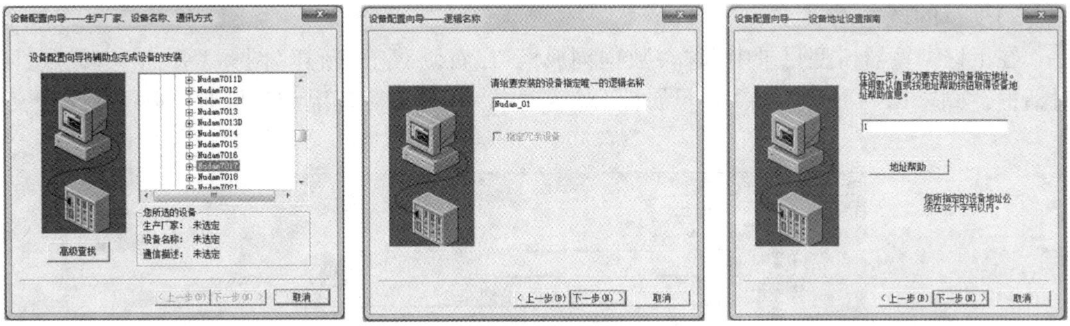

(a) 选择通信设备　　(b) 设置设备逻辑名称　　(c) 设置设备地址

图 10-8　外部设备定义窗口

一般说明：“设备”下的子项中默认列出的项目表示组态王和外部设备几种常用的通信方式，如 COM1、COM2、DDE、板卡、OPC 服务器、网络站点，其中 COM1、COM2 表示组态王支持串口的通信方式，DDE 表示支持通过 DDE 数据传输标准进行数据通信，其他类似。

特别说明：标准的计算机都有两个串口，所以此处作为一种固定显示形式，这种形式并不表示组态王只支持 COM1、COM2，也不表示组态王计算机上肯定有两个串口；并且“设备”项下面也不会显示计算机中实际的串口数目，用户通过设备定义向导选择实际设备所连接的 PC 串口即可。

2. I/O 变量定义

1) 数据词典中变量的类型

数据词典中存放的是应用工程中定义的变量以及系统变量。变量可以分为基本类型和特殊类型两大类，基本类型的变量又分为内存变量和 I/O 变量两种。

“I/O 变量”指的是组态王与外部设备或其他应用程序交换的变量。这种数据交换是双向的、动态的，就是说在组态王系统运行过程中，每当 I/O 变量的值改变时，该值就会自动写入外部设备或远程应用程序；每当外部设备或远程应用程序中的值改变时，组态王系统中的变量值也会自动改变。所以，那些从下位机采集来的数据、发送给下位机的指令，那些不需要和外部设备或其他应用程序交换，只在组态王内使用的变量，比如计算过程的中间变量，就可以设置成“内存变量”。

基本类型的变量也可以按照数据类型分为离散型、实型、整型和字符串型。

(1) 内存离散变量、I/O 离散变量：类似一般程序设计语言中的布尔(BOOL)变量，只有 0、1 两种取值，用于表示一些开关量。

(2) 内存实型变量、I/O 实型变量：类似一般程序设计语言中的浮点型变量，用于表示浮点数据，取值范围 10E-38～10E+38，有效值 7 位。

(3) 内存整型变量、I/O 整数变量：类似一般程序设计语言中的有符号长整数型变量，用于表示带符号的整型数据，取值范围-2147483648~2147483647。

(4)内存字符串型变量、I/O字符串型变量：类似一般程序设计语言中的字符串变量，可用于记录一些有特定含义的字符串，如名称、密码等，该类型变量可以进行比较运算和赋值运算。

(5)特殊变量：特殊变量类型有报警窗口变量、历史趋势曲线变量、系统变量三种。

2)变量的产生

在工程浏览器树型目录中选择“数据词典”，在右侧双击“新建”图标，弹出“变量属性”对话框，如图10-9所示。在“变量属性”对话框中，根据实际情况和项目要求进行变量定义。

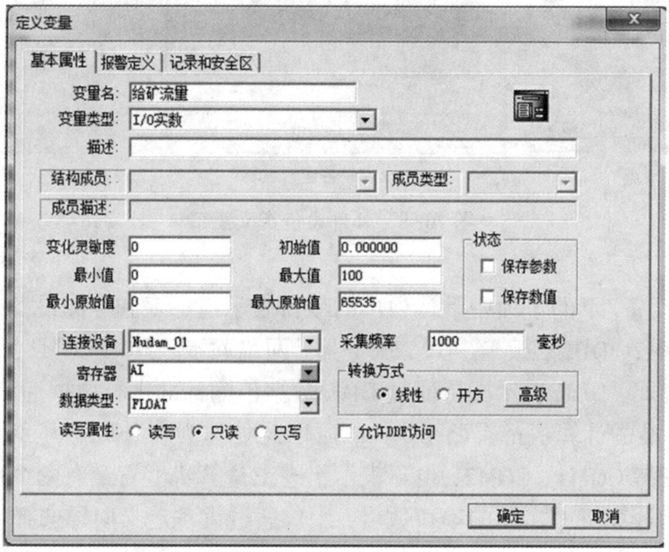

图10-9　变量定义窗口

组态王变量名命名规则：变量名命名时不能与组态王中现有的变量名、函数名、关键字、构件名称等相重复；命名的首字符只能为字符，不能为数字等非法字符，名称中间不允许有空格、算术符号等非法字符存在。名称长度不能超过31个字符。

3)基本属性的定义

“变量属性”对话框的基本属性卡片中的各项用来定义变量的基本特征，各项意义解释如下：

(1)变量名：唯一标识一个应用程序中数据变量的名字，同一应用程序中的数据变量不能重名，数据变量名区分大小写，最长不能超过31个字符。变量名可以是汉字或英文，第一个字符不能是数字。变量的名称最多为31个字符。

(2)变量类型：在对话框中只能定义八种基本类型中的一种，用鼠标单击变量类型下拉列表框列出可供选择的数据类型。当定义有结构模板时，一个结构模板就是一种变量类型。

(3)描述：用于输入对变量的描述信息。例如若想在报警窗口中显示某变量的描述信息，可在定义变量时，在描述编辑框中加入适当说明，并在报警窗口中加上描述项，则在运行系统的报警窗口中可见该变量的描述信息(最长不超过39个字符)。

(4)变化灵敏度：数据类型为模拟量或整型时此项有效。只有当该数据变量的值变化幅度超过“变化灵敏度”时，“组态王”才更新与之相连接的画面显示(缺省为 0)。

(5)最小值：指该变量值在数据库中的下限。

(6)最大值：指该变量值在数据库中的上限。

(7)最小原始值：变量为 I/O 模拟变量时，驱动程序中输入原始模拟值的下限。

(8)最大原始值：变量为 I/O 模拟变量时，驱动程序中输入原始模拟值的上限。

(9)保存参数：在系统运行时，如果变量的域(可读可写型)值发生了变化，组态王运行系统退出时，系统自动保存该值。组态王运行系统再次启动后，变量的初始域值为上次系统运行退出时保存的值。

(10)保存数值：系统运行时，如果变量的值发生了变化，组态王运行系统退出时，系统自动保存该值。组态王运行系统再次启动后，变量的初始值为上次系统运行退出时保存的值。

(11)初始值：这项内容与所定义的变量类型有关，定义模拟量时出现编辑框可输入一个数值，定义离散量时出现开或关两种选择。定义字符串变量时出现编辑框可输入字符串，它们规定软件开始运行时变量的初始值。

(12)连接设备：只对 I/O 类型的变量起作用，工程人员只须从“连接设备”下拉列表框中选择相应的设备即可。此列表框所列出的连接设备名是组态王设备管理中已安装的逻辑设备名。

(13)保存参数：选择此项后，在系统运行时，如果修改了此变量的域值(可读可写型)，系统将自动保存修改后的域值。当系统退出后再次启动时，变量的域值保持为最后一次修改的域值，无须用户再去重新设置。

(14)保存数值：选择此项后，在系统运行时，当变量的值发生变化后，系统将自动保存该值。当系统退出后再次启动时，变量的值保持为最后一次变化的值。

4)变量的类型

(1)基本变量类型。

变量的基本类型共有两类：内存变量、I/O 变量。I/O 变量是指可与外部数据采集程序直接进行数据交换的变量，如下位机数据采集设备(如数据采集模块、PLC、仪表等)或其他应用程序(如 DDE、OPC 服务器等)。

(2)变量的数据类型。

组态王的变量定义中，有内存数据类型和 I/O 数据类型。内存数据类型只在计算机中起作用，I/O 数据类型则是计算机与实际 I/O 设备进行通信获得的，共有 9 种类型，如表 10-2 所示。

表 10-2　组态王的数据类型

变量符号	变量类型	位数	字节数	数值范围
Bit	位	1	—	0，1
Byte	字节数	8	1	0~255
Short	有符号短整型数	16	2	-32768~32767

续表10-2

变量符号	变量类型	位数	字节数	数值范围
Ushort	有符号短整型数	16	2	0~65535
BCD	BCD 码整型数	16	2	-9999~9999
Long	长整型数	32	4	-2147483648~2147483647
LongBCD	BCD 码长整型数	32	4	-99999999~99999999
Float	浮点数	32	4	$-3.4\times10^{+38}$~$+3.4\times10^{+38}$
String	字符串	—	最多 128	最多 128 个字符

(3)特殊变量类型。

特殊变量类型有报警窗口变量、历史趋势曲线变量、系统预设变量三种。这几种特殊类型的变量正是体现了“组态王”系统面向工控软件、自动生成人机接口的特色。

①报警窗口变量。

这是工程人员在制作画面时通过定义报警窗口生成的，在“报警窗口定义”对话框中有一选项为“报警窗口名”，工程人员在此处键入的内容即为报警窗口变量。此变量在数据词典中是找不到的，是组态王内部定义的特殊变量。工程人员可用命令语言编制程序来设置或改变报警窗口的一些特性，如改变报警组名或优先级，在窗口内上下翻页等。

②历史趋势曲线变量。

这是工程人员在制作画面时通过定义历史趋势曲线时生成的，在历史趋势曲线定义对话框中有一选项为“历史趋势曲线名”，工程人员在此处键入的内容即为历史趋势曲线变量(区分大小写)。此变量在数据词典中是找不到的，是组态王内部定义的特殊变量。工程人员可用命令语言编制程序来设置或改变历史趋势曲线的一些特性，如改变历史趋势曲线的起始时间或显示的时间长度等。

③系统预设变量。

预设变量中有 8 个时间变量是系统已经在数据库中定义的，用户可以直接使用：

$ 年：返回系统当前日期的年份。

$ 月：返回 1 到 12 之间的整数，表示当前日期的月份。

$ 日：返回 1 到 31 之间的整数，表示当前日期的日。

$ 时：返回 0 到 23 之间的整数，表示当前时间的时。

$ 分：返回 0 到 59 之间的整数，表示当前时间的分。

$ 秒：返回 0 到 59 之间的整数，表示当前时间的秒。

$ 日期：返回系统当前日期字符串。

$ 时间：返回系统当前时间字符串。

以上变量由系统自动更新，工程人员只能读取时间变量，而不能改变它们的值。预设变量还有：

$ 用户名：在程序运行时记录当前登录的用户的名字。

$ 访问权限：在程序运行时记录当前登录的用户的访问权限。

$ 启动历史记录：表明历史记录是否启动(1=启动；0=未启动)。

工程人员在开发程序时，可通过按钮弹起命令预先设置该变量为 1，在程序运行时可由用户控制，按下按钮启动历史记录。

$ 启动报警记录：表明报警记录是否启动(1=启动；0=未启动)。工程人员在开发程序时，可通过按钮弹起命令预先设置该变量为 1，在程序运行时可由工程人员控制，按下按钮启动报警记录。

$ 新报警：每当报警发生时，“ $ 新报警”被系统自动设置为 1。由工程人员负责把该值恢复到 0。

$ 启动后台命令：表明后台命令是否启动(1=启动；0=未启动)。工程人员在开发程序时，可通过按钮弹起命令预先设置该变量为 1，在程序运行时可由工程人员控制，按下按钮启动后台命令。

10.6　创建组态画面

10.6.1　画面设计

1. 建立新画面及工具箱的使用

在工程浏览器左侧的“工程目录显示区”中选择“画面”选项，在右侧视图中双击“新建”图标，弹出“新画面”对话框，如图 10-10 所示。输入工程名称、设置画面位置等项后点击“确定”即产生新的画面。

2. 使用工具箱

接下来在此画面中绘制各种图素。绘制图素的主要工具放置在图形编辑工具箱内。当画面打开时，工具箱自动显示。工具箱中的每个工具按钮都有“浮动提示”，以帮助您了解工具的用途。如果工具箱没有出现，选择“工具”菜单中的“显示工具箱”或按 F10 键将其打开，工具箱中各种基本工具的使用方法和 Windows 中的“画笔”很类似，如图 10-11 所示。可以通过“工具箱”获得工具绘制图形，或者从菜单栏的“工具”下拉菜单选择绘图功能。

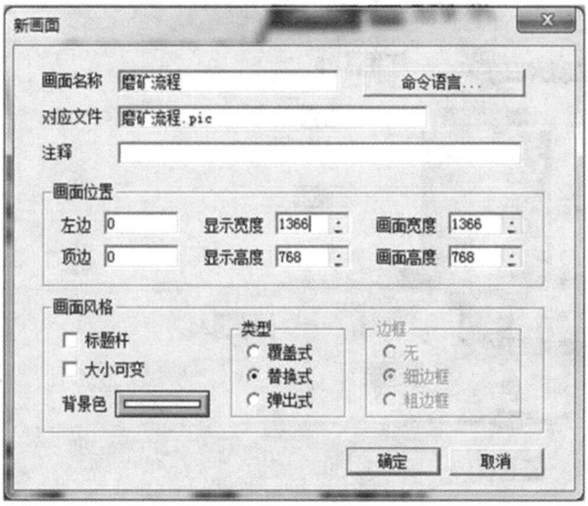

图 10-10　创建画面窗口

图 10-11　绘图工具箱

3. 使用图库管理器

选择“图库”菜单中“打开图库”命令或按 F2 键打开图库管理器，如图 10-12 所示。使用图库管理器降低了工程人员设计界面的难度，用户更加集中精力于维护数据库和增强软件内部的逻辑控制，缩短开发周期；用图库开发的软件将具有统一的外观，方便工程人员学习和掌握；利用图库的开放性，工程人员可以生成自己的图库元素。

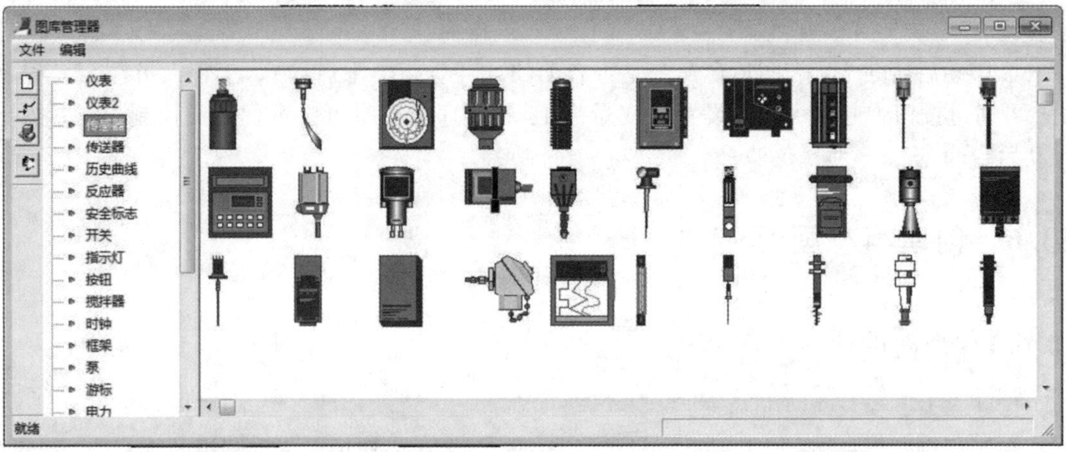

图 10-12　图库管理器

4. 设计监控画面

利用工具箱及图库，在新建的空白画面中进行监控画面的设计。本例设计一个如图 10-13 所示的磨矿分级监控流程画面，画面中对给矿流量、给矿补加水流量、排矿补加水

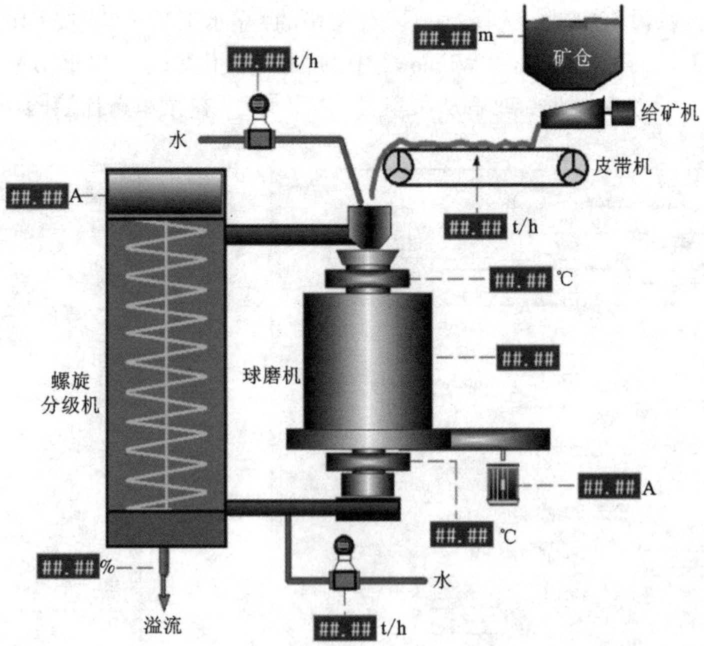

图 10-13　磨矿分级监控流程

流量、溢流浓度、球磨机电机电流、螺旋分级机电机电流、球磨机噪声指数、球磨机给矿端轴承温度、球磨机排矿端轴承温度、矿仓料位等参数进行数据采集与监控。监控画面设计要点为：

（1）依靠工具箱进行编辑。从工具箱选取编辑工具，进行文字、线条、形状、管道、过渡色类型、调色板等图素的编辑，根据需要绘制图形。

（2）从图库管理器获得图件。打开图库管理器，根据文字列表和图片缩略图选择图件，双击后将图件导入监控画面，可以点击图件后改变大小和位置。

（3）进行图形画面的调整、修改。

组态技巧：为了便于调试检查，显示的数据项全部采用“###. ###”符号格式，如果运行时还显示“###. ###”符号，说明该项没有定义。另外，该字符串最好与显示数据的最大长度一致，以免实际显示时出现越界。为了让要显示的数据更加醒目，可以画一个方框并进行颜色充填，然后将要显示的数据放在方框里面。

10.6.2　动画连接

所谓“动画连接”就是建立画面的图素与数据库变量的对应关系。双击监控画面上的文字、线条、图形等图素，弹出“动画连接”对话框，根据需要进行定义即可实现动态连接。通过动画连接，可以实现数据连接、隐含连接、闪烁连接、旋转连接、水平滑动杆输入连接、充填连接、流线连接等动态显示效果。下面对图 10-14 的监控画面进行动画连接。假定在此工程中已经通过数据词典功能进行相关变量定义，主要监控变量有给矿流量、给矿补加水流量、排矿补加水流量、溢流浓度、球磨机电机电流、螺旋分级机电机电流、球磨机噪声指数、球磨机给矿端轴承温度、球磨机排矿端轴承温度、矿仓料位等。

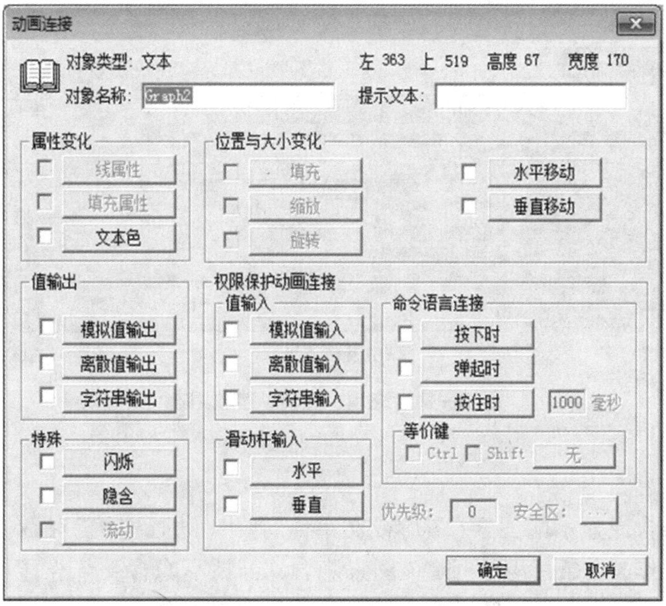

图 10-14　动画链接对话框

1. 数据连接

数据连接就是将监控画面的数据项与变量进行连接，以实现数据的实时显示。方法为：双击数据项，弹出如图 10-14 所示的“动画连接”对话框。对于仅需要进行数据显示的变量只须点击“模拟输出”项进行组态。对于需要进行数据显示和设定的变量，还需要分别点击“模拟输出”和“模拟输入”项进行组态。

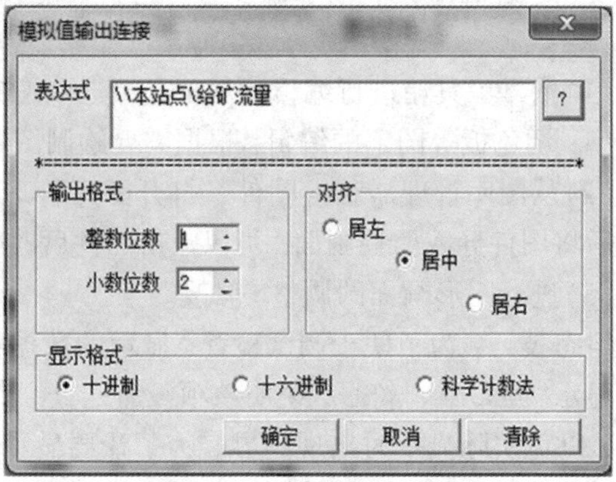

图 10-15 模拟量输出连接组态

本例双击“给矿流量”数据项，弹出“动画连接”对话框。点击“模拟输出”项弹出如图 10-15 所示的窗口，点击“?”图标，从弹出的数据词典中选择“给矿流量”变量。选择输出格式的整数位为 1 和小数位数为 2(整数保持至少为 1 位和小数保持 2 位)，数据显示居中。所谓“模拟输出”就是将变量显示到画面。

2. 充填、旋转、缩放连接

点击要进行充填、旋转、缩放连接的图素，弹出“动画连接”对话框。可以根据需要点击充填、旋转或缩放项，分别弹出图 10-16(a)、(b)、(c)所示的位置与大小变化组态对话框。根据实际情况和监控需要进行组态定义。

注意，充填、旋转、缩放连接的表达式必须是模拟量，既可以是单一变量也可以是运算表达式。

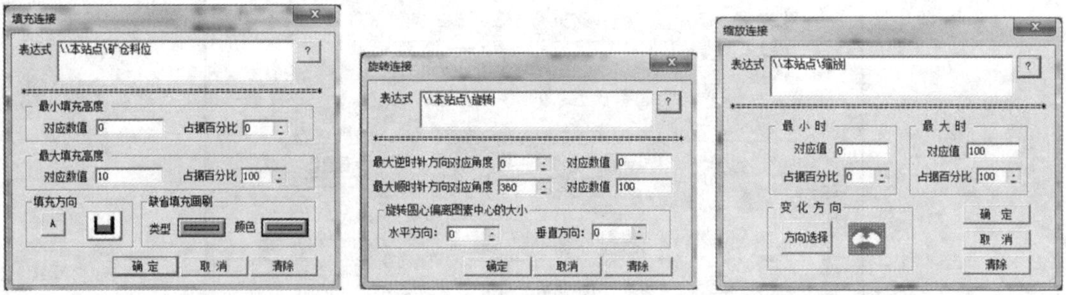

(a) 充填连接　(b) 旋转连接　(c) 缩放连接

图 10-16 充填、旋转、缩放组态

3. 闪烁、隐含连接

点击要进行隐含或显示的图素(图形或文字)，弹出“动画连接”对话框，点击“隐含”项进行图素的隐含操作，当条件满足时，该图素隐含，否则不隐含；点击“闪烁”项进行图素的闪烁操作，当条件为真时，该图素闪烁，否则不闪烁，如图 10-17 所示。注意，隐含、闪烁连接的运算结果必须是离散量，可以是位变量、位运算表达式或模拟量大小的判断结果。

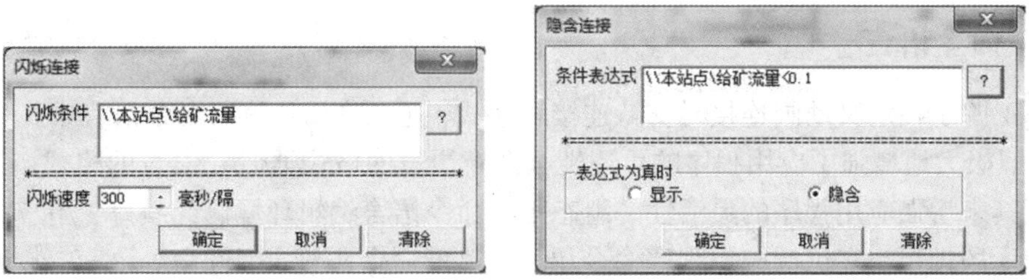

(a) 闪烁连接　　　　(b) 隐含连接

图 10-17　闪烁与隐含连接组态

4. 位置移动连接

通过“位置移动连接”功能来组态图素的动画，可以控制图素的运动方向和运动速度，实现图素的水平移动、垂直移动或水平与垂直的合成移动。水平与垂直位移连接对话框如图 10-18 所示，图中对应值为表达式的计算结果，移动距离为显示屏幕的像素。

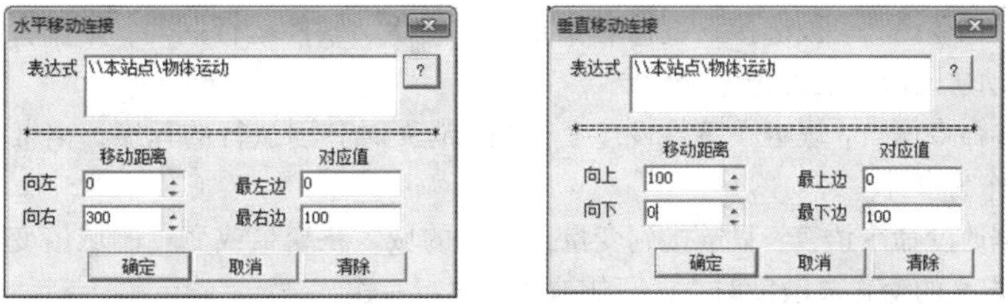

(a) 水平位移连接　　　　(b) 垂直位移连接

图 10-18　水平与垂直位移连接组态

5. 动画命令语言连接

在“动画链接对话”窗口中点击“命令语言连接”下的按键，弹出如图 10-19 所示的命令语言编写窗口，可以按照组态王提供的命令语言规范进行编程。命令语言的格式类似 C 语言的格式。

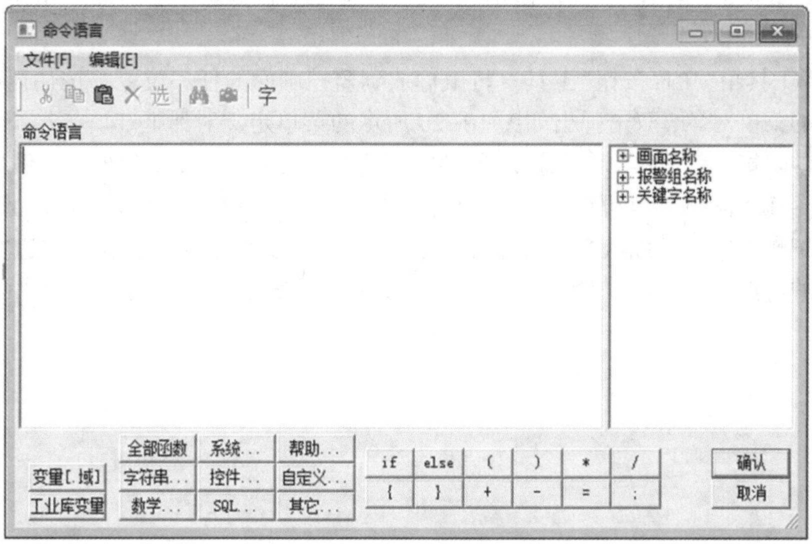

图 10-19　命令语言编写窗口

10.6.3 命令语言

组态王除了在定义动画连接时支持连接表达式，还允许用户编写命令语言来扩展应用程序的功能，极大地增强了应用程序的可用性。命令语言的格式类似C语言的格式，工程人员可以利用其来增强应用程序的灵活性。组态王的命令语言编辑环境已经编好，用户只要按规范编写程序段即可，它包括应用程序命令语言、热键命令语言、事件命令语言、数据改变命令语言、自定义函数命令语言和画面命令语言等。

命令语言的句法和C语言非常类似，可以说是C语言的一个简化子集，具有完备的词法语法查错功能和丰富的运算符、数学函数、字符串函数、控件函数、SQL函数和系统函数。各种命令语言通过"命令语言编辑器"编辑输入并进行语法检查，在运行系统中进行编译执行。命令语言有六种形式，其区别在于命令语言执行的时机或条件不同：

(1)应用程序命令语言：可以在程序启动时、关闭时或在程序运行期间周期执行。如果希望周期执行，还需要指定时间间隔。

(2)热键命令语言：被链接到设计者指定的热键上，软件运行期间，操作者随时按下热键都可以启动这段命令语言程序。

(3)事件命令语言：规定在事件发生、存在、消失时分别执行的程序。离散变量名或表达式都可以作为事件。

(4)数据改变命令语言：只链接到变量或变量的域。在变量或变量的域值变化到超出数据字典中所定义的变化灵敏度时，它们就被触发执行一次。

(5)自定义函数命令语言：提供用户自定义函数功能。用户可以根据组态王的基本语法及提供的函数自己定义各种功能更强的函数，通过这些函数能够实现工程特殊的需要。

(6)画面命令语言：可以在画面显示时、隐含时或在画面存在期间定时执行画面命令语言。在定义画面中的各种图索的动画连接时，可以进行命令语言的连接。

10.6.4 画面的切换

利用系统提供的"菜单"工具和ShowPicture()函数能够实现在主画面中切换到其他任一画面，具体操作如下：

(1)选择工具箱中的"按钮"工具。将鼠标放到监控画面的任一位置并按住鼠标左键画一个按钮大小的菜单对象，双击弹出如图10-20所示的菜单定义对话框。

(2)菜单项输入完毕后单击"命令语言"按钮，弹出命令语言编辑框，在编辑框中输入ShowPicture(磨矿流程)。也可以点击"全部函数"或"其他"键，找到"ShowPicture"函数，选择后在语言编辑框中显示该函数，选择ShowPicture内的双引号部分，点击右边"画面名称"选择已产生的监控画面，如本例中产生的"磨矿流程"画面。

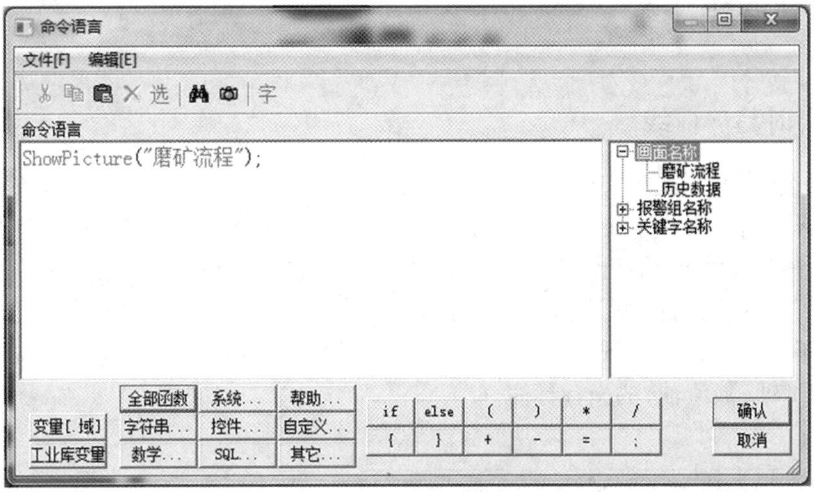

图 10-20　画面切换编程

10.6.5　运行系统设置

“组态王”软件包由工程管理器、工程浏览器和运行系统三部分组成。其中工程浏览器内嵌组态王画面制作开发系统，生成人机界面工程。画面制作开发系统中设计开发的画面工程在 TouchVew 运行环境中运行。工程管理器和运行系统各自独立，一个工程可以同时被编辑和运行，这对于工程的调试是非常方便的。

在运行工程之前首先要在开发系统中对运行系统环境进行配置。在开发系统中单击菜单栏“配置→运行系统”，或者点击工具条中的“运行”按钮，或者点击工程浏览器中的“工程目录显示区→系统配置→设置运行系统”按钮后，弹出“运行系统设置”对话框，如图 10-21 所示。“运行系统设置”对话框由“运行系统外观”选项卡、“主画面配置”选项卡和“特殊”选项卡组成。

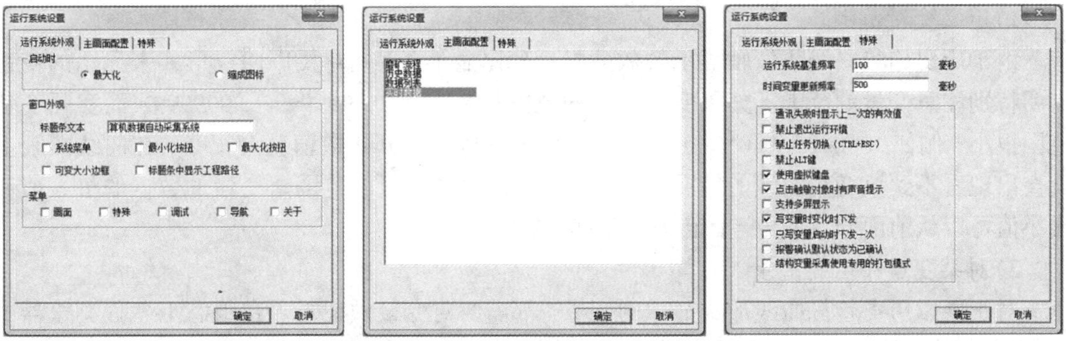

图 10-21　运行系统设置对话框

10.7 趋势曲线

10.7.1 实时趋势曲线

组态王提供两种形式的实时趋势曲线：工具箱中的组态王内置实时趋势曲线和实时趋势曲线 Active X 控件。在组态王开发系统中制作画面时，选择菜单“工具→实时趋势曲线”项或单击工具箱中的“画实时趋势曲线”按钮，此时鼠标在画面中变为十字形，在画面中用鼠标画出一个矩形，实时趋势曲线就在这个矩形中绘出，如图 10-22 所示。实时趋势曲线对象的中间有一个带有网格的绘图区域，表示曲线将在这个区域中绘出，网格左方和下方分别是 X 轴(时间轴)和 Y 轴(数值轴)的坐标标注。

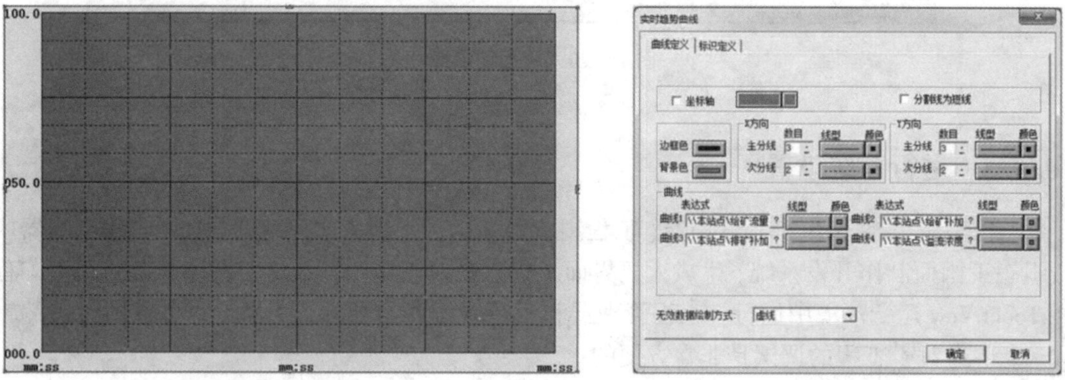

(a) 曲线显示窗口　　(b) 曲线显示定义

图 10-22　实时趋势曲线创建

10.7.2 历史趋势曲线

1. 与历史趋势曲线有关的其他必配置项

1) 定义变量范围

由于历史趋势曲线数值轴显示的数据以百分比显示，因此对要以曲线形式来显示的变量需要特别注意变量的范围。如果变量定义的范围很大，例如-999999～+999999，而实际变化范围很小，例如-0.0001～+0.0001，这样，曲线数据的百分比数值就会很小，在曲线图表上就会出现看不到该变量曲线的情况，因此必须合理设置变量的范围。变量的数据的最大值和最小值可以从前面介绍的“变量定义”窗口中设置。

2) 对某变量作历史记录

对于要以历史趋势曲线形式显示的变量，都需要对变量做记录。在组态王工程浏览器中单击“数据库”项，再选择“数据词典”项，选中要作历史记录的变量，双击该变量，弹出“变量属性”对话框，如图 10-23(a)所示。选中“记录和安全区”选项卡，选择变量记录的方式。

3) 定义历史库数据文件的存储目录

在组态王工程浏览器的菜单条上单击“配置”菜单，再从弹出的菜单命令中选择“历史数据记录”，弹出的对话框如图 10-23(b)所示，在此对话框中设置历史数据文件保存天数、硬盘空间不足报警和记录历史数据文件在磁盘上的存储路径。本例中设置数据保存天数为 365 天，当超过 365 天时，自动删除过时的历史数据，始终保存 365 天的历史数据文件；设定的硬盘可用空间下限为 500 M，当硬盘可用空间小于 500 M 时将报警；将历史数据文件保存到 c：\hisdat 中。

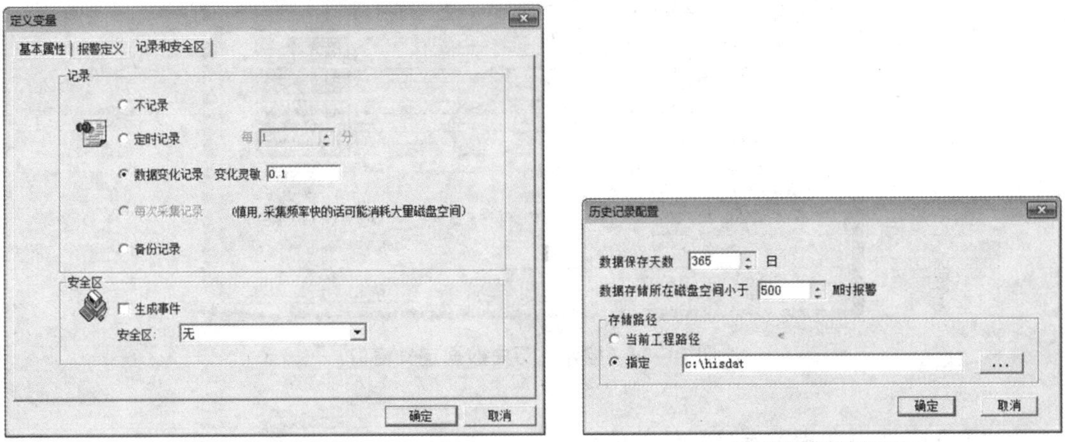

(a) 记录和安全区组态　　(b) 历史数据路径配置

图 10-23　变量的记录方式与记录路径配置

4) 重启历史数据记录

在组态王运行系统的菜单条上单击“特殊”菜单项，再从弹出的菜单命令中选择“重启历史数据记录”，此选项用于重新启动历史数据记录。在没有空闲磁盘空间时，系统就自动停止历史数据记录。

2. 使用控件创建历史趋势曲线

在组态王开发系统中制作画面时，选择菜单“图库→打开图库→历史曲线”项，然后在画面上画出区域，即可得到一个较为完整的历史曲线窗口。双击“历史曲线窗口”弹出如图 10-24 所示的控件式历史数据定义窗口。输入曲线趋势曲线名称，根据需要设置曲线序号对应的变量、曲线类型、颜色等。或点击“?”图标，从弹出菜单上选择要显示历史数据的变量。

历史曲线定义完毕后，接着定义时间光标对应时刻的序号曲线对应的数据。数据显示定义方法与前面相同，不同的本画面显示的数据来源于历史曲线窗口光标处曲线对应的数据。数据获取由函数 HTGetValueAtScooter( ) 进行，组态方法如下：

调用格式：

RealResult = HTGetValueAtScooter(HistoryName，ScootNum，PenNum，ContentString)；

参数：

HistroyName：历史趋势变量，代表趋势名。

ScootNum ：整数，代表左或右指示器(1 = 左指示器，2 = 右指示器)。

PenNum ：代表笔号的整型变量或值(1 到 8)。

ContentString ：代表返回值类型的字符串，可以为以下字符串之一。

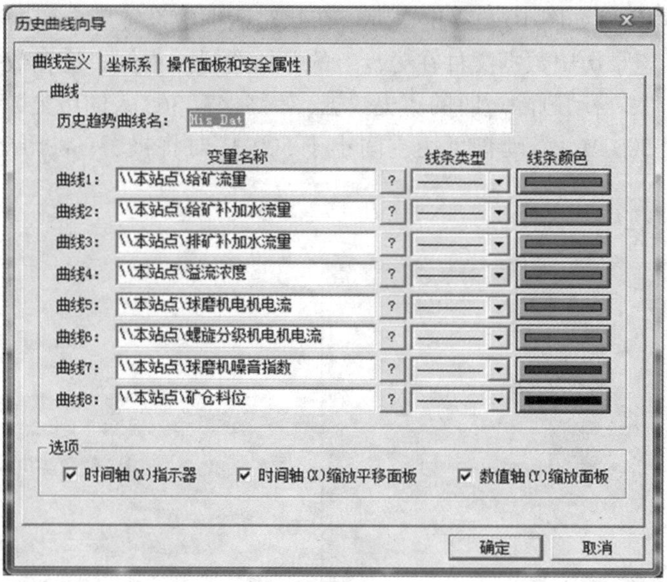

图 10-24　控件式历史数据定义窗口

"Value"取得在指示器位置处的值。

"Valid"判断取得的值是否有效。返回值为 0 表示取得的值无效，为 1 表示有效。

若是"Value"类型，则返回模拟值。若是"Valid"类型，则返回离散值。

例如：采集趋势曲线 Trend1 的笔 Pen3 在右指示器的当前值。历史数据获取的函数定义为：

HTGetValueAtScooter(Trend1，2，3 ，" Value ")；

绘制如图 10-25 所示的画面，显示的数据项与曲线数量一致。双击"###.##"数据项，从弹出的动画连接窗口中通过 HTGetValueAtScooter( )函数定义显示的数据。

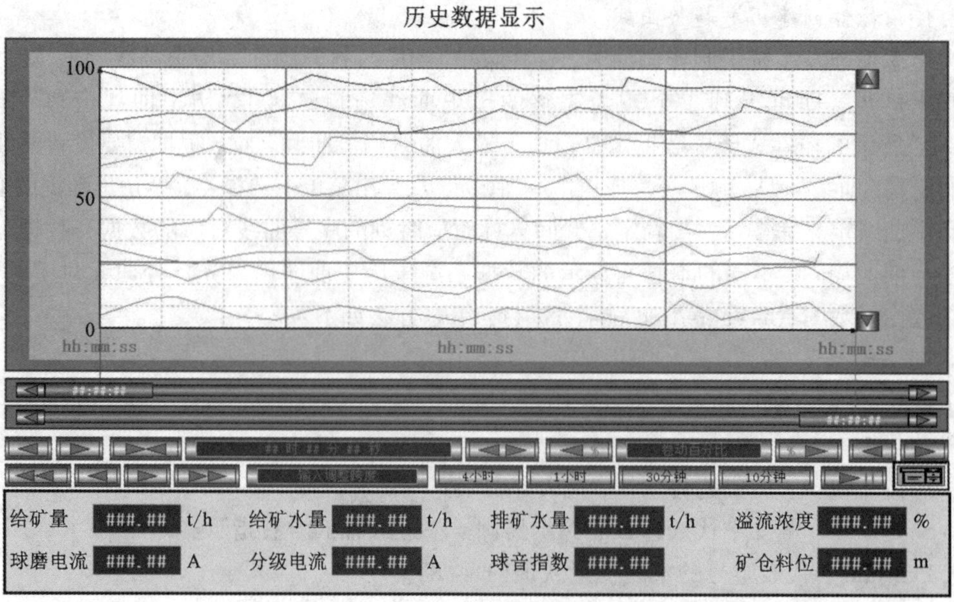

图 10-25　历史数据显示画面创建

10.8　报表系统

数据报表是反映过程中的数据、状态等，并对数据进行记录的一种重要形式。组态王提供内嵌式报表系统，工程人员可以任意设置报表格式，对报表进行组态。

10.8.1　创建报表

1. 产生报表画面

进入组态王开发系统，产生一个新的画面，在组态王工具箱按钮中，用鼠标左键单击“报表窗口”按钮并拖动鼠标画出一个矩形，报表窗口创建成功，报表窗口如图 10-26(a)所示。

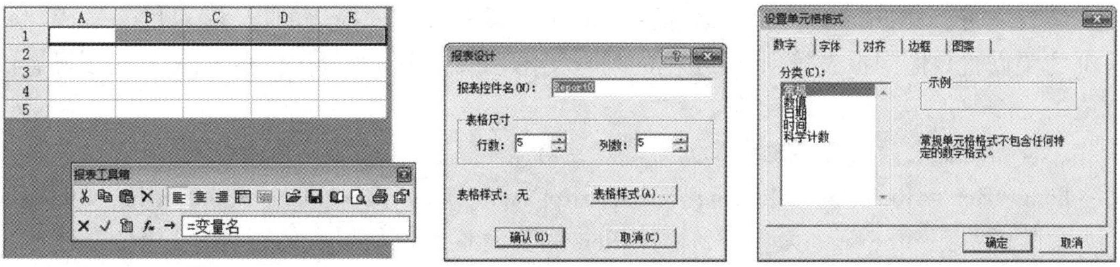

(a) 报表及报表工具箱窗口　(b) 报表设计窗口　(c) 设置单元格格式窗口

图 10-26　创建报表窗口

2. 配置报表

左键双击报表窗口，得到如图 10-26(b)所示的创建报表窗口画面。可以从报表设计窗口中输入报警控件名称、设置行数和列数。

“报表设计”对话框中可设置以下内容：

(1)报表名称：在“报表控件名”文本框中输入报表的名称，如“实时数据报表”。

(2)表格尺寸：在行数、列数文本框中输入所要制作的报表的大致行列数。行数最大值为 20000 行；列数最大值为 52 列。行用数字“1，2，3，…”表示，列用英文字母“A，B，C，D，…”表示。单元格的名称定义为“列标+行号”，如“a1”。列标使用时不区分大小写。

(3)套用报表格式：用户可以直接使用已经定义的报表模板，而不必再重新定义相同的表格格式。单击“表格样式”按钮，弹出“报表自动调用格式”对话框，如图 10-26(c)所示。套用后的格式用户可按照自己的需要进行修改。

(4)添加报表套用格式：单击“请选择模板文件：”后的“…”按钮，弹出“文件选择”对话框，用户选择一个自制的报表模板(*.rtl 文件)。在“自定义格式名称：”文本框中输入当前报表模板被定义为表格格式的名称，如“格式 1”。单击“添加”按钮将其加入格式列表框中，供用户调用。

(5)删除报表套用格式：从列表框中选择某个报表格式，单击“删除”按钮，即可删除不需要的报表格式。删除套用格式不会删除报表模板文件。

(6)预览报表套用格式：在格式列表框中选择一个格式项，则其格式显示在右边的表格框中。

3. 单元格属性定义

在报表窗口的栏目位置上点击右键，从弹出的窗口中选择“设置单元格格式”，弹出如图 10-26(c)所示的窗口，可以对报表显示做数字、字体、对齐、边框、图案的格式设置。

10.8.2 报表函数

报表在运行系统单元格中数据的计算、报表的操作等都是通过组态王提供的一整套报表函数实现的。报表函数分为报表内部函数、报表单元格操作函数、报表存取函数、报表历史数据查询函数、统计函数、报表打印函数等。报表函数较多，下面仅介绍几个常用的单元格操作函数。

1. 将指定报表的指定单元格设置为给定值

Long nRet = ReportSetCellValue(String szRptName, long nRow, long nCol, float fValue)

参数说明：szRptName 为报表名称；nRow 为要设置数值的报表的行号(可用变量代替)；nCol 为要设置数值的报表的列号(这里的列号使用数值，可用变量代替)；nValue 为要设置的数值。

2. 将指定报表的指定单元格设置为给定字符串

Long nRet = ReportSetCellString(String szRptName, long nRow, long nCol, String szValue)

参数说明：szRptName 为报表名称；nRow 为要设置数值的报表的行号(可用变量代替)；nCol 为要设置数值的报表的列号(这里的列号使用数值，可用变量代替)；szValue 为要设置的文本。

3. 将指定报表的指定单元格区域设置为给定值

Long nRet = ReportSetCellValue2(String szRptName, long nStartRow, long nStartCol, long nEndRow, long nEndCol, float fValue)

参数说明：szRptName 为报表名称；nStratRow 为要设置数值的报表的开始行号(可用变量代替)；nStartCol 为要设置数值的报表的开始列号(这里的列号使用数值，可用变量代替)；nEndRow 为要设置数值的报表的结束行号(可用变量代替)；nEndCol 为要设置数值的报表的结束列号(这里的列号使用数值，可用变量代替)；fValue 为要设置的数值。

4. 将指定报表指定单元格设置为给定字符串

Long nRet = ReportSetCellString2(String szRptName, long nStartRow, long nStartCol, long nEndRow, long nEndCol, String szValue)

参数说明：szRptName 为报表名称；nStartRow 为要设置数值的报表的开始行号(可用变量代替)；nStartCol 为要设置数值的报表的开始列号(这里的列号使用数值，可用变量代替)；nStartRow 为要设置数值的报表的开始行号(可用变量代替)；nStartCol 为要设置数值的报表的开始列号(这里的列号使用数值，可用变量代替)；szValue 为要设置的文本。

5. 获取指定报表的指定单元格的数值

float fValue = ReportGetCellValue(String szRptName, long nRow, long nCol)

参数说明：szRptName 为报表名称；nRow 为要获取数据的报表的行号(可用变量代替)；nCol 为要获取数据的报表的列号(这里的列号使用数值，可用变量代替)。

6. 获取指定报表的指定单元格的文本

String szValue = ReportGetCellString(String szRptName, long nRow, long nCol)

参数说明：szRptName 为报表名称；nRow 为要获取文本的报表的行号（可用变量代替）；nCol 为要获取文本的报表的列号（这里的列号使用数值，可用变量代替）。

7. 获取指定报表的行数

Long nRows = ReportGetRows(String szRptName)

参数说明：szRptName 为报表名称。

8. 获取指定报表的列数

Long nCols = ReportGetColumns(String szRptName)

参数说明：szRptName 为报表名称。

9. 设置报表的行数

ReportSetRows(String szRptName, long RowNum)

参数说明：szRptName 为报表名称；RowNum 为要设置的行数。

10. 设置报表列数

ReportSetColumns(String szRptName, long ColumnNum)

参数说明：szRptName 为报表名称；ColumnNum 为要设置的列数。

11. 存储报表

Long nRet = ReportSaveAs(String szRptName, String szFileName)

函数功能：将指定报表按照所给的文件名存储到指定目录下，ReportSaveAs 支持将报表文件保存为 rtl、xls、csv 格式。保存的格式取决于所保存的文件的后缀名。

参数说明：szRptName 为报表名称；szFileName 为存储路径和文件名称。

12. 读取报表

Long nRet = ReportLoad(String szRptName, String szFileName)

函数功能：将指定路径下的报表读到当前报表中来。ReportLoad 支持读取 rtl 格式的报表文件。报表文件格式取决于所保存的文件的后缀名。

参数说明：szRptName 为报表名称；szFileName 为报表存储路径和文件名称。

13. 报表打印函数

报表打印函数根据用户的需要有两种使用方法，一种是执行函数时自动弹出“打印属性”对话框，供用户选择确定后再打印；另外一种是执行函数后，按照默认的设置直接输出打印，不弹出“打印属性”对话框，适用于报表的自动打印。报表打印函数原型为：

ReportPrint2(String szRptName)

或者　ReportPrint2(String szRptName, EV_LONG|EV_ANALOG|EV_DISC)

参数说明：szRptName 为要打印的报表名称；EV_LONG|EV_ANALOG|EV_DISC 为整型或实型或离散型的一个参数，当该参数不为 0 时，自动打印，不弹出“打印属性”对话框；如果该参数为 0，则弹出“打印属性”对话框。

10.9 组态王的历史数据库

10.9.1 组态王历史数据库概述

数据存储功能对任何一个工业过程来说都是至关重要的，随着工业自动化程度的普及和提高，工业现场对重要数据的存储和访问的要求也越来越高。一般组态软件都存在对大批量数据的存储速度慢、数据容易丢失、存储时间短、存储占用空间大、访问速度慢等不足之处，对于大规模的、高要求的系统来说，解决历史数据的存储和访问是一个刻不容缓的问题。组态王7.5顺应这种发展趋势，提供高速历史数据库，支持毫秒级高速历史数据的存储和查询。采用最新数据压缩和搜索技术，数据库压缩比低于20%，大大节省了磁盘空间。查询速度大大提高，一个月内的数据按照每小时间隔查询，可以在百毫秒内迅速完成。完整实现历史库数据的后期插入、合并，可以将特殊设备中存储的历史数据片段通过组态王驱动程序完整地插入到历史库中；也可以将远程站点上的组态王历史数据片段合并到历史数据记录服务器上，真正解决了数据丢失的问题。更重要的是，组态王7.5扩展了数据存储功能，允许同时向组态王的历史库和工业库 KingHistorian 中存储数据。

10.9.2 组态王变量的历史记录属性

在组态王中，离散型、整型和实型变量支持历史记录，字符串型变量不支持历史记录。组态王的历史记录形式可以分为数据变化记录、定时记录(最小单位为1分钟)和备份记录。记录形式的定义通过变量属性对话框中提供的选项完成。

在工程浏览器的数据词典中找到需要定义记录的变量，双击该变量进入如图10-27所示的“定义变量”对话框，点击“记录和安全区”选项卡，根据需要进行变量记录属性的设置。

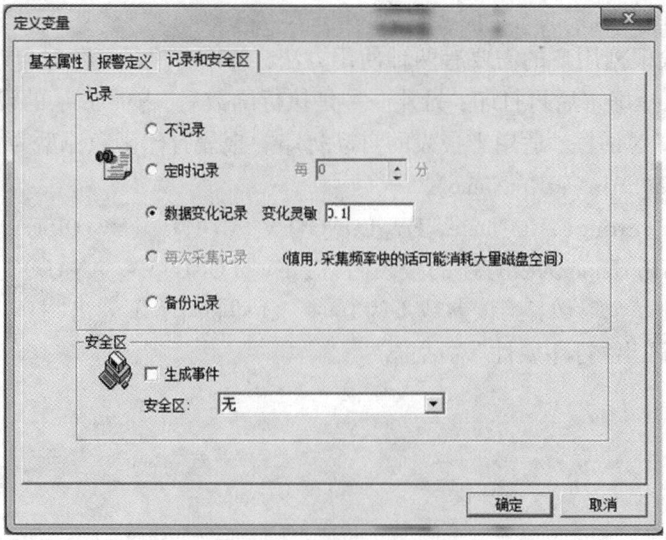

图 10-27 记录属性设置

记录属性的定义：

(1)不记录：此选项有效时，则该变量值不进行历史记录。

(2)定时记录：无论变量变化与否，系统运行时按定义的时间间隔将变量的值记录到历史库中，每隔设定的时间对变量的值进行一次记录。最小定义时间间隔单位为 1 分钟，这种方式适用于数据变化缓慢的场合。

(3)数据变化记录：系统运行时，变量的值发生变化，而且当前变量值与上次的值之间的差值大于设置的变化灵敏度时，该变量的值才会被记录到历史记录中。这种记录方式适用于数据变化较快的场合。

(4)变化灵敏度：定义变量变化记录时的阈值。当“数据变化记录”选项有效时，“变化灵敏度”选项才有效。

(5)每次采集记录：系统运行时，按照变量的采集频率进行数据记录，每到一次采集频率，记录一次数据。该功能只适用于 I/O 变量，内存变量没有该记录方式。该功能应慎用，因为当数据量比较大，且采集频率比较快时，使用“每次采集记录”，存储的历史数据文件会消耗很多的磁盘空间。

(6)备份记录：选择该项，系统在平常运行时，不再直接向历史库中记录该变量的数值，而是通过其他程序调用组态王历史数据库接口，向组态王的历史记录文件中插入数据。在进行历史记录查询等时，可以查询到这些插入的数据。

10.9.3 历史记录存储及文件的格式

1. 历史库设定窗口

组态王以前的版本能够存储历史数据到组态王的历史数据库或 KingHistorian 工业库。组态王 7.5 版本进一步扩展了数据存储功能，即同时存储历史数据到组态王的历史库和工业库中。在组态王工程浏览器中，打开“历史库配置”对话框，如图 10-28(a)所示。

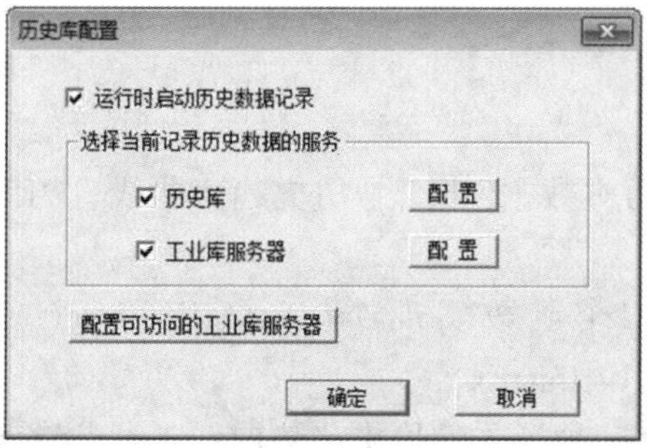

(a) 历史记录配置

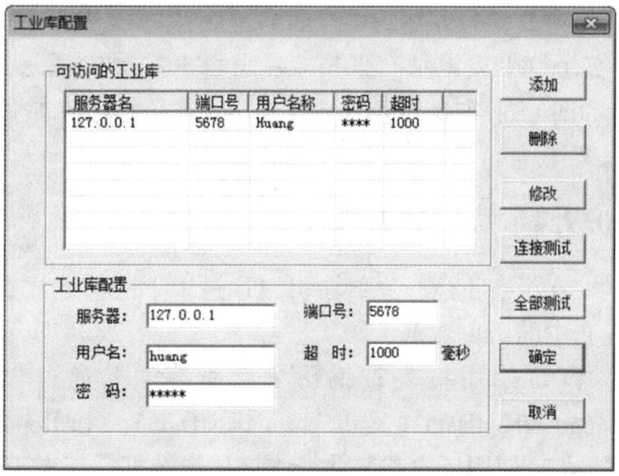

(b) 工业库配置

图 10-28 历史记录组态

(1) 运行时启动历史数据记录：如果选择“运行时启动…”选项，则运行系统启动时，直接启动历史记录。否则，运行时用户也可以通过系统变量“$启动历史记录”来随时启动历史记录。或通过选择运行系统中“特殊”菜单下的“启动历史记录”命令来启动历史记录。

(2)配置可访问的工业库服务器：当需要查询工业库服务器里的历史数据时，需要事先配置好该项。点击“配置可访问的工业库服务器”按钮，弹出“工业库配置”对话框。配置工业库服务器的IP地址、端口号、登陆工业库的用户名、密码等内容，然后点击“添加”按钮，在列表中列出工业库服务器的信息，如图10-28(b)所示。

(3)选择当前记录历史数据的服务：记录历史数据有三种选择。一般选择“历史库”选项，将历史数据直接存储到组态王历史库中；若用户购买了KingHistorian工业库软件，则可选择“工业库服务器”选项，将历史数据存储到已配置好的工业库服务器中；当然也可同时选择“历史库”选项和“工业库服务器”选项将历史数据同时存储到组态王的历史库和工业库中。下面我们分别介绍两种选项的配置。

2. 组态王历史库属性

点击“历史库”右边的“配置”按钮，弹出“历史记录配置”对话框，可以根据需要进行属性配置：

(1)数据保存天数：选择历史库保存的时间。最长为8000天，最短为1天。当到达规定的时间时，系统自动删除最早的历史记录文件。

(2)数据存储所在磁盘空间：磁盘存储空间不足时报警。当历史库文件所在的磁盘空间小于设置值时(设置范围100~8000)，系统运行后，将检测存储路径所在的硬盘空间，如果硬盘空间小于设定值，则系统给出提示。此时工程人员应该尽快清理磁盘空间，以保证组态王历史数据能够正常保存。

(3)历史库存储路径的选择：历史库的存储路径可以选择当前工程路径，也可以指定一个路径。如果工程为单机模式运行，则系统在指定目录下建立一个“本站点”目录，存储历史记录文件。如果是网络模式，本机为“历史记录服务器”，则系统在该目录下为本机及每个与本机连接的I/O服务器建立一个目录(本机的目录名称为本机的节点名，I/O服务器的目录名称为I/O服务器的站点名)，分别保存来自各站点的历史数据。

(4)历史记录文件格式：组态王的历史记录文件包括三种，即*.tmp，*.std，*.ev。*.tmp为临时的数据文件，*.std为压缩的原始数据文件，*.ev为进行了数据处理的特征值文件。

10.9.4 历史数据的查询

在组态王运行系统中可以通过以下三种方式查询历史数据：报表、历史趋势曲线、WEB发布中的历史数据。

(1)使用报表查询历史数据。主要通过以下四个函数实现：ReportsetHistdata( )、ReportsetHistData2( )、ReportsetHistData3( )和ReportSetHistDataEx。

(2)使用历史趋势曲线查询历史数据。组态王提供三种形式的历史趋势曲线：历史趋势曲线控件，图库中的历史趋势曲线，工具箱中的历史趋势曲线。

(3)使用WEB发布中的历史数据。可以通过发布的数据视图或时间曲线查看组态王历史库或工业库中的数据。

注意：在历史记录配置中，如果选择记录历史数据到“历史库”，则可同时查询组态王历史库和工业库服务器中的历史数据。如果选择记录历史数据到“工业库服务器”，则只能查询工业库中的历史数据。另外，组态王暂不支持工业库实时数据的直接访问。

习题与思考题

10.1　现代检测仪表的数据输出主要有哪几种方式？

10.2　简述数据采集系统的基本硬件配置。

10.3　试述组态软件的主要功能及用途。

10.4　简述数据采集系统的开发步骤。

10.5　如何定义外部设备和数据变量？

10.6　在组态王环境下创建一个画面，画出字符串“###.##”，创建一个浮点数内存变量(范围 0~500)，通过该字符串，进行浮点数内存变量的数据显示和修改组态。

10.7　组态王命令语言有何用途？如何利用组态王提供的函数进行监控画面切换？

10.8　利用组态王软件创建一个有 3 个变量的实时曲线画面，并对实时趋势曲线进行组态。

10.9　利用组态王软件创建一个具有 4 个变量的历史曲线画面，并对历史趋势曲线进行组态。

10.10　利用组态王软件创建一个由 5 个变量组成的报表系统。

参考文献

[1] 俞金寿，孙自强. 过程自动化及仪表[M]. 3版. 北京：化学工业出版社，2016.
[2] 黄宋魏，李龙江. 矿物加工自动化[M]. 贵州：贵州大学出版社，2017.
[3] 孙自强，刘笛. 测控技术与仪器专业概论[M]. 北京：化学工业出版社，2012.
[4] 李龙江，黄宋魏，成奖国. 矿物加工测试技术[M]. 北京：化学工业出版社，2018.
[5] 程瑛，方彦军. 检测技术[M]. 北京：水利水电出版社，2015.
[6] 陈荣保. 工业自动化仪表[M]. 北京：中国电力出版社，2011.
[7] 周杏鹏. 传感器与检测技术[M]. 北京：清华大学出版社，2010.
[8] 许秀，王莉. 现代检测技术及仪表[M]. 北京：清华大学出版社，2020.
[9] 徐科军. 传感器与检测技术[M]. 5版. 北京：电子工业出版社，2021.
[10] 苏杰，仝卫国，曾新. 过程参数检测技术及仪表[M]. 北京：中国电力出版社，2020.
[11] 胡向东. 传感器与检测技术[M]. 北京：机械工业出版社，2013.
[12] 潘立登，李大宇，马俊英. 软测量技术原理与应用[M]. 北京：中国电力出版社，2009.
[13] 徐义亨. 工业控制工程中的抗干扰技术[M]. 上海：上海科学技术出版社 2010.
[14] 何选森. 随机过程与排队论[M]. 湖南：湖南大学出版社，2010.
[15] 徐友根，刘志文. 阵列信号处理基础[M]. 北京：北京理工大学出版社，2020.
[16] 北京亚控科技发展有限公司. 组态王 7.5 用户手册[Z]. 2018.
[17] 范国伟. 监控组态技术及应用[M]. 北京：人民邮电出版社，2015.